金融营销学

主　编　魏　强
副主编　陈　勇　刘　波
　　　　李　多　冯　博

北京理工大学出版社
BEIJING INSTITUTE OF TECHNOLOGY PRESS

内容简介

本教材以数字经济时代为背景，以金融学、营销学为理论基础，系统地介绍了金融营销体系。全书共分为九章，先从总体上介绍了金融营销学导论，然后深入金融营销环境分析、金融市场营销调研，以及金融营销的消费者行为分析。接下来，阐述了金融营销目标市场的选择，以及如何进行金融营销策略的制定。进一步，读者可以了解到数字化金融营销以及金融营销客户关系管理。最后，以金融营销伦理与社会责任为主题，讨论了金融营销中的职业道德和伦理建设等内容。

本教材编写的体例独特新颖，结构条理清晰，语言表达流畅。每章开篇设置学习目标、能力目标、时政视野，行文穿插了大量经典案例和扩展阅读。教材内容深入实际，注重实践，每章结尾部分设置了思考题和实践操作，旨在通过实践操作技能的培养，来提高读者的金融营销素养和实践能力，以满足未来金融市场对专业人才的需求。

本教材内容融合了金融学、市场营销学、管理学等多学科的知识，旨在为应用型本科院校金融学、金融科技、国际金融、经济学、工商管理、市场营销等专业的学生提供系统的金融营销知识。同时，本教材也可作为金融市场从业人员夯实岗位基础的重要参考资料。

图书在版编目(CIP)数据

金融营销学 / 魏强主编. -- 北京 : 北京理工大学出版社, 2023.11

ISBN 978-7-5763-3189-9

Ⅰ. ①金…　Ⅱ. ①魏…　Ⅲ. ①金融市场-市场营销学　Ⅳ. ①F830.9

中国国家版本馆 CIP 数据核字(2023)第 236816 号

责任编辑：王晓莉　　**文案编辑**：王晓莉
责任校对：刘亚男　　**责任印制**：李志强

出版发行 / 北京理工大学出版社有限责任公司
社　　址 / 北京市丰台区四合庄路 6 号
邮　　编 / 100070
电　　话 / (010) 68914026 (教材售后服务热线)
(010) 68944437 (课件资源服务热线)
网　　址 / http://www.bitpress.com.cn

版 印 次 / 2023 年 11 月第 1 版第 1 次印刷
印　　刷 / 三河市天利华印刷装订有限公司
开　　本 / 787 mm×1092 mm　1/16
印　　张 / 18. 25
字　　数 / 437 千字
定　　价 / 95. 00 元

前　　言

进入“十四五”时期以来，金融业的角色在我国经济社会发展中日益凸显，金融营销的重要性也随之增强。我国金融业的高质量发展离不开市场化、专业化的金融营销力量。随着数字化、智能化技术的不断进步和深度应用，金融营销的方法和理念正在发生深刻变革。同时，在企业和个人对于个性化金融产品和服务的需求日益增长的现状下，金融营销面临着前所未有的机遇和挑战。这使得金融营销已经发展成为金融、经济与管理类学科中的重要分支和研究热点，同时也是金融学专业教学体系中的一块重要基石。

为满足社会对金融营销人才的需求，并帮助学生建立和深化对金融营销理论与实践的理解和应用能力，我们编写了《金融营销学》这本教材。本教材是在研究我国金融市场发展实际、研读大量金融营销理论文献的基础上编写的，力求为金融营销的教学和实践提供新的思路，为我国金融营销人才的培养做出积极贡献。

本教材面向应用型本科层次的人才培养，以培养学生解决实际金融营销问题的能力为核心。在各章节开篇列明了学习目标和能力目标，帮助读者明确学习方向和能力提升的重点。每章内容均融入大量经典案例和扩展阅读，深入探讨金融营销领域的热点问题，借助国内外典型金融营销案例展示成功与失败的经验教训，提高教材可读性，拓宽学生知识面；并在各章小结后设置思考题和实操任务，强化理论与实践的结合，提升学生的实践技能。

本教材在理论学习方面，与金融学、金融科技、经济学、管理学、市场营销学等课程相互支撑；在实践应用方面，与金融营销实务、市场营销实务、市场调查等课程形成有机结合。通过这种衔接，学生在理解金融市场运行规律、金融产品特点及金融机构运营过程中，能更好地把握金融营销的实质和方法。本教材体现以下特点：

（1）实践导向：本教材强调实践操作技能的培养，以案例分析和实际操作为重点，培养学生的金融营销实战能力。

（2）创新理念：教材注重金融营销创新，探讨数字化下大数据金融、人工智能金融等新兴领域对金融营销的影响，培养学生的创新思维。

（3）跨学科整合：本教材融合金融学、市场营销学、管理学等多学科知识，提高学生的综合素质和分析问题、解决问题的能力。

（4）融入思政元素：本教材结合党的二十大精神，阐述金融营销中的职业道德、伦理道德建设、社会责任等方面的内容，提高学生的社会责任意识、道德伦理水平和法治观念。

本教材的内容覆盖广泛，共分为九章。第一章为金融营销学导论，涵盖金融营销的内涵与特点、金融营销的兴起与发展。第二章至第四章主要讲述金融营销的环境分析、市场营销调研和消费者行为分析。第五章至第六章介绍金融营销目标市场和金融营销策略，具体包括市场细分、目标市场选择、市场定位及4P策略。第七章探讨数字时代背景下大数据、人工智能等技术对金融营销的影响，以及私域金融营销和数字化金融营销的未来发展趋势。第八章金融营销客户关系管理，内容包括金融营销客户满意度与忠诚度、金融客户的开发与维护，并探讨了金融科技与客户关系管理。第九章为最后一章，结合党的二十大金融领域建设精神，探讨金融营销伦理建设、职业道德与社会责任。

本书能够顺利完稿，是全体参编人员共同努力的结果。沈阳工学院经济与管理学院魏强拟订撰写计划，对全书进行定稿，同时负责撰写了第一章、第五章、第七章（第一至四节）、第八章和第九章；沈阳工学院经济与管理学院陈勇负责撰写了第四章及各章节思政内容；沈阳城市学院商学院刘波负责撰写了第二章、第六章；沈阳工学院经济与管理学院李多负责撰写了第三章；沈阳工学院经济与管理学院冯博负责撰写了第七章的第五节并对本书进行了校对工作。沈阳工学院经济与管理学院吴云勇对本书的撰写工作提供了大力的支持和帮助。

本教材的出版得到了沈阳工学院教务处、沈阳工学院经济与管理学院的大力支持，在此表示衷心的感谢！也非常感谢北京理工大学出版社策划编辑王小莉、责任编辑王晓莉、区域编辑张浩宇提供的支持和帮助。尽管我们已竭尽所能，教材中难免会有不足之处。因此，我们恳请各界专家、学者、学生和广大读者提出宝贵的意见和建议，以便本书的持续改进和完善。在此，我们对您的关注和支持表示衷心的感谢。

编　者

目　录

第一章 金融营销学导论

◆◆◆ 学习目标

理解金融营销观念、金融营销环境分析内容。

掌握从事银行营销工作所必需的营销学专业知识。

了解国家关于金融企业服务营销的政策、法规和实践。

具备金融企业服务营销的基本素养、基本知识和基本职业技能。

◆◆◆ 能力目标

具备分析和解决金融营销问题的能力。学生需要能够运用所学的金融营销理论和方法，对实际的金融营销问题进行分析和解决。

具备创新思维和创业精神。金融营销学的学习不仅要求学生掌握基本的营销理论和方法，还要求学生具备创新思维和创业精神。

具备沟通和协调能力。金融营销学的学习还要求学生具备沟通和协调能力。

具备自主学习和终身学习的能力。金融营销学的学习要求学生具备自主学习和终身学习的能力。

时政视野

中国共产党领导下的金融体制

回顾历史，中国共产党领导中国人民在金融解放和金融发展方面取得了伟大的历史成就，其所开创的金融模式的现实意义、理论意义都十分巨大而深远。中国共产党所创立的金融体制伴随着中国共产党的诞生而诞生，历经近百年，其基底是中国传统文化的核心原则与马克思主义的有机结合，是“中国制度”的重要组成，也必然是中国“制度自信”的重要组成。

（资料来源：《中国金融》2021 年第 15 期）

第一节　金融营销的内涵与特点

一、市场营销的基本理论

（一）市场营销概念

最早应用市场营销的商业案例可以追溯到1650年日本江户时期，大商人三井高利所创立的“三井越後屋”（即今三越百货前身）。当时还有其他商人如纪伊国屋文左卫门和伊兵卫高津也开始了商业营销活动。这些商人在当时尚未有现代市场营销理论的情况下，通过采取一系列策略和措施，致力于提高产品的知名度、拓展销售渠道，以及吸引更多顾客。他们的成功实践成为历史上最早的市场营销案例之一，为后来的商业发展奠定了基础。

20世纪初，市场营销理论诞生于美国。这一概念最初源于英文单词Marketing，由威斯康星大学的拉尔夫·斯达·巴特勒教授首次提出，并在20世纪50年代发展成为一门独立的学科。随后，市场营销理论被世界各国广泛接受和运用。

随着时间的推移和不断变化的商业环境，市场营销的概念和实践也在不断发展。多年来，国内外学者关于市场营销的定义，提出了许多不同的观点，企业界对营销的理解也各不相同。自1960年以来，美国市场营销协会（AMA）定义委员会和众多营销学者一直在对该概念进行深入研究和探讨，美国学者基恩·凯洛西尔汇总了50多个关于市场营销的定义，并将其分为三类。

第一类：市场营销被视为一种服务消费者的理论。《基础市场营销学》一书指出：“市场营销的任务在于确定市场需求，并为消费者的需求提供令人满意的产品和服务。”著名营销大师菲利普·科特勒认为：“熟悉你的市场，并知道如何满足它。”他进一步指出：“市场营销是指个人和群体通过创造及与其他个人和群体进行产品、价值交换，以满足需求和欲望的一种社会管理过程。”此外，他还提到：“市场营销是企业的职能，包括识别目前未满足的需求和欲望，评估和确定需求的规模，选择最适合企业目标市场的产品、服务和计划，并使用适当的方式为目标市场提供服务。”

第二类：市场营销被视为是对社会现象的一种认知。有学者认为，市场营销是在生产者之间的一种联系营销，涉及将生产理念转化为各种交易可能性。市场营销的目的是向社会传递生活标准，通过创造和传递这些标准来满足人们的需求和欲望。这种认识使我们能够更好地理解市场营销的本质和作用，以及其在社会中的重要性。

第三类：市场营销被认为是通过特定的销售渠道将生产企业与市场联系起来的过程。罗杰尔指出，市场营销的目标是组织和引导商业活动，促使消费者购买公司所经营的商品和服务，以实现既定的利润和目标。复旦大学张文贤教授认为，完整意义上的市场营销是从研究消费者的角度出发，通过涵盖再生产过程各个环节的经营管理，实现生产者与消费者之间的联系，并满足消费者的需求。

美国营销协会将市场营销定义为一种旨在创造实现个人与企业共赢的交易机会的过程，这包括对想法、物品和服务的构思、定价、推广以及分销的计划和执行。营销领域的权威人物菲利普·科特勒在1994年阐明他的看法，他指出，“市场营销是一种个体或团体通过创新，提供并与他人互换有价值的产品，以满足各自需求和欲望的社会活动和管理过程”。他还明确提出“市场营销是一种基于经济学、行为科学和现代管理理论基础之上的应用科学”。市场营销是一种以满足消费者各种需求和欲望为核心的市场交换活动，目的是满足当前和潜在的需求。它是以消费者或客户需求为中心的一种经济行为，通过一系列的商业活动，例如消费者需求调研、设计、生产、销售等环节，把满足消费者或者客户现在或将来需求的产品或服务送到消费者或客户手中，从而满足他们的需求。

（二）营销与金融营销

金融营销可以被视为市场营销在金融行业的扩展和延伸，它是一门新兴的交叉学科。1958年美国银行协会的一次集会首次明确提出金融机构应当采用营销理念。金融机构是一类专门为客户提供金融服务的组织，目的是满足客户对金融产品和服务的消费需求，以商业运营作为手段，以追求利润为目标。与工商企业类似，金融机构需要向社会大规模分销其产品，也需要面对激烈的市场竞争，以实现其盈利目标。因此，在市场经济环境下，金融机构也需要运用市场营销理论，全面开展金融营销活动。金融营销的基本经营理念和营销策略与普通工商业企业的市场营销大致相同。对此，可以将金融营销定义为：金融营销是金融企业以金融市场为导向，运用综合营销策略为客户提供金融产品和服务，并在满足客户需求和欲望的过程中实现金融机构盈利目标的社会行为过程。

在营销领域中，“产品”这个词指的是能够为消费者提供一定价值的物品或过程的总和，即产品可以被划分为有形的物品或商品，以及无形的服务两部分。有形和无形是区分有形商品和服务的关键特征。对于有形的商品，消费者可以在购买之前通过视觉、触觉和味觉等方式预先了解商品的性质。而服务则是一种表现为活动的消费品，它不固定在任何耐用的物品中，也不以任何可出售的形式存在，它是无法脱离服务提供者独立存在的。

金融营销是金融机构提供金融产品和服务以满足客户需求和欲望，以此实现机构的盈利目标。因此，金融机构被特别设立为满足人们各种金融服务需求的组织，所以服务成为金融企业的核心特质，也是金融产品的基本组成元素。整体看来，金融营销由三个阶段构成：分析金融市场机会、研究和选择目标市场，以及制定营销策略。可以看出：①金融营销活动以市场为起点和终点，对象是目标市场的客户，也就是说，金融营销主要是全力以赴满足目标市场客户的需求。②金融营销的目的是金融机构为满足需求而开展的一系列活动。③金融营销的目标是多元化的，不仅在于当前通过销售金融产品获取利润，更需要考虑长远，巩固和提升市场份额，并在公众心中树立良好的形象。

（三）营销的发展阶段

被誉为“现代营销理论之父”和“营销大师”的菲利普·科特勒，用深入浅出的方式阐述了随时间发展而变化的营销观念，明确提出了四个阶段的营销理论，阐述了市场营销与时俱进的观点。科特勒提出的这四个营销阶段分别为：营销1.0“以产品为核心”的营销理念，营销2.0“以消费者为中心”的营销理念，营销3.0“价值驱动”的营销理念，以及营销4.0“自我实现”的营销理念。随着时代走向数字经济，2020年诞生了营销5.0“数据驱动价值”的营销理念。

1. 营销1.0“以产品为核心”的营销理念

从1900年至20世纪60年代，人们所接触到的营销1.0理念，以产品为核心进行推广。这一时期恰逢第二次工业革命（1865年至1900年），美国、法国和德国借助技术创新提高了工业水平，大规模生产和大规模消费开始流行。大众媒体广告被广泛应用于商品销售，营销策略的主旨是“用低成本制造商品，然后销售给大众”。营销的核心理念便是“产品导向”，因为只要你能生产出高性能的产品，它就能大受欢迎。

在营销 1.0 阶段，企业将市场大众视为一群拥有基本生理需求的消费者群体。为了满足广大市场需求，企业努力扩大生产规模，将产品标准化，不断控制生产成本，以降低销售价格吸引客户。例如，当时的福特汽车公司就是只生产一种颜色的福特 T 型车，其主要目标是通过生产标准化的产品、扩大生产规模来降低成本，在供不应求的环境下进行营销，并通过“低价”推动销售，以达到利润最大化的目标。

在这个时期，4P 营销组合应运而生。1953 年，尼尔·博登首次提出了“市场营销组合”的概念。随后在 1960 年，美国密歇根州立大学的杰罗姆·麦卡锡教授将这些变量和要素总结为 4P 营销理论，也就是产品（Product）、价格（Price）、分销渠道（Place）和促销（Promotion）。

金融业作为服务行业的一部分，随着服务行业的不断发展，市场逐步由供应方驱动向需求方驱动转变。在这种情况下，传统的 4P 营销理论需要增加三个与服务相关的策略元素，以适应服务业的特点。1981 年，布姆斯和比特纳在原有的 4P 营销理论基础上，提出了扩展到 7P 的营销组合理论。他们在原有的四个要素基础上，添加了人员（People）、有形展示（Physical Evidence）和过程（Process）这三项新的要素，从而构建了 7P 营销理论的框架。这个框架中的内容包括：

产品（Product）是具有满足某种需求的能力，能够被交易的实体或非实体商品。对于金融机构来说，它提供的信贷、理财以及资金结算等服务，都被视作其提供的产品。在金融产品策略方面，金融机构需要不断创新，以满足客户日益多元化的产品需求。因此，金融产品创新是金融机构恒久的追求。创新的金融产品可能是全新开发的，未曾出现过的产品，也可能是对原有产品的改造，或者在原产品的基础上进行的升级。

价格（Price）是购买产品的客户所需支付的货币数量。以金融机构提供的贷款业务为例，客户需要支付的利息、费用以及提供的担保方式，都可被视为客户为该项业务支付的价格。金融机构贷款业务的价格主要受到资本成本的限制。价格策略是金融机构在设计和调整金融产品的交易价格后，实现营销计划的一种方式，包括制定金融商品的初步交易价格、优惠交易价格、支付期限等多种方式的综合应用。影响金融产品定价的因素包括运营金融产品的成本、资金成本、产品特性、产品的收益和风险、市场上的资金供求情况，以及同类产品的价格等。金融企业应在法律允许的范围内，合理设定价格，并具备灵活的价格调整能力，以实现其经营目标。

分销渠道（Place）是指产品在制造、销售和消费的全过程中，所经过的路径。以金融机构的信贷产品为例，从产品设计、客户了解产品、申请融资到最终成功获得贷款的过程中的各个环节都可以被视为信贷产品的渠道。分销策略是金融机构选择合适的分销渠道，并组织金融服务的传递以达成营销目标的策略。具体包括确定渠道覆盖范围、选择渠道方式、设定服务网点和设计服务传递过程等策略的组合和实施。

金融机构的分销渠道有多种，传统的方式是设立分支机构或营业网点。如今，金融机构逐渐运用更多新颖的分销渠道，借助现代通信技术和网络的力量，诸如手机银行、ATM、POS 机、网银等新型营销渠道正逐步成为金融机构的重点选择对象。此外，通过其他中介机构的方式也日益增多，例如商业银行之间的代理行、行间通存通兑、同业联盟以及联合营销等分销方式被广泛应用。随着金融业对社会影响的加强和客户金融需求的复杂性越来越高，金融机构分销渠道必须满足多样化的需求。而且，分销渠道的选择还受制于成本约束，不仅要追求经济效益，还需要确保服务品质。

促销（Promotion）是指产品供应者利用各种途径对目标消费者传达、宣传自己的产品、服务、形象及理念，以激发消费者的购买意愿。比如，金融机构发布的广告、传单、销售团队的推荐以及宣传自身的服务理念等，都属于推广的方法和手段。促销策略主要是金融机构通过多种途径刺激消费者的购买欲望，进而推动金融产品的市场推广，主要涵盖商业广告、销售活动、公关活动等多种模式的整合运用，促销是金融机构最早和最常使用的营销手段。由于金融服务的无形性特征，客户往往无法直观地感受其影响，因此需要销售人员做透彻的解释和说明；另外，一些金融产品较为复杂，难以让消费者理解，这就需要金融销售人员为消费者提供引导。通过销售人员的推广、促销行为，让金融知识相对匮乏的消费者也能了解产品信息，激发购买意愿，选择适当的购买渠道，最终扩大金融产品的销售。有效运用广告宣传、促销活动、推广计划和公关活动等促销策略，不仅有助于金融机构成功销售其金融产品，还能帮助金融机构提升其在社会的形象。

人员（People）是指参与消费服务流程中的职员与顾客，他们在营销实践活动中扮演着关键角色。金融机构所提供的产品，其本质上是服务，而这些服务大多由人来执行，即使在自助服务中，也需要一些后端人员来维护系统。人是金融机构服务的提供者，客户甚至会将员工视为服务的一部分。当金融机构的员工表现出良好的精神面貌，有着耐心的服务态度时，客户会有较好的服务体验。所以，员工的效率和态度也成为服务的一部分，直接影响客户对金融产品的选择。金融领域的工作通常需要员工具有一定的金融专业知识背景和较高的专业实践能力，具有一定水平的服务礼仪标准也是金融机构通过员工传达专业性和优秀服务态度的一种方式。

有形展示（Physical Evidence）是指通过表达和展现商品或服务的环境和体验，向顾客传达企业具备满足其需求的能力，以此让客户对所提供的产品质量产生认可。对于金融机构来说，由于金融产品的无形性，金融机构需设法给客户留下更为直观的印象。对于这样的无形金融产品，需要利用一些可见的元素进行展示，尽可能地使无形的金融服务具象化。有形展示策略涉及诸多方面，更容易让客户留下深刻印象的主要元素包括：环境和服务相关设施，比如，金融机构的建筑物、装修风格、服务区域布置、标示牌、信息显示屏等。如果金融机构有一个醒目的外观，客户就能轻易找到金融机构的分支机构；如果营业场所秩序井然，就会让客户产生信任感；在营业场所摆放先进的电子设备，可以帮助客户更快速地获取服务。例如，商业银行的有形展示包括营业网点分布、大堂布置、自助服务终端和员工形象等。金融机构的大厦通常高大庄重，赋予人以敬重的感觉，这是因为金融机构的主营业务往往涉及信用业务，看似强大且实力雄厚的机构会使客户更加安心。

过程（Process）是指客户在获取商品和服务之前经历的一系列步骤，特别是在产品越来越普遍相似的情况下，客户在流程中的体验尤为重要。一般来说，企业的产品生产流程和营销流程是分开的，然而在金融机构中，营销流程通常也是金融产品的消费者体验流程。由于服务不是有形的，无法保存，因此金融服务的提供和消费实质上处于无法分离的同一流程之中。对于提供服务的金融机构来说，流程管理至关重要，因为客户会将流程体验视为服务质量的一部分。金融机构需要合理组织、积极调整和有效控制服务的各个环节，使得服务提供流程畅通，确保营销工作的顺利进行。例如，当客户在银行办理取款业务时，他们需要先取号排队，这个过程中的时间消耗直接影响客户的体验。再以金融机构提供的理财业务为例，理财分析师需要了解客户的资产信息和风险偏好，从而为客户设计出符合其实际情况的理财策略，或为他们筛选合适的产品。在此过程中，工作人员应倾听和理解客户，找出客户的问题和实际需求，与客户共同讨论理财方案，与客户保持有效的沟通，沟通过程的顺畅与否直接影响客户是否能接受理财方案或购买理财产品。

经典案例

从福特T型车的兴衰谈汽车营销理念的转变

1908年10月1日推出的福特T型车（图1-1），是福特最成功的商业创举。规格统一、品种单一、价格低廉、大众需要又买得起的特性，使福特T型车的销量迅速增加。

图1-1 福特T型车

到了20世纪20年代中期，美国汽车市场发生了巨大的变化，买方市场基本形成，道路及交通状况也大为改善，简陋而千篇一律的T型车虽然价廉，但已经不能满足消费者的需求。然而，面对市场的变化，福特仍然顽固地坚持生产中心的观念，宣称“无论你需要什么颜色的汽车，我福特只有黑色的”。而通用汽车公司则及时地抓住市场机会，推出了新式样和颜色的雪佛兰汽车。雪佛兰一上市就受到消费者的追捧，福特T型车的销量剧降。1927年，累计销售了1 500多万辆的T型车不得不停产，通用公司也一举超过福特，成为世界最大的汽车公司。

根据市场特点及时改变营销理念成就了通用，而固守僵化的营销理念却使福特遭受了沉重的打击。从福特T型车的兴衰史可以看出，正确的营销理念是企业成败的关键。

国外的汽车营销理念经历了生产观念、产品观念、销售观念、市场营销观念到社会营销观念的变化。回顾最近几年中国汽车市场的变化，我们不难发现，在2002年以前，我国的汽车市场处于生产观念阶段，产品供不应求，汽车企业营销的中心是如何提高产量，解决供需矛盾，降低价格，扩大市场占有率。在这一阶段，汽车企业也好，经销商也好，都不重视消费者的需求。到了2003年，随着竞争的加剧，产品供求关系得到改善，产品观念开始处于主导地位，汽车企业希望通过提供品种更多、质量更好的产品来赢得市场，新车型的上市数量达到了空前的50多款。2003年年底，汽车产能迅速提高，买方市场初步形成，销售观念开始处于主导地位，各种促销手段不断出现，目的就是吸引消费者的兴趣和欲望，把汽车尽快卖掉。从2004年4月开始，中国汽车市场出现了生产过剩现象，竞争日趋激烈，买方市场完全形成。

从市场特征来看，中国汽车市场现阶段应该是市场营销观念占据统治地位。然而，也许是中国汽车市场变化太快，无论是汽车企业还是经销商，真正按照市场营销观念从事经营活动的还是少数。市场营销观念的关键是以顾客为中心，满足顾客需求是企业的目的，利润是满足顾客需求的结果。但是，“宁要利润，不要市场”的观念目前在汽车行业仍然很有市场，不注重消费者需求、产品定位不清晰、降价减配置等现象屡见不鲜，这些都与市场营销观念格格不入。因此，在笔者看来，今年汽车市场“低迷”的根源不是宏观调控，也不是消费者持币待购，汽车企业和经销商的营销理念没有及时跟上市场的变化才是根本。

福特T型车的兴衰是营销理念决定企业成败的典型案例，同样也值得中国汽车市场借鉴。要救市必须转变营销理念，因为只有尊重市场规律，才能最终赢得市场。

（资料来源：http://auto.sina.com.cn/news/2004-12-17/112291116.shtml）

2. 营销2.0“以消费者为中心”的营销理念

“消费者为中心”的第二代营销理念，源自20世纪70年代至80年代。当时，西方发达国家信息技术日益成熟，这使消费者能够更方便地获取产品和服务的信息，从而使市场力量从卖方转向买方消费者。此外，随着产品大规模生产，供应量达不到需求量水平，价格竞争开始激化。在这种环境下，那些依靠大量销售“产品驱动”的营销策略逐渐失效。因此，营销理念也必须转变，更多地关注提供能满足消费者需求的产品，而非仅仅保持低价。

第二代营销理念的核心目标是满足并维护消费者的需求。在这个时代的企业认识到，消费者已经不再是被动的接受者，而是具有独立思考和选择能力的主体。尽管“消费者为中心”是这一时代的标志，但在营销过程中，消费者更多的是被视为可以被吸引的目标，而非实现共赢的合作伙伴。随着价格竞争的加剧，市场竞争也愈发激烈。消费者可以通过各种媒体获取信息，并在众多同类产品中做出选择。此外，消费者所追求的产品价值也变得更加多元化。在这样的时代背景下，著名的“STP模型”应运而生，这个框架模型为当时的营销理论提供了新的方向。

STP理论是科特勒博士的重要贡献，其全称分别为市场细分（Segmentation）、确定目标市场（Targeting），以及市场定位（Positioning），这三个理念成了STP营销战略的核心内容。

市场细分。企业需要依据特定的标准，将客户群体区分为不同的类别，每个类别的客户都具有各自独特的消费需求和购买习惯。这样，企业就能够初步确定其细分市场。

确定目标市场。企业在细分市场后，需要在这些细分市场中选择一个作为目标市场。对这个目标市场的潜在客户进行深入研究，包括他们的购买行为、购买习惯以及对企业产品的需求情况。这样可以帮助企业决定将产品销售给哪个细分市场的客户，进而明确企业打算进入的细分市场。

市场定位。当企业明确了要进入的细分市场后，就需要对目标客户宣传自家产品的特性和价值。在此基础上，企业应研发出适合目标市场的产品，选择适当的定价策略，确定营销渠道，以及策划相关的促销活动等。这些决策将帮助企业在目标市场中占据独特的位置。

STP营销过程的这三个步骤形成一个完整的整体，是相互关联、相互影响的。如果没有S和T，也就是没有市场和目标客户的选择，那么也就无法实现P，即在目标客户心里进行精准定位。在现代的营销环境中，已经进入了定位的时代。一个成功的定位策略通常能带给企业巨大的竞争优势，而且这种优势往往超越了产品的质量和价格带来的优势。

传统的 STP 营销策略模型往往只从静态的角度分析市场，在实际操作中可能会遇到一些问题。因此，新的 STP 营销策略模型引入了市场的动态性，它会对企业的竞争对手、企业能力和客户进行动态分析，这样能够更好地支持 STP 营销策略的顺利执行。新的 STP 营销策略模型如图 1-2 所示。

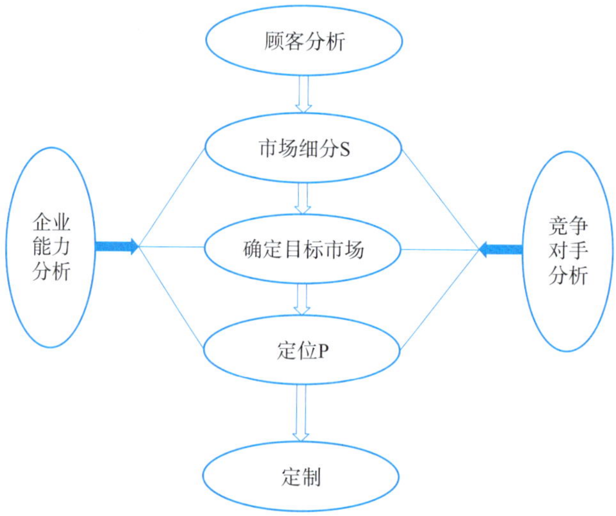

图 1-2　新的 STP 营销策略模型

这个模型强调，企业的首要任务是对其目标消费者进行深入的分析。分析完成后，根据得出的结果进行市场的划分，并在所有细分市场中挑选出自己的目标市场。在确定了目标市场后，企业会对自身的实力以及竞争对手进行全面的考察，进而明确自身的竞争优势。基于此优势，企业对自己生产的产品进行精准定位。最后，企业会在目标消费者中宣传其产品的优点和特色，同时传达出自身的价值观和对消费者价值的理解，以此来赢得消费者的支持和认可。

3. 营销 3.0 “价值驱动” 的营销理念

在 20 世纪 90 年代后期，全球社会经历了一场深远影响的社交网络变革。正是这种被冠以 “新浪潮科技” 之名的科技进步，是推动营销 3.0 诞生的关键推动力。新浪潮科技涵盖了价格合理的电脑和手机、低廉的互联网接入费用以及开放源代码的软件，这一切共同使消费者由纯粹的接受者转变为实际的创造者。当消费者对生产商、销售商和传统媒体所构建的垂直信息渠道产生质疑时，他们开始将更多的信任转向水平的信息渠道，比如网友的口碑传播。这种变化使得消费者的权利获得了前所未有的增强。社交媒体的崛起被视为推动新浪潮科技发展的重大动因之一，它也为营销 3.0 的出现打下了基础。

在营销 3.0 的框架下，品牌需要拥有其独特性和道义感，需要将特别的含义植入 “使命、展望和价值观” 的核心。在这个理念的引导下，公司需要向消费者表述其存在的意义，以独特的品牌故事展现其个性，同时向员工阐述公司的价值观念。这种营销方式着重于合作、文化和精神元素，是一种以价值为驱动的营销手段。

营销 3.0 主要由协作营销、文化营销以及人文精神营销三大构成部分。协作营销关注的是与拥有共同价值和期待的商业伙伴进行紧密合作。文化营销强调的是企业需要对其商业行为涉及的地区和社区问题有深刻的理解。同富有创造力的人群一样，企业也应追求其自我实现，超越纯粹的物质追求。企业需要发现其自身的本质，明确其为何选择某个行业以及未来的发展路径，然后将这些回答融入企业使命、愿景和价值观中。人文精神营销则强调企业以自我实现为终极目标，超越物质追求。科特勒指出，在营销 3.0 的时代，企业理想的状态是能在承担社会责任和尊重自然环境的同时获得益处，这需要股东用更为长远的眼光看待问题。

在这个万物互联的时代，消费者通过互联网进行交流，因此，企业的营销策略必须具有更强的人文关怀。理想的情况是，企业不是在进行单向的广告推广，而是参与到消费者的对话中，自然地与之融为一体。针对消费者的思维和情感的营销策略已经被众多企业采用并获得成功。比如，星巴克推出的“第三空间”和苹果公司提出的“创意想象”等理念，都是感性营销的优秀案例。我们需要从更宽广的角度理解消费者的情感需求，而不仅仅局限于我们提供的产品和服务的功能性。

营销 3.0 的核心观念引入了一个称为“3i 模型”（图 1-3）的理论架构，从“定位”“品牌”以及“差异化”这三个方面对一家企业进行全面审查。企业通过品牌辨识度、品牌形象和品牌道德这三个“i”来对自己的营销行为进行评估，从而构筑一个平衡的三角形，目标是更贴近客户。最终的营销目标在于弄清楚品牌的独特性质，通过真挚的诚信来强化，并塑造出有力的形象。

图 1-3　3i 模型

通过观察 3i 模型的图解，我们可以明确知道，“定位”的评估依赖于品牌标志与品牌道德，“品牌”的评判基于品牌标志和品牌形象，而“差异化”的评定则源自品牌形象和品牌道义。这样的评价机制使我们能够清楚地观察品牌形象、品牌识别度、品牌道义这三者是否形成了一个均衡的三角关系。

“品牌标志”主要体现该品牌在消费者心目中的定位。为了在激烈的市场竞争中吸引消费者，品牌的定位必须有其独特之处，同时对消费者的需求和期待进行合理的阐释。“品牌形象”主要是针对消费者的感性一面进行交流，与消费者产生深厚的情感联系。品牌价值应该超越产品的实质特质和功能，直接触动消费者的情感需要和期望。公司可以借由阐述其追求的未来展望和生活方式来吸引消费者。至于“品牌道德”，主要是指品牌通过差异化的手段来实现其独特定位，真诚地面对消费者和社会，并遵守其承诺。通过这样的态度，品牌能激发消费者的精神共鸣并培养出对品牌的信任感。

企业在这三个层面上与消费者的理念、情感、精神建立了连接，这恰恰符合营销 3.0 时代以价值观为引擎推动营销的核心思想。举例来说，当一个户外用品品牌清晰地界定了自己的品牌定位，并同时投入环保公益活动，它既可以在竞争中显露头角，又能建立起坚如磐石的品牌诚信度。如果能在品牌定位与差异化之间构建协同效应，那么将引导出良好的品牌形象。通过 3i 模型，精心调控定位、品牌以及差异化，可以助力企业更高效地贴近并理解消费者。在一个消费者更倾向于信任熟人或网络推荐的时代，仅仅强调三大要素中的一个是远远不够的。没有品牌基因的支持，任何所谓的差异化都会很快被消费者和社交媒体在内的群体智慧识破。

在这个信息大爆炸的年代，消费者可以通过网络获取多样化的信息，因此，同质化产品的竞争更为严峻。消费者在挑选商品时，他们的关注点已经从单一的产品价值转移到对企业品牌的认同上。因此，运用 3i 模型，企业可以在营销 3.0 时代中更精准地对自身进行定位，强化差异，建立起独一无二的品牌形象。

经典案例

咖啡品牌为什么要拓展“第三空间”？

不论是瑞幸、Manner、Seesaw，还是三顿半、永璞、时萃 SECRE，近些年咖啡赛道涌现的一系列新品牌，似乎都更聚焦于在咖啡自身品质、口味、便捷性及性价比等方面进行深挖，同时打造更轻量的线下门店模式，以期通过产品及价格优势拓展潜在咖啡消费群体，抓住中国咖啡市场高增长的红利，建立品牌认知。反观以星巴克为代表的传统头部品牌，似乎越来越执着于更大的门店，拓展第三空间的打造与营销。

所谓第三空间，即美国社会学家欧登伯格曾提出的除家庭居住、职场之外的，满足人们交谈、娱乐等需求的社会公共空间，其通常具备自由、便利、舒适等特征，而人类生活质量的提高往往也表现在第三空间活动时间的增加。因此，现代商业业态的战略规划性也表现在如何精心定位规划第三生活空间。

近日，星巴克中国宣布，内地首家星巴克共享空间概念店在上海开业。这家星巴克门店重点在于进一步满足消费者商务社交和移动办公的需求，约 200 平方米的门店内设近 100 个座位，店内空间也被划分为收费会议室、半开放单人办公区、沙发会议区及休闲区四个部分，如图 1-4 所示。

图 1-4 星巴克

据悉，这是星巴克携手凯德集团旗下灵活空间和商业社群平台奕桥 Bridge+的一次尝试。这意味着，以星巴克在全国各城市商圈门店为基础，除了结合灵活办公概念，围绕咖啡消费为灵感仍可探索更多新场景。事实上，此前星巴克也已陆续拓展了烘焙坊、宠物友好、酒坊、非遗文化体验店等一系列主打细分需求的门店。

超级品牌向外做场景创新，新品牌向内追求人群的圈层外延，不论是共享空间、概念主题店，还是自提店，实际上代表了咖啡品牌发展在不同阶段的策略和目标。

一方面，超级品牌们在品牌焕新、多类型门店打造等一系列方面的尝试，为新品牌提供了参考。但另一方面，第三空间拓展带来的高成本投入也存在拉低评效的风险，对现阶段仍注重提升单店模型效率的新品牌来说无法照搬经验。

（资料来源：星巴克 https://www.sohu.com/a/504724663_114778）

4. 营销 4.0“自我实现”的营销理念

营销 4.0 这个概念诞生于 21 世纪最初的 10 年，强调满足消费者个人的满意度和精神价值需求。在当今的环境中，消费者不仅期待商品具有社会价值，而且寻求满足自我实现的产品。自 2010 年以来，社交媒体和博客的流行为消费者创造了一个信息传播的平台，消费者购买并评价产品，将信息传递给其他人。因此，营销活动的目标已经从单纯的产品销售转向关注消费者购买后的行为。

现代营销学之父菲利普·科特勒在 2017 年 12 月基于价值观、连接、大数据、社区和新一代分析技术，出版了《营销革命 4.0》。在该书中，他提出了广为人知的“5A 客户行为路径”理论。科特勒认为，数字经济转型期，消费者的行为模式已从 4A 向 5A 转变，重新定义了消费路径，即认知（Aware）、吸引（Appeal）、询问（Ask）、行动（Act）和倡导（Advocate），如表 1-1 所示。

5A 理论专注于消费者与品牌之间的互动，不同消费者间的交流以及消费者对品牌的忠诚程度。在强调品牌营销重要性的同时，它更倡导优化品牌与消费者的关键接触点，注重增强互动，提高渠道质量和优化用户体验，从而激发消费者的行为变革。同时，该理论也鼓励品牌利用消费者之间的关系，消除消费者对品牌的疑虑，并利用社区力量影响消费者决策。在移动互联网时代，特别是在内容营销逐渐主导的今天，5A 理论被视为企业内容营销的主要参考理论。在营销 4.0 的时代，这些理论和策略为企业提供了一个更全面的视角，让他们能更好地理解和满足消费者的需求。

表 1-1 营销 4.0 框架（5A 理论）

项目	认知（Aware）	吸引（Appeal）	询问（Ask）	行动（Act）	倡导（Advocate）
消费者的行为	消费者通过过去的经验、营销媒介和其他人的推荐了解了许多品牌	消费者通过分析筛选他们所听到的信息，只被少数几个品牌吸引	消费者出于好奇，积极调研，从朋友、家人、媒体，甚至品牌自身的建议中了解更多的品牌信息	通过附加信息增强了欲望的消费者购买特定品牌，并通过购买、使用和服务的过程进行更深入的交流	随着时间的推移，消费者会对品牌产生强烈的忠诚度，体现在客户持久、重复购买以及最终向他人推荐

续表

项目	认知 (Aware)	吸引 (Appeal)	询问 (Ask)	行动 (Act)	倡导 (Advocate)
潜在消费者的接触点	从他人处听说过这个品牌，偶然接触到该品牌的广告	被品牌吸引。选择少数几个经过调研的品牌	打电话征求朋友意见，在线搜索评论，致电客服中心，比较价格	在商店或网上购买。初次使用该产品，对产品质量等问题提出质疑，接受产品服务	继续使用该品牌产品，再次购买该品牌产品，把该品牌产品推荐给其他公司
消费者的主要印象	知道该品牌	非常喜欢该品牌	确信该品牌很好	准备购买该品牌	计划推荐该品牌

5. 5.0“数据驱动价值”的营销理念

2020年，营销5.0这个新理念被引入，旨在最大限度地运用科技手段来提升消费者的体验感。其实施手段主要包括：依据数据做出的营销决策、敏锐的市场营销响应力以及预测性的营销策略。尽管营销4.0也涵盖了数字化策略，但其内容仅限于基础层面，它代表的是从传统营销到新时代营销的转变节点。营销5.0的核心思想是，通过科技与人性的深度融合，为消费者提供高价值体验。它受到广泛的关注，一方面源于其引领的市场变革，另一方面也是因为其正面回应了数字化速度加快所引发的问题，如代沟、隐私、安全等。营销5.0实际上是对过去传统营销的反思和总结，强调的是高科技的应用与人性化的理解的平衡。在现代社会，科技手段已经足够成熟，我们需要的是建立一种基于信任的关系，借助大数据和人工智能的能力来解决这些挑战，创造出真正的价值。下面，我们来详细解析营销5.0的关键要素。

（1）利用科技与人力的双重优势洞察潜在消费者需求。

营销5.0建立在科技应用的基础之上，但真正操作并驾驭它的是人。例如，即使你充分发挥大数据分析的功能，最终得到哪些洞察，应采取怎样的营销策略，依然需要营销人员来做出决策。因此，营销人员对新兴科技的熟悉程度和对消费者需求的深度理解变得至关重要。除此之外，充分认识并发挥科技与人力的各自优势也显得极其重要。比如，我们可以在运用人工智能和物联网的同时，允许人员快速灵活应对各种紧急情况，以此提升消费者体验。根据产品的特性，为消费者提供个性化的选择或许是一种有效的手段。营销5.0的核心焦点始终在人，我们应该尝试借助科技的力量为消费者提供价值，从而吸引客户并建立起稳固的信任关系。

（2）不断演进的数字化营销。

数字化营销已经从营销4.0的转型节点进化到了营销5.0的阶段。尽管数字化进程的快速推进所引发的问题已经显现出来，但人工智能和物联网的使用在未来将更加广泛，这将可能促成更高效、更灵活的营销方式的出现。另一方面，营销4.0并没有因此变得过时，反而在很多场合，它仍然能够有效地展现营销自我实现的特色。关键在于重复并优化这个循环，不断引入最先进的工具和技术来实现公司设定的目标。营销人员需要深度了解消费者，并采取相应措施以检验其效果。随着数字化浪潮的滚滚推进，公司的管理模式、业务流程，乃至整个组织结构和企业文化都在发生着变化，然而，数字化营销的本质从未改变。我们的目标是通过技术手段提供有价值的消费者体验，激发他们的购买欲望，同时，通过与消费者的一对一交流建立起信任关系，旨在增加销售额并提高消费者的忠诚度。

扩展阅读

营销 5.0：最终目的，是用新科技影响用户

我们提出 5.0 的背景是什么？是这张 2020—2030 年全球营销图（图 1-5）。这张图告诉了大家一个好消息，什么好消息？我们的增长将是缓慢而坚定的。

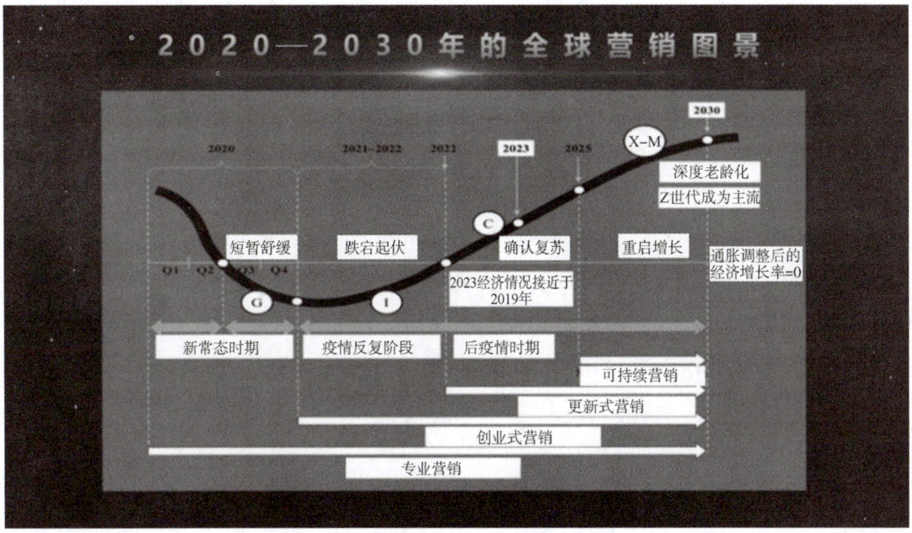

图 1-5　2020—2030 年全球营销图景

我们会经历波折，增长虽然缓慢，却是坚定的。而且你会发现，增长很大程度上会受到技术驱动，原生型技术是我们增长的重要内在驱动力。

另外，增长还会受人口结构变化的驱动。2025 年之后，我们的增长来自科特勒先生讲的“poor and rich”这种家庭的成长和深度老龄化带来的新消费需求，以及 Z 世代。Z 世代到了 2025 年、2030 年，他们大部分就有了家庭，家庭是我们社会消费的中坚力量。

Z 世代年轻人是我们消费的前瞻性力量，他们会带来风尚，带来新概念，以及催生新品牌。年轻人的需求是新鲜的，有感召力的，但是它不稳定，来得快，去得也快。品牌要随着 Z 世代年轻人的成长而成长，他们有家庭的时候，我们要成为他们生活中的品牌，因为家庭的需求是稳定的。

一个伟大的品牌，一个长期经营的品牌，要学会与五代人共处，为五代人开发产品，还要保持品牌的相关性和差异性。这是一个非常大的挑战。

所以，营销 5.0 的本质是什么？是我们要拥抱和使用那些以人为本的技术，增强我们为客户创造价值的能力，在顾客的全链路当中极大地提升顾客的体验，这是营销 5.0 的本质。

营销 5.0 没有改变营销的基本范式，但是它改变了我们识别、连接和经营顾客的效率和效能。

营销 5.0 有几个关键词：①以人为本的技术；②在顾客的旅程中创造传播、交付和增强顾客价值。

首先，技术包括什么？包括我们大家都熟悉的 AI、自然语言处理、AR、VR 等，这些

新技术加上对顾客旅程的深度的嵌入，构造了营销 5.0 的基石。

今天，我们的产品与服务越来越一体化，和顾客之间形成了越来越长期的关系，这个时候体验就变得很重要。这张图的横轴是科特勒先生的 5A 模型，这个模型被很多企业、各大平台广泛采用。5A 模型概述了一个消费者完整的购买闭环，它不是一个线性过程，它是一个闭环。

比如你是一个消费者，你从需求被唤起，开始寻找品牌名单，筛选供应链，到开始被种草、互动，到产生购买，到购买之后的分享和复购。这种共创行为不是结束，它带动了新粉丝的增加和消费者再推荐的增加，它是一个完整的链路。

比如，在了解阶段。我想买一部新车，我非常想知道什么车适合我，什么是好车的标准，怎么去购买，等等，消费者需要大量的信息，需要推荐。这时候，决策式 AI 就出现了，决策式 AI 的一个重要应用是智能推荐，它会根据你过去的浏览行为，推荐你应该买这个品牌的车。这叫智能推荐或者说智能匹配。

然后你对电动车感兴趣，进入了问询阶段，这个时候你需要的是互动，是更加深度的内容，是针对你的问题和之前的浏览而产生的定制化内容。接着，生成式 AI 就出现了，生成式 AI 中最典型的就是 ChatGPT。ChatGPT 能创造新的内容，帮助我们高效地做内容创作，改变了我们的内容生态。

再往后，我们怎样去维护客户关系，让客户变成“粉丝”，拥护我们，复购和推荐？这时候元宇宙、XR、社区、私域，就变成了“粉丝”、购买者们互相交流，构建关系，最大化提升使用效果的一个平台。

图 1-6 就告诉我们，技术，包括决策式 AI、生成式 AI、传感器、机器人、元宇宙、XR、物联网等，是可以融入我们顾客的购买流程中去的。这个理解起来比较容易，但是难点在于，怎么让这个技术融入我们的商业流程中去。

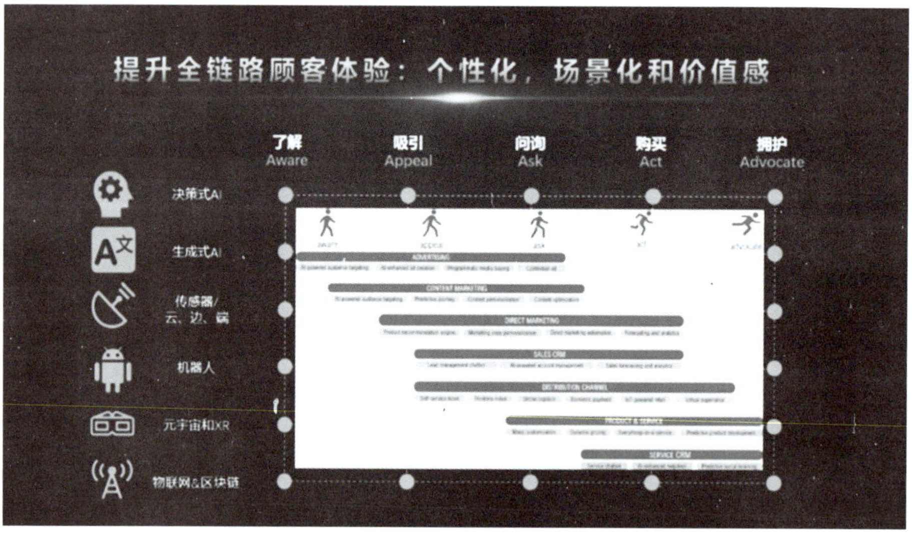

图 1-6　提升全链路顾客体验

今天的技术非常多，技术本身不会创造价值，只有当技术被定义为可以解决什么问题的时候，它才具备创造价值的前提。技术和问题之间差的是什么？就是科特勒先生刚才讲的创造力。

为什么说 ChatGPT 不但不会让营销人、品牌人失业，反而让我们变得更加有价值？因为这种技术，更加需要我们创造性地去理解、定义和解决问题。聪明，是你有一个好答案，但智慧，是你提出一个正确的问题。

营销 5.0 的 3 种常见应用

营销 5.0 在企业当中有 3 种最常见的应用：一种是预见式营销，一种是场景式营销，还有一种是增强式营销。我们具体看一看。

①增强式营销。也就是我们用以人为本的技术，比如 XR，各种 IoT 技术，增强我们的营销效果以及丰富我们的品牌体验。

过去一个品牌，讲这个香水多么高大上，讲这个鞋多么好，消费者要获得体验，要么去店里试穿，要么去看广告、看短视频。现在有了元宇宙、NFT 这些新的技术，我们就可以深度体验它。比如星巴克就用 NFT 来改造它的会员体系；比如可口可乐、耐克等，用元宇宙，用生成式、决策式 AI 打造了全新的品牌社区、品牌王国和品牌体验官，如图 1-7 所示。

图 1-7 元宇宙、生成式和决策式 AI

耐克收购了 RTFT（一个虚拟鞋设计的公司），收购之后，耐克的消费者可以在上面买虚拟鞋，而且你买了这个鞋之后，你还可以在线下购买这款鞋的实体产品。所以，耐克现在拥有四个品牌：耐克、乔丹、Converse，以及 RTFT。RTFT 就是一个平行宇宙。虚拟世界和现实世界，极大地增强了我们营销创造价值的空间和塑造体验的空间。

②场景式营销。智能手机让我们变成了场景动物，让市场营销变成了一个场景营销。我们可以用传感器向消费者推荐产品，比如夏日炎热的时候应该喝什么温度的饮料。

广告，靠卖饮料、卖衣服赚钱。它们怎么做的？这个 Weather Channel 和宝洁合作，它会根据每天的湿度、日照、紫外线强度，推荐你今天适合买宝洁的哪款产品，然后从中赚钱，消费者也获得了价值。这种场景营销和技术，带给我们非常多过去实现不了的模式，很好玩。

③预见式营销。它能帮助我们基于决策式 AI 做智能推荐，无论是顾客管理、产品管理，还是品牌管理，都可以应用到。

举个例子，乐事用预见式营销，来选择最畅销款的薯片，让消费者投票，根据全网数据分析哪款薯片会爆，从而进行产品决策。

总结一下，营销5.0时代是一个以以人为本的技术，融入顾客全生命周期、全链路的一种营销，我们把它叫作五链合一。顾客的行为链路是我们最终要影响的。衡量营销是否成功，就看我们是否影响和改变了顾客行为，是否提升了品牌的渗透率，这是终极目标。

要影响顾客行为链，我们必须用技术、内容、营销创意来影响顾客的心理链，然后是媒体投放链条、媒介链路、营销视频链路和衡量我们的效果，这叫五链合一。

营销5.0让我们成为一家创造卓越顾客价值的公司，成为一个服务顾客的公司，而不是卖产品的公司；让我们成为一个创造挚爱、有爱的品牌的公司。

（资料来源：机械工业出版社，商业阅读新风向2023年度知识发布第三场 https://new.qq.com/rain/a/20230326A06XSV00）

二、金融营销的内涵

（一）金融营销的概念

金融营销的概念源自1958年在美国银行协会会议上提出的“银行营销”。在这次会议上，第一次提出了商业银行应运用营销策略的想法。然而，在那个时期，银行营销的定义并不深入，只是被简单地理解为“广告和公关”的同义词，直到20世纪70年代，人们才开始真正认识到营销管理在商业银行运营中的意义所在。1972年8月，英国的《银行家杂志》对商业银行的营销管理进行了定义：“银行营销管理是将有盈利潜力的银行服务推向精选客户的一种管理过程。”

金融机构是经济体系中专注于为客户提供金融服务的企业，其存在的目的是满足客户对金融产品的消费需求，以此作为经营手段，追求盈利作为其经营目标。金融机构的运营情况与工商业企业极为类似，它们不仅要向社会广泛地销售其产品，而且必须在激烈的市场竞争中立足，且以盈利作为最终的追求。因此，在市场经济的环境下，金融机构也需要运用市场营销的理论，大规模地开展金融营销活动。因此，金融营销的基本理念和营销策略与一般工商业企业的市场营销在很多方面都有所类似。

据此，我们可以将金融营销定义为：金融营销是金融机构以金融市场为指导，运用全面的营销手段为客户提供金融产品和服务，旨在在满足客户需求和欲望的过程中，达成金融机构的利润目标的社会行为过程。

（二）金融营销的要素

1. 金融营销的主体

在《金融企业财务规则实施指南》（财金〔2007〕23号）中，对“金融企业”的定义被清晰地表述为：那些需要经过金融监管部门授权并获得金融业务许可证方可开展业务的企业。这一类企业的范围广泛，涵盖了需要获得银行业务许可证的各类银行，如政策性银行、邮政储蓄银行、国有商业银行、股份制商业银行，以及信托投资公司、金融资产管理公司、金融租赁公司和财务公司等。同时，还包括必须获取证券业务许可证的证券公司、期货公司和基金管理公司等，以及需获得保险业务许可证的各种保险公司等。通过这一定义，我们可以清楚地认识到，金融企业实际上主要包括各种形式的银行业务机构和非银行业务机构。

在金融营销的主体中，“银行”可涵盖的领域极其广泛，其包括了中央银行、商业银行以及政策性银行等多个方面。以我国为例，我国的中央银行为中国人民银行，通常简称为

"央行"或"人行"，它在国家货币政策的制定和执行中起着核心的作用。商业银行是金融体系中的重要角色，包括农村信用合作社和城市信用合作社在内。它们的主要任务是筹集各类金融负债，以积累资金，利用这些资金对多种金融资产进行经营。商业银行的经营业务主要涉及资产、负债和中介业务等。在金融产品营销方面，主要由商业银行承担，商业银行不仅致力于发展传统的利差业务，还大力推进非利差业务的发展，如代理销售金融产品，提供金融服务，包括私人财富管理、财务顾问等。政策性银行，如中国农业发展银行、国家开发银行和中国进出口银行等，以国家政策为导向，主要负责实施政府的各项经济政策，推动国家的经济发展。无论是中央银行、商业银行还是政策性银行，它们都在金融营销体系中占据了重要的地位，构成了金融营销主体的核心。通过整合和优化各自的资源和优势，这些银行能够为客户提供一系列全面、专业的金融服务，推动整个金融市场的发展。

"证券公司"或称"券商"，是非银行金融机构的一种形式，其基于公司法的规定而设立，并经过国务院证券监督管理机构的审查批准。证券公司的主要职责是进行证券经营业务，其合法的组织形式通常为有限责任公司或股份有限公司。证券公司的经营业务多种多样，主要包括承销、经纪和自营三个方面。承销业务涉及证券公司受发行公司委托，帮助其完成证券的发行过程。这项业务需要证券公司具备强大的市场分析能力，以便确定适合的发行价格和发行时间，以确保证券的顺利发行和上市。经纪业务是指证券公司接受客户的委托，代理客户进行证券的买卖操作，并从中收取一定的手续费。这项业务需要证券公司具备良好的服务意识和专业知识，以提供满足客户需求的定制化服务。自营业务是证券公司以自身名义进行的证券买卖活动。这种业务通常需要证券公司具备强大的资金实力和高水平的风险控制能力。证券公司帮助客户实现投资目标，同时也为金融市场的发展做出了重要贡献。

在金融营销的主体群体中，保险公司以其独特的经营模式和风险管理能力，成为一个重要的构成部分。这些公司依据我国的保险法和公司法进行设立，主要承担经营商业保险业务的职责。作为一种专门从事商业保险业务的企业，保险公司在金融领域中担任了重要的风险防护角色。保险公司的业务范围广泛，主要可以分为财产保险业务和人身保险业务两大类。财产保险业务包括财产损失保险、责任保险、信用保险等，旨在为客户提供针对各类财产损失风险的保障。比如，当企业或个人的财产遭受意外损失时，保险公司便会按照保险合同的规定进行赔付，从而降低客户的经济损失。人身保险业务包括人寿保险、健康保险、意外伤害保险等，这主要是为了给人的生命、身体或者健康提供保障。当被保险人遭遇意外伤害或者疾病时，保险公司就会根据保险条款进行相应的赔付，减轻客户的经济压力。保险公司的经营活动不仅可以为客户提供多元化的风险保障，也可以为整个社会的稳定和发展提供重要支撑。通过构建风险转移机制，保险公司有助于维护社会经济的稳定运行，同时也通过提供多样化的保险产品，满足客户对风险防控的多样化需求。在金融营销主体中，保险公司以其专业和细致的服务赢得了广大客户的认可和信任。

信托投资公司是一种依照《中华人民共和国公司法》和《信托投资公司管理办法》设立的，以经营信托业务为主的金融机构。信托业务，也被称为信用委托，是一种基于信任关系的法律行为，通常涉及三个当事人：委托人、受托人和受益人。在这种关系中，委托人把自己的财产权交给受托人，由受托人按照委托人的意愿，以其自己的名义，为受益人或特定目的进行管理或处分。信托投资公司，就是这样一种专门以信托人身份从事信托业务的机构。它们依赖金融主管部门的许可，获得《信托机构法人许可证》，然后按照委托人的特定目标或要求，承担起信托和处理信托事务的责任，管理或运用信托资金、信托财产。因此，信托投资公司的作用是多方面的。它们可以帮助个人和企业在满足其财富增长、风险管理、税务规划等各种需求的同时，为社会的经济发展提供重要的推动力。对于投资者来说，信托投资公司提供了灵活、个性化的金融解决方案，能够在满足其投资目标的同时，提供合适的风险管理策略。

基金公司，既可以理解为广义上的证券投资基金管理公司，也可以是狭义上的公募基金公司。从广义上讲，基金公司是从事证券投资基金管理业务的企业法人，这其中包括公募基金公司和私募基金公司。这些公司的主要业务就是为投资者提供一系列的投资策略和投资管理服务，以满足他们在风险和收益间寻求平衡的需求。从狭义上理解，基金公司主要指的是经中国证券监督管理委员会批准，设立在中华人民共和国境内，专门从事证券投资基金管理业务的基金管理公司，也就是我们常说的公募基金公司。这类公司的主要业务是发行并管理公开向所有投资者募集的基金，这些基金通常有严格的监管，其投资的产品和策略需要透明且符合一定的风险控制规定。无论是广义还是狭义的基金公司，都在金融市场中占据了重要的位置。它们为投资者提供了多样化的投资选择，帮助投资者进行资产配置，以期在满足投资者收益预期的同时，控制投资风险。基金公司以其专业的投资管理能力，成为连接投资者与金融市场的重要桥梁。

在金融营销的领域中，投资基金是一种关键的金融工具，它通过募集资金，由专业的基金管理人进行管理，基金托管人进行托管，以资产组合的方式进行投资，旨在为基金份额持有人带来收益并分摊风险。投资基金并不包含在我国经济生活中的政府建设基金和社会公益基金。其当事人主要包括基金管理人、基金托管人和基金份额持有人，其中基金管理公司的核心职能就是“受人之托、代人理财”。投资基金的主要特征包括：专家理财，这是因为基金管理人通常都是经验丰富的投资专家；组合投资以分散风险，通过投资多种资产，可以降低单一投资带来的风险；基金财产具有独立性，即基金财产独立于基金管理人和基金托管人的其他财产，专用于基金投资。根据不同的分类方法，投资基金有多种类型。例如，根据组织形式，它可以分为信托制基金、公司制基金和有限合伙制基金等。根据运作方式，投资基金可以分为封闭式基金和开放式基金等。根据投资对象，它可以分为证券投资基金和实业投资基金。根据募集方式，投资基金又可以分为公募基金和私募基金。在金融营销的主体中，投资基金通过提供专业的投资管理服务、实行资产组合投资策略以及设立独立的基金财产，以期在满足投资者收益预期的同时，控制投资风险。其多样的形式和类型也使得投资者能根据自身的风险承受能力和投资目标选择最适合自己的投资基金产品。

扩展阅读

投资基金起源和发展

在当今金融领域中，基金是一种受欢迎的投资工具。它为个人和机构投资者提供了一个多样化的投资渠道，既具有灵活性，又能分散风险。基金的起源可以追溯到几个世纪前，经历了长期的演进和发展。

基金的起源可以追溯到17世纪的荷兰。当时，荷兰东印度公司为了筹集资金，发行了第一只股票，这被视为现代基金的雏形。然而，真正意义上的基金起源于18世纪的英国。当时，股票投资开始兴起，并且出现了由一群投资者组成的信托基金，这些基金由专业经理人负责管理。

19 世纪中叶，美国的投资基金开始崭露头角。1844 年，波士顿的马萨诸塞州托管公司创立了第一只以股票为基础的投资信托基金，成为美国历史上第一家基金公司。随着时间的推移，越来越多的基金公司相继成立，基金行业进入了蓬勃发展的阶段。

20 世纪初，基金行业经历了一系列的改革和创新。1924 年，美国的一家公司推出了第一只开放式基金，这种基金允许投资者根据自己的意愿随时购买或赎回份额，从而提高了流动性。20 世纪 60 年代，指数基金的概念被引入，这种基金以特定的指数为基准，追踪市场表现，并且具有较低的管理费用。

自 20 世纪末以来，基金行业在全球范围内蓬勃发展。随着科技的进步和金融市场的全球化，基金的类型和策略变得更加多样化。例如，除了股票基金和债券基金之外，现在还有房地产基金、商品基金、对冲基金等。同时，也出现了更加复杂和专业化的投资策略，如量化交易和风险套利等。

在数字化时代，互联网和移动技术的普及使得基金投资变得更加便捷和透明。投资者可以通过在线平台查看基金的业绩、费用结构和投资信息，进行在线购买和赎回基金份额，实现个性化的投资组合管理。

基金行业的发展受益于全球经济的增长和人们对投资的需求。投资者通过购买基金，可以参与各种资产类别的投资，并由专业的基金经理负责管理和调整投资组合。基金行业也为经济提供了资金流动和资本市场的稳定性。

然而，基金行业也面临着一些挑战和监管压力。一些问题包括高管理费用、信息不对称、基金经理的绩效等。监管机构对基金行业进行监管和监督，以确保投资者的权益和市场的公平性。

总之，基金作为一种投资工具，在全球范围内得到广泛应用和发展。它的起源可以追溯到几个世纪前，经历了不断的创新和改革。随着时间的推移，基金行业变得更加多样化和专业化，为投资者提供了更多选择和机会。投资者可以通过基金参与全球资本市场，并在风险和回报之间找到平衡点，实现财务增长和长期投资目标的实现。

（资料来源：https://baijiahao. baidu. com/s? id=1767825583291929515&wfr=spider&for=pc）

2. 金融营销的客体

金融营销的客体主要是各种各样的金融产品和金融服务。金融产品，也被称为金融工具、信用工具或交易工具，主要指在资金融通过程中的各种载体。这些载体可以是股份，也可以是债券、贷款，甚至是金融衍生工具如期权、期货、远期契约等。所有这些产品，在金融市场中互相交易，通过市场的供需机制形成各自的价格，也就是通常所说的利率或者收益率，最终完成交易，达到资金融通的目的。

金融产品的主要构成要素包括：发行者（通常是金融机构），认购者（即投资者），产品期限（产品的持有期间），产品价格和收益（产品的购买价格和预期收益），产品风险（产品可能面临的损失风险），流通性（产品在市场上买卖的便利程度），以及权力（产品所赋予投资者的权利）。

除了金融产品，金融服务也是金融营销的重要客体。金融服务主要是指涉及金融交易或者财务管理的一系列服务或商业行为，通常由银行、保险公司、投资机构、证券公司以及个人理财机构等企业或机构提供。通过金融服务，可以助力个人或者企业更深入地理解和高效地运用金融产品，为他们的投资决策提供必要的信息和专业的建议。

三、金融营销的特点

（一）以客户为中心

金融营销始终以客户为中心。这意味着所有的营销策略和活动都是以满足客户需求为目标。为了实现这一目标，金融机构需要对其客户群体进行深入的研究和理解，包括他们的需求、预期、行为模式等。此外，金融机构还需要通过各种方式与客户进行有效的沟通，以了解他们的需求并提供适当的解决方案。因此，客户关系管理在金融营销中占据了核心地位，不仅关系到客户满意度和忠诚度，也直接影响到金融机构的长期成功。

（二）产品和服务的复杂性

金融产品和服务的复杂性是金融营销的另一个重要特点。与其他行业的产品和服务相比，金融产品和服务往往涉及更多的技术细节和法规要求，对于消费者来说可能难以理解。因此，金融营销需要在传达这些复杂信息的同时，确保消费者能够理解和接受。这就需要金融机构在营销活动中不仅要有清晰、准确的信息传递，还需要有教育和咨询的角色，帮助消费者理解和选择最适合他们的产品和服务。

（三）严格的合规性要求

金融行业受到严格的法律和监管，因此，金融营销的策略和实践也必须符合相关的法律法规。这意味着金融机构在进行营销活动时，必须遵守一系列的广告法、隐私法、消费者保护法等。违反这些法律法规可能会导致罚款、诉讼甚至撤销营业许可。因此，合规性在金融营销中需要引起金融机构乃至整个行业的足够重视。

（四）对信任和关系的依赖

金融机构的产品和服务往往涉及消费者的财务状况和未来的生活计划，因此，建立和维持消费者的信任是金融营销的关键。信任不仅可以促进消费者选择和使用金融机构的产品和服务，还可以促进他们对金融机构的忠诚度，从而带来持续的收入。因此，金融营销需要通过提供高质量的产品和服务、保持透明和诚实的沟通，以及提供优质的客户服务等方式来建立和维持消费者的信任。

（五）提倡全员营销

全员营销的观念在金融营销中的应用尤其重要，这不仅是一种策略，也是一种理念。由于金融产品或服务的特殊性，即金融服务的提供者在生产产品的同时也能直接面对消费者，他们可以直接了解和满足消费者的需求。因此，金融企业需要培养员工具备营销的意识和技巧，在与顾客的每一次接触和服务中，都能将公司的产品和服务有力地推广给顾客。无论是前台的客户服务人员，还是后台的技术人员，甚至高级管理人员，都可以通过他们的工作来传达企业的价值观和产品特性。这种全员参与的方式可以让营销活动更加全面和深入，使得金融产品在满足顾客需求的同时得以有效推广。

（六）注重品牌营销

随着金融市场的竞争日益激烈，金融产品和服务的种类也日益繁多，品牌营销的重要性在金融营销中日益凸显。在大多数情况下，由于同类型金融企业提供的产品和服务功能大致相同，消费者在选择金融产品或服务时，往往不是被产品本身的功能或效益吸引，而是受到了他们熟悉的品牌的吸引。例如，建设银行的“龙卡”和交通银行的“太平洋卡”等，都是人们熟悉的品牌，它们背后的品牌形象和声誉，以及与之相关的消费者感知和认知，对消费者的决策产生了深远影响。因此，金融机构需要重视品牌营销，不仅要通过广告和宣传活动来提升品牌知名度，也要通过提供高质量的产品和服务来树立品牌形象，以获得消费者的认同和信任，从而在激烈的竞争中立于不败之地。

扩展阅读

中国共产党创建的金融体制

中国共产党最初建立的银行就是依托农会建立的互助金融组织。例如，澎湃在广东倡导建立农民借贷组织，毛泽东在《中国社会各阶级的分析》《湖南农民运动考察报告》等文章中都专门论述过向农民借贷的问题，并在湖南亲自参与、指导农民银行、平民银行的创立。这些金融组织天然就带有互助、合作、服务平民大众的普惠色彩，体现着金融的原初逻辑，这一以“为人民服务”为出发点的合作金融模式与国民党所实行的，以官僚资本为主导的西式金融从发生开始就呈鲜明对照。

中国共产党领导、创建的银行，其资本要么是剥夺土豪劣绅的，要么是百姓合资、合股的，其原始资本的形成就带有合作金融的特征，而且其业务主要是针对贫苦大众，极富社会服务精神，而且还体现着社会平等、公正等价值观，是政府主导性金融、政策性金融、合作金融、普惠金融、平民金融。其中不乏对中国传统金融模式的继承，而中国共产党领导下的金融体制则更能体现“天下为公”的整体主义精神和“为人民服务”的社会服务精神，公正、平等、和谐、高效，具有强大的生命力。

中国的传统体制作为政府主导的整体体制，比较而言具有明显的优越性，保证了中国作为超大型国家长期稳定的存续与发展。其根本原因在于中国传统文化的核心原则是整体主义的天下观——以天下众生为共命运体。中国共产党所构造的是一个追求公正、合理的社会主义体制，其体制设计充分体现整体利益和整体理性，完全是服务整体、造福大众的，既面向人类命运共同体，又关注个体的自由、福祉。

因此，中国共产党领导下的金融体制具有创制的意义。首先，其截然不同于西方的私人牟利金融体制。其次，它是对中国传统金融的高度升华和扬弃，实现了合理性、效率性以及道德性的飞跃。最后，与苏联没收并改造了西式银行所形成的高度计划的金融体系也有所不同，突出了互助、合作和普惠的色彩，更具有灵活性，更能从宏观和微观两个层面充分发挥金融的功效。可以说，中国共产党创建了具有中国特色的社会主义，也创建了具有中国特色的社会主义金融体制。

（资料来源：《中国金融》2021 年第 15 期）

第二节　金融营销的兴起与发展

一、金融市场的发展与变革

自货币诞生之日起，金融活动便与人类社会并行。在货币交易和金匠行业的推动下，银行业渐渐萌芽并兴起，早在1580年，威尼斯便诞生了世界上第一家银行。然而，直接融资，也就是企业通过发行股票或债券在资本市场直接筹集资金的方式，到17世纪才得以兴起。1602年，荷兰的东印度公司通过向公众发行股票筹集资金并分散风险，引领了全球股份公司的发展。而荷兰阿姆斯特丹交易所，作为全球第一个交易所，诞生于1609年。1694年，英国创立了第一家股份制银行——英格兰银行，奠定了现代银行的基本组织架构。在此之后，全球各资本主义国家的金融业如雨后春笋般繁荣发展，大大推动了资本的积累和生产的集中。

跨越大洋，来到中国，我们的第一家银行——中国通商银行，诞生于1897年。自辛亥革命以来，尤其是“一战”爆发后，中国的银行业经历了快速的发展，银行逐渐成为金融业的主干，取代了曾经的钱庄、票号等，它们逐步退居次席并逐渐衰落。中国银行业的发展与民族资本主义工商业的兴起相互促进。随着1978年中国共产党的十一届三中全会的召开，中国拉开了改革开放的大幕。从尝试性的渐进式改革到坚持以经济建设为中心，中国经济社会经历了翻天覆地的变化。在金融领域，经历了从无到有，从银行为主体到完整金融体系的构建与完善的历程，中国的金融发展在短短几十年内走过了发达国家百年走过的历程。

（一）缓慢的金融市场恢复阶段（1978—1984年）

1978年至1984年，中国金融市场进入了缓慢恢复的阶段。这一时期，中国人民银行从财政部独立，开始执行中央银行的职能，标志着现代化金融体系的初步构建。同期，农业银行、中国银行、建设银行以及工商银行等金融机构的设立或独立，进一步丰富了中国的金融机构体系。此外，各地也成立了城市信用社，以满足地方和中小企业的金融需求。至于金融市场对外开放，日本输出入银行在1979年在北京设立代表处，作为首个开设在中国的外国银行，标志着中国金融市场对外开放的起始。这一阶段的重要意义在于，中国开始搭建起现代化的金融体系，并开始积极开放金融市场，为后续的金融发展奠定了坚实的基础。

（二）坚实的金融市场形成阶段（1984—1994年）

这个阶段的中国金融市场发展是由经济改革的深入推动的，标志性事件是1984年中国人民银行被赋予国家中央银行的全部职能，而其商业银行业务则转交给已设立的商业银行及正在恢复的中国工商银行。这意味着以商业银行为主体的金融市场的初步形成，也标志着中国现代金融体系的初步框架。在此期间，随着乡镇企业的兴起，农村信用社如雨后春笋般涌现，数量一度高达5万多家。1986年，交通银行作为中国首家股份制商业银行应运而生。随后的一年，由企业发起的中信实业银行和由地方金融机构及企业共同出资的深圳发展银行先后成立，标志着多层次银行体系的初步形成。此阶段还见证了金融市场对外开放的步伐加快，首先是1990年上海浦东获批引入营业性外资金融机构，其次是证券市场的启动。1990年，上海证券交易所成立，为国内企业的直接融资开启了新的通道。到了1991年，证券市场进一步向外资开放，推出了人民币特种股票，以吸引外资投资。1993年，第一家国有企业在香港以H股形式上市，为内地企业的融资开启了新的渠道。

（三）快速的金融市场完善阶段（1994—2001年）

1994年，国务院推出了一系列全面改革措施，包括对中央银行体系、金融宏观调控体系、金融组织体系、金融市场体系和外汇管理体系的改革。同年，中国实施了管理的浮动汇率制度。此时期，三大政策性银行——国家开发银行、国家进出口银行和国家农业发展银行成立，使政策性银行体系初具规模。同时，国有专业银行开始按照商业银行规范进行改革。随后，国家出台了一系列基本法规，以规范金融机构的行为和金融活动，标志着中国金融发展进入了法治轨道，金融监管走向法制化、规范化。1996 年，外资金融机构在上海浦东试点进行人民币业务，并有不少外资保险公司进入中国。然而，由于 1998 年的亚洲金融危机的影响，一些外资金融机构在中国的业务发展受到了阻碍，甚至有的退出了中国市场。不过，这次金融危机让中国对外资流入和扩大出口产生了更大的重视，积极引入外资银行以增加外汇储备。

（四）金融市场的进一步开放（2001 年后）

2001 年 12 月，中国正式成为世界贸易组织（WTO）的成员国，开启了金融改革的新里程碑。我国开始更广泛地参与国际金融竞争与合作，加快金融业的改革步伐。加入 WTO 带来了金融市场的全新变革，催生了新一轮金融改革的动力。

在金融市场逐步对外开放的过程中，中国维护国内金融体系的安全，实行逐步开放的策略。随着对外开放程度的不断扩大，外资金融机构在中国境内的业务迅速发展，对中国经济的发展产生了积极影响。2006 年 12 月，中国金融市场全面对外开放。

进入 WTO 后，中国金融业的对外开放进入了更深的阶段，坚持了“引进来”和“走出去”相结合的原则，避免了对外开放的单向性发展。随着外资金融机构在中国金融市场的地位和作用不断增强，国内金融机构也积极响应国家的开放政策，参与国内外金融市场，以此推动经济发展。

这四个阶段共同构成了中国金融市场的发展历程，每个阶段都为中国金融体系的建立和完善做出了重要贡献。随着中国金融市场的进一步开放和改革，中国金融业的国际竞争力和影响力将不断提升，为全球经济的繁荣做出更大贡献。

二、金融营销的发展历程

（一）西方国家金融营销的发展历程

金融行业内的营销研究是一个较为新颖的理念。将金融企业与传统的工商企业进行对比时，会发现在西方国家，金融公司在市场营销的理解和实践上，与传统的工商企业相比，起步较晚。观察西方金融业的营销历程，大体可以划分为五个发展阶段。

1. 金融营销萌芽阶段（20 世纪 50 年代末—60 年代）

在过去，市场营销被视为与金融行业无关的领域，人们总是自然而然地认为，当需要银行服务时，他们自然会去银行。然而，直至 1958 年，美国全国银行协会年会上首次提及市场营销在银行业的应用，金融业的市场营销才初露端倪。那时，正值银行和其他金融机构在储蓄业务上针锋相对，一些具有创新精神的银行开始尝试效仿工商企业的营销策略，通过广告和促销手段，来吸引更多的新客户。而在英国，直到 20 世纪 60 年代初，才有少数银行开始认识到营销研究在其未来发展和当前经营活动中的重要性，并开始将营销思维引入金融领域。

然而，在 20 世纪 60 年代的整个 10 年，金融服务领域的市场营销发展步伐相当缓慢，金融产业长久以来被视为产品导向的，加上金融产品的无形性特点给金融营销带来了诸多困扰。许多银行虽然开始使用广告等营销手段，但它们还未能充分理解和认知到营销在企业运营中的重要性，更不用说将市场营销作为企业经营的核心理念。因此，开始出现了一种新的趋势，即金融企业开始重视提供优质的服务，但往往将服务片面地理解为员工的微笑和友好的气氛。为此，许多金融企业开始对员工进行培训，提倡“微笑”服务，并改善了接待环境，以营造出一种温馨、友好的氛围。

这个阶段可以看作是金融营销的萌芽阶段。尽管在此阶段，银行开始试图利用广告和促销手段吸引客户，但由于竞争对手的模仿，这些优势很快就消失了。经过一段时间的实践，银行开始认识到，吸引新客户并不困难，真正的挑战是如何将他们转化为忠诚的客户。这也促使了金融业开始关注并提高服务质量。总的来说，这个阶段的营销手段以广告、促销和宣传为主，虽然成效有限，但为金融业的市场营销奠定了基础。

2. 金融营销发展阶段（20 世纪 70—80 年代）

在 20 世纪 70 年代至 80 年代，西方国家的金融营销经历了一场巨变，这一阶段可以被视为金融营销的形成和发展阶段。本阶段的早期，即 70 年代，市场营销的概念逐渐被金融服务组织接纳，然后应用在自身的业务活动中。这一时期的营销更多的是侧重于战术，而不是战略，但随着“金融革命”的到来，整个西方金融业开始深刻地理解并使用市场营销的理念和手段。

在“金融革命”的推动下，金融企业开始意识到它们的核心业务是满足客户日益变化的金融需求，营销创新成为金融营销的主流趋势。金融机构开始进行金融产品和服务的创新，试图向客户提供新颖且有价值的服务。从保险公司推出新的险种，到银行提供信用卡服务、上门贷款和共同基金等，它们致力于通过金融创新，不断扩展自身的金融产品范围和广度，以满足客户更加广泛和深入的金融服务需求。在这一阶段，金融产品和服务的创新速度快，但由于缺乏法律保护，这些创新产品和服务很容易被模仿，导致产品生命周期缩短。

此时期的金融营销已经不再局限于单一的营销手段，而是广泛运用营销思想，市场细分和企业定位成为金融企业的研究重点。金融企业开始认识到无法迎合所有消费者的需求并全面占领市场，以往采用的营销方法也未能有效地将自身与竞争对手进行区分。所以，金融企业需要集中力量于自己擅长的领域，通过细分市场和精准定位，成为消费者心目中的最佳选择。例如，有的银行自我定位为商业银行，主要客户群体是大型企业；有的银行则选择将其服务范围专注于中小型企业；还有的银行把目光投向国际金融业务等领域。这一时期，西方国家的金融服务行业蓬勃发展，成为经济活动中增长最迅速的行业之一。

然而，到了 20 世纪 80 年代末期，对于市场营销在金融服务领域的地位和作用，业界并未达成共识。一些人，如克拉克、爱德华和嘉得勒等人认为市场营销已经成为金融服务组织的主导，而施瓦科和林齐等人则认为市场营销在金融服务领域的作用还不够显著。同时，一些评论家甚至认为满足顾客需求的理念和金融服务的竞争之间存在根本的冲突。

不管怎样，无论市场营销在金融服务组织中的地位如何，市场营销活动的范围已在迅速扩大，特别是非传统的金融服务提供商通过市场营销成功地占领了市场份额，更证明了市场营销的重要性。同时，与金融服务相关的营销文献也在此期间大量涌现，如《国际银行营销杂志》和《银行零售业务杂志》等，这也反映了人们对金融营销越来越深的关注和研究。

3. 金融营销成熟阶段（20 世纪 90 年代以来）

在 20 世纪 90 年代及以后，西方国家的金融营销经历了一次深刻的转变和发展。这个时期，各种复杂的因素——如消费者个人收入和财富的增加，其他经济部门的发展，全球经济一体化的步伐，以及信息技术的快速进步——对金融行业产生了大量需求，同时也加剧了行业内部的竞争。这使得金融创新不再只是产品创新，而更重要的是流程创新和市场管理的创新。许多金融机构都成为跨国公司，尤其是美国和日本的银行，这些机构更多地将眼光投向海外市场。

在探索和发展的数十年之后，西方的金融营销已经逐步走向成熟，开始以市场营销为导向，并以市场营销的理念引导企业全面的运营活动。继广告、促销、友好服务、创新和定位之后，这些金融机构开始深入探讨企业经营理念的核心问题，金融营销的观念也逐步从产品营销、品牌营销、定位营销转变为服务营销和整合营销。金融机构逐渐清晰地认识到，要实现出色的业务表现，稳固其竞争优势地位，就需要不断深化对金融营销环境的研究与理解，充分调动企业所有资源，发展企业的核心竞争力。只有这样，才能建立起并维持与客户的长久互惠关系，以此来实现企业的战略目标。

然而，自 20 世纪 90 年代以来，西方金融环境发生了重大变化，特别是银行业，正处于一个新的转型期。科技的迅猛发展，信息披露制度的推广，金融管制的放松，以及金融全球化的步伐加快等因素，导致银行业的入场门槛大幅降低，同时也催生了中间业务和非银行机构的飞速崛起。相较于金融市场的投资回报率，银行的投资收益明显偏低，使得企业对银行的融资需求逐渐下滑。随着金融全球化的快速发展，各国纷纷放宽金融市场的开放程度，企业融资的视野也扩大至全球范围，使银行业面临前所未有的挑战。

目前，西方国家的金融营销出现了一些新的特点。金融营销研究的重点开始转向其他金融机构，金融营销研究的核心由战略转向关系。在新的营销高潮下，金融企业更加强调面对面的服务。与此同时，由于新生代和白领阶层收入的增加，零售银行业务再次得到了重视。然而，新的挑战也随之而来，如适应环境的迅速变化，保持核心竞争力，开展金融行业间的战略合作，满足客户的个性化需求，提供超值服务，开展内部营销，以及面对金融全球化和利率市场化的准备等。

（二）我国金融营销的发展历程

在 1978 年改革开放之前，中国的金融业是国家垄断的行业。那时，金融机构的自主性非常低，更多地充当政府财政政策的执行者的角色，金融营销的活动空间几乎不存在。然而，1979 年至 1992 年，伴随着经济体制的改革，金融业迅速复苏和发展，逐渐形成了以专业银行为主体，中央银行为核心，各种银行和非银行金融机构并存的现代金融体系。

1992 年，党的十四大提出了社会主义市场经济体制，为金融业的发展创造了更好的环境。从此，金融营销开始快速发展，金融业尤其是银行业的竞争日益激烈，原本被国有四大银行垄断的国内银行市场格局被打破。到了 2001 年，中国加入了世界贸易组织（WTO）。外资银行和证券公司纷纷进入中国的金融市场。外资银行在中国加入 WTO 两年后即可向国内企业提供人民币业务，五年后可以享受全面的国民待遇，全方位经营人民币业务。由于外资金融机构拥有先进的国际金融交易经验，先进的管理模式，以及优质的服务，金融营销竞争愈发激烈。

扩展阅读

中国银行业保险业 10 年来的改革情况

第一，综合实力不断增强。到目前为止，我国银行业总资产是 344.8 万亿元，2012 年年底是 133.6 万亿元，目前已经成为全球最大的银行市场。保险业总资产从 2012 年年底的 7.4 万亿元增加到 2021 年年底的 24.9 万亿元，是全球第二大保险市场。在全球 1 000 强银行排名中，我国有近 150 家银行上榜。工、农、中、建四大银行已成为全球系统性重要银行。我国银行业保险业的总资本从 2012 年年底的 9.5 万亿元增加到 2021 年年底的 32.4 万亿元，资本实力大大增强。

第二，金融结构不断优化。间接融资和直接融资的比例与我国经济社会发展和金融需求的适应性大幅提高。城乡金融资源的配置更趋合理，目前平均县域银行机构 8.8 家，保险机构 15.8 家，金融资源向县域和乡村配置的比例不断提高。金融集中与分散度更趋平衡，前五大银行金融资产占比是 38%，这样一个比例是比较合理的，有利于合理配置金融资源，也有利于维护金融稳定。在大中小微各类银行保险机构的数量方面是比较适当的，布局比较合理，形成了相互促进、相互补充的金融机构体系。目前我国的金融结构与我国经济体制、经济发展阶段，以及金融传统习惯和需求特点是基本适应的。

第三，中国特色的金融治理体系不断完善，党对金融工作的集中统一领导全面加强，党的领导融入公司治理各个环节的制度安排初步形成，股权结构更加优化，股权管理更趋完善，“三会一层”运行机制更加合理，金融机构的内部制衡与外部监督相互促进。

（资料来源：http://www.csrc.gov.cn/csrc/c100028/c3849994/content.shtml）

三、我国金融营销的发展现状

（一）我国金融营销发展存在的问题

1. 营销理念问题

在我国金融营销的发展过程中，面对激烈的市场竞争，尽管许多金融机构已经认识到了金融营销的重要性，但在营销理念上却存在一些问题。这些问题可能阻碍了金融机构有效利用营销工具和策略。一些金融机构的领导和营销人员对于营销的理解过于陈旧，他们将营销等同于推销产品或广告宣传，忽视了营销的本质——满足和创造客户需求。他们忽略了营销的长期和战略性质，只注重短期销售目标的实现，缺乏对市场变化的敏感性和对客户需求的深入理解。部分金融机构的管理层还存在将营销视为营销部门专属任务的误区。这种观念造成了营销活动的孤立和局限，使得其他部门缺乏对营销活动的参与和协调，导致整个机构的营销活动效率和效果大打折扣。而一个有效的营销策略应该是一个组织全体成员的共同努力，而不仅仅是营销部门的事务。

2. 金融营销缺乏战略目标

金融营销的发展中，另一个严重的问题是缺乏一个指导性的战略目标。这种情况通常表现为营销策略的盲目性和随机性，具体体现在以下几个方面。

首先，许多金融机构在营销活动中普遍缺乏长期的视角，无法从宏观角度把握市场的分析、定位与控制。他们往往只是简单地跟随市场竞争的潮流，被动零散地运用促销、创新等营销手段，这无疑是对营销战略规划的严重忽视。

其次，有的金融机构在改善服务态度、优化服务质量、提高服务水平等方面的工作与营销的战略目标和营销策略联系不足，因此缺乏针对性、主动性和创造性，未能有效地将提供高品质服务的目标融入整体的营销策略中，导致服务质量与市场需求之间的脱节。

再次，很多金融机构的营销策略上仍以公关、促销为基本方式，没有形成多样化的营销策略的科学组合。这种单一、刻板的营销方式无法满足复杂多变的市场环境和消费者需求，限制了金融机构的市场发展空间。

最后，尽管一些金融机构在渠道设计上利用了高新技术，但其分销渠道的扩展策略仍以增设营业网点为主要方法，难以形成高效的营销渠道。这不仅增加了运营成本，也难以满足消费者多元化、便捷化的服务需求。

3. 金融营销组合决策不足

我国金融营销中一大挑战就是在营销组合决策上存在的不足，这主要反映在产品的促销活动方式上，包括广告、人员推销、营业推广和公共关系等方面。

首先，是广告方面的问题，尽管现在金融产品广告的媒体形式已经变得越来越多样化，但广告目标仍然只是简单地广而告之，忽视了具体的目标受众定位。同时，很多金融产品的广告内容雷同，很少有对比竞品的有力优势介绍，难以产生有效的说服力，使客户产生购买欲望。

其次，在人员推销方面，推销渠道单一，客户面相对较小，且推销成本较高。尽管这种推销方式有其独特优势，如面对面交流可以增加信任感，但缺乏创新的推销策略和方法往往使得销售结果不尽如人意。

再次，我们看到在营业推广方面，很多商业银行的员工进行的都是无差异化的营销，这意味着他们对所有客户提供相同的产品和服务，忽视了客户的个性化需求和差异化的市场定位。这种情况使得客户难以对金融产品形成长期的品牌偏好，也使金融机构难以在激烈的市场竞争中脱颖而出。

最后，在公共关系方面，虽然公关手段在金融营销中得到了一定的重视，但是银行与企业、团体以及个人的信息沟通和联系力度仍有待加强。有效的公共关系管理是建立和维护品牌形象，增强公司声誉的重要手段，目前这方面的工作还显得相对薄弱。

4. 缺乏金融与营销结合型人才

我国金融行业面临的一个主要挑战是人才短缺，尤其是缺乏具备金融知识和营销技能的复合型人才。这种人才短缺主要表现在两个方面：一是金融企业内部的员工知识结构问题，二是企业在招聘和选拔过程中对金融专业的过度偏好。

由于金融营销在我国起步较晚，金融企业的员工知识构架基本上偏向金融专业，而市场营销专业的人员在企业中所占的比例较小。这导致在金融企业内部，员工对市场营销的理解和应用能力有限，难以充分挖掘和利用金融产品的市场潜力。许多金融企业在招聘和选拔过程中过于偏好金融专业的人才，而忽视了市场营销的重要性。在当前的金融市场环境下，市场营销的重要性已经不容忽视，缺乏市场营销人才的金融企业将难以在竞争中获得优势。

更重要的是，当今金融企业所需的主力军应是那些兼具金融和营销能力的复合型人才。这种人才能够有效地将金融知识和市场营销策略结合起来，推动企业的业务发展。然而，这种新型复合型人才在我国目前仍然较为短缺。随着金融市场的不断开放和竞争的日趋激烈，外资金融机构的进入对我国本土金融企业业务产生了强烈的冲击，我国金融企业若要在竞争中立于不败之地，就必须加大对金融与营销结合型人才的培养和引进，构建起符合新时代需求的人才队伍，以更好地应对市场变化和挑战。

（二）我国金融营销发展存在问题的对策

在当前的金融服务领域，机构之间的竞争已经趋于白热化，而金融产品的同质化、易于复制、虚拟化等特性更是突显了金融营销在企业竞争中的重要作用。因此，传统的营销思维和方法在这个竞争激烈的时代稍显陈旧，我们需要在风险可控的情况下，寻求差异化的定位、精确的营销策略，并迅速占领市场份额，这是提升业务表现的必经之路。经过多年的发展，我国的各个金融机构在剧烈的市场竞争中，对于营销的理解和认知在不断深入和强化，营销实践的经验也日益丰富。对于金融营销的发展，有以下几点建议。

1. 关注顾客忠诚度的营销战略

若要提升客户的忠诚度并取得持久且稳定的市场份额，金融机构必须通过一些有效的策略在业务运营、客户需求等方面与客户建立起稳固的联系，构建一种相互支持、相互依赖、相互满足的关系，将客户与企业紧密相连，这样做将大大降低客户流失的风险。值得特别指出的是，企业的营销与消费市场营销有显著不同，更加依赖这种关系建立。

为客户提供全面的解决方案，然后在更广阔的范围内进行系统集成和优化组合，可以确保方案及其各个集成部分的质量，以实现整体最优。除此之外，金融机构还需要重视产品和需求的关联度。提升产品与需求的匹配度，提供符合客户个性和特点的、独特的优质产品与服务，这也是保持客户忠诚度的重要策略。

2. 关注顾客需求的营销战略

在互动频繁的金融市场中，提升市场响应速度，对于金融机构来说，最紧迫的挑战并非如何控制、制订和执行计划，而是如何从顾客的视角出发，及时理解顾客的需求，并迅速做出响应以满足他们的需求。现代的先进企业已经从过去的预测性商业模式转变为更加强调需求响应的商业模式。面临快速变化的市场环境，为满足客户需求并构建持久的关系，金融机构必须建立起快速响应机制，提高其响应速度和能力。这样做能够最大限度地减少客户的抱怨，稳定客户基础，并降低客户流失的可能性。

3. 以回报为核心的战略

在金融机构的运营中，回报无疑是营销活动的原动力和维系市场关系的关键要素。金融服务营销的真实价值在于其能为金融机构带来短期或长期的收入和利润。追求回报不仅是推动营销发展的强大动力，也是维系市场关系的基础条件。因此，所有的营销活动都必须以为客户和股东创造价值为最终目标。金融机构需要通过满足客户需求和提供高价值的服务，来获得他们应有的回报。这种以回报为核心的战略视角可以帮助金融机构更好地理解市场动态，制定出切实可行的营销策略，进而优化其业绩表现。

4. 建立高效的金融营销内部运行机制

金融机构在运行规模和体系上存在差异，所以对于营销运行体制的构成不要求全部一致，但通常都应涵盖营销决策层、营销管理层和营销执行层这三个关键环节。在这个体系中，每一个层级都扮演着关键的角色并相互协同，以确保整个营销活动的顺利进行。营销决策层主要根据当前的金融市场情况和机构自身的特性，制定出全面的营销目标和策略，为接下来的市场营销决策和营销计划提供依据。营销管理层包括了金融机构内部的相关部门，他们主要依据上述的营销策略，进行具体的营销设计工作，例如市场机会分析、目标市场选择、市场定位，以及营销组合方案的设计。营销执行层则主要由各基层行、处、所的营销工作人员构成，他们负责执行一系列具体的市场调查、分析和预测工作，以及与营销有关的具体活动。

5. 设计并不断调整金融业营销组合策略

对应不同的细分市场，金融机构需要设计并实施各自独特的金融营销策略组合。换言之，针对各行业的特性，金融机构应创新其营销活动，以打造出适合自己特色的营销方案。金融服务业的一大特点是其营销特性为“服务+服务”，而超值营销则是在产品的质量、特性、价格等方面提升产品的附加价值。例如，建设银行提出的“双大战略”：一方面倾向于大行业、大企业，投资于具有良好环境和强大管理能力的区域；另一方面，既在稳定存款和增加存款上下大功夫，也在争取高效益的大型贷款项目上付出辛勤的努力。这是一个典型的超值营销策略，旨在追求更大的价值回报。

如今，银行的竞争焦点已经从网点竞争转变为服务竞争、技术竞争和营销策略竞争。各类特色服务，如电子货币、网络化、汽车银行、全能柜台、个人支票、一本通、自助银行等，已经成为银行新的营销手段。尽管我国的金融营销起步较晚，与美国等发达国家相比，我们的金融营销体系尚处于较低的发展层次，对市场营销的理解也不够系统、理性和专业。但随着对营销重视程度的提高，以及金融机构自身的努力，我国的金融营销一定会步入快速发展的轨道。

扩展阅读

新中国的解放与金融发展

众所周知，晚清以来货币秩序衰败和混乱的主要表现在币制紊乱、币种繁杂，不仅有锭块状金银、银元、铜元，还存在着各种各样的纸币，这一现象一直延续到国民党执政时期。中华人民共和国成立之际，中国共产党力挽狂澜，实现了货币统一。独立统一的人民币制度的推出具有重大的历史意义，单一、同质、全覆盖的人民币体系意味着中国货币至高的权力和效率。

新中国的金融体系是面对一个超大型现代国家的金融体系，是中国共产党所创立的合作互助型金融服务模式的全局化。在这一时期，受到苏联的影响，中国的金融体制多少有些向苏联的高度计划经济体制靠拢，偏于宏观，成为整个社会经济运转的资金调拨系统和会计系统，推动了这一时期的社会主义建设。同时，在微观层面建立了农村信用合作社体系，努力满足金融需求，这既是对中国历史传统的继承，更具有社会主义下的互助合作特征。

改革开放之后，我国引进了一些西方的经验和做法，把单一的银行体系划分为中央银行和商业银行两个范畴，并建立了金融市场，这些改革措施使中国的金融体系可以和西方金融体系相对接，进而走向世界，同时也扩大了金融在社会经济中的影响力，激发了经济活力。

不论是前 30 年的高度计划经济，还是改革开放之后的社会主义市场经济体制，中国金融都始终牢牢把握着社会主义的基本原则，始终由代表整体利益和整体理性的政府主导。也正是由于中国金融在任何历史风浪下始终没有改变其根本原则，才表现出超级的稳定性和强大的抵御风险能力。

金融模式是决定社会制度的一个重要方面。西方的绝对私有制体制恰恰是以私人金融资本集团的僭越为社会的终极控制端为核心特征，而新时代中国特色社会主义中的金融则是为人民服务的，进而也注定是为人类命运共同体服务的。中华民族的伟大复兴必然要求以崇高的理念、先进文化、优越制度为基础。中国新时代特色社会主义，既有马克思主义理论的精髓又与中国传统文化核心精神中的整体主义相契合，是一个集中人类智慧共识、追求至公至善的理想社会构造的伟大实践，是中国共产党长期治国理政经验的总结，充分证明了中国共产党的先进性和前瞻性。

（资料来源：《中国金融》2021 年第 15 期）

【本章小结】

金融营销学是金融学专业的一门重要课程，它主要介绍了金融营销的基本概念、基本理论和基本方法。通过学习，学生可以了解金融营销的基本理念、市场环境分析、消费者行为分析、竞争分析等方面的知识，掌握金融营销的基本策略和方法，并能够将其应用于实际的金融业务中。

通过本章的学习，我们可以了解到金融营销学的重要性和应用价值。它不仅可以帮助我们更好地了解金融市场的运行规律和特点，还可以指导我们制定出更加科学、合理的金融营销策略和方案。同时，我们还需要不断学习和探索新的金融营销模式和策略，以适应金融市场的不断变化和发展。

【思考题】

概述金融营销的目的。

金融营销与一般市场营销有何不同？它有哪些特点？

概述金融营销的主要目标，如何实现这些目标？

金融营销的客户群体包括哪些？如何针对不同的客户群体制定不同的营销策略？

金融营销的产品和服务主要有哪些？如何评估和改进这些产品和服务？

第二章 金融营销环境分析

◆◆◆ 学习目标

理解金融营销环境的概念和特点，掌握金融营销环境分析的意义和方法。

掌握金融市场环境的调查方法和技巧，能够运用市场调查数据进行金融营销环境的分析和决策。

了解金融市场竞争状况和竞争格局，掌握竞争对手的分析方法和应对策略。

理解金融客户需求和行为的特点，掌握客户心理和行为对金融营销的影响及应对策略。

◆◆◆ 能力目标

具备分析和预测金融营销环境的能力。

具备制定适应金融营销环境的营销策略的能力。学生需要能够根据金融营销环境的分析和预测结果，制定适应不同环境的金融营销策略和方案，包括产品策略、价格策略、渠道策略、促销策略等方面。

具备分析和应对竞争对手的能力。学生需要能够运用所学的竞争对手分析方法和技巧，对竞争对手进行深入的分析和研究，包括竞争对手的产品、定价、渠道、促销等方面，并能够根据分析结果制定相应的竞争策略和应对措施。

具备了解客户需求和行为的能力。

时政视野

始终坚持党中央对金融事业的集中统一领导

中国共产党历来高度重视对金融事业的领导，坚持牢牢把握金融事业发展和前进的方向，不断探索金融支持中国革命、建设、改革的正确道路。革命战争时期，党领导下的红色金融事业萌芽与发展，促进了红色政权的诞生和壮大。中华人民共和国成立后，党领导下的金融工作支持社会主义改造和经济建设取得了丰富经验。改革开放后，金融事业作为中国特色社会主义经济体制重要组成部分，发生了翻天覆地的历史性变化，金融体制逐步向市场化、法治化、国际化转型，金融作为经济血脉的作用不断凸显。特别是党的十八大以来，金融系统在以习近平同志为核心的党中央领导下，坚持创新、协调、绿色、开放、共享的新发展理念，为经济社会稳定发展提供了有力支撑。中国共产党领导下的金融发展史，记录了我国金融事业从无到有、由弱变强、对内对外双向开放逐步扩大、影响力不断提升的奋进历程，印证了坚持党中央对金融工作的集中统一领导、坚持走中国特色社会主义金融事业发展道路的历史必然性。

（资料来源：学习强国 https://www.financialnews.com.cn/jg/dt/202107/t20210726_224271.html）

第一节　金融营销环境概述

一、金融营销环境的概念

著名营销学家菲利普·科特勒在其著作中将营销环境定义为："企业的营销环境是由企业营销管理职能外部的因素和力量组成的。这些因素和力量影响营销管理者成功地保持和发展同其目标市场客户交换的能力。"即营销环境是由一系列在企业营销管理职能之外的因素和力量所构成，或者从另一个角度来讲，营销环境是一切影响和制约企业营销决策和其实施的外部环境和内部条件的总和。虽然金融活动不同于一般的商品交易活动，但也属于社会中的经济活动。同时，因金融机构与其所处的外部环境也有着非常频繁的互动，所以金融机构也同企业一样是个开放性的系统。金融机构的市场营销是在一定的环境之中进行的，在这个不断演变的环境中，同样要遵循"适者生存，反之淘汰"的自然选择规律，故金融机构也同样适用营销环境的定义。

对于金融市场和金融机构来讲，金融营销环境是指金融机构在营销活动中所面临的各种内外部因素的总和，这些因素会直接或间接地影响金融机构的营销决策和营销行为。菲利普·科特勒对于营销环境的定义揭示了营销环境的重要性和复杂性，强调了营销管理者在应对营销环境变化时，要通过适应和影响营销环境，来实现与目标市场客户的成功交换。所以，金融机构营销活动要以环境为依据，寻找营销环境中存在的机遇和挑战，并做出相应的策略调整以充分利用这些机遇并规避威胁。金融机构需要主动地调整自身以适应环境变化，还应通过自身的行动和影响力，尽可能地塑造一个有利于其生存与发展的外部环境，这对提升金融机构市场营销活动的成效能起到积极作用。

二、金融营销环境的特点

（一）客观性

金融营销环境的存在和发展不依赖任何个别金融机构的主观意愿，其形态、规模和变化都是金融机构无法控制的。环境中包含的各种因素，如政策法规、经济状况、技术进步、市场竞争状况等，都是影响金融机构营销活动的客观存在。同时，这些客观的环境因素并不是孤立存在的，而是在不断地相互作用和影响中塑造着整个金融营销环境。例如，政策法规的调整可能会改变市场的竞争状况。

金融机构需要正视市场营销环境的客观性。它们不能选择或更改自己所处的环境，但可以通过深入研究和理解环境，以适应环境变化，寻找最佳的营销策略。例如，对于突然出现的金融危机，金融机构无法阻止其发生，但可以通过提前预见风险，调整战略，从而尽可能减轻金融危机带来的冲击。

（二）复杂性

金融营销环境是一个复杂的系统。金融市场的竞争格局使得金融营销环境复杂多变，市场上的金融机构众多，包括商业银行、证券公司、保险公司、基金公司等，它们提供的金融产品和服务种类繁多，各有特色。同时，科技的快速发展，特别是金融科技的崛起，不仅改变了金融产品的形式和服务模式，也进一步提高了市场的竞争激烈度，金融机构需要不断创新营销策略，以应对这一挑战。

金融市场的外部环境包括政策环境、经济环境、文化环境和技术环境等。这些外部环境因素对金融营销产生着直接或间接的影响。例如，国家政策的调整可能会影响到金融机构的经营策略；经济环境的变动会改变消费者的购买力和消费习惯；文化环境则会影响消费者的价值观和消费观；技术环境的变化则可能带来金融产品与服务的创新。因此，金融机构在进行市场营销时，必须考虑到这些外部环境因素，以便更好地适应市场变化，实现其营销目标。

（三）动态性

随着互联网、大数据、人工智能等新技术的不断创新和深度融合，金融业务模式和营销方式也在持续演进。线上线下融合的金融服务，智能化的风险管理，以及高度个性化的金融产品推荐等，都是新技术应用的体现，也是金融营销环境动态性的表现。

值得注意的是，全球化进程也在持续地影响金融营销环境的动态性。国际金融市场的发展趋势、跨境金融政策的变动，无一不对各国内金融机构的营销决策造成深远影响。这要求金融机构时刻关注国际金融市场的动态，灵活调整其营销策略。而在国内环境中，金融政策、经济形势、消费者行为等也是处于不断变化中的。例如，政府金融政策的出台，会直接影响金融市场的结构和金融机构的运营；经济形势的起伏，会改变消费者的消费能力和消费习惯；而消费者行为的变化，更是直接决定了金融产品和服务的需求。这些都要求金融机构在进行营销决策时，必须考虑到环境的动态性，以适应市场的变化。

（四）差异性

金融机构在进行市场营销活动时，不仅要考虑到一般的市场营销环境，还需要关注具体的市场营销环境。不同环境因素对不同的金融机构带来的影响有所差异，不同金融机构面对环境因素变化之时，其反应和应对策略也有所不同。在金融机构面临的市场环境中，尽管它们都处在相同的宏观经济环境之中，但由于其业务特性、规模、市场定位等各方面的不同，各自面临的具体市场营销环境存在明显的差异。

另外，各个区域的金融市场环境存在显著的差异性。这包括但不限于消费者的金融需求、行为模式、经济发展水平等。例如，在一些发达地区，由于经济发展水平较高，消费者对于复杂和个性化的金融产品可能有更大的需求，而在一些欠发达地区，基础的金融服务可能是消费者的主要需求。因此，金融机构在制定市场策略和产品设计时，需要考虑到地域差异带来的影响。金融营销环境的差异性特征要求金融机构在制定和执行营销策略时，需要具有敏锐的洞察力和足够的灵活性，以适应和利用这些差异服务客户，优化业务运营。

三、金融营销环境分析的意义

（一）是金融营销活动的立足点和根本前提

金融机构开展金融营销活动的核心目的是满足客户日益增长的金融需求，以获取最佳的经济效益和社会效益。在这一过程中，金融营销环境分析是金融市场研究的起点和首要内容，它为金融机构制定营销策略提供了基础和前提。任何金融营销活动都是在特定的环境中进行的，因此，金融机构需要适当调整和运用金融营销组合，使之适应不断变化的环境。同时，客户的需求也是随环境的变化而变化的，只有通过深入精细地进行金融营销环境分析，金融机构才能准确把握这些变化，从而提供最合适的金融产品和服务，满足客户的需求。否则，金融机构可能会遇到困境，甚至可能面临被并购或被淘汰的风险。

（二）为金融机构科学的经营决策提供保证

金融机构的营销活动和运营决策需要以深入的金融市场调查为基础，其中，市场营销环境的研究、分类整理和分析是关键环节。分析结果的准确性将直接影响到决策层对投资方向、投资规模、产品组合、广告策略和公共关系等核心决策的成败。金融营销环境客观性和动态性兼具，金融机构需要积极地应对环境的变化，需要及时监督和解读环境的新动向，适时地改良与建构新的销售策略和长期规划，以灵活应对各种环境的更替，这是实现金融市场营销目标的关键环节。金融营销活动不仅受到外部环境的约束，也需要在自身条件和经营目标间寻求动态的均衡。所以，对金融市场营销环境进行深入而全面的分析，对于金融机构制定科学且合理的决策具有决定性的影响。

（三）有助于及时发现环境中的机会和威胁

金融营销环境分析是金融机构进行战略决策的重要步骤。准确、全面的金融营销环境分析能够帮助金融机构及时发现环境中的机会和威胁，从而有助于金融机构制定有效的营销决策，以有效把握机会和规避风险，或将威胁带来的损失降低。环境中的机会是指环境变化带来的有利条件，这些机会可能来自市场需求的变化、技术的进步、政策的调整等方面。通过对金融营销环境的分析，金融机构可以及时发现并抓住机会，以实现业务发展的目标。另一方面，环境中的威胁指可能对金融机构的运营或发展产生负面影响的环境因素。威胁可能来自市场竞争的加剧、变动的经济环境和政策法规的变动等。对金融营销环境进行分析能够帮助金融机构及时预警和识别市场上可能出现的威胁，及时采取必要的应对措施，降低风险产生的可能性，减少损失的发生。

四、金融营销环境的构成

金融营销环境，作为金融机构在营销活动中需关注的核心领域，根据环境中各种社会力量对金融机构市场营销的影响，主要由微观环境和宏观环境两部分构成。微观环境也被称作直接营销环境，主要是指那些直接影响金融机构营销活动的各类参与者，包括消费者、竞争对手以及社会公众。这些因素紧密关联金融机构的营销能力，构成了其核心的营销系统，对金融机构的运营成败具有直接的影响。这些因素在运作过程中，又同时会受到宏观环境的制约与影响。

宏观环境则是一种更广泛的概念，常常是广泛的、不可控制的大范围社会力量，主要包括人口统计环境、经济环境、自然环境、科技环境、政治法规环境以及文化环境等。这些因素和力量对金融机构的营销活动带来各种机遇和挑战，虽然通常情况下其对金融机构的营销活动影响较为间接，又称为间接营销环境，却构成了金融营销环境的重要部分。这些宏观因素在某些特定情境下，也能够对企业营销活动施加直接影响，对微观环境参与者的运作模式产生影响，进而也会影响到金融机构的营销策略。

由此可见，微观和宏观环境两者之间存在紧密的联系。微观环境中的参与者在宏观环境中运作并受其影响，同时，特定的宏观环境因素在一定条件下也可能对微观环境产生直接影响。因此，微观环境和宏观环境共同构成了金融营销环境，形成了一个复杂而多变的系统，对金融机构的营销决策产生重要影响。

第二节　金融营销宏观环境

一、政治与法律环境

（一）政治环境

政治环境指金融机构市场营销活动的外部政治形势，以及国家方针政策的变化对金融营销活动带来的或可能带来的影响。政治环境可以被理解为对金融机构营销行为产生影响的各种政治要素的集合，这主要涵盖了一个国家（或地区）的政治制度、政治体制、政治局势以及政府在金融营销方面的方针政策等因素。一个国家政治环境的稳定性对于金融机构的营销行为有着深远的影响，如果政治环境稳定，经济将持续健康发展，民众生活和谐，这将为金融机构的市场营销活动提供一个优良的环境。

1. 国内政治环境分析

第一，政治稳定性。政治稳定性指的是一个国家或地区政治体制、政权、政策、法规等主要政治因素相对稳定的状态。这种稳定性对于国家经济发展，特别是金融市场发展起到关键作用。金融市场是国家经济的重要组成部分，金融营销作为推动金融市场活力的主要方式，其实施效果在很大程度上取决于外部环境的稳定。在一个政治稳定的环境中，政府政策的预见性较强，金融政策的方向和目标清晰，金融监管的规则和执行也较为稳定，这些因素为金融机构提供了清晰的运营环境和规则。在政治稳定的环境中，政策突然大幅调整和政权突然更迭的可能性较小，这降低了金融市场的政治风险，有利于金融市场的健康和稳定发展。政治稳定能够带来社会的和谐稳定，在社会稳定的环境中，人们的生活和工作更加安定，消费信心和消费能力也相对较强，这有利于金融产品和服务的销售。同时，社会的稳定也意味着企业的经营环境稳定，企业的发展和盈利能力更强，对金融服务的需求也更大，这也为金融营销提供了良好的市场环境。政治稳定性为金融营销提供了一个健康稳定的外部环境，有利于金融机构实现其营销目标。

第二，政策导向。政策导向指的是政府在特定时期内，为了实现特定目标而采取的政策优先方向。政策导向为金融机构的市场营销提供了战略性的指引，对金融机构的营销战略和行为产生深远影响。例如，如果政府的政策导向倾向于鼓励创新和金融科技的发展，那么金融机构可能会加大对新技术和产品的开发和营销力度。反之，如果政策导向更注重金融稳定和风险防控，那么金融机构可能需要对其营销策略进行调整，以适应这种风险防范为主的环境。政策导向不仅决定了金融市场的总体格局，也影响到金融机构的竞争策略和市场定位。例如，政策导向若偏向于支持小微企业和“三农”服务，金融机构可能会将这些领域作为营销的重点区域。在政策导向的框架下，金融机构需要遵守相关政策规定，避免违规营销。所以，政策导向可能会限制金融机构选择的营销手段，但也可能为其开辟新的营销渠道。

2. 国际政治环境分析

第一，国际金融监管政策。国际金融监管政策是对全球金融市场活动进行监督和管理的一系列政策和规定。这些政策的目标在于维持金融市场的稳定，防止系统性风险，保护投资者和消费者的权益，并促进公平和透明的金融市场。例如，经过 2008 年全球金融危机后，全球各国和国际金融机构（如国际货币基金组织和世界银行）纷纷强化了对金融机构的监管，以防止类似危机的再次发生。这些政策旨在提高金融机构的资本充足率，降低杠杆率，限制风险投资，以确保金融系统的稳定。国际金融监管政策通过设定行为规范来保护投资者和消费者的权益。例如，对金融产品和服务的透明度提出要求是保护投资者和消费者的重要措施。国际金融监管政策还包括对金融市场的开放度、对金融机构的准入条件、对跨国金融活动的监管等，都是为了实现金融市场的公平和透明。然而，对于金融机构来说，国际金融监管政策也带来了挑战。例如，监管政策可能会增加金融机构的合规成本，限制金融机构的业务发展和创新，影响金融机构的盈利能力。因此，金融机构需要在遵守国际金融监管政策的同时，寻求业务发展和创新的机会。

第二，全球政治趋势。全球政治趋势是指在全球范围内政治发展的主要方向和变化，这些变化可能会对各国的政策制定、国际关系，以及全球经济和金融市场产生较大影响。分析全球政治趋势对于金融机构的营销策略制定尤为重要，因为这些趋势将影响国际经济环境、市场开放度以及国际投资的方向。例如，近年来全球范围内的政治趋势中，倾向于向保护主义的经济政策转变，这种变化可能会对全球金融机构的跨境业务产生影响；全球的可持续发展政策的推动也影响着金融市场，使得“绿色金融”成为金融机构必须关注和适应的新趋势；地缘政治紧张可能引发国际金融市场的波动，而对于金融机构来说，市场的波动可能会增加其营销和投资的风险。

综上所述，政治环境作为金融营销宏观环境的一个重要组成部分，其影响力和重要性不言而喻。因此，金融机构在制定和执行营销策略时，必须全面考虑政治环境的影响，这是在瞬息万变的市场环境中赢得竞争优势的关键所在。

（二）法律环境

金融机构面临的法律环境主要指国家或地方政府颁布的各类法规、条例等，它为金融市场行为提供了基础性的规范和保障。这些法律性文件，包括各类法律、法令、条例以及规章制度，涵盖了国家的立法、司法和执法机构的规范和约束，以及国家主管部门及省（自治区、直辖市）颁布的各项法规、法令和条例等。法律环境影响所有的金融机构，作为金融营销的限制性环境因素，法律环境具有强制性和严肃性，任何营销活动必须在法律规定的范围内进行，否则将无法获得国家法律的保护。值得注意的是，法律法规的变动将直接影响金融营销机构的市场机会和营销成本。例如，当国家加强数据保护法规并对金融机构在获取和使用客户数据时的权限进行更严格的限制时，金融营销机构需要符合这些法规的要求。为了遵守法规，金融机构可能需要投入更多资源来改进其数据收集和存储系统，以确保客户数据的安全和合规性，包括加强数据安全措施、建立隐私保护机制、进行风险评估和数据合规审查等。在此种情形下，金融机构需要更加规范地使用客户数据信息，如果金融营销机构未能履行数据保护法规的要求，可能面临违规行为的处罚，这都会增加金融机构的营销成本。

金融机构在开展业务时，也必须充分考虑和分析国际法规的影响。各国都有自己的一套法律法规来规范金融机构的运营活动，这些法律不仅可以用来维护金融机构的合法权益，同时也指导机构的正常运营。需要特别关注的是一些特定的法规和政策，如政府对国际贸易和吸引外国企业投资的态度，货币支付和汇率的波动程度，行政效率以及各类与金融产品和服务相关的法律法规，如银行法、证券法、期货法、票据法、保险法、外汇管理法等。除了这些正式的法律和规定外，社会的道德规范和职业伦理也会约束金融机构的营销活动。金融机构不仅需要遵守行业规定，还需要积极制定并遵循一套符合社会责任的准则，以妥善处理日益复杂的社会责任问题。

金融机构了解并遵守国内外的相关法律法规，尤其是与金融产品和服务相关的法规，是其持续发展的基础。同时，金融机构也需要关注社会道德规范和职业伦理，并在此基础上进行合规、合法的营销活动。这对金融机构市场营销活动的影响主要有两个方面：一是保障作用，二是规范作用。对此，金融机构在处理这两种关系时，需要采取适当的策略：金融机构的市场营销活动需要遵守目标市场所在国家或地区的相关金融法律法规；金融机构的市场营销活动需要符合国家的金融发展战略与政策要求；积极运用法律法规来保护自身在市场营销活动中的合法权益。

扩展阅读

政治法律环境对金融营销影响较大的变化趋势

1. 立法越来越多，执法越来越严

政府对金融机构营销活动的管理和控制主要依赖法律手段，立法目的主要包括以下三个方面：一是保护金融机构间的公平竞争，二是维护消费者的合法权益，三是保护社会的整体利益和长远利益，防止经济风险的出现和扩散。建立完备的金融法规体系及严明的执行机构是至关重要的，随着法制建设的不断深化，政府的执法行为将更加积极且严格。尤其是在金融领域，这种趋势更加明显，这主要体现在以下两个方面：

(1) 立法越来越多：金融行业的复杂性和重要性要求有针对性的法规来规范，因此针对金融领域的立法也在日益增多，包括但不限于金融监管法、银行法、证券法、保险法、反洗钱法等，这些法律法规不断更新，以适应金融市场的快速变化。

(2) 执法越来越严：金融风险的传播性和破坏性极高，因此政府对金融行业的监管会越来越严格。不仅在违规行为的查处上会更加严厉，同时对金融机构的风险控制、信息披露等方面也会有更高的要求。

2. 维权意识越来越强，社会公众团体力量越来越大

随着社会的不断进步，消费者在金融市场中的权益意识日益强烈，社会舆论监督力量也在不断壮大。而金融市场的有序运行，仅靠政府力量显然是远远不够的，更需要利用代表特定群体利益的社会组织力量，它们可以构成一种强大的社会力量，成为推动金融市场更公正、更透明的重要推手。

(1) 消费者维权意识越来越强：随着金融知识的普及和金融消费者教育的深入，消费者对自己的金融权益的维护意识正在不断提高。金融机构需要在合规经营的基础上，进一步增强服务质量，加强与消费者的沟通，保障消费者权益，满足消费者需求。

(2) 社会公众团体力量越来越大：一些消费者权益保护组织、金融行业协会等社会公众团体的影响力在不断增大，它们既对金融机构进行监督，同时也为金融机构提供了与消费者交流的平台。金融机构不仅要关注这些组织的舆论和动态，同时也可以通过与这些组织的合作，提高自身的社会责任感和社会影响力。

二、经济环境

任何一个金融机构都是在不断变化的社会经济环境中运行的，全面认识市场经济环境、研究经济环境变化的规律性，对于金融机构审时度势、趋利避害地开展营销活动具有重要意义。由于金融机构的独特属性，它与整个社会经济环境的关系更为密切。所以，研究金融机构的发展与市场经济环境之间的关系甚为必要。金融营销经济环境是指影响金融机构营销策略和决策的经济因素的总体状况，这些因素主要涵盖宏观经济环境和微观经济环境。

（一）经济周期

金融机构的市场营销活动与经济周期息息相关。所谓经济周期，就是指经济运行中的扩张和紧缩交替更迭、反复出现的周期性现象，包括繁荣、衰退、萧条和复苏四个阶段。经济危机就是在这种交替循环的过程中严重萧条的阶段。在经济繁荣阶段，金融机构的市场营销活动比较容易开展，此时消费者对信贷的需求增加，金融产品在市场上交易活跃，信贷规模也相应放大，因而人们对未来投资的预期进一步增强；当经济陷入危机阶段，金融机构的市场营销活动则变得困难重重，消费者对信贷的需求减少，金融产品在市场的交易也相对冷清，信贷规模也相应缩小，进一步导致人们对未来投资的预期降低。

经济学家凯恩斯提出："经济的周期性波动是因为，当经济体制处于上升阶段时，一系列促使其升高的因素积累能量，互相激励，直至达到某一个点。在这个点之后，其被反向的力量取代，这些反向的力量也会在一段时间内积聚能量，互相推动，直至达到最高峰，然后，它们逐步减弱，由对立的力量接替。"凯恩斯的观点同样适用于金融机构的市场营销活动，经济体制的起伏对金融产品的需求产生直接影响。在经济上升期，人们对未来有乐观的预期，可能更愿意进行投资和信贷活动；在经济下降期，人们可能会减少投资和借贷，增加储蓄，对未来有较为悲观的预期。

通货膨胀和通货紧缩是经济周期中容易出现的现象。通货膨胀会间接导致金融产品的实际回报率下降，影响消费者的购买决策。同时，通货膨胀期间，市场虚假繁荣，导致利率上升，这会对信贷需求产生负面影响。反过来，通货紧缩会导致消费者减少消费和投资，增加储蓄，这对金融机构的存款业务是有利的，但对其贷款业务和投资产品销售是不利的。

金融机构的运营不仅与经济周期及其阶段性的通货膨胀和通货紧缩息息相关，同时也受到税率、利率、央行的储蓄存款准备金率，以及汇率等各种政策变动的影响。例如，央行的储蓄存款准备金率政策变化会影响金融机构，如果央行大幅提高储蓄存款准备金率，金融机构可用于发放贷款的资金会缩减，进而对其盈利水平产生影响；储蓄存款利率的增加也可能导致银行吸引更多的存款，使得金融机构有更多的资金用于投资和贷款；汇率政策的变化对金融机构也能产生影响，如果人民币升值，可能会降低金融机构的海外投资回报；升值的人民币会导致金融机构的海外投资收益降低，同时也会影响到金融机构为企业提供的国际贸易融资服务，因为这可能会对企业的出口产生不利影响。

扩展阅读

历史视角下的金融周期和经济周期

经济、金融波动具有繁荣与萧条交替出现，并在扩张或衰退期自我强化的特征。经济周期会驱动金融周期，金融周期会在放大实际经济波动的同时对经济周期形成反馈。经济周期与金融周期的协同变化反映了货币政策的有效性，而二者的错位则体现了冲击来源的多样性与货币政策的有限性。历史经验表明，全球经济、金融周期演进具有三大特征：其一，全球经济周期和全球金融周期具有较高的相关性，全球金融周期整体上领先于经济周期，二者出现趋势性背离的概率较低；其二，进入21世纪以来，全球经济、金融周期的波动幅度扩大；其三，深度衰退往往发生于全球经济周期和金融周期的同步下行时期。在当前美元主导的国际货币体系下，美国货币政策和美元汇率是全球金融周期的重要驱动因素。能够预测经济、金融周期转折的前瞻性指标大多能够反映市场对于未来的预期。

经济周期与金融周期的内涵、联系与耦合。

现代经济周期理论，是经济学过去数十年中最具革命性以及最富有成果的研究领域之一。区别于一般均衡等理论概念，经济周期理论是建立在历史经验基础上的高度抽象。长期以来，人们观察到经济波动并非服从于随机游走，而是呈现出繁荣与萧条交替出现，并且在扩张或衰退期具有持续且自我强化的特征，典型的经济周期大致可以划分为繁荣、衰退、萧条和复苏四个阶段。2008年国际金融危机的教训表明，金融因素对于宏观经济波动而言不仅仅是一层“面纱”——诸多金融指标的变化同样呈现出周期性特征，金融周期不同阶段的更迭会影响宏观经济运行，甚至引发危机。经济周期的变化主要反映在经济增长、失业率、通货膨胀率等，而金融周期则主要反映在信贷增速、杠杆率与资产价格等。国际清算银行（BIS）货币与经济部门主任博里奥（Borio）将金融周期定义为：价值、风险偏好以及对待风险和金融约束的态度之间自我强化的相互作用。

经济周期和金融周期联系密切。一方面，经济周期会驱动金融周期。由于银行借贷、权益融资等金融活动离不开投资、消费和贸易等实体经济活动，当经济处于上行周期时，会增加企业和家庭等部门的资金融通需求，造成信贷增速与杠杆率的提高，以及资产价格的上行，驱动金融周期扩张。另一方面，金融周期会放大实体经济波动，同时对经济周期形成反馈。金融因素具有“顺周期性”，当金融周期处于上行阶段时，资产价格攀升，银行等金融机构所获得的抵押品价值增加，资产负债表改善，贷款意愿上升，更低的融资成本激励企业扩大生产规模，金融周期对经济周期形成反馈效应。此外，经济周期与金融周期往往在衰退时趋同，增加危机发生的概率。信息不对称是金融市场的重要特征，当经济遭受负面冲击时，企业资产负债表恶化，由于金融机构无法准确识别哪些企业经营状况良好或者处在困境之中，市场融资条件的迅速收缩将放大经济波动，即伯南克（Bernanke）提出的“金融加速器”理论。同时，由于投资者普遍是非理性的，恐慌性抛售将加剧资产价格下行压力，企业和家庭部门的资产负债表进一步恶化，投资和消费需求收缩，产出缺口扩大，经济、金融周期陷入同步衰退。

（资料来源：《中国外汇》2023年第13期 http://www.chinaforex.com.cn/index.php/cms/item-view-id-52471.shtml）

（二）消费者收入

消费者的收入状况对于金融产品与服务的需求有着决定性的影响。通常情况下，随着消费者收入的增长，对于金融产品与服务的需求也会相应增加，而收入的减少则会导致购买力下降，这是普遍规律。因此，为了评估金融市场的购买力，金融机构需要研究该市场消费者的收入水平。只有当消费者对金融服务有需求，例如储蓄、投资、保险或贷款，并且有足够的收入能力时，才能产生购买行为。因此，对于金融机构来说，设计和推广金融产品和服务的过程中，对目标市场消费者的收入状况的充分了解是必不可少的。例如，高收入消费者可能更倾向于购买具有较高风险但潜在回报也较高的金融产品，如股票和复杂的衍生产品，也可能需要更多的财富管理服务。而对于收入较低的消费者，他们可能更关心基本的储蓄账户和贷款产品等基础服务。另外，消费者的收入变化导致其对未来预期的不同，也会影响他们的购买行为。例如，如果消费者的收入增加，他们可能会增加投资和储蓄，而如果收入减少，他们可能会减少投资，增加债务，或者更频繁地利用信贷产品。以下几个指标可以反映一定时期消费者收入的总体状况：

（1）人均国民收入。人均国民收入是一个国家物质生产部门的劳动者在特定周期（通常为一年）内所创造的价值的总和除以总人口得出的数值。人均国民收入能够直观地反映一个国家的整体经济发展水平。

（2）人均个人收入。个人收入是指每个人从各种不同渠道获得的总收入。一个地区所有居民个人收入的总和除以总人口数，就是每人的平均收入。各地区居民收入总额是衡量一个区域消费市场容量和购买力的关键参数。人均个人收入代表了一个地区或者国家居民的平均经济水平，反映出消费者的平均经济能力。

（3）个人可支配收入。这是在个人收入中，扣除了税款、非税负担以及满足基本生活需求的必需品（如房租、水电费等）支出后的剩余部分。这一指标更准确地反映了消费者可以用于消费或储蓄的实际资金。

（4）可任意支配收入。可任意支配收入是指个人或家庭在满足了必需的生活开销之后，剩余的收入部分，这部分收入可以用于购买非必需品。在金融营销中，消费者的可任意支配收入可以用于购买股票、债券、基金，或者用于购买保险产品，甚至是进行其他类型的投资，而不会影响到他们的基本生活需求。因此，消费者的可任意支配收入水平对金融产品和服务的需求有直接的影响，属于最活跃的经济因素。当消费者的可任意支配收入增加时，他们更可能购买更多或者更高级的金融产品和服务。反之，如果可任意支配收入减少，消费者可能会减少购买金融产品，或者寻求更低成本的金融服务。

（三）消费者支出模式

消费者支出模式，也就是常说的消费结构，反映了消费者各类消费支出的比重，例如衣食住行等各类开支的占比。这种模式受社会经济发展、产业结构转变、消费者收入变化等多重因素影响，而消费者的个人收入，无疑是决定消费者或家庭消费结构的关键变量。

恩格尔系数用于衡量食品支出在家庭总支出中所占的比重，是衡量一个国家、地区、城市、家庭生活水平高低的重要指标。恩格尔定律阐述了随着家庭收入的增加，用于购买食品的支出在总支出中的占比减小，而其他方面如服装、交通、娱乐、卫生保健、教育和储蓄的开支占比会有所提高。国际上普遍采用恩格尔系数来衡量一个国家或地区居民的生活水平。系数与生活水平成反比：一个国家或地区如果生活贫困，恩格尔系数就会大；反之，生活富裕，恩格尔系数就会小。

近些年来，中国的消费结构出现了显著的变化，恩格尔系数持续下降，消费者在服装、家电、汽车、住房等方面的支出比例逐步升高，同时随着消费者收入的提高，服务性消费如交通、旅游、娱乐的比重也在不断攀升。消费结构的这种变动，是社会福利体系改革深化的一种体现，原本属于社会福利的教育、医疗、社会保障等领域逐渐市场化、商品化，这类开支在消费结构中的比重也明显增加。

对于金融营销，消费者支出模式是其经济环境的关键因素之一。消费者支出模式的变化会直接影响金融产品的需求和市场规模。举例来说，随着消费者对房屋、汽车的需求增加，相应的房贷、汽车贷款等金融产品的需求也会增加。同样，随着教育、医疗等支出的增加，相应的教育金融产品、健康保险等金融产品的需求也会上升。

（四）城市化程度

城市化程度是评估一个国家或地区经济发展的关键社会经济指标，反映了城市人口在总人口中的占比。这一指标不仅显示了一个地区的经济发展特点，而且对金融营销环境的塑造具有重要影响。它所反映的经济和文化差异，在相当程度上影响并塑造了城乡居民的投资理念、储蓄行为和消费行为。

城市与农村居民的消费习惯呈现出明显的差异，这主要体现在两个关键方面。首先，教育背景的差异。城市居民普遍受教育程度较高，思维方式更加灵活开放，对新型金融产品和服务的接纳度更高，而且他们具备强烈的风险意识和效益观念；相较之下，农村居民受教育程度较低，保守的思想观念导致他们对新型金融产品和服务的接受度不高。其次，经济水平的差异。城市居民的收入状况、储蓄和投资能力往往高于农村居民。

金融市场的结构和需求将受到城市化程度的影响。对于城市化程度较高的地区，金融机构需提供一系列复杂多样的金融产品和服务，以满足城市居民的需求。而对于城市化程度较低的地区，金融机构则需研发更为简洁、易理解的金融产品和服务，以满足农村居民的特定需求。

我国人口基数庞大，尤其是农村人口规模较大，这构成了一块巨大且不可忽视的金融市场。农民的经济状况已经有了显著改善，收入逐渐提升，对金融服务的需求也在逐渐增长。然而，相比城市居民，农村居民的金融知识和理财能力相对较弱，他们更倾向于选择简单易懂、安全可靠的金融产品。

由于农民生活的实际需求和城市居民有所不同，他们更需要一些与农业生产、乡村发展紧密相关的金融产品和服务，如农业保险、农村信贷等。因此，对于以农村为主要营销对象的金融机构来说，它们的产品设计和营销策略需要贴近农民的实际需求，注重开发价格适宜、易于理解、安全稳健的金融产品。

在此基础上，通过提供金融教育和培训等方式，提高农村居民的金融知识和理财能力，有助于拓宽农村金融市场，提升金融服务的质量和效率。总的来说，城市化程度越高，对金融营销活动的需求就越高。因此，金融机构在制定营销策略时，必须考虑到城乡差异，以制定更为切实有效的营销策略。

三、社会环境

（一）人口环境

1. 人口规模和结构

人口总量是指一个地区的全部人口，包括本地常住居民，也包括流动人口。人口总量规模的大小对金融服务的潜在需求有直接的影响。一般来说，一个地区的人口规模越大，其金融市场规模也就越大。反之，如果该地区人口规模较小，那么金融机构的业务规模可能就会受到限制。例如，中国的人口总量超过十几亿，这为金融机构提供了大规模的客户基础，无论是储蓄账户、贷款、信用卡、投资还是保险等业务，其需求量都会因此而增加，无疑构成了一个庞大的金融市场。同时，人口的增长也会推动金融市场总需求量的增长。每一个新的人口增加，都可能成为金融服务的新用户，为金融机构创造新的市场机会。例如，人口增长会带动住房贷款、教育贷款等业务的增长。

不仅人口规模对金融机构业务的规模有着决定性影响，人口结构也会影响金融产品的类型和设计。人口结构是指一个地区人口的年龄分布、性别比例、家庭形态以及民族构成等。在中国，人口自然增长率已开始回落，在许多经济较发达的大城市，人口甚至呈现出负增长的趋势。人口增长速度的放缓，甚至人口数量的减少，意味着金融市场的潜在客户群并不会像过去那样快速扩张。人口规模的减小会导致人口结构的变化，这对金融机构的产品和服务形式产生影响。例如，随着新生人口的减少，对于教育储蓄、青少年储蓄账户等金融产品的需求可能会下降。相反，由于整体人口老龄化，退休金、健康保险、理财产品等的需求可能会增加。性别构成也会影响金融产品的设计和销售。虽然总体上男女人口数量比较均衡，但男性和女性在金融消费习惯和行为上存在差异。比如，一般来说，女性可能更偏向于储蓄和保险产品，而男性可能更偏向于投资类产品。因此，金融机构可以根据性别差异，设计和推广不同的金融产品。家庭构成对于金融市场同样有重要影响。家庭是金融消费的基本单位，家庭的大小和结构可以影响金融需求的类型和规模。例如，家庭成员数量的增加可能会导致对住房贷款、汽车贷款等金融产品的需求增加。此外，随着家庭结构的变化，如延迟结婚和生育、单身家庭的增多等，金融机构需要重新考虑和设计他们的产品和服务，以满足这些新的需求。因此，人口规模和结构是影响金融产品设计的重要因素。

2. 教育水平

消费者的受教育水平是指其受教育的程度。在大多数情况下，一个国家或地区的教育水平与其经济发展水平往往是相互对应的。教育程度不仅会影响到一个人的收入水平，而且会使他们表现出不同的文化涵养、价值观念和购买行为，进而使他们对金融产品的需求和选择表现出不同的倾向。以受教育程度较高的消费者为例，他们通常拥有更强的理解和接纳能力，可以更好地理解和接受复杂的金融产品和服务。例如，“白领”可能更倾向投资于股票和基金等相对高风险、高回报的金融产品，而且他们对新的金融科技和数字化服务的接受度也较高，包括移动支付、线上投资和数字货币等。教育程度对消费者关于金融产品的认知能力产生影响，这将直接关系到其购买决策的制定及其购买金融产品的理性程度，从而影响着金融机构营销策略的制定和实施。

一般来讲，整体教育水平较高的地区，消费者对金融产品的辨别能力更强，对广告的推广和新型金融产品的接受度更高。因此，针对教育程度较高的消费者，金融机构需要提供更多元化的投资产品和服务，提供更高水平的风险管理和财务咨询服务，而且需要借助数字化工具进行营销和服务。对于教育程度低的消费者，金融机构需要提供更直观、更易理解的产品和服务，强调其稳健性和实用性，而且可能需要借助更传统的营销渠道。

受益于教育机会的扩大，中国的经济发达地区每年的高等教育录取人数在逐年提升，新一代消费者的认知水平明显高于上一代。在这样的环境下，金融机构在策划营销策略时，需要认识到这些受教育程度高的消费者对金融产品有更高的预期，他们对金融产品的复杂性和知识性有更深入的理解和需求。对于金融机构来说，为这些高教育水平的消费者提供更专业、更符合其需求的金融产品和服务显得尤为关键。

3. 社会阶层

社会阶层是根据人们的经济状况、受教育程度以及职业身份等因素而分类的群体，每个社会阶层的生活需求和购物习惯存在着显著差异。同时，社会阶层又不是固定不变的，随着个人收入的增加或职业地位的提升，一个人可能会从一个社会阶层过渡到另一个阶层，整个社会的阶层结构也会随着社会的发展变化而调整。中国的社会阶层，例如白领和工薪族等，表明社会阶层的存在具有客观性。因此，这些社会阶层的存在和变化，对于金融机构营销活动的影响是必然的。

上层阶层通常包括高收入、高教育程度的职业群体，他们的金融需求和消费行为通常比较复杂，对金融产品和服务的需求也相对多样化。这一阶层的消费者更愿意接受和使用复杂的投资产品，例如证券、基金和衍生品等。他们也更重视金融机构提供的高端、专业化的服务，例如资产和财富管理等。社会中层阶层则包括有稳定收入、受过一定教育的职业人群，其金融需求和消费行为可能相对简单，对保障型和保值型的金融产品有较高需求，更愿意购买存款、保险和债券等产品，对于金融机构的服务质量和风险控制能力也会有较高关注。社会底层阶层包括收入较低、教育程度较低的职业群体，他们的金融需求通常较为基础，对于易于理解、风险较低的金融产品有更高需求。

（二）文化环境

文化主要反映了某个国家、地区或民族的传统、风尚和道德价值观念。文化要素涵盖了核心文化、亚文化和从属文化。以一部分群体为例，主张人们应当结婚的观点被认定为是一种核心文化观念，那么主张人们应当早婚的观念则属于从属文化。作为购买决策的基本影响因素，文化在不同的地区和社会环境中有所不同。人们在各自不同的社会文化环境中成长并生活，逐渐形成了各自独特的基本观念和信仰，形成过程往往不知不觉，最终成为一种行为规范。因此，文化对消费者的渗透能力以及其对消费者购买心理产生潜在影响，在整个营销过程中具有无可匹敌的力量。一个社会的核心文化和价值观是历代相传、持续发展、具有极高持久性的。这些文化影响和制约着人的行为，包括消费行为。

消费者的生活总是在特定的文化背景下，因此，他们的金融购买决策必然受到所处文化氛围的影响。身处不同文化背景的人们，其行为准则、价值观念和信仰有所不同。当金融机构开展营销活动时，应该深入了解消费者所在的文化环境的特征。只有全面解读这些特性，金融机构才能准确把握消费者的行为模式，进一步洞察市场需求的宏观特性，从而设计出切实有效的营销计划。例如，文化表现形式中的行为习惯和交往方式，会影响金融服务的提供模式；语言和文字影响金融产品的命名和宣传语；颜色和图案影响金融产品和服务在推广过程中的视觉印象等。

价值观念是指人们对社会生活中诸多事物的看法、评估和观点。在金融营销中，价值观念主要体现为人们对财富的理解，追逐利益的动机，以及购买决策的制定。消费者的价值观念受其社会地位、心理状态、时间观念、对变革的态度，以及对生活的态度等多方面因素的影响。针对各类不同的价值观念，金融营销人员需要采取相应的营销策略。对于那些喜欢探索新事物、富有冒险精神和具有激进态度的消费者，营销策略应以强调金融产品的创新性和独特性为主。例如，强调金融产品的独特投资策略，展示高风险带来的高收益潜力，或者介绍新的金融科技如何颠覆传统的投资方式；对于那些更看重传统，喜欢维持现状的消费者，营销策略应该强调金融产品与目标市场文化传统的连系。例如，可以突出金融产品的稳健和安全性，展示长期投资带来的稳定回报，如何通过稳妥的投资策略来保值增值等。

四、技术环境

科学技术在时间的洪流中对人类文明进程产生了深远影响，它既是社会经济发展的推动者，更是金融机构生存和发展的重要保障。技术环境作为金融营销环境的一部分，其变化带来双方面影响：一方面为金融机构提供新的机遇，如更高效的服务体验、新的金融产品和服务渠道等；另一方面也带来新的挑战，如技术风险、网络安全问题等。因此，金融机构必须将科技发展趋势视为紧密关注的对象，合理地运用新的科技手段以优化自身的服务质量和工作效率，同时还需要具备敏锐的洞察力去应对新技术所带来的多种可能的挑战。技术环境对于金融机构的影响主要涵盖了以下几个方面。

（一）金融业务和服务模式的创新

新的科学技术，特别是信息科技的飞速发展，正在深刻地改变金融机构的业务模式。例如，区块链技术、大数据、云计算、人工智能等新兴科技，推动了金融业务的创新和进步。金融机构可以使用大数据技术来预测市场趋势、评估信用风险，以提供更加精准的服务。区块链技术的应用，也使金融交易更为安全、透明。

互联网、移动通信技术的发展，使得金融服务模式也发生了巨大的变化。线上银行、移动支付、线上贷款等业务，改变了传统的金融服务模式，提高了金融服务的便利性和效率。对于金融机构的营销活动来说，科技也带来了新的可能。通过互联网广告、社交媒体营销、搜索引擎优化等技术，金融机构能更好地接触并吸引潜在客户。

（二）带来新风险和监管的变革

新技术的发展，也给金融机构带来了新的风险和挑战。例如，网络安全问题、信息泄露问题等，都是金融机构必须面对和解决的问题。同时，科技的发展也加剧了金融行业的竞争。新兴的金融科技公司，通过新技术，提供更具竞争力的服务，对传统金融机构形成挑战。

科技的发展，也推动了金融监管的变革。例如，金融科技如大数据、人工智能等可以被用于风险管理和合规监管，提高金融市场的透明度和公正性。另外，区块链技术的使用，可以提高金融交易的安全性，减少欺诈行为，同时能提高交易的效率。例如，区块链技术的去中心化特性可以实现更安全、更透明的资产转移，并且可以减少因为中介环节的存在而产生的成本。在一些金融场景中，包括跨境支付、证券清算等，区块链技术的应用可以大大提高金融交易的效率。

（三）加重信息不对称程度

随着新技术的不断涌现，金融产品和服务的种类也在持续增加。在众多的金融产品信息中，消费者了解和熟知的可能只是冰山一角。金融产品的风险特性和预期收益等关键信息，消费者往往了解得并不全面，这加剧了消费者与金融机构之间的信息不对称。面对众多且复杂的金融产品，如何选择最适合自己的投资或理财方式，对于消费者而言无疑是一个挑战，对于金融机构的营销工作而言也是一项考验。在这种情况下，金融机构的营销人员必须秉持真实公正的原则进行产品宣传，避免利用信息不对称来误导消费者。更重要的是，他们需要通过提供翔实准确的产品信息，帮助消费者理解金融产品的性质和风险，从而帮助消费者做出明智的金融决策，缓解信息不对称的问题。

扩展阅读

数字时代金融机构谋“破圈”？巨量引擎成硬核助攻

随着数字技术快速发展，人们印象中严肃的金融机构正悄然发生转变。尤其在特殊时期线下经营困难的行业变局下，加速数字经济布局已成为金融机构缓解冲击、重构行业生态的重要途径。

金融机构转型进程中，数字营销平台在精准获客、线上服务、风险把控等方面发挥着日益重要的作用，从平台协作到深度融合，从流量驱动到内容驱动，成为金融机构营销数字化的全新引擎。

作为字节跳动旗下数字营销平台，巨量引擎正是数字技术驱动机构转型的代表之一。通过整合海量用户数据、搭建智能技术平台、拓展多维内容生态等方式，巨量引擎提供服务解决方案的同时，也为金融机构营销“破圈”增长带来了更多可能。

打造数字营销新阵地

技术变革往往驱动阵地变革。伴随新一轮科技革命和产业变革的不断深入，5G、人工智能、大数据、区块链等数字技术正加速应用于各个行业。对于传统金融机构而言，数字化转型是机构实现长期、可持续发展的必经之路。

数据显示，特殊时期大众用户在线触网时长超过20%，带动数字化依赖度不断加强，短视频、直播、移动端的客户呈现两位数增长。线上化是商业发展的必然趋势，而不是一个选项。

一面是用户转移下的必争阵地，一面是数字化转型中面临的诸多挑战。

例如，在获客方面，由于线下渠道受限、有效场景缺失，银行传统的线下获客困难，亟待寻找便捷、智能的营销获客入口。相比自建场景，银行与互联网平台合作是一种双赢选择。

再如，服务方面，传统银行的客户画像较为模糊，无法及时、有效地调整跟进，容易导致金融服务与实际需求产生错位。同时，移动互联网技术颠覆了传统消费行为，用户不再被动地等待产品输出，而是主动进行信息获取。因此，能否与消费者进行即时互动，成为平台提升用户留存率的重要一环。

而数字技术的应用，则为金融机构应对上述挑战带来了强大支撑。通过与直播、短视频、微信私域流量等平台合作，传统金融机构可以扩大客群的营销覆盖，从深度、广度、速度等层面提升传播效率的同时，也为用户带来良好的服务体验。

此间，得力的数字营销平台助攻必不可少。痛点和刚需在前，银行在选择数字营销平台进行合作时，通常会考量以下三方面：第一，能否构建消费场景模型，实现更精准获客；第二，能否通过搭建渠道，完善在线化业务生态；第三，能否运用IP力量与大众建立长效互动的关系。

能否一站式满足上述三大刚需，成为衡量数字营销平台“助攻力”的核心标准。

先行者的尝试

作为数字化营销的三个要素，流量、渠道和内容是金融机构与数字平台进行深度合作的逐层进阶。而一些先行者，显然已经找到了契合的数字营销平台和合作的正确打开方式。

互联网流量瓶颈下，如何获得高曝光和关注？依托巨量引擎庞大的用户流量，央行旗下中国支付清算协会围绕“防赌反赌金融守护”宣传主题，通过抖音“全民抖防赌”话题进行了内容传播，在官方发起、红人支持、用户广泛参与间，一个月内实现超4亿播放量，引发网友广泛参与和好评，快速提升关注度。

快速、精准获得特定人群关注，也是年轻化潮流下金融机构的重要议题。瞄准巨量引擎的海量年轻用户，平安信用卡携手巨量引擎，共创“全城寻找热8”整合营销活动，通过直播、话题活动等内容创意激发用户兴趣，成功吸引迪丽热巴的“粉丝”用户，实现了品牌的精准高效引流。

流量资源和渠道建设外，内容营销也是金融机构建立良好口碑、激发长效经营的关键所在。随着越来越多的用户开始认可并主动寻求高质量的内容服务，细分、专业、深度的营销模式将成为从业者未来的发力方向。

光大银行深谙此道，携手抖音，突破单向采买关系，以“联名+IP 授权”的方式进行合作，推出光大抖音卡，加深用户对光大银行的理解，实现了平台与银行的共赢共创。

在获取流量的基础上，如何通过场景渠道提升获客效率、降低运营成本，是金融机构长期思考的重要命题。新行业环境下，借力数字营销平台无疑能事半功倍。近日，瞄准“拓宽本地生活服务渠道”需求，招商银行携手巨量引擎，调动直播资源，通过“总分行+商家”联动的方式为招商银行带来多端扩散效应，吸引大量用户参与，有效提升银行服务渠道的裂变。

不同的故事，相同的是，这些合作案例中，都有巨量引擎的身影。强流量力、内容力和营销方案加持下，巨量引擎成为助攻金融机构数字化转型，激发金融生意新可能的硬核助攻。

先行者战绩颇丰的尝试，不仅增强了金融机构数字化转型的信心，更提供了可供借鉴的合作方向和打法。

（资料来源：

https://mp.weixin.qq.com/s?_biz=MjM5MjAzNDA1MQ==&mid=2653853823&idx=4&sn=1aa848a297c1a29cf6242fdd20f488c4&chksm=bd7644138a01cd052058b018db870c750c7b392baab9834a516b76fd5b1f0ae31fb696ed3a87&scene=27）

第三节　金融营销微观环境

一、客户

客户是金融机构的目标对象，也是金融服务的主体，全面的金融营销活动无一例外都以满足客户需求为出发和落脚点。金融产品的设计、服务模式的构建，以及市场推广策略的制定都必须紧紧围绕客户需求展开。由此可见，客户在金融机构的微观环境中占据了最重要的地位。客户群体的构成多种多样，可以通过不同的标准进行划分，一般来说，常见的金融机构的客户主要包括个人客户和企业客户两大类。

在个人客户群体中，通常根据其收入状况、职业特征、年龄、性别、教育背景等因素进行细分。他们可能需要的金融服务范围广泛，包括储蓄、贷款、投资、保险等。而企业客户则可以根据行业、公司规模、所有制形式、经营情况等进行划分。它们的金融需求更加复杂和专业，涵盖了商业贷款、企业保险、投资银行服务、财务管理、风险管理等多个领域。客户是金融产品和服务的消费者，并不局限于与金融机构同一国家，而是可能遍布全球各个角落。对于金融机构而言，获得并维持客户的忠诚是其生存和发展的关键。成功的经验表明，金融机构中的佼佼者通常都是那些能重视客户、深度洞察客户需求并为客户提供卓越服务的机构。分析客户的主要目的在于深入理解客户选择特定金融机构产品或服务的原因，包括价格优势、产品质量卓越、服务可靠、良好的品牌美誉度和口碑，抑或是具有吸引力的营销活动。若金融机构无法准确把握吸引客户的关键因素，或无法预见客户需求的潜在变化，那么，这样的金融机构可能最终会丧失在市场上的竞争优势。

二、竞争对手

在金融营销微观环境中，竞争对手是一个无法回避的因素。竞争对手是指与金融机构在同一市场运作，提供与金融机构相同或类似的产品与服务，争夺相同或类似客户的其他企业或机构。一般情况下，金融机构不可能独占市场，总会与一些竞争对手共存，被竞争对手包围、限制并驱动着金融营销活动。在广泛的金融领域，竞争对手可能包括银行、证券公司、保险公司、投资银行、信托公司，以及新兴的金融科技公司等。要在这样的竞争中取得优势，金融机构必须深入理解并满足客户的需求，而且要比竞争对手做得更为周到和出色。对于金融机构，解读和分析竞争对手的重要性不言而喻，因为只有在充分了解了竞争对手的产品或服务、市场策略、定价策略、服务质量、技术实力等各方面的信息后，金融机构才能更准确地做好市场定位，规划出应对市场变化的策略。具体来讲，金融机构在市场上的竞争者，大致可分为以下四种类型。

（1）品牌竞争者：这类竞争者是在金融市场上提供的金融产品或服务与本机构相似，甚至可能是同一种产品，只是品牌不同。这些竞争者与本机构的目标客户群体相同，其产品或服务也具有比较高的替代性，因此竞争非常激烈。例如，为了争夺银行存款市场，各家银行通过提供具有自身特色的储蓄产品、优惠的利率以及高质量的服务，来提升和维系客户的品牌忠诚度。

（2）行业竞争者：这类竞争者是指在金融行业内，提供相同或类似但在功能、价格等方面有所区别的金融产品或服务的机构。例如，各家银行提供的信用卡，虽然形式相同，却在利率、积分政策、附加服务等方面存在竞争。

（3）需求竞争者：这类竞争者是在更广泛的市场中，提供不同类型的产品或服务，却满足相同类型消费者需求的金融机构。例如，银行存款、证券投资和保险理财都可以满足客户对财富增值的需求，这三者在一定程度上是在为满足客户的理财需求而进行竞争。

（4）消费竞争者：这类竞争者提供不同的产品或服务，满足客户不同的需求，但目标客户群一致。例如，随着消费者收入水平的提升，消费者可能将额外的收入用于购买金融产品、购置房产或旅游消费，这时，金融机构、房地产开发商和旅游服务商都在争夺同一客户群体的消费份额。

三、社会公众

任何一个系统都不是孤立存在的，而是与外部环境有着持续的交互和影响。对于金融机构而言，也需要与各种社会公众群体进行交互。金融机构的社会公众是指对该金融机构实现其既定目标产生实际或潜在影响的各类组织、企业以及个体等。它们是具备某种共性的群体，这种共性就在于它们对金融机构达成目标的能力拥有实质性或可能的影响力。在这个广泛的公众群体中，有些可能助力金融机构实现其目标，有些则可能对其产生阻碍。这种公众群体对金融机构的市场营销活动有着较大影响，具体包括金融公众、媒体公众、政府公众、群众团体、一般公众、内部公众等。现代金融机构在追求实现自身目标的同时，必须采取积极措施和主要公众保持良好的关系。

（1）金融公众：金融公众主要指对金融机构的融资能力产生重大影响的实体，如其他银行、投资公司、证券交易所以及保险公司等，它们直接或间接影响金融机构的运营和发展。

（2）媒体公众：媒体公众是指报纸、杂志、广播、电视以及互联网等影响范围广泛的大众传播渠道。这些媒体对金融机构的正面或负面报道都影响着金融机构在公众视野中的形象。媒体公众主要利用公众舆论的力量来影响其他公众对金融机构的看法，尤其是主流媒体的报道，对金融机构产生的影响力是巨大的，甚至可以转变其他公众对金融机构的认知。因此，金融机构对待这些媒体应持谨慎态度，力图与媒体公众建立和谐的关系，从而争取获得更多有利于金融机构的新闻报道和评论。

（3）政府公众：政府公众涵盖了各级与金融机构业务紧密相关的政府部门。政府公众既是政策和法规的制定者和执行者，同时也承担着对金融机构市场营销活动的管理职责。因此，政府公众的政策和法规对于金融机构的经营和发展具有重大而直接的影响。对于政府公众的行为趋势和政策变动，金融机构必须密切关注，确保业务行为符合法律法规的要求。金融机构的管理层制定营销计划时，必须深入研究政府公众的政策和措施及其对未来营销活动的影响。政府公众所制定的方针、政策可能会对金融机构的营销活动产生制约，当然也有可能为金融机构创造出新的机遇。为了确保遵守相关法规，并在必要时得到政府公众的支持，金融机构需要与政府公众保持良好的关系。

（4）社团公众：社团公众是指包括维护消费者权益的组织、环境保护组织以及其他非政府组织在内的各类社会团体。这些组织在社会上施展着广泛的影响力，通常对金融机构的产品和形象持有自己的理解和立场，而且其观点和态度可以直接影响金融机构在目标市场的定位和选择。鉴于金融机构的营销活动影响着社会的各个层面，金融机构在设计并实施营销计划时，必须密切关注来自社团公众的反馈与批评，以便适时修正自身的营销策略，保持良好的社会形象。

（5）一般公众：一般公众是指那些并未直接购买金融产品，但能深刻影响消费者对金融机构及其产品看法的公众。由于一般公众对金融机构的看法和理解影响着金融机构获取新客户和保持旧客户的能力，因此金融机构必须注重一般公众对其产品和服务的态度。为了树立良好的形象，金融机构可采取资助公益事业、建立消费者投诉平台等方式，进而在一般公众中营造积极的形象，获得优势地位。

（6）内部公众：金融机构的内部公众包括董事会成员、高层管理人员和全体员工。内部公众对金融机构的认同感和满意度能有效影响外部公众的看法。当员工对其所在的金融机构感到满意时，他们热情的态度会向外部公众传达出积极的印象。因此，金融机构需要定期向其内部成员分享机构的发展动态，采取各种激励措施，激发员工的积极性，鼓励他们参与决策。另外，关心员工福利并提高内部凝聚力也是必要的策略。处理好内部公众关系是建立和保持良好外部公众关系的关键，金融机构需要在维护和提升内部公众满意度方面下足功夫，以此来塑造良好的外部形象。

四、金融机构内部环境

金融机构的内部环境主要由两个层面构成，包括组织结构和组织文化，二者相辅相成，共同决定了金融机构的运营方式和员工行为。

组织结构指的是金融机构内部的组织框架、职责划分、层级关系等，包括横向结构与纵向结构。在金融机构中，明晰的等级构造，包括上级管理层、中级管理层和基础员工层，是必不可少的。组织结构的科学性和适应性对于金融机构的运作和决策效率产生直接影响，因为金融机构的决策流程、风险控制与管理等关键环节都与其组织构造有着紧密的联系。

金融机构的营销部门并非孤立运作，而是与其他各职能部门有着密切的协作关系。横向的组织结构涉及多个部门，如客户服务、风险管理、财务、法务、技术等。这些部门间的协作和配合直接影响到营销活动的成效，决定了金融机构能否顺利执行其营销方案。比如，客户服务部门与技术部门的紧密协作，能够保障客户体验的持续优化。

决策层、管理层和执行层则构成了金融机构的纵向结构。决策层主要包括了董事会和高级管理人员，职责是构建金融机构的宏观战略以及政策方向；管理层负责在这个战略和政策的指引下，进行具体实施，并管理下级部门；执行层则主要包括业务一线的员工，他们的主要工作就是执行各类任务，并与客户建立直接的联系。例如，高级管理层设定的战略方向和政策将直接影响到营销部门的决策，而营销部门的策略也需要得到高层管理者的批准。同时，各职能部门的协作关系至关重要。例如，财务部门负责分配和使用营销活动所需的资金，产品开发部门负责创新出符合市场需求的金融产品，客户服务部门则专注于提供优质的客户服务。而风险控制部门则会对金融产品的风险进行精确评估，法律合规部门需要确保所有营销活动都在合法合规的范围内。在进行市场营销活动时，金融机构必须细致地协调内部各部门的工作，妥善处理好各部门间的关系，才能保障营销活动的顺利进行。

金融机构也需要关注企业文化对于市场营销的影响，以此优化其市场营销策略。良好的企业文化能够激发员工的积极性和团队精神，从而提升整个组织的竞争力。企业文化是指金融机构内部的价值观、信念、行为准则和工作氛围等方面的共同遵循。组织文化对金融机构的员工行为、沟通合作、创新能力和服务质量等方面带来影响，在金融机构的内部环境中也占据了重要地位。金融机构组织成员的价值观、行为规范、企业精神等因素共同塑造了金融机构的内部环境，并影响到员工的行为和决策。

无论是组织结构还是企业文化，都在金融机构内部环境中扮演重要角色，共同影响着市场营销活动的实施。而有效的协调和管理这两个要素，也是金融机构实现营销目标的关键。只有深入理解金融机构的内部环境，才能更透彻地理解其在市场营销中的行动方向和策略选择。

扩展阅读

招商银行的价值观高于 KPI

在投资圈有这样一句话：看一家企业的今天，去看它的财报；看一家企业的明天，去看它的模式；看一家企业的未来 10 年，去看它的文化。

看懂招商银行，也是同一逻辑。

看业绩。这家在 2021 年营收增长了 14.04%、净利润增长了 23.20% 的银行，将其 ROAA、ROAE 分别提升至 1.36%、16.96%。越来越多的客户选择招行作为主财富管理银行和企业服务主办银行，截至 2021 年年末，招行零售管理客户总资产（AUM）突破 10 万亿，公司客户融资总量（FPA）接近 5 万亿。

公司的业绩何来？招行孜孜以求了三年的 3.0 模式改革，释放业绩新动能。

看模式。3.0模式的轮廓已然清晰，即“大财富管理的业务模式+数字化的运营模式+开放融合的组织模式”。越来越多的银行开始追求“轻型”和“敏捷”，但何为轻、何为敏？“轻型银行”探路者招行的答案是：构建大财富管理“投商私科”一体化生态，用数字化体验让客户在每一个流程环节都感受到便捷，同时打破部门“竖井”，跨部门协作敏捷响应客户需求。

形象地解析这一3.0模式，“投商私科”大财富价值循环链为其本体，而数字化科技与组织文化则如大财富管理的一双“翅膀”，让银行服务更为轻盈敏捷。

模式背后的生命力何来？10万亿AUM和5万亿FPA背后的客户人心何来？大道至简，源动力来自一家机构的出发点和价值观。

看文化。行长田惠宇在年报致辞中说，3.0模式的本质是一场关于初心的坚守，“以客户为中心，为客户创造价值”是招行不变的初心和本真的价值观。“任何时候对价值观的偏移和摇摆，都是我们前进路上的最大障碍。价值观并不虚幻，它就体现在我们经营管理的每一次考量，体现在我们面临难题时的每一次抉择。”

回到上述3.0模式的比喻，在插上科技与文化的一双“翅膀”后，“为客户创造价值”的价值观，则如同一颗“心脏”。也正是因此，在招行全新的“十四五”发展规划中，已将其战略愿景落脚点从“打造中国最佳商业银行”更新递进为“成为创新驱动、模式领先、特色鲜明的‘最佳价值创造银行’”（图2-1）。

图2-1　最佳价值创造银行

那么，这颗“心脏”是如何搏出血液，让价值观渗透到机制与组织之中的呢？

从商业银行的视角，招行不仅仅经营一张“银行资产负债表”，更将同时经营“客户资产负债表”。也就是说，未来判断一家银行优秀与否，不仅仅只看前一张表，还要看客户的资产负债表是否因为这家银行的服务而被优化、而获得价值。

从员工的视角，对他们的判定将不再只看原有的岗位KPI，就像田行长那句刷了屏的“价值观永远高于KPI”。

在组织文化上，招行已在尝试突破传统的科层制、区域利润中心组成的“井字状”条块架构，在一个个项目的背后，在客户的综合化需求背后，有一支支跨部门协作的融合团队，以更灵活的组织阵形，更快速精准弥合客户所求。

在考核机制上，“价值观”已成为招行评价干部的首要标准，甚至在部分部门和团队，招行已经开始尝试对员工“免考KPI”。

田行长说：“盯着KPI做事，所有的数字只会成为明年任务的基数；而盯着客户做事，所有的努力都将成为未来发展的基础。”

这一境界，手中无剑，是因为心中有剑。

从客户的视角，他们不必费力地将自己的一揽子需求人为切割开来，犹如分科室挂号，去分别寻找投行、商行、私行，分别对应公司、零售、信贷、理财。招行大财富管理“投商私科”的一体化生态，员工跨部门的业务理解和协同能力，将带来在客户界面的一站式、全方位服务体验。

过往皆为序章。从3.0模式到“为客户创造价值”的企业价值观，前者或许定义了这家银行未来的发展高度，而后者决定了他们未来能走多远。

价值观与文化，是一家企业底层的核心竞争力。

在读懂了招行的价值观“心脏”如何将血液输送到组织与员工，如何将发展动能输送给业务之后，文章的第三部分，从抽象写到具象，给大家说几个“愉见财经”多年来对招行记忆深刻的小故事吧。

故事：让客户找各个部门，还是打破部门竖井、拉齐队伍服务客户?

在招行上海分行，“愉见财经”曾听闻过这样一单“投商行一体化”的私有化项目。

客户曾是一家港交所上市公司，却因香港市场交易不活跃等因素，公司价值长期被严重低估，尽管如此，客户自己却并不晓得对此有何解决之道。当时，招行并不是这家客户的主办银行，客户只是有一个普通账户开在了招行。可细心的支行业务负责人敏锐地发现了客户“痛点”，并向客户分析了私有化后寻求并购或境内上市的可行性。这一建议，与客户一拍即合。

然而，港股私有化是一项复杂的金融大工程，涉及方案规划、筹资、交易、境内外联动、托管等一系列动作；彼时客户要完成私有化尚需近10亿港币的融资，可作为一家提供生命科学领域多项产品的独角兽企业，客户的业务领域过于精专，过往也埋头于业务，罕有资本运作，因此除了在某大行借有5 000多万流动资金贷款外，几乎没再向金融机构融过资。

项目开启。招行能啃下这单高难度业务，其能力基座，正是一套久经练兵的跨部门协同机制：

纵向来看，总行定政策、下资源；分行主牵头，抓落地；支行在一线联络沟通客户，“总—分—支”通力，建立起高效协调机制。

横向来看，各个业务部门，包括投资银行、交易银行、金融市场、风控、托管、跨境，等等，竖井全部打通。

一个项目就如同一声集结号，汇集各条线力量——招之能来，来之能战。

接手客户项目后，仅仅两天时间，在多部门资源协同下，分行投行团队就向客户出具了详细的私有化架构设计与银行融资方案。

对所涉及的私有化贷款，分行联动总行成立项目团队，调取了客户三年的流水，一笔一笔地观察企业的实际运作，对客户的1 000多家科研院所、高校及医院下游企业，逐个比对其结算量、收入占比，判断分散程度，并逐年比较客户的重合率，分析出老客户黏性及新拓客户增长率，KYC堪称范例。

期间，“中后台服务前台”，风控条线直扑一线，与企业创始人座谈，为业务推动保驾护航；交易银行部保障了跨境政策与交易的协调，把政策方面专家意见火速送到前线。

在各部门的并肩作战之下，随着分行通过自贸区平台成功划出私有化并购贷款，客户撤回联交所上市股份，这单私有化项目圆满落地。

这样的队伍或许是一个雏形。“愉见财经”听说，在招行有几百只融合性团队活跃在组织边界上，打破条线、部门间的“玻璃门”。

幕后，是融合团队分解了客户的需求、分解了客户的困难；台前，交到客户手上的，才会是完整、简洁、清晰的一站式解决方案。

（资料来源：《中国银行保险报》，2022-03-25

http://www.cbimc.cn/content/2022-03/25/content_458919.html）

【本章小结】

本章是金融营销学中的重要内容，它旨在帮助学生了解金融营销环境的基本概念和特点，掌握金融营销环境分析的方法和技巧，并能够运用所学知识对实际的金融营销环境进行分析和预测。

在本章中，我们学习了金融营销环境的概念和特点，了解了政治、经济、社会、技术等因素对金融营销的影响，并掌握了这些因素的评估方法和工具。我们还学习了市场调查的方法和技巧，并能够运用市场调查数据进行金融营销环境的分析和决策。此外，我们还了解了金融市场竞争状况和竞争格局，并掌握了竞争对手的分析方法和应对策略。最后，我们学习了客户心理和行为对金融营销的影响及应对策略，并能够根据客户需求制定相应的金融产品和服务方案。

通过本章的学习，我们能够更好地适应金融行业的发展和变化，提高我们的综合素质和能力水平，以成为优秀的金融营销人才。

【思考题】

如何对金融营销环境进行分析？分析时应该考虑哪些因素？

当前金融市场的宏观环境包括哪些方面？这些因素如何影响金融机构的营销策略？

竞争环境对于金融机构的营销活动有何影响？如何评估竞争环境？

金融客户的需求和行为如何影响金融机构的营销策略？如何更好地满足客户的需求？

第三章 金融市场营销调研

◆◆◆ 学习目标

理解金融市场营销调研的含义和意义；掌握金融市场营销调研的作用和方法；熟悉各种市场调研方法的优势、特点和应用场景；能够应用市场调研方法进行金融行业调研和消费者行为调研；理解定性和定量市场研究的区别与应用。

◆◆◆ 能力目标

能够运用 Desk Research 方法进行文献研究和数据收集；能够组织并参与专题组和小组座谈，深入了解目标市场需求；具备进行深度访谈的技巧和方法，包括非结构化访谈、结构化访谈和象征性分析；能够应用影射法、联想法、完成法、构筑法和表达法等项目技术进行市场调研；熟悉观察法和实验法的应用，包括实验室实验和现场实验；掌握问卷调查的设计和分析技巧，包括开放式问题、封闭式问题和相倚问题的运用；具备人员访问和面对面访谈的技能，能够有效收集和分析数据；能够利用市场调研结果进行报告和提出改进建议。

时政视野

关于在全党大兴调查研究的工作方案

调查研究是谋事之基，成事之道。调查研究既是基本工作方法，也是推进各项工作的方法论。调查研究是我们党的传家宝。党的十八大以来，以习近平同志为核心的党中央高度重视调查研究工作，习近平总书记强调指出，调查研究是谋事之基、成事之道，没有调查就没有发言权，没有调查就没有决策权；正确的决策离不开调查研究，正确的贯彻落实同样也离不开调查研究；调查研究是获得真知灼见的源头活水，是做好工作的基本功；要在全党大兴调查研究之风。习近平总书记这些重要指示，深刻阐明了调查研究的极端重要性，为全党大兴调查研究、做好各项工作提供了根本遵循。

（资料来源：http://www.natcm.gov.cn/xinxifabu/ztxx/2023-04-25/30298.html
https://www.gov.cn/zhengce/2023-03/27/content_5748479.htm）

第一节　金融市场营销调研概述

一、金融市场营销调研的含义

金融市场营销调研是指在金融领域中进行的一系列研究活动，旨在了解和分析金融市场中的消费者行为、市场需求、竞争环境和市场机会等关键因素。它是为了帮助金融机构和金融服务提供商更好地理解市场，制定有效的营销策略和决策。金融市场营销调研的含义体现在以下几个方面：

（1）市场洞察：通过调研，可以深入了解金融市场的特点、趋势和变化。了解消费者对金融产品和服务的需求、偏好以及购买行为，把握市场的需求和趋势。

（2）竞争分析：通过调研竞争对手，了解其产品、定价、推广和服务等策略，从而评估市场上的竞争力和差距，并制定相应的营销策略。

（3）产品定位：通过调研消费者的需求和偏好，确定金融产品在市场中的定位和差异化优势，以满足消费者的需求并提供有竞争力的产品。

（4）目标市场确定：通过调研，确定适合的目标市场和客户群体，明确市场定位和目标，以便精确地定位营销活动和资源投入。

（5）营销策略制定：调研结果提供了关于市场需求、消费者行为和竞争环境的信息，有助于制订有效的营销策略和计划。根据调研结果，可以确定目标市场、定价策略、渠道选择、产品推广和服务优化等方面的策略。

（6）市场机会发现：调研有助于发现新的市场机会和潜在的增长点。通过了解市场的需求和变化，可以发现未满足的需求和新兴的市场细分，从而为金融机构带来新的商机。

金融市场营销调研的含义在于通过系统、科学的研究方法和数据收集手段，了解金融市场的现状和发展趋势，帮助金融机构制定精准的营销策略，提高市场竞争力，满足消费者需求，实现商业目标。它是市场营销决策和战略的重要依据，对金融行业的可持续发展至关重要。

经典案例

金融科技公司在金融市场营销调研中的应用

金融科技（FinTech）行业是近年来迅速崛起的一个领域，其在金融市场中引入创新技术和解决方案，改变了传统金融行业的商业模式和用户体验。一个经典案例可以是一家金融科技公司利用市场营销调研来推动其业务发展。

该公司专注于提供在线支付和移动钱包服务。为了更好地理解目标市场和用户需求，该公司决定进行市场营销调研，采取了以下步骤：

调研目标的设定：公司明确调研目标，希望了解用户对在线支付和移动钱包的态度、使用习惯、痛点和需求。

调研方法的选择：为了覆盖广泛的用户群体，该公司决定采用多种调研方法，包括在线调查、深度访谈和焦点小组讨论。

在线调查：公司设计了一份在线调查问卷，向大量用户发送，以了解他们对在线支付和移动钱包的意见和体验。问卷涵盖了支付偏好、安全性关切、用户界面等方面的问题。

深度访谈：公司选择了一些有代表性的用户进行深度访谈，以获得更详细的用户观点和体验。通过与用户面对面的交流，能够深入了解用户需求和痛点。

焦点小组讨论：公司组织了几个焦点小组讨论，邀请用户分享他们对在线支付和移动钱包的看法，并提供意见和建议。这种互动性的讨论可以帮助公司深入了解用户心理和期望。

数据分析和结论：公司收集到大量的调研数据后，进行了仔细的数据分析和解读，提取了关键主题、用户需求和市场机会，并得出结论和建议。

通过市场营销调研，该公司获得了宝贵的市场洞察和用户反馈，发现一些用户对在线支付的安全性有疑虑，还发现用户对移动钱包的便捷性和个性化功能有较高的期望。基于这些调研结果，公司进行了相应的调整和改进，提升了产品的安全性、用户界面和功能。

这个案例说明了金融市场营销调研在金融科技行业中的重要性。通过深入了解用户需求和市场趋势，金融科技公司可以制定更精准的营销策略，提供满足用户需求的创新产品和服务。这不仅有助于提高市场竞争力，还能为公司带来增长和成功。

二、金融市场营销调研的意义

金融市场营销调研的意义在于提供对金融市场和消费者行为的深入洞察，为金融机构和金融服务提供商制定有效的市场营销策略和决策提供有力支持。以下是金融市场营销调研的重要意义：

（1）了解市场需求和趋势：通过调研，可以深入了解金融市场中的消费者需求和趋势。了解消费者的购买偏好、需求和行为，可以为金融机构提供重要的市场信息，指导产品开发、定价策略和市场定位。

（2）洞察竞争环境：金融市场调研有助于了解竞争对手的市场策略、产品特点和服务水平。通过分析竞争对手的优势和弱点，金融机构可以制定针对性的竞争策略，提高市场占有率和竞争力。

（3）发现市场机会：调研可以帮助金融机构发现新的市场机会和潜在的增长点。通过了解市场需求和变化，可以发现未满足的需求、新兴的市场细分和新的产品创新方向，从而为金融机构带来商机和竞争优势。

（4）产品定位和差异化：通过调研了解消费者对不同产品特点的偏好和评价，可以帮助金融机构确定产品的定位和差异化优势。根据调研结果，可以针对不同的目标市场和消费者群体，设计和推出具有竞争力的金融产品和服务。

（5）提升营销效果：金融市场调研可以为市场营销活动提供指导和支持。通过了解消费者的媒体偏好、购买决策过程和影响因素，可以制定有效的市场推广策略，提高营销效果和投资回报率。

（6）降低风险：金融市场调研可以帮助金融机构降低市场风险。通过了解市场需求和趋势，避免盲目投资和错误决策，降低产品失败和市场失灵的风险。

金融市场营销调研的意义在于为金融机构提供全面的市场信息和洞察，帮助他们制定精准的市场营销策略，优化产品和服务，提高市场竞争力和业绩。调研结果对于金融机构的决策和战略规划具有重要的参考价值，能够帮助他们在竞争激烈的金融市场中取得成功。

经典案例

华夏基金："'80 后'的时光机"：GIF 海报

2015 年年底，华夏基金推出了一款名为"回顾时光机：与'80 后'共追金"的产品（图 3-1），旨在与"80 后"群体建立更好的沟通。随着"80 后"逐渐成为理财市场的重要力量，金融品牌需要寻找与他们更有效沟通的方式。华夏基金决定采用 5 张 GIF 海报的形式，为"80 后"群体打开一扇时光之门，回顾那些与我们擦肩而过的挖金岁月。

图 3-1 华夏金融"'80 后'的时光机"GIF 海报示意图

1981 年，土地家庭承包经营责任制的实施，让农民家庭富裕起来。1992 年，全面的经济改革让父辈们走上商海，家庭财富不断积累。2001 年，中国加入 WTO，全球经济一体化，商人们也因此获得了更多的机遇和财富。2014 年，互联网经济崛起，电商创业大军涌现，年轻人纷纷投身其中。2015 年，在习总书记的领导下，国企改革的顶层设计"1+N"制度框架逐渐明确，成了下一轮投资热点。华夏基金认为这是一个抓住机会的时刻。

通过创意的海报形式，华夏基金以极具视觉冲击力的方式向“80后”群体展示了这些重要时刻。海报中的GIF动画带领观众回顾历史，激发他们的回忆和情感共鸣。这种新颖的形式吸引了“80后”群体的注意，让他们在回忆中感受到投资的重要性和机遇的价值。

通过这个案例，华夏基金成功地与“80后”群体建立了联系，传达了自己的理念和价值观。这种创新的沟通方式不仅吸引了目标群体的兴趣，还为品牌树立了独特的形象。华夏基金通过回顾历史，展示了国企改革的发展脉络，引发了“80后”群体对投资的思考和兴趣。这种形式具有情感共鸣和视觉冲击力，成功地吸引了目标群体的关注，并为华夏基金在市场中树立了积极的品牌形象。

扩展阅读

《关于在全党大兴调查研究的工作方案》——调查研究重在落到实处、务求实效

调查什么，研究什么，是做好调查研究首先应回答的问题。开展调查研究，就要直奔问题去，实行问题大梳理、难题大排查。贯彻新发展理念、构建新发展格局、推动高质量发展中的重大问题，防范化解重大经济金融风险中的主要情况和重点问题，全面深化改革开放中的重大问题。

调查是解决问题的基础，研究是认识问题的关键。抓好调查研究，就要抓好关键方法和关键步骤。提高认识，增强做好调查研究的思想自觉、政治自觉、行动自觉；制定方案，明确调研的项目课题、方式方法和工作要求等；开展调研，综合运用座谈访谈、随机走访、问卷调查等方式，充分运用互联网、大数据等现代信息技术，还要深入农村、社区、企业等基层单位；深化研究，对那些具有普遍性和制度性的问题、涉及改革发展稳定的深层次关键性问题，以及难题积案和顽瘴痼疾等，研究透彻，找准根源和症结；解决问题，形成问题清单、责任清单、任务清单，逐一列出解决措施、责任单位、责任人和完成时限；督查回访，加强对调研课题完成情况、问题解决情况的督查督办和跟踪问效。遵循调查研究的规律，真正问计于群众、问计于实践，有助于分析对问题、剖析好原因，让调查研究的过程成为推动事业发展的过程。

抓实调查研究不能等，推进调查研究不必拖，必须尽快提上日程、落到实处。各级各地各部门要加强组织领导，特别是领导干部要带头开展调查研究，改进调研方法，以上率下、做出示范。与此同时，要严明工作纪律，加强作风建设，力戒调查研究中的形式主义、官僚主义，谨防作秀式、盆景式和蜻蜓点水式调研。唯有确保调查研究的作风过关、方法得当，把功夫下在察实情、出实招、办实事、见实效上，才能做到调查基础上的深入研究，做到重要情况心中有数、重大决策心里有底。

正确的决策离不开调查研究，正确的贯彻落实同样也离不开调查研究。以此次在全党大兴调查研究为重要契机，切实转变工作作风、密切联系群众、提高履职本领、强化责任担当，汲取破解难题的智慧，凝聚助推发展的力量，必定能推动全面建设社会主义现代化国家

开好局起好步。

（资料来源：人民网评《调查研究重在落到实处、务求实效》https://www.gov.cn/zhengce/2023-03/27/content_5748479.htm）

三、金融市场营销调研的作用

金融市场营销调研在金融领域中具有重要的作用，对于金融机构和金融服务提供商的发展和成功起到关键的推动作用。以下是金融市场营销调研的一些主要作用：

（1）了解消费者需求和行为：调研帮助金融机构深入了解消费者的需求、偏好和行为。通过调研数据的收集和分析，可以了解消费者对金融产品和服务的需求、购买决策过程以及他们对不同品牌和公司的态度。这有助于金融机构更好地满足消费者的需求，提供个性化的产品和服务，增强客户忠诚度。

（2）指导市场定位和产品策略：通过调研，金融机构可以了解市场的竞争格局、差距和机会，从而制定有效的市场定位和产品策略。调研结果可以帮助金融机构确定目标市场和客户群体，明确产品特点和差异化优势，以及制定定价策略、产品组合和品牌推广策略。

（3）评估市场竞争力：金融市场营销调研可以帮助金融机构评估自身在市场中的竞争力和优势。通过了解竞争对手的市场策略、产品特点和服务水平，金融机构可以进行比较分析，发现自身的优势和劣势，并制定相应的竞争策略和差异化措施。

（4）发现市场机会和趋势：调研有助于发现新的市场机会和潜在的增长点。通过对市场的深入了解，金融机构可以发现未满足的需求、新兴的市场细分和创新的产品方向。这使得金融机构能够及时抓住市场机会，提供有竞争力的产品和服务。

（5）优化市场推广和营销活动：调研结果可以为市场推广和营销活动提供重要的指导。了解消费者的媒体偏好、购买决策过程和影响因素，可以帮助金融机构选择合适的营销渠道、制定有效的传播策略，并优化广告和促销活动，提高市场推广的效果和回报率。

（6）降低风险和决策支持：金融市场营销调研可以为金融机构降低市场风险和决策不确定性。通过调研了解市场需求、竞争环境和消费者行为，金融机构能够更准确地评估市场前景和风险，避免盲目投资和错误决策。

金融市场营销调研对于金融机构的发展和成功具有重要的作用。通过深入了解消费者需求、市场趋势和竞争环境，金融机构能够制定更有效的市场营销策略、优化产品和服务，并抓住市场机会，提高市场竞争力和业绩。调研结果为决策提供了有力的支持，帮助金融机构降低风险和决策的不确定性。

经典案例

金融科技公司在金融市场营销调研中的应用

根据《金融科技类应用消费者调研报告》的内容，我们可以将其与金融营销调研结合，以便更好地理解和应用这些概念。该调研报告的数据和见解对于金融营销调研具有重要的参考价值。以下是通过该调研报告将金融科技应用与金融营销调研结合的案例：

Unity 公司是一家领先的游戏开发科技公司，并专注于开发创新的金融科技应用。为了更好地了解目标市场和用户需求，Unity 决定进行市场营销调研，并利用《金融科技类应用消费者调研报告》的数据和见解。

市场细分：通过调研报告中的数据，Unity 可以了解不同消费者群体对金融科技应用的偏好和需求。基于这些数据，可以将市场细分为具有相似特征和需求的消费者群体，并针对不同群体制定个性化的营销策略。

品牌定位优化：调研报告中的消费者反馈可以帮助 Unity 了解消费者对其金融科技应用的认知和偏好。通过分析这些数据，Unity 可以优化品牌定位、品牌形象和品牌传播策略，以提升品牌在消费者心目中的认知和价值。

用户满意度和忠诚度：调研报告中的数据可以帮助 Unity 评估用户对其金融科技应用的满意度和忠诚度。通过分析这些数据，可以识别用户的痛点和需求，并采取相应的措施改善用户体验，提升用户满意度和忠诚度。

产品优化和创新：通过调研报告中的数据，Unity 可以了解用户对其金融科技应用的使用体验和功能需求。基于这些数据，可以进行产品优化和创新，提供更具竞争力和符合用户期望的金融科技解决方案。

市场推广和广告策略：通过调研报告中的数据，Unity 可以评估不同市场推广和广告策略对用户的影响和反应。这有助于优化广告内容、媒体选择和传播渠道，提高市场推广活动的效果和回报率。

通过将金融科技应用与金融营销调研结合，Unity 可以更深入地了解目标市场和用户需求，优化品牌定位、产品功能和营销策略，提升用户体验和市场竞争力。

第二节 金融市场营销调研的内容

一、金融行业调研

金融行业调研是指在金融领域中进行的一系列研究活动，旨在了解和分析金融行业的市场情况、行业趋势、消费者行为以及竞争环境等关键因素。金融行业调研的目的是为金融机构提供决策和战略规划的参考，帮助它们更好地适应市场需求、提供有竞争力的金融产品和服务。金融行业调研的内容可以包括以下几个方面：

（1）市场分析：通过市场调研，了解金融行业的市场情况和趋势。这包括市场规模、增长率、市场细分、市场份额、市场渗透率等指标的分析，以及行业内各类金融产品和服务的市场需求和竞争格局的研究。

（2）消费者行为研究：了解金融消费者的购买决策过程、需求和行为特点。通过调研消费者的金融产品选择偏好、消费习惯、风险承受能力等方面的信息，可以帮助金融机构更好地定位目标客户群体、设计产品和服务，以及制定市场推广策略。

（3）竞争环境分析：分析金融行业的竞争环境和竞争对手。了解竞争对手的产品特点、定价策略、市场份额和市场定位，可以帮助金融机构评估自身的竞争力、制定差异化竞争策略，并找到市场上的竞争优势。

（4）产品研发和创新：通过调研了解市场对金融产品和服务的需求和期望，为金融机构的产品研发和创新提供指导。了解市场上的产品缺口和机会，可以帮助金融机构开发出更有竞争力的金融产品和创新解决方案。

（5）风险评估和合规性：在金融行业中，风险管理和合规性非常重要。调研可以帮助金融机构评估潜在的风险因素，包括市场风险、信用风险、操作风险等，并确保机构的经营符合法律法规和监管要求。

金融行业调研的意义在于为金融机构提供全面的行业和市场信息，帮助它们做出准确的决策、制定有效的市场营销策略，提高市场竞争力和业绩。调研结果为金融机构的产品研发、定价、市场推广和渠道选择等方面的决策提供了有力的支持，帮助它们更好地满足市场需求、提供优质的金融服务。

扩展阅读

关于在全党大兴调查研究的工作方案的调研内容

在全党大兴调查研究，要紧紧围绕全面贯彻落实党的二十大精神、推动高质量发展，直奔问题去，实行问题大梳理、难题大排查，着力打通贯彻执行中的堵点、淤点、难点。各级党委（党组）要立足职能职责，围绕做好事关全局的战略性调研、破解复杂难题的对策性调研、新时代新情况的前瞻性调研、重大工作项目的跟踪性调研、典型案例的解剖式调研、推动落实的督察式调研，突出重点、直击要害，结合实际确定调研内容。主要是12个方面。

（1）贯彻落实党中央决策部署和习近平总书记对本地区本部门本领域工作重要指示批示精神的主要情况和重点问题。

（2）贯彻新发展理念、构建新发展格局、推动高质量发展中的重大问题，推进高水平科技自立自强，扩大国内需求、深化供给侧结构性改革、建设现代化产业体系、落实"两个毫不动摇"、吸引和利用外资，全面推进乡村振兴中的主要情况和重点问题。

（3）统筹发展和安全，确保粮食、能源、产业链供应链、生产、食品药品、公共卫生等安全，防范化解重大经济金融风险中的主要情况和重点问题。

（4）全面深化改革开放中的重大问题，重要领域和关键环节改革、推进高水平对外开放中的主要情况和重点问题。

（5）全面依法治国中的重大问题，完善中国特色社会主义法律体系、推进依法行政、严格公正司法、建设法治社会等主要情况和重点问题。

（6）意识形态领域面临的挑战，推进文化自信自强、建设社会主义文化强国和新闻舆论引导、网络综合治理中的主要情况和重点问题。

（7）推进共同富裕、增进民生福祉中的重大问题，巩固拓展脱贫攻坚成果、缩小城乡区域发展差距和收入分配差距的主要情况和重点问题。

（8）人民最关心最直接最现实的利益问题，特别是就业、教育、医疗、托育、养老、住房等群众急难愁盼的具体问题。

（9）牢固树立和践行"绿水青山就是金山银山"理念方面的差距和不足，推进美丽中国建设、保护生态环境和维护生态安全中的主要情况和重点问题。

（10）维护社会稳定中的重大问题，防灾减灾救灾和重大突发公共事件处置保障短板，处理新形势下人民内部矛盾和强化社会治安整体防控的主要情况和重点问题。

(11) 全面从严治党中的重大问题，落实党的领导弱化虚化淡化、党组织政治功能和组织功能不够强，干事创业精气神不足、不担当不作为，应对“黑天鹅”“灰犀牛”事件和防范化解风险能力不强，形式主义、官僚主义、特权思想和特权行为等重点问题。

(12) 本地区本部门本单位长期未解决的老大难问题。

(资料来源：《关于在全党大兴调查研究的工作方案》

http://www.natcm.gov.cn/xinxifabu/ztxx/2023-04-25/30298.html)

二、消费者行为调研

消费者行为调研是指在市场营销领域中进行的一系列研究活动，旨在深入了解消费者在购买和使用产品或服务时的决策过程、需求和行为。消费者行为调研的目的是为企业提供洞察力，以便更好地了解消费者、满足他们的需求，并制定有效的市场营销策略。消费者行为调研的内容可以包括以下几个方面：

(1) 购买决策过程：调研消费者在购买决策过程中的各个阶段，包括问题意识、信息搜索、评估替代品、购买决策和后续行为等。了解消费者的购买决策过程可以帮助企业了解消费者在不同阶段的需求和行为，从而针对性地开展营销活动。

(2) 消费者需求和偏好：调研消费者的需求和偏好，了解他们对产品或服务的期望和要求。这包括消费者对产品特性、质量、价格、品牌、服务等方面的偏好和态度。通过了解消费者需求和偏好，企业可以根据市场需求调整产品设计和定价策略。

(3) 消费者行为动机：调研消费者的行为动机和心理需求，了解他们购买和使用产品或服务的目的和动机。消费者行为动机可能包括实用性需求、社交需求、情感需求等。了解消费者的行为动机可以帮助企业更好地满足消费者的需求，以及设计有效的市场营销策略。

(4) 消费者决策影响因素：调研消费者决策的影响因素，包括个人因素（如个人特征、态度、价值观）、社会因素（如家庭、朋友、文化）、环境因素（如市场环境、广告、促销活动）等。了解这些影响因素可以帮助企业更好地了解消费者的决策过程和决策动力。

(5) 消费者满意度和忠诚度：调研消费者的满意度和忠诚度，了解他们对产品或服务的满意程度和忠诚度。通过了解消费者的满意度和忠诚度，企业可以评估产品或服务的质量和市场竞争力，并采取相应的措施提高客户满意度和忠诚度。

消费者行为调研的意义在于为企业提供深入的消费者洞察力，帮助企业更好地理解消费者需求和行为，制定有针对性的市场营销策略。通过调研消费者行为，企业能够更好地满足消费者的需求，提供个性化的产品和服务，增强市场竞争力，并建立长期的客户关系。

经典案例

2023年中国消费者行为分析报告

随着中国中产阶级的壮大，他们的消费行为和购买决策也发生了变化。麦卡锡发布的《2023年中国消费者行为分析报告》揭示了中国中产阶级的消费趋势和偏好。以下是一个真实的案例，展示了报告中提到的一些关键观点。

案例描述：

在中国市场上，一家国际奢侈品牌公司注意到中国中产阶级的不断增长和高端化趋势。为了更好地了解这一目标消费群体的购买行为和偏好，该公司进行了一项消费者行为调研。

中产阶级壮大：通过调研，该公司发现中国中产阶级家庭每年的新增数量惊人，预计未来三年还将有7 100万个家庭跻身中产阶级行列。这意味着中产阶级家庭的购买力和消费潜力将持续增长。

高端化势头延续：尽管经济形势存在挑战，但高端品牌在市场上的表现仍超过大众品牌。调研显示，尽管消费者对经济环境和个人收入感到担忧，但中高收入群体在实际消费中更青睐高端品牌。本土品牌的崛起也使得一些原本占据领先地位的外国品牌面临销售额下滑的压力。

消费更明智：消费者并没有降低消费水平，而是更加理性地进行购买决策。他们更加广泛地寻找价格竞争力更强的购买渠道，例如通过微信群、淘宝代购店和直播带货等方式。消费者在选择品牌和产品时并没有妥协，只是更加谨慎地权衡选择，并积极寻找折扣和促销活动。

产品为王：消费者在购买决策过程中更加注重产品的品质和特性。他们善于通过社交媒体研究心仪产品的技术规格，比如对护肤品的成分、羽绒服的保暖效果和含绒量等有着较高的关注度。

本土企业崛起：中国消费者对本土品牌的偏爱逐渐增加。这并非仅仅出于民族自豪感，更多是因为国内企业对潮流趋势的敏感度更高、更贴近消费者，并且在产品质量和创新方面与外国品牌不相上下。本土企业在市场上取得了更多的竞争优势。

结果：

通过对消费者行为的深入分析，该奢侈品牌公司获得了有益的市场洞察和启示，意识到中国中产阶级的消费趋势正在发生变化，消费者对高端品牌和本土品牌的偏爱不断增加。因此，该公司可以根据调研结果制定相应的营销策略，加强品牌宣传和市场推广，提供与消费者需求相匹配的产品，并在价格竞争中寻找合适的定位和策略。

这个案例展示了中国中产阶级消费者行为分析的重要性和应用价值。通过深入了解消费者的壮大规模、高端化趋势、消费决策的明智性、产品关注度和本土品牌的崛起等因素，企业可以更准确地把握市场机遇，制定有针对性的市场营销策略，提升品牌影响力和市场竞争力，从而取得商业成功。

第三节　金融市场营销调研的方法

一、定性市场研究

定性研究是一种非数值型的研究，用来理解用户的行为、观点和动机。常用的定性研究方法包括深度访谈、焦点小组讨论和观察研究。这些方法有助于理解消费者对金融产品的感知、需求和偏好。

（一）桌面研究

桌面研究，也被称为"Secondary Research"（二次研究），是一种研究方法，主要是通过分析和整理已经存在的信息和数据，而不是通过新的、原始的数据收集方法（例如问卷调查或访谈）来收集数据。这种研究方法通常是研究过程的第一步，用于帮助研究者理解已知的信息，确定进一步的研究方向。桌面研究可以包括公开出版的数据、内部数据、商业数据库、政府和公共机构的数据、社交媒体和网络分析。桌面研究是一种相对成本低、快速并且有效的方式来收集和理解现有的数据和信息。然而，它的局限性在于数据的新颖性和针对性可能较低，因为这些数据并不是针对特定的研究问题收集的。

（二）专题组和小组座谈

专题组和小组座谈是一种广泛应用于市场研究的定性研究方法，尤其在金融领域中有着广泛的应用。专题组是由6~10人组成的，由一名调研员引导的讨论小组。专题组的主要目标是探讨和理解消费者对某一特定主题或产品的观点、行为和感知。应用场景包括产品开发和改进、市场策略研究、服务质量改进、理解消费者行为和决策过程。

在金融领域，专题组有一定的重要性，因为金融产品和服务往往涉及复杂的概念和决策，消费者的观点和需求可能会在不同的情境和环境中发生变化。通过专题组，金融机构可以更深入地理解消费者的需求和期望，以便设计更符合消费者需求的产品和服务。例如，金融机构可以通过专题组来探讨消费者对新金融产品的反映，或者理解消费者对金融服务的满意度和改善建议。

专题组的实施需要经过一系列的步骤。首先，研究者需要确定专题组的目标和主题。这可能包括新产品的接受度、消费者满意度、品牌认知等。然后，研究者需要招募参与者，这些参与者应该代表了目标消费者的特征和行为。例如，如果研究的目标是理解年轻人对移动银行的观点，那么参与者就应该是使用或可能使用移动银行的年轻人。在专题组的实施过程中，调研员需要引导讨论，确保每个人都有发言的机会，同时也要确保讨论的焦点始终保持在研究的主题上。专题组的讨论通常会被录音或录像，以便后期分析。

虽然专题组提供了一种深入理解消费者观点的方式，但也有其局限性。例如，它不能提供大样本的统计数据，因此不能用来做出全面的市场预测。此外，参与者之间的互动可能影响个人的意见表达，一些比较内向或者不愿意与人争辩的参与者可能会保持沉默。因此，专题组通常会与其他研究方法（如问卷调查或个人访谈）结合使用，以获得更全面的研究结果。

（三）深度访谈

深度访谈是一种个体化的、定性的研究方法，可以帮助研究者深入理解受访者的想法、观点、感受和经验。深度访谈是以开放性问题为主，让受访者自由地表达观点和感受。对于需要深度了解和理解的主题，这种方法是极其有效的。

在金融营销领域，深度访谈可以用于了解消费者的需求、消费者对金融产品或服务的使用体验、消费者对市场的感知和态度等方面。通过深度访谈，研究者可以发现更多关于消费者的细节信息，提供定性的、全面的和深入的理解。

与问卷调查或其他数量化研究方法相比，深度访谈可以更深入地理解受访者的心理和行为模式。它不仅可以发现问题的答案，更可以揭示问题背后的原因和动机。例如，金融机构可以通过深度访谈了解消费者对特定金融产品或服务的满意度，以及这种满意度背后的原因。

深度访谈一般需要提前准备访谈指南，访谈指南是一份列出可能的访谈问题和主题的清单。然而，这并不是一份必须严格遵守的问题清单，而是一个用于引导访谈方向的工具。研究者需要根据访谈过程中的实际情况，适时地提出新的问题或改变访谈的方向。

在进行深度访谈时，研究者需要注意以下几点：首先，要尊重受访者，确保他们在访谈过程中感到舒适；其次，要保持中立，避免在访谈中表达个人的观点或判断；最后，要善于倾听，注意捕捉受访者的非言语信息，如面部表情、肢体语言等。

深度访谈的优点主要有以下几点：首先，它可以获得丰富的、详细的信息，这对于理解复杂的问题和主题是非常重要的；其次，它可以发现受访者的内在动机和需求，这对于设计和改进产品或服务是非常有价值的。

然而，深度访谈也有一些缺点。首先，深度访谈需要大量的时间和精力，对于研究者的技能和经验也有较高的要求。其次，由于深度访谈通常只涉及少数受访者，所以其结果可能难以推广到更大的人群。最后，深度访谈的结果可能受到研究者主观性的影响，需要通过有效的数据分析和解释来确保研究的可靠性和有效性。

深度访谈是一种非常有效的研究方法，尤其适用于需要深入理解和探索的研究主题。在金融营销领域，深度访谈可以提供宝贵的消费者洞察，帮助金融机构更好地满足消费者的需求，优化产品和服务，提高市场竞争力。

（四）非结构化访谈

非结构化访谈是一种无预设问题清单的访谈方法，其灵活性和开放性使得研究者能够深入探索受访者的观点和经验。相对于结构化访谈，这种访谈方法提供了一个更自由、更宽松的对话环境，可以产生更丰富和深入的数据。

在金融营销领域，非结构化访谈的应用非常广泛。例如，研究者可以通过非结构化访谈来深入理解消费者的购买决策过程，探索他们对金融产品和服务的评价，了解他们对金融市场趋势的观察和预测等。

非结构化访谈通常从一个开放性的主题或问题开始，然后根据受访者的回答来进一步提问。虽然没有预设的问题清单，但研究者需要在访谈开始前对想要探索的主题有清晰的理解，并在访谈过程中灵活地引导对话。

在进行非结构化访谈时，研究者需要保持开放和好奇的态度，鼓励受访者自由地表达他们的观点和感受。研究者需要善于倾听，捕捉受访者的言辞和非言辞信息，以便对他们的经验和观点有深入的理解。

非结构化访谈的主要优点是它的灵活性和开放性。它可以让研究者根据受访者的回答来调整访谈的方向，这样可以更深入地探索受访者的经验和观点。此外，非结构化访谈可以产生丰富和深入的数据，有助于研究者理解复杂和多层次的问题。

然而，非结构化访谈也有一些局限性。首先，它需要大量的时间和精力来进行访谈和分析数据。其次，由于非结构化访谈通常只涉及少数受访者，所以其结果可能难以推广到更大的人群。最后，非结构化访谈的结果可能受到研究者的主观性影响，因此需要通过有效的数据分析和解释来确保研究的可靠性和有效性。

非结构化访谈是一种强大的研究方法，尤其适用于需要深入理解和探索的主题。在金融营销领域，非结构化访谈可以为研究者提供宝贵的消费者洞察，帮助他们更好地满足消费者的需求，优化产品和服务，提高市场竞争力。

（五）结构化访谈

结构化访谈是一种研究方法，其特点是所有的受访者都被问到相同的问题，并且问题的顺序也是固定的。这种方法通常用于量化研究，它使得研究者能够收集到一致的数据，并可以对数据进行统计分析。在金融营销领域，结构化访谈可以用于了解消费者对特定金融产品或服务的态度和满意度，或是收集消费者的购买和使用行为数据。

虽然结构化访谈的问题是预先设计的，但是研究者在设计问题时需要充分考虑到问题的清晰度、易理解性和无歧义性。此外，研究者也需要在访谈中保持中立，避免引导受访者的回答。

结构化访谈的主要优点是它的标准化程度高，可以收集到一致的数据，并便于进行数据比较和统计分析。然而，其主要的缺点是缺乏灵活性，可能会忽视受访者的个性化经验和观点。

（六）观察法与民族志研究

观察法是一种研究方法，它涉及对个体或团体行为的系统观察和记录。在金融营销研究中，观察法可以用来获取关于消费者如何在真实环境中与金融产品或服务互动的数据。

观察可以分为直接观察和间接观察。直接观察涉及在无干扰的情况下，对消费者行为的现场记录，这种方法可以提供最直观、最真实的行为数据，但可能受到观察者效应的影响，即知道自己被观察的消费者可能会改变他们的行为。间接观察包括使用各种技术工具（如视频监控、眼动追踪等）来记录消费者的行为，这种方法可以减少观察者效应，但可能缺乏对行为背后动机的深入理解。

民族志研究是一种特殊的观察方法，它涉及研究者长期深入一个社群，以更全面、更深入的方式理解其文化和行为。在金融营销研究中，民族志研究可以用来深入理解消费者的金融行为背后的社会文化影响，例如，研究者可以深入一家人，观察和理解他们如何管理家庭财务，如何做出投资决策等。

观察法和民族志研究的优点是可以提供丰富、深入的数据，尤其对于了解消费者的行为背景和动机有所帮助。然而，这些方法的实施可能会受到许多实际因素的影响，如时间、成本和伦理问题等。同时，观察法和民族志研究的结果可能存在一定的主观性，需要专业的分析和解读。

（七）人员访问

人员访问是一种定性研究方法，通过面对面的交流与被访者进行深入的访谈和互动，以获取详细和丰富的信息。这种访谈形式允许研究者与被访者建立直接的联系，探索他们的观点、态度和经验，并深入了解背后的动机和感受。本文将详细介绍人员访问的特点、优势以及如何进行有效的人员访问。

人员访问可以提供深入了解被访者观点和经验的机会。面对面的交流方式能够激发被访者的思考，促使他们更充分地表达观点和感受，使研究者获得更丰富、详细的信息。人员访问具有灵活性，可以根据被访者的回答和反应进行实时调整。研究者可以深入追问，探索感兴趣的领域，并根据被访者的反馈来调整问题或探索新的方向。人员访问不仅关注被访者的言语表达，还可以观察和解读非语言信息，例如面部表情、身体语言和声音的变化。这些非语言信息能够提供更丰富的见解，帮助研究者更好地理解被访者的情感和态度。人员访问通过面对面的交流，有助于建立研究者与被访者之间的信任和关系。这种直接的接触能够增强被访者的参与度和合作意愿，使他们更愿意分享真实的观点和经验。人员访问注重被访者的个体经验，可以深入了解他们的动机、行为和背后的意义。这种深度和个体化的洞察对于理解复杂的主题、探索研究问题的复杂性和丰富理论的发展非常有价值。

有效的人员访问过程包括：确定研究目标、招募被访者、设计访谈指南、建立联系和信任、开展访谈、记录和分析、保护隐私和保密。首先，明确研究目标和问题。确定你想要了解的信息和领域，以及需要与哪些人进行访谈。根据研究目标，选择适合的被访者，并采取适当的招募方法。可以通过社交网络、专业组织、雇主或其他渠道来寻找合适的被访者。创建一个访谈指南，列出要询问的问题和主题。访谈指南应该具有灵活性，以允许研究者根据被访者的回答和反应进行追问和深入探索。在访谈开始前，与被访者建立联系并建立信任。介绍自己和研究的目的，确保被访者理解并同意参与访谈。进行面对面的访谈，并确保提供一个舒适和私密的环境，以便被访者能够放松和分享他们的观点和经验。遵循访谈指南，提问问题，并倾听被访者的回答，以便深入理解他们的观点和动机。在访谈过程中，使用录音设备或笔记记录重要的回答和观察。回访时，对访谈内容进行仔细分析和解读，提取关键主题和洞察，形成结论和发现。尊重被访者的隐私和保密需求。确保访谈数据的安全存储和处理，仅用于研究目的，并遵循伦理准则和法律要求。

示例：

问题："您在选择购买金融产品时，最重要的因素是什么？"

这个问题旨在了解消费者在购买金融产品时的主要关注点和决策因素。

追问："您能详细描述一次购买金融产品的具体经历吗？"

这个问题鼓励被访者分享他们在购买金融产品时的具体经验，包括涉及的产品、决策过程和购买动机。

观察：观察被访者的非语言表达，例如面部表情、身体语言和声音的变化。这些观察可以提供更全面和深入的了解，帮助研究者解读被访者的态度和情感。

通过人员访问，研究者可以与被访者建立直接的联系，深入了解他们的观点、态度和经验。这种深入的交流和互动能够提供丰富的信息，帮助研究者更好地理解被访者的动机、决策过程和行为。人员访问是一种有助于获取详细和丰富信息的定性研究方法。它通过面对面的交流与被访者进行深入访谈和互动，深度了解他们的观点、态度和经验。人员访问具有深度了解、灵活性和适应性、非语言信息、建立信任和关系以及深度和个体化的优势。在进行人员访问时，研究者应该确保建立联系和信任，遵循访谈指南，并尊重被访者的隐私和保密需求。

定性研究方法优缺点比较如表 3-1 所示。

表 3-1　定性研究方法优缺点比较

研究方法	优势	特点	缺点
深度访谈	· 提供详细、深入的理解和洞察 · 可以探索复杂的主题和感受 · 弹性和非结构化的方式	· 以开放性问题为主，允许被调查者自由发表意见 · 可以逐步挖掘被调查者的观点和情感 · 可以建立信任和亲密感	· 信息获取的时间和成本较高 · 结果可能受到个体主观因素的影响
口头调查	· 可以获得详细和即时的反馈 · 能够迅速收集数据和观点 · 可以直接观察被调查者的反应	· 直接与被调查者交流，有更高的参与度 · 可以针对特定问题进行追问	· 结果可能受到采样偏差的影响 · 需要花费较多的时间和资源

续表

研究方法	优势	特点	缺点
观察和实地研究	· 提供真实的行为观察和情境背景 · 可以捕捉到非言语和非意识层面的行为 · 可以直接观察客户行为和交互	· 可以在真实环境中观察和记录 · 能够捕捉到非语言和情绪上的细微变化	· 观察结果可能受到观察者主观偏见的影响 · 难以收集详细的定量数据
小组座谈	· 促进多样观点的交流和讨论 · 可以揭示群体动态和集体意见 · 提供集体决策的参考	· 可以收集群体观点和共同问题 · 可以展现出集体讨论和互动的效果	· 可能受到群体压力和社会期望的影响 · 难以在大型群体中实施
影射法	· 提供隐含和非直接的观点和态度 · 揭示潜在的心理需求和情感层面 · 可以解决对敏感话题的回答	· 利用非直接的方式收集观点和情感 · 可以深入了解潜在的心理需求	· 结果的解释和分析可能更加主观 · 需要专业人员解读和分析
联想法	· 提供个人思维的关联和联结 · 揭示不同概念之间的关系和联想 · 可以挖掘潜在的关联和潜意识层面	· 借助个体思维的关联和联想进行调研 · 可以发现个体之间的共同点和联系	· 结果的解释和分析可能更加主观 · 需要专业人员解读和分析
完成法	· 揭示潜在的期望和需求 · 可以探索未满足的需求和问题 · 提供个体创造性思维的空间	· 鼓励被调查者提供未来愿景和期望 · 可以挖掘个体的创造性思维和潜力	· 结果的解释和分析可能更加主观 · 需要专业人员解读和分析
构筑法	· 可以揭示个体的心理结构和观念 · 探索个体对产品和品牌的认知 · 可以挖掘潜在的心理关联和偏好	· 利用个体的观念和心理结构进行调研 · 可以发现个体之间的共同点和联系	· 结果的解释和分析可能更加主观 · 需要专业人员解读和分析
表达法	· 探索个体的情感和情绪表达 · 揭示潜在的感受和态度 · 可以获得非语言层面的信息	· 利用个体的表达方式进行调研 · 可以获取非言语和情感层面的观点	· 结果的解释和分析可能更加主观 · 需要专业人员解读和分析

二、定量市场研究

定量市场研究是一种研究方法，它旨在通过收集可以量化的数据来了解消费者的行为、态度和意见。定量研究提供了一个结构化的方式来收集和分析数据，从而使得研究结果具有代表性和可推广性。

在金融营销研究中，定量研究通常用于评估消费者对金融产品或服务的接受度、满意度、购买意愿等问题。通过定量研究，我们可以得到关于目标市场规模、消费者群体特征、购买行为频率等硬性数据，为市场策略制定提供依据。

定量研究的方法有很多，包括问卷调查、电话访问、线上调研等。这些方法有各自的优缺点（表 3-2），选择哪种方法取决于研究的目的、预算、时间等因素。例如，问卷调查是最常用的定量研究方法，它可以在短时间内收集大量数据，适合用于大规模的市场调研；电话访问则适合用于深入了解消费者的个别问题，但成本较高；线上调研的优点是成本低、速度快，但可能受到样本代表性等问题的影响。

定量研究的结果通常以数值、图表、比率等形式呈现，可以用来描述市场的大小、增长率、竞争状况等问题。在分析定量研究数据时，通常会使用各种统计方法，如描述统计、推断统计、回归分析等，以挖掘数据中的模式和趋势。

然而，虽然定量研究的结果具有客观性和代表性，但它往往无法提供关于消费者行为背后的深层次原因和动机的理解。因此，在实际的市场研究中，定量研究和定性研究通常会结合使用，以获取更全面、更深入的洞察。

表 3-2　定量研究方法优缺点比较

研究方法	优势	特点	缺点
调查问卷	· 可以快速收集大量数据 · 可以涵盖广泛的研究对象和问题 · 可以进行定量分析和统计推断	· 适用于大规模样本调研 · 可以获取被调查者的客观观点和反馈 · 结果易于分析和比较	· 结果可能受到回忆偏差和回答者主观性的影响 · 可能存在样本选择偏差 · 受到问卷设计和调研执行的质量影响
实验研究	· 可以控制变量和因果关系 · 可以精确测量和监测结果 · 可以进行因果推断和实验效度验证	· 可以精确控制研究条件和处理变量 · 可以进行实验组和对照组的比较 · 结果具有较高的内部有效性和实验效度	· 可能存在实验环境和外部环境的差异 · 实验条件和实验设计可能限制结果的外部有效性 · 部分研究问题无法通过实验方法进行研究
观察研究	· 可以捕捉真实的行为和情境 · 可以获取非言语和非自报的信息 · 可以探索现象的自然发展和变化	· 可以在真实环境中观察和记录行为 · 可以获取准确的行为和互动数据 · 可以挖掘非言语和非自报的信息	· 观察结果可能受到观察者主观偏见的影响 · 难以收集详细的定量数据

续表

研究方法	优势	特点	缺点
数据分析和挖掘	· 可以从大量数据中发现隐藏的模式和关联 · 可以进行复杂的统计分析和模型构建 · 可以提供量化的结论和预测	· 适用于大规模数据集的分析和处理 · 可以挖掘潜在的关联和趋势 · 可以进行预测和模型构建	· 数据分析需要专业的统计和分析技能 · 结果的解释和推断需要谨慎考虑数据的限制性和假设性 · 可能受到数据质量和缺失的影响
统计调查和采样	· 可以从有限样本中进行推断和泛化 · 可以控制样本选择和误差 · 可以提供代表性的结果和统计指标	· 可以根据统计学原理进行样本选择和推断 · 可以控制样本偏差和误差 · 可以提供代表性的结果和统计指标	· 调查问卷的设计和执行可能影响结果的质量 · 样本选择和样本量可能限制结果的代表性和泛化能力 · 结果可能受到回答者主观性的影响
社交媒体和网络分析	· 可以获取大规模的用户生成数据 · 可以追踪社交网络和用户行为 · 可以揭示趋势和用户观点	· 可以利用社交媒体平台和在线社区的数据进行分析 · 可以揭示用户行为和观点的变化和趋势 · 可以进行网络结构和社交影响力的分析	· 数据的收集和处理需要专业的技术和工具 · 结果可能受到数据的可靠性和隐私问题的影响 · 分析需要考虑社交媒体平台和网络环境的特点
经济学和市场模型分析	· 可以构建经济学模型和市场模型进行定量分析 · 可以预测市场需求和变化 · 可以评估政策和战略的影响	· 可以建立理论框架和数学模型进行分析 · 可以进行市场需求和价格弹性的估计 · 可以进行政策和战略的定量评估	· 模型的建立和分析需要专业的经济学和市场分析知识 · 结果的准确性和可靠性取决于模型的假设和参数估计

（一）抽样和统计

在市场研究中，“抽样和统计”是两个关键的概念，它们是定量研究的基础。

1. 抽样

抽样是指从目标总体中选择一部分作为研究对象的过程，抽样的目的是通过研究样本来了解总体。在金融营销研究中，我们无法对所有的消费者进行调研，所以我们需要选择一部分消费者作为样本进行研究。

抽样的过程涉及两个关键决策：抽样方法和样本大小。抽样方法可以分为随机抽样和非随机抽样。随机抽样是指每个成员被选中的机会都是一样的，如简单随机抽样、分层抽样、簇状抽样等；非随机抽样是指每个成员被选中的机会不一样，如方便抽样、判断抽样、配额抽样等。样本大小的确定取决于研究的需求、预算、时间等因素，一般来说，样本越大，结果的准确性越高，但成本也越高。

抽样的结果会受到许多因素的影响，如抽样误差、非响应误差等，这些因素可能会影响研究结果的准确性。因此，在进行抽样时，我们需要考虑如何控制这些因素，以提高结果的可信度。

2. 统计

统计是指使用数学方法来收集、处理、分析和解释数据的科学。在金融营销研究中，我们需要使用统计方法来分析抽样数据，以得出关于消费者行为、态度和意见的结论。

统计方法可以分为描述统计和推断统计。描述统计是指使用图表、数值等方式来描述数据的特征，如平均数、标准差、频率分布等；推断统计是指使用样本数据来推断总体的特征，如假设检验、回归分析、因子分析等。

统计的结果提供了一个客观、系统的方式来理解市场数据，但统计的过程涉及许多假设和限制，如正态分布、独立性、等方差等，这些假设和限制可能会影响结果的准确性和可信度。因此，在进行统计分析时，我们需要注意这些假设和限制，以提高结果的可信度。

抽样和统计是金融营销研究中的重要工具，它们提供了一种客观、系统的方式来收集和分析市场数据，为市场策略制定提供依据。同时，为了获取更全面、更深入的洞察，抽样和统计通常需要与定性研究结合使用。

（二）问卷调查

问卷调查是一种常见的数据收集方法，通过制定一系列问题向被调查者提出，从而获取他们的观点、态度和行为。问卷调查在市场研究、社会科学研究以及各个领域都被广泛应用。在金融营销研究中，问卷调查常常被用于评估消费者对某个产品或服务的认知、满意度，或者收集消费者的购买行为等信息。

问卷调查的优点之一是它可以大规模收集数据，涵盖大量的主题，并且操作简单。相较于其他的研究方法，问卷调查的成本也相对较低。此外，问卷调查产生的数据是结构化的，容易进行量化分析，因此更易于处理和解读数据。

在进行问卷调查之前，研究者需要经过一系列的步骤来设计问卷。首先，确定调查的目标和研究问题，明确所要收集的信息。其次，制定合适的问题类型，包括开放式问题和封闭式问题。开放式问题允许被调查者自由表达意见和观点，而封闭式问题则提供了预先设定的回答选项供被调查者选择。同时，还可以设计相倚问题，其出现取决于前一个问题的回答。这些问题类型的选择应该根据研究目的和需要进行合理的搭配。

然后，需要确定问题的顺序和逻辑关系，以确保问卷的流畅性和连贯性。问题的顺序应该是有条理的，从一般的问题逐渐深入更具体的问题，以避免干扰被调查者的思维。在设计问题时，还要注意避免使用模糊的语言或双重否定等可能引起误解的表述。

在问卷设计完成后，需要进行预测试和修订。预测试可以帮助研究者检查问卷的清晰度、准确性和逻辑性，发现潜在问题并进行修正。预测试可以通过邀请一小部分样本进行试填，并采集他们的反馈意见来进行。修订完善后的问卷可以进入正式调查阶段。

在实施正式调查时，可以使用不同的方式进行问卷分发和收集。传统的方式包括邮寄、面对面访问和电话调查。而随着互联网的普及，线上调查也成为常见的方式，通过电子邮件、在线调查平台等进行问卷的分发和回收。

问卷调查完成后，需要进行数据整理和分析。数据整理包括对收集到的问卷进行编码和录入，确保数据的准确性和完整性。随后，可以进行数据分析，包括描述统计和推断统计分析。描述统计分析可以帮助研究者对样本的特征和分布进行描述，如平均数、频率分布等。而推断统计分析可以通过样本数据推断总体的特征，如利用样本的均值进行总体均值的估计。

在进行数据分析时，还需要考虑到潜在的偏倚和误差。例如，由于抽样误差的存在，样本数据可能无法完全代表整个目标人群，因此需要考虑样本的代表性和外推性。同时，由于可能存在非响应误差，即部分被调查者选择不回答或提供不真实的回答，需要进行相应的数据清洗和处理。

最后，研究者可以根据问卷调查的结果进行数据解读和报告撰写。通过对结果的分析和解释，可以得出对市场营销策略的启示和建议。

1. 开放式问题

开放式问题是问卷调查中常见的问题类型，它要求被调查者自由回答，提供他们自己的意见、观点和经验，而不是从预先设定的回答选项中进行选择。开放式问题通常以开放性的方式提出，给被调查者足够的空间来表达自己的想法。以下将详细介绍开放式问题的特点、优势以及几个示例。

开放式问题允许被调查者以自己的语言和方式回答，没有限制和预设的选项。这使得被调查者能够全面、自由地表达自己的观点和经验，提供研究者更深入的见解。开放式问题的回答提供了丰富的信息和细节，可以揭示被调查者的思考过程、个性化需求、体验和感受。这有助于研究者深入了解被调查者的真实反应和动机，从而更好地理解市场需求和消费者行为。开放式问题适用于探索性研究，即对新话题或领域进行深入了解的研究。它可以帮助研究者获取新的见解、观点和概念，为进一步研究和分析提供基础。开放式问题具有灵活性，可以适应不同的研究目的和主题。研究者可以根据需要设计开放式问题，以探索各种维度和层面的信息。

以下是一些示例，涉及金融营销研究中常见的主题。

在产品体验方面的问题："请描述您在最近一次使用我们的金融产品时的体验。"这个问题可以帮助研究者了解消费者对产品的使用体验、满意度、便利性等方面的观点和感受。通过收集消费者的具体经历和反馈，研究者可以了解产品的优势和改进的方向。

在品牌形象方面的问题："您对我们的品牌有何印象？请用一些词语或短语来描述您对我们品牌的感受。"这个问题旨在了解消费者对品牌形象的感知和评价。通过收集被调查者的词语或短语描述，研究者可以获取品牌形象的关键特征和消费者对品牌的情感反应。

在服务改进方面的问题："请提供您对我们服务的任何建议或改进意见。"这个问题旨在收集消费者对服务质量的反馈和改进意见。被调查者可以自由表达他们对服务流程、员工态度、问题解决等方面的看法和建议，从而帮助企业提升服务质量。

在金融决策方面的问题："请分享您在做出金融决策时的主要考虑因素和挑战。"这个问题旨在了解消费者在金融决策过程中的关注点、困惑和挑战。通过被调查者的回答，研究者可以洞察消费者在选择金融产品、投资决策等方面的需求和痛点，为金融机构提供定制化的解决方案。

这些示例说明了开放式问题在金融营销研究中的应用。通过提出开放式问题，研究者可以收集到丰富的消费者观点和经验，进一步了解市场需求、产品体验、品牌形象等方面的信息。同时，需要注意在设计问题时，问题的清晰性和引导性，以确保被调查者能够准确理解并提供有意义的回答。

2. 封闭式问题

封闭式问题是问卷调查中常见的问题类型，它提供了一系列预设的回答选项供被调查者选择。相较于开放式问题，封闭式问题在回答上更具结构性和限制性。

封闭式问题要求被调查者从预先设定的选项中进行选择，可以提供结构化的回答。这种结构化的回答使得数据收集和分析更加方便和一致，便于进行统计分析和比较。封闭式问题通常以简短明确的方式提出，提供了明确的选项，被调查者只需选择适当的选项进行回答。这样有助于提高问卷的易读性和被调查者的回答效率。由于封闭式问题的回答是预设的选项，所以回答之间具有可比性。这使得研究者能够更容易地对回答进行统计分析和比较，从而得出有关群体差异、偏好倾向等方面的结论。封闭式问题适用于大规模调查，能够收集大量数据并进行快速分析。这对于市场研究和数据收集的效率至关重要。

以下是几个示例，涉及金融营销研究中常见的主题。

在产品偏好方面："您更喜欢哪种类型的金融产品？"

A. 个人储蓄账户

B. 股票和股票基金

C. 债券和债券基金

D. 保险产品

E. 其他

这个问题通过提供几个常见的选项，了解被调查者对不同类型金融产品的偏好，为金融机构定位和产品开发提供指导。

在购买意向方面："您是否打算在未来一年内购买以下哪种金融产品？"

A. 房屋贷款

B. 车辆贷款

C. 个人信用卡

D. 投资基金

E. 其他

这个问题通过提供几个可能的选项，了解被调查者对未来购买金融产品的意向和兴趣，为金融机构的市场定位和销售策略提供指导。

在满意度评估方面："您对我们的客户服务满意吗？"

A. 非常满意

B. 满意

C. 一般

D. 不满意

E. 非常不满意

这个问题通过提供多个满意度级别的选项，了解被调查者对客户服务的整体满意度。通过统计分析不同满意度水平的比例，可以评估服务质量的表现，并采取相应措施改善客户体验。

这些示例说明了封闭式问题在金融营销研究中的应用。通过提供预设的回答选项，封闭式问题能够收集到结构化的数据，便于比较和分析。同时，需要注意在设计问题时，选项的设计应该全面而恰当，以覆盖被调查者的可能回答，同时避免引导性或偏见。

封闭式问题是问卷调查中常见的问题类型，它提供了预设的回答选项供被调查者选择。封闭式问题具有结构化回答、简洁明确、易于比较和分析以及适应大规模调查等特点和优势。通过设计和使用封闭式问题，研究者可以收集到结构化的数据，为金融营销决策提供有价值的信息和见解。

3. 相倚问题

相倚问题是问卷调查中一种特殊的问题类型，其出现取决于前一个问题的回答。相倚问题用于根据被调查者的先前回答，提出针对特定情况或子群体的进一步问题，从而深入了解被调查者的观点和经验。

相倚问题允许研究者根据被调查者的先前回答，提出特定于其情况的个性化问题。这使得研究者能够深入探索被调查者的观点、态度和行为，获得更具体和详细的信息。相倚问题帮助研究者针对特定情况或子群体进行更准确的提问。通过根据先前回答的不同设置不同的相倚问题，研究者可以更好地理解不同群体之间的差异和特征，以及他们的特定需求和偏好。相倚问题提供了更多关于被调查者回答背后动机和理由的信息。通过进一步追问，研究者可以深入了解被调查者的思考过程、动机和行为，从而获得更全面的洞察。相倚问题的应用使得问卷调查数据更加丰富和有层次感。通过根据先前回答引导后续问题，研究者可以收集到更多细节和上下文相关的数据，为分析和解读提供更丰富的素材。

以下是几个示例，涉及金融营销研究中常见的主题。

在购买意向与预算方面："您是否打算在未来购买房屋贷款？""如果是，请问您预计的购买时间是什么时候？如果不是，请问您不打算购买的原因是什么？"这个相倚问题根据先前回答的购买意向，提供了针对购买时间或不打算购买的原因的进一步问题。这有助于研究者了解购买者的时间表或非购买者的痛点和障碍。

在满意度与建议方面："您对我们的客户服务满意吗？""如果是，请问有哪些方面让您感到满意？如果不是，请问有哪些方面需要改进？"这个相倚问题根据先前回答的满意度，提供了进一步了解满意和不满意原因的问题。通过这样的追问，研究者可以了解客户满意度背后的驱动因素和具体的改进点。

在金融产品与使用频率方面："您在过去一年中是否购买过投资基金？""如果是，请问您购买的频率是多少？如果不是，请问您没有购买的原因是什么？"这个相倚问题根据先前回答的购买行为，提供了了解购买频率或未购买原因的进一步问题。通过这样的追问，研究者可以了解消费者对投资基金的使用情况和购买决策的影响因素。

这些示例说明了相倚问题在金融营销研究中的应用。通过根据先前回答设计个性化的进一步问题，研究者可以深入了解被调查者的观点、态度和行为，并获取更全面的洞察。在设计相倚问题时，需要确保问题与先前回答相关，并具有明确的逻辑关系，以引导被调查者提供有意义的回答。

总结起来，相倚问题是问卷调查中的一种特殊问题类型，其出现取决于先前问题的回答。相倚问题的特点在于个性化提问、精确定位、深入解读和数据丰富性。通过设计和使用相倚问题，研究者可以更准确地了解被调查者的观点、态度和行为，获取更具体和详细的信息，为金融营销决策提供有价值的洞察。

4. 漏斗法

漏斗法是一种常用的调查问卷设计方法，用于引导被调查者从广泛的主题或问题逐渐进入更具体和具体的问题，形成问题的层次结构。漏斗法被广泛应用于市场研究、社会科学研究和各个领域的调查研究中。

漏斗法通过问题的层次结构，从广泛的主题开始逐步收敛到具体的问题。这种层次结构使得问卷设计更有条理，帮助被调查者理解问题之间的逻辑关系，并有助于保持问卷的流畅性。漏斗法的设计可以引导被调查者思考和回答问题。通过逐渐从广泛的问题引导被调查者进入更具体的问题，可以帮助他们集中注意力并更好地理解问题的背景和细节。漏斗法通过提供一系列问题，可以过滤出对被调查主题无关或不适合的被调查者。通过逐步深入问题，可以将关注点集中在感兴趣的人群或话题上，从而提高数据的准确性和相关性。漏斗法可以帮助简化问卷的设计过程。通过漏斗的层次结构，研究者可以更轻松地组织和布局问卷，确保问卷的逻辑和连贯性。

漏斗法的应用可以遵循以下步骤：确定调查目标、设计广泛问题、逐步深入、保持逻辑顺序、测试和修订。首先，明确调查的目标和研究问题。确定你想要回答的问题和感兴趣的主题。设计一些广泛的问题，涵盖整个调查主题的范围。这些问题应该是开放式的，允许被调查者自由表达观点和意见。根据调查目标，逐步深入更具体的问题。从广泛的问题开始，设计一系列更具体、有限选项的问题，以便进一步了解被调查者的观点、偏好和行为。确保问题的顺序和层次结构符合逻辑，从整体到具体。问题之间应该有明确的逻辑关系，使被调查者能够理解问题之间的连接和问题的重要性。在正式使用漏斗法问卷之前，进行预测试并收集反馈。根据反馈和测试结果进行修订，确保问题的清晰度和连贯性。

以下是一个金融营销调查中漏斗法的示例，以调查人们对不同金融服务的使用和满意度为主题：

广泛问题："您是否使用过以下金融服务？"

A. 银行账户

B. 贷款服务

C. 信用卡

D. 投资产品

E. 保险服务

进一步问题："请告诉我们您最近一次使用银行账户的经历和满意度。"

A. 使用频率

B. 存款和取款体验

C. 服务质量

D. 银行设施

更具体问题："请评价您最近一次使用贷款服务的满意度。"

A. 贷款申请流程

B. 利率和费用

C. 还款选项

D. 贷款服务质量

通过这个漏斗法设计的问卷，研究者可以从广泛的金融服务问题逐渐引导被调查者深入回答具体的问题，了解他们对不同金融服务的使用情况和满意度。

漏斗法是一种有助于组织问卷调查问题的有效方法。通过层次结构和逐步深入的设计，漏斗法可以引导被调查者逐渐进入更具体和具体的问题，帮助研究者获取有关特定主题的详细信息。在应用漏斗法时，研究者需要确保问题的逻辑顺序和连贯性，并在设计和修订问卷时充分考虑被调查者的理解和回答效率。

漏斗法是一种常用的调查问卷设计方法，通过层次结构和逐步深入的方式，引导被调查者从广泛的主题进入更具体和具体的问题。漏斗法的特点在于层次结构、引导性、过滤无关回答和简化问卷设计。通过正确应用漏斗法，研究者可以有效收集数据，获得有关特定主题的深入见解。

5. 倒漏斗法

倒漏斗法是一种调查问卷设计方法，与传统漏斗法相反。它从具体和具体的问题开始，逐渐扩展到更广泛的主题和范围。倒漏斗法被广泛应用于市场研究、社会科学研究和各个领域的调查研究中。

倒漏斗法通过逆向思考的方式，从具体和具体的问题开始，逐渐扩展到更广泛的主题和范围。这种逆向思考的方式有助于研究者在问题设计中更全面地考虑各个层面和维度。倒漏斗法的设计使得被调查者首先关注具体和具体的问题，提供详细的信息和观点。这有助于研究者深入了解被调查者的个体经验、偏好和观点。倒漏斗法从具体问题逐渐扩展到更广泛的主题和范围，帮助被调查者逐步思考和回答更广阔的问题。这有助于研究者从细节到整体、从个体到群体的视角进行分析和理解。倒漏斗法的设计使得被调查者在一开始就能够提供具体和详细的回答，这有助于鼓励他们更积极地参与调查。通过在开始阶段提供细节问题，可以获得被调查者的参与和信任。

倒漏斗法的应用可以遵循以下步骤：确定调查目标、设计具体问题、逐步扩展范围、保持逻辑顺序、测试和修订。首先，明确调查的目标和研究问题。确定你想要回答的问题和感兴趣的主题。设计一些具体和具体的问题，要求被调查者提供详细的信息和观点。这些问题应该与调查目标紧密相关，并具有直接的应答要求。根据调查目标，逐步扩展到更广泛的主题和范围。从具体问题开始，设计一系列问题，要求被调查者思考更广阔的主题和问题。确保问题的顺序和层次结构符合逻辑。问题之间应该有明确的逻辑关系，使被调查者能够理解问题之间的连接和问题的重要性。在正式使用倒漏斗法问卷之前，进行预测试并收集反馈。根据反馈和测试结果进行修订，确保问题的清晰度和连贯性。

以下是一个金融营销调查中倒漏斗法的示例，以调查人们对不同投资产品的了解和偏好为主题：

具体问题："请描述您最熟悉的投资产品，包括名称、特点和风险等级。"

A. 股票和股票基金

B. 债券和债券基金

C. 投资型保险

D. 房地产投资信托（REITs）

E. 其他

进一步问题："请评估您对以下投资产品的了解程度。"

A. 股票和股票基金

B. 债券和债券基金

C. 投资型保险

D. 房地产投资信托（REITs）

6. 其他

更广泛问题："请告诉我们您对不同投资产品的整体偏好和使用意愿。"

您最感兴趣的投资产品是什么？

您最有可能投资的产品是什么？

您的风险承受能力评估是怎样的？

通过这个倒漏斗法设计的问卷，研究者可以从具体和具体的投资产品问题逐渐扩展到更广泛的投资偏好和风险承受能力问题，了解被调查者对不同投资产品的了解和偏好。

倒漏斗法是一种有效的调查问卷设计方法，通过逆向思考和逐步扩展视野的方式，引导被调查者从具体问题逐渐进入更广泛的主题和范围。倒漏斗法的特点在于逆向思考、重点放在细节、逐步扩展视野和鼓励参与。通过正确应用倒漏斗法，研究者可以获得更全面、详细和深入的调查数据，为金融营销决策提供有价值的见解。

扩展阅读

《关于在全党大兴调查研究的工作方案》的方法步骤

在全党大兴调查研究，分为六个步骤。

(1) 提高认识。各级党委（党组）要通过理论学习中心组学习、读书班等，组织党员、干部深入学习领会习近平总书记关于调查研究的重要论述，学习习近平总书记关于本地区本部门本领域的重要讲话和重要指示批示精神，继承和发扬老一辈革命家深入基层调查研究的优良作风，增强做好调查研究的思想自觉、政治自觉、行动自觉。

(2) 制定方案。各级党委（党组）要围绕调研内容，结合本地区本部门本单位实际，广泛听取各方面意见，研究制定调查研究的具体方案，明确调研的项目课题、方式方法和工作要求等，统筹安排、合理确定调研的时间、地点、人员。党委（党组）主要负责同志要亲自主持制定方案。

(3) 开展调研。县处级以上领导班子成员每人牵头 1 个课题开展调研，同时，针对相关领域或工作中最突出的难点问题进行专项调研。要坚持因地制宜，综合运用座谈访谈、随机走访、问卷调查、专家调查、抽样调查、统计分析等方式，充分运用互联网、大数据等现代信息技术开展调查研究，提高科学性和实效性。要深入农村、社区、企业、医院、学校、新经济组织、新社会组织等基层单位，掌握实情、把脉问诊，问计于群众、问计于实践。要转换角色、走进群众，了解群众的烦心事操心事揪心事，发现和查找工作中的差距不足。要结合典型案例，分析问题、剖析原因，举一反三采取改进措施。要加强督查调研，检查工作是否真正落实、问题是否真正解决。

(4) 深化研究。全面梳理汇总调研情况，运用习近平新时代中国特色社会主义思想的世界观、方法论和贯穿其中的立场观点方法，进行深入分析、充分论证和科学决策。特别是对那些具有普遍性和制度性的问题、涉及改革发展稳定的深层次关键性问题，以及难题积案和顽瘴痼疾等，要研究透彻、找准根源和症结。在此基础上，领导班子交流调研情况，研究对策措施，形成解决问题、促进工作的思路办法和政策举措，确保每个问题都有务实管用的破解之策。

(5) 解决问题。对调研中反映和发现的问题，逐一梳理形成问题清单、责任清单、任务清单，逐一列出解决措施、责任单位、责任人和完成时限。对短期能够解决的，立行立改、马上就办。对一时难以解决、需要持续推进的，明确目标，紧盯不放，一抓到底，做到问题不解决不松劲、解决不彻底不放手。

(6) 督查回访。各级党委（党组）要建立调研成果转化运用清单，加强对调研课题完成情况、问题解决情况的督查督办和跟踪问效；领导干部要定期对调研对象和解决问题等事项进行回访，注意发现和解决新的问题。

(资料来源：《关于在全党大兴调查研究的工作方案》
http://www.natcm.gov.cn/xinxifabu/ztxx/2023-04-25/30298.html)

【本章小结】

本章主要介绍了金融营销调研的重要性和应用方法。通过对金融市场的调研，企业可以深入了解市场趋势、竞争环境和消费者行为，从而制定更有效的营销策略。

金融市场营销调研是指通过收集、分析和解释数据来了解金融市场的需求、趋势和机会，以指导企业的市场营销决策。金融市场营销调研的目标包括了解金融行业的发展趋势、了解消费者行为和需求、评估市场竞争环境等。调研方法包括了定性市场研究和定量市场研究。定性市场研究主要通过深度访谈、焦点小组讨论等方法获取消费者观点和见解。定量市场研究则依赖于问卷调查、实验等方法收集大量数据并进行统计分析。市场营销调研方法的选择应根据研究目的、样本群体和可用资源等因素进行综合考虑。金融营销调研可以帮助企业了解金融行业的趋势和市场需求，了解消费者行为和偏好，优化产品定位和品牌传播策略，提升用户满意度和忠诚度，实现市场竞争优势。

本章的内容帮助读者了解了金融营销调研的重要性和方法，并给出了实际案例和框架，以便读者更好地应用和实践。通过适当的市场调研和数据分析，企业可以更加准确地把握市场需求，制定更有针对性和成功的市场营销策略。

【思考题】

在金融营销调研中，你认为样本选择对于调研结果的准确性和代表性有多大影响？请阐述你的观点，并提供具体的例子来支持你的论述。

在回答这个思考题时，可以探讨样本选择对调研结果的重要性，例如如何确保样本的多样性和代表性，如何选择合适的样本大小，以及样本选择可能面临的挑战。还可以提供实际案例，说明样本选择对于调研结果的影响，比如一个成功的市场调研案例，其中样本选择得当导致准确和有价值的调研结果，或者一个失败的案例，其中样本选择不当导致偏颇或不准确的调研结果。

请根据自己的经验和知识，对这个问题进行深入思考和回答。

【实践操作】

任务名称：金融营销调研实践操作

任务目标：通过实践操作，应用金融营销调研方法，了解市场需求和用户行为，为金融营销决策提供有价值的数据和见解。

任务内容：

研究目标设定：明确你想要研究的金融产品或服务，并确定研究的目标和问题。例如，你可以选择研究一种数字支付应用在特定目标市场的接受度和用户体验。

调研方法选择：根据研究目标，选择适当的调研方法。可以考虑使用定量方法（如问卷调查）和定性方法（如深度访谈、焦点小组讨论）相结合的方式进行调研。

数据收集：根据选择的调研方法，收集相关数据。如果选择了问卷调查，设计并分发问卷给目标受众；如果选择了深度访谈或焦点小组讨论，安排合适的访谈或讨论，并记录相关信息和见解。

数据分析与解释：对收集到的数据进行分析和解释。如果是定量数据，使用统计分析方法（如频率分析、相关性分析）来识别趋势和关联。如果是定性数据，使用主题分析或内容分析等方法来提取关键主题和见解。

结果呈现与应用：根据数据分析的结果，制作调研报告或演示文稿，并将结果呈现给相关利益相关者。解释调研结果的含义，提出相应的建议和行动计划，以支持金融营销决策的制定和实施。

任务要求及成果：

完成研究目标设定，并明确研究问题。

选择合适的调研方法，并收集相关数据。

对数据进行分析和解释，得出有价值的结论和见解。

呈现调研结果，并提出相应的建议和行动计划。

通过实践操作金融营销调研，能够亲身体验并了解如何应用调研方法来获取有价值的市场洞察和用户反馈，这将为金融营销领域做出更明智的决策和制定更有效的策略提供帮助。请确保在实践操作过程中遵循伦理准则，并确保数据的保密性和安全性。

第四章 金融营销的消费者行为分析

◆◆◆ 学习目标

理解消费者行为的概念和特点，掌握消费者行为分析的意义和方法。

掌握消费者心理和行为对金融营销的影响。

掌握消费者决策过程和购买决策的影响因素。

掌握金融产品和服务对消费者行为的影响。

◆◆◆ 能力目标

具备分析和理解消费者行为的能力。学生需要能够运用所学的消费者行为分析方法和技巧，对消费者需求、偏好、态度、行为等方面进行深入的分析和理解，并能够根据分析结果制定相应的金融产品和服务方案。

具备评估消费者购买决策过程的能力。学生需要能够了解消费者对金融产品和服务的需求和购买决策过程。

具备分析和应对消费者群体行为的能力。学生需要能够运用所学的消费者群体行为分析方法和技巧，对消费者群体行为进行深入的分析和应对。

具备评估金融产品和服务对消费者行为影响的能力。学生需要能够运用所学的金融产品和服务分析方法和技巧，对金融产品和服务的特点和属性进行深入的评估和分析。

时政视野

党的二十大报告提出，保护消费者权益。金融交易中存在着严重的信息不对称，普通居民很难拥有丰富的金融知识，而且金融机构工作人员往往也不完全了解金融产品所包含的风险。这就导致金融消费相较于其他方面的消费，当事人常常会遭受更大的利益损失。2008 年全球金融危机之后，金融消费者保护受到空前重视。世界银行推出 39 条良好实践标准，部分国家对金融监管框架进行重大调整。我国“一行两会”内部均已设立金融消费者权益保护部门，从强化金融知识宣传、规范金融机构行为、完善监督管理规则、及时惩处违法违规现象等方面，初步建立起行为监管框架。

（资料来源：https://www.gov.cn/xinwen/2022-12/14/content_5731860.htm）

第一节 金融消费者的内涵

一、金融消费者的含义

（一）消费者的概念

消费者概念的形成和发展是随着经济社会的演变而逐步显现的。在早期的自然经济时期，由于生产与消费未分离，消费者作为一个独立的概念尚未形成。但随着经济的发展，特别是进入简单商品经济阶段，生产与消费开始分离，消费者作为一个群体开始逐渐显现。

在手工业和小作坊主导的经济体系中，商品的价值、质量和用途相对透明，买卖双方处于较为平等的地位，消费者能够对商品作出较为准确的判断。然而，随着工业革命的到来，社会生产变得更加复杂，生产与消费之间的联系更为紧密，同时也更加分离。工业化和现代经济组织的出现使日常生活消费品的供给方与购买方发生明显分化，形成了经营者与消费者两大群体。

在这一过程中，由于经营者在经济实力、组织结构和专业知识等方面相对于消费者具有显著优势，消费者在商品和服务的选择上越来越依赖于经营者的信息。这种不平等的关系导致消费者权益受损的情况增多，引发了消费者运动的兴起。消费者运动旨在维护消费者的合法权益，反映了社会从农业化向工业化转变中，对于平衡当事人之间不平等关系的新观念和立法倾向。

1962 年，美国总统肯尼迪提出了消费者应享有的四项基本权利：安全权、知情权、选择权和表达申诉权。随后，尼克松和福特总统分别增加了求偿权和受教育权，进一步丰富了消费者权益的内容。1985 年，联合国通过《保护消费者准则》，标志着消费者保护在国际层面上的认可和强化。

对于消费者的定义，不同的法律词典和立法实践有不同的表述。《元照英美法词典》将消费者定义为为满足个人或家庭需要购买商品或服务的自然人，而《牛津法律大词典》则将其界定为购买、获取及使用所有种类商品与服务的人。各国立法中，消费者的定义也有所不同，但普遍强调消费者应为自然人，其交易行为应用于满足个人或家庭的生活需要。

综上所述，消费者概念的形成和发展反映了社会经济结构的变迁和消费者权益保护的重要性。随着经济的发展，消费者作为一个群体越来越受到重视，其权益的保护也成为社会发展的重要组成部分。消费者的定义在不同的法律文献和立法实践中有所差异，但其核心是以自然人身份出于非商业目的进行商品和服务的购买和使用。

（二）金融消费者的概念

金融消费者的概念在全球范围内受到广泛认可，其定义与一般消费者有所区别，特别是在法律和金融领域。在我国，金融消费者的概念首次出现于 2006 年发布的《商业银行金融创新指引》中，尽管当时未给出明确定义，但随后的政策和法规逐渐为其提供了具体定义。2013 年的《金融消费权益保护工作管理办法》和 2016 年的《中国人民银行金融消费者权益保护实施办法》都提供了金融消费者的具体定义，将其界定为购买或使用金融产品和服务的自然人。

国际上对金融消费者的理解也有所不同。例如，英国的《金融服务与市场法》和日本的《金融商品交易法》均有关于金融消费者的定义，通常强调这一群体在金融市场中的弱势地位和对保护的需求，不仅强调了金融消费者的身份，也突出了他们在金融交易中的脆弱性。此外，学术界对金融消费者的看法也颇具多样性。有学者认为，金融消费者不仅包括购买金融产品的自然人，还应包括法人和其他组织。

从《中华人民共和国消费者权益保护法》的角度看，金融消费者的定义似乎更加广泛。它不仅包括购买金融产品的个人，还可能涵盖投资行为，如证券和股票交易。尽管金融消费者与一般消费者在某些方面有所不同，但他们在本质上仍属于消费者的范畴。金融消费者的特殊性在于，他们可能因金融市场的动荡而面临更大的风险，这对于他们的权益保护提出了更高的要求。

综上所述，金融消费者的概念是多维度的，包括法律、金融、学术和国际视角。尽管不同来源对其定义有所不同，但共同点在于认识到金融消费者作为市场参与者的重要性，以及他们在金融市场中相对脆弱的地位。随着金融市场的不断发展和金融产品的日益多样化，对金融消费者权益的保护成了公共政策和法律制定的一个重要领域。这一领域的发展不仅体现了金融市场的成熟，也是对市场参与者权益保护意识的提升。

扩展阅读

金融消费者八项权利

国务院办公厅发布的《关于加强金融消费者权益保护工作的指导意见》，明确了金融机构消费者权益保护工作的行为规范，要求金融机构充分尊重并自觉保障金融消费者的财产权、知情权、自主选择权、公平交易权、受教育权、信息安全权等基本权利，依法、合规开展经营活动，这是首次从国家层面对金融消费者权益保护进行具体规定，强调保障金融消费者的八项权利。

一、保障金融消费者财产安全权

金融机构应当依法保障金融消费者在购买金融产品和接受金融服务过程中的财产安全。金融机构应当审慎经营，采取严格的内控措施和科学的技术监控手段，严格区分机构自身资产与客户资产，不得挪用、占用客户资金。

二、保障金融消费者知情权

金融机构应当以通俗易懂的语言，及时、真实、准确、全面地向金融消费者披露可能影响其决策的信息，充分提示风险，不得发布夸大产品收益、掩饰产品风险等欺诈信息，不得做虚假或引人误解的宣传。

三、保障金融消费者自主选择权

金融机构应当在法律法规和监管规定允许范围内，充分尊重金融消费者的意愿，由消费者自主选择、自行决定是否购买金融产品或接受金融服务，不得强买强卖，不得违背金融消费者意愿搭售产品和服务，不得附加其他不合理条件，不得采用引人误解的手段诱使金融消费者购买其他产品。

四、保障金融消费者公平交易权

金融机构不得设置违反公平原则的交易条件，在格式合同中不得加重金融消费者责任、限制或者排除金融消费者的合法权利，不得限制金融消费者寻求法律救济途径，不得减轻、免除本机构损害金融消费者合法权益应当承担的民事责任。

五、保障金融消费者依法求偿权

金融机构应当切实履行金融消费者投诉处理主体责任，在机构内部建立多层级投诉处理机制，完善投诉处理程序，建立投诉办理情况查询系统，提高金融消费者投诉处理质量和效率，接受社会监督。

六、保障金融消费者受教育权

金融机构应当进一步强化金融消费者教育，积极组织或参与金融知识普及活动，开展广泛、持续的日常性金融消费者教育，帮助金融消费者提高对金融产品和服务的认知能力和自我保护能力，提升金融消费者金融素养和诚实守信意识。

七、保障金融消费者受尊重权

金融机构应当尊重金融消费者的人格尊严和民族风俗习惯，不得因金融消费者性别、年龄、种族、民族和国籍等不同进行歧视性差别对待。

八、保障金融消费者信息安全权

金融机构应当采取有效措施加强对第三方合作机构的管理，明确双方权利义务关系，严格防控金融消费者信息泄露风险，保障金融消费者信息安全。

为了更好维护金融消费者的权利金融机构要这样做：

关于信息披露的内容

信息披露是保障金融消费者知情权的重要手段，金融机构应当披露的内容包括：金融消费者对该金融产品和服务的权益和义务，订立、变更、中止和解除合同的方式及限制；金融机构对该金融产品和服务的权利、义务及法律责任；金融消费者应当负担的费用及违约金，包括金额的确定、支付时点和方式；金融产品和服务发生纠纷的处理及投诉途径；其他法律法规或监管规定就各类金融产品和服务所要求的应当定期或不定期披露或报告的事项及其他应当说明的事项。同时金融机构应当提示金融消费者不得利用金融产品和服务从事违法活动。

关于营销禁止的内容

金融机构在营销活动中应当遵循诚信原则，不得侵犯金融消费者所享有的八项权利，尤其不得有以下行为：虚假、欺诈、隐瞒或者引人误解的宣传；损害其他同业声誉；冒用、使用与他人相同或者相近的注册商标、宣传册页，有可能使金融消费者混淆；对业绩或者产品收益等夸大宣传；利用金融管理部门对金融产品和服务的审核或者备案程序，误导金融消费者认为金融管理部门已对该金融产品和服务提供保证；对未按要求经金融管理部门核准或者备案的金融产品和服务进行预先宣传或者促销；非保本投资型金融产品营销内容使金融消费者误信能保证本金安全或者保证盈利；未通过足以引起金融消费者注意的文字、符号、字体等特别标识对限制金融消费者权利的事项进行说明；其他违反消费者权益保护相关法律法规和监管规定的行为。

（资料来源：http://www.phrfyh.com/newsdetail/182148.html）

二、金融消费者的特征

第一，金融消费者的行为主要体现在与金融机构之间的交易行为，包括但不限于借款、投资，以及购买保险等多种形式。这类行为实质上是对金融产品或服务的需求和使用，体现了个人在金融市场中的主动参与。无论是通过银行进行存取款、申请信用卡，还是投资股票和基金，都是个人作为金融消费者在市场中的具体表现。这种消费行为不单单是金融交易的简单进行，更是个人需求和市场供给之间相互作用的结果，显示了金融消费者在金融生态中的重要地位。

第二，金融消费者进行金融活动的目的在于满足个人或家庭的实际生活需求。这些需求包括日常生活的资金管理，如银行存取款，或者是具有更长远目的的财务规划，比如购买保险以规避未来的风险，或是通过房贷车贷来改善生活条件。在这里，一个值得讨论的点是将金融投资行为也纳入生活需求的范畴。对此，可以认为，个人参与金融市场的投资行为，尤其是那些涉及中低风险金融产品的投资，实际上也是为了满足个人或家庭的长期财务安全和稳定。这些投资行为虽然带有明显的财务目的，但其根本目的仍然是保障和提升家庭的生活质量，因此可以视为满足生活需求的一种手段。

第三，讨论金融消费者的主体定位时，主要集中在自然人上。尽管理论上金融消费者包括自然人和机构，但在实际应用中，一般专指自然人。这是因为个人对金融产品和市场的理解以及应对能力相对有限。相比机构，自然人在金融市场中通常处于更为弱势的地位。因此，个人在金融市场中作为消费者的地位更为明显。而机构，由于其专业知识和资源，通常在金融市场中扮演更为强势的角色，其金融活动的目的多半是经营需求，与个人的生活需求有着本质的区别。因此，在定义和理解金融消费者时，通常将重点放在自然人身上。

三、金融消费者的类别

（一）根据金融活动的主要类型分类

1. 储蓄者

储蓄者是金融消费者中的一类，他们的主要金融活动是将资金储蓄在银行或其他金融机构中。储蓄者通常选择如储蓄账户或定期存款等储蓄产品，这些产品的风险相对较小，能够提供稳定的收入。

储蓄者的主要动机可能包括预防性储蓄、预期性储蓄和投机性储蓄。预防性储蓄是为了应对未来可能出现的风险和不确定性，如失业、疾病或其他意外事件。预期性储蓄是为了实现未来的消费目标，如购房、教育或退休。投机性储蓄是为了利用可能出现的投资机会。

储蓄者的行为可能受到多种因素的影响。例如，利率是影响储蓄者行为的重要因素，利率上升可能会增加储蓄的吸引力，促使消费者增加储蓄；而利率下降可能会降低储蓄的吸引力，导致消费者减少储蓄或转向其他金融活动。此外，储蓄者的行为还可能受到收入、财富、预期、风险偏好等因素的影响。

扩展阅读

储蓄的类型

储蓄账户有多种类型，如何选择正确的储蓄账户，取决于您的储蓄目的或想要实现的具体储蓄目标。

这就是为什么最好拥有多个不同的储蓄账户，并将每个账户用于一种特定储蓄类型。例如，您可以使用一个储蓄账户支付意外费用，一个储蓄账户用于度假，一个用于存钱买房，等等。

储蓄账户的差别通常体现在以下三个方面：

利息：您存入的本金所赚取的利率。

期限：您准备持续储蓄的时间长度。

条件：必须定期存入少量存款，还是每当有盈余时存入较大金额？

表 4-1 是一些常见的账户类型，以及它们可能适合的储蓄目的。

表 4-1　常见账户类型及适合的储蓄目的

账户类型	主要特点	适合什么目的
活期储蓄账户（有时称为轻松存取储蓄账户）	快速或立即存取您的资金，但所提供的利率通常很低	非日常支出所需，但又可能需要在短时间内用于紧急或意外支出的资金
定期或基本储蓄账户	通常附带关于每月最低存款或最高取款的规定，但作为回报，可能提供较高的利率	存入每月收入的一定比例
通知存款账户	必须通知取款意图。根据不同的账户，通知期限可能从几天到长达 180 天不等。作为回报，它们可能提供更具吸引力的利率	存入资金以实现长期储蓄目标
固定利率储蓄（也称为定期存款）	比定期储蓄账户的利率更高。您的资金将被“锁定”几天到几年不等的固定时期，在此期间将无法存取。它们通常要求最低投资金额，而且提前存取您的资金将会收取罚金。但它们提供的利率高于其他许多储蓄账户	存入您在一段时间内不会动用的资金；也适合实现长期储蓄目标
投资	伴随可能无法收回投资本金的风险，但如果您的资金可以放置 5 年或更长时间，投资基金或股票有可能获得比储蓄账户更高的收益	投入您在多年内不需要动用的资金，例如退休储蓄

https://www.hsbc.com.cn/financial-wellbeing/types-of-savings/

2. 投资者

投资者是金融消费者中的一类，他们的主要金融活动是将资金投在各种金融产品中，如股票、债券、基金、期货、外汇等。投资者的目标通常是通过投资获得收益，包括资本增值和投资收入。

投资者的行为可能受到多种因素的影响。其中，市场条件是影响投资者行为的重要因素，包括金融市场的行情、金融产品的价格和回报、市场的风险和不确定性等。此外，投资者的行为还可能受到他们自身的知识、技能、风险偏好、预期等因素的影响。

投资者可以根据他们的风险承受能力、投资目标和投资策略进一步分类。例如，风险厌恶的投资者可能会选择风险较小的金融产品，如政府债券或大盘股；风险中性的投资者可能会选择风险和回报适中的金融产品，如蓝筹股或平衡基金；风险接受的投资者可能会选择风险较大但有可能获得高回报的金融产品，如小盘股或高风险基金。

扩展阅读

巴菲特声称亏损 2 000 亿美金，惊人的投资股市失误案例

所有投资都带有风险因素，但这些金融大师因做出错误决定而损失了数十亿甚至上千亿美元。从他们的错误中我们分析并吸取教训。

或许大家会认为像沃伦·巴菲特这样的超级股神投资者不会犯错，即使是最有天赋的投资者仍然时不时地做出错误的举动。

以下是一些金融界知名人士一些失败的交易、最大的损失和最令人尴尬的错误的故事，还有一些公司抬高了自己的股价，让投资者争先恐后买进。

即使你不是金融界的推动者，你仍然可以从这些错误中吸取一两个教训。第一课：永远不要让情绪控制住自己。

史诗般的错误：收购伯克希尔哈撒韦。

1962 年，年轻的沃伦·巴菲特决定投资一家名为伯克希尔哈撒韦的陷入困境的公司。当时，它是一家纺织制造企业，被迫关闭了几家工厂。他曾希望通过跟踪工厂关闭后的库存波动来获利。相反，当前所有者试图在股票回购交易中压低巴菲特时，他最终购买了足够的股票成为该企业的大股东。

Berkshire Hathaway 现在是一家跨国企业集团，旗下拥有 GEICO、Dairy Queen、Fruit of the Loom 和 Helzberg Diamonds 等企业。但该品牌的成功完全归功于沃伦·巴菲特的决心和投资头脑。如果他没有涉足其他行业，那家纺织公司早就倒闭了。

尽管这似乎是一个成功的故事，但巴菲特仍然认为收购伯克希尔哈撒韦是他最大的失败。他声称，如果他减少损失并投资于保险公司，他将获得额外 2 000 亿美元的回报，而现在等于变相地流失了 2 000 亿美元。

教训是什么？不要进行情绪化的购买。如果巴菲特保持冷静，他会接受伯克希尔哈撒韦公司所有者的交易并继续前进。鉴于他的成功动力和他的商业头脑，巴菲特很可能仍然会脱颖而出。几十年来，没有人会听说过“伯克希尔哈撒韦”这个名字。

（资料来源：https://zhuanlan.zhihu.com/p/452143416）

3. 借款者

借款者是金融消费者中的一类，他们的主要金融活动是从银行或其他金融机构借款。借款者可能需要借款来满足各种需求，如购买房屋、汽车或其他大额消费品，或者开设或扩大业务。

借款者的行为可能受到多种因素的影响。其中，利率是影响借款者行为的重要因素，利率上升可能会增加借款的成本，导致消费者减少借款；而利率下降可能会降低借款的成本，促使消费者增加借款。此外，借款者的行为还可能受到他们的信用状况、收入、负债、风险偏好等因素的影响。

借款者也可以根据他们的借款需求、借款用途和还款能力进行进一步分类。例如，住房贷款者可能需要长期大额借款来购买房屋；汽车贷款者可能需要中期借款来购买汽车；信用卡用户可能需要短期小额借款来满足日常消费需求。

经典案例

建设银行个人消费贷

产品简介：

个人消费贷款是指建设银行向符合条件的个人发放的用于其本人及家庭具有明确消费用途的人民币贷款，包括普通贷款和额度贷款。

基本规定：

1. 贷款对象：适用于有消费融资需求，年满18周岁，且不超过60周岁的具有完全民事行为能力的中国公民。

2. 贷款用途：个人消费贷款必须有明确的消费用途，具体可用于个人及其家庭的各类消费支出（不含购买住房和商业用房），如可用于住房装修、购车、购买耐用消费品、旅游、婚嫁、教育等各类消费用途。

3. 担保方式：采取抵押、保证、信用方式。

4. 贷款金额：单户贷款额度不超过200万元。

5. 贷款期限：最长不超过5年。

6. 贷款利率：按照建设银行的贷款利率规定执行。

7. 还款方式：包括等额本息法、等额本金法、到期一次还本付息法、按期付息任意还本法等。

办理流程：

1. 客户申请。客户向银行提出申请，书面填写申请表，同时提交相关资料。

2. 签订合同。银行对借款人提交的申请资料调查、审批通过后，双方签订借款合同、担保合同，视情况办理相关公证、抵押登记手续等。

3. 发放贷款。经银行审批同意并办妥所有手续后，银行按合同约定发放贷款。

4. 按期还款。借款人按借款合同约定的还款计划、还款方式偿还贷款本息。

5. 贷款结清。贷款结清包括正常结清和提前结清两种。

（1）正常结清：在贷款到期日（一次性还本付息类）或贷款最后一期（分期偿还类）结清贷款；

（2）提前结清：在贷款到期日前，借款人如提前部分或全部结清贷款，须按借款合同约定，提前向银行提出申请，经银行审批后到指定会计柜台进行还款。

贷款结清后，借款人应持本人有效身份证件和银行出具的贷款结清凭证领回由银行收押的法律凭证和有关证明文件，并持贷款结清凭证到原抵押登记部门办理抵押登记注销手续。

（资料来源：http://ccb.com/chn/home/personal/grdk/grxfldkyw/grxfdk/index.shtml）

（二）根据风险承受能力分类

1. 保守型金融消费者（风险厌恶者）

保守型金融消费者，也就是风险厌恶者，他们在做出金融决策时，通常更倾向于保守策略，避免冒险，追求稳定的收益。这类消费者的特点是重视保本、保值、保障，对于可能出现的金融风险有着较高的警觉性。他们通常倾向于投资于债券、定期存款、货币市场基金等相对安全的金融产品。

保守型金融消费者可能来自各种年龄和收入群体，但更常见的是年龄较大、收入稳定的消费者，因为这些消费者往往更重视资金的安全性和稳定性。此外，保守型金融消费者通常在金融知识和经验方面较为缺乏，他们可能需要更多的金融教育和咨询服务。

2. 中间型金融消费者（风险中性者）

中间型金融消费者，也就是风险中性者，他们在做出金融决策时，既考虑风险又考虑收益，追求的是风险和收益的平衡。这类消费者的特点是理性、均衡、谨慎，他们通常倾向于投资于混合基金、蓝筹股等风险和收益适中的金融产品。

中间型金融消费者可能来自各种年龄和收入群体，但更常见的是年龄和收入适中的消费者，因为这些消费者往往能够承受一定的风险，同时也追求一定的收益。此外，中间型金融消费者通常在金融知识和经验方面有一定的基础，他们能够理解和应对一定的金融风险。

3. 进取型金融消费者（风险寻求者）

进取型金融消费者，也就是风险寻求者，他们在做出金融决策时，通常更倾向于积极策略，愿意承担较大的风险以获得较高的收益。这类消费者的特点是果敢、开放、创新，他们通常倾向于投资于股票、期货、外汇等风险较大的金融产品。

进取型金融消费者可能来自各种年龄和收入群体，但更常见的是年龄较小、收入较高的消费者，因为这些消费者往往能够承受较大的风险，同时也追求较高的收益。此外，进取型金融消费者通常在金融知识和经验方面较为丰富，他们能够理解和应对复杂的金融风险。

扩展阅读

金融产品风险等级

金融产品按风险等级可划分：R1（低风险）、R2（中低风险）、R3（中风险）、R4（中高风险）、R5（高风险）五类。

分别对应投资者风险承受能力：C1（谨慎型）、C2（稳健型）、C3（平衡型）、C4（进取型）和C5（激进型）五类，如表4-2所示。

表4-2　风险等级及对应的理财产品

风险等级	理财产品
PR1级谨慎型	国债、存款、大额存单、结构性存款、智能存款、年金险、货币基金
PR2级稳健型	大部分银行理财、债券基金、养老保障管理产品、券商理财
PR3级平衡型	少部分银行理财、混合基金、信托
PR4级进取型	P2P网贷、股票、股票基金、指数基金、黄金
PR5级激进型	期货、期权及其他衍生品

R1是一种谨慎的金融产品，银行通常保证偿还本金。然而，产品的收益会随着投资业绩而波动，但总体上是稳定的，风险很低。它主要投资于高信用债券和货币市场。

然而，R2稳定的理财产品通常不能保证银行的本金偿还，但本金和产品收入波动不大，总体上相对稳定，风险不高。投资范围与R1相似，主要包括各种债券、货币市场基金等。

R3 平衡理财产品本金不保证偿还，投资过程中存在一定风险，产品收益会有一定波动。除了投资债券和货币基金，他们还将投资股票、外汇等。

R4 进取型理财产品的本金也不保证会得到偿还，这可能会受到风险因素的很大影响，产品收入的波动也比较大，更容易受到政策和市场变化的影响。一般投资是高风险的金融产品，如股票、黄金和外汇。

R5 激进理财产品本金无法保证偿还，风险极高，产品结构也复杂，收益波动较大，容易因风险因素造成损失。主要投资是黄金、外汇、股票等。投资操作可以通过杠杆放大的方式进行，如衍生交易和分层。

（资料来源：https://www.shangjia.com/item/4790366）

（三）根据金融知识和经验分类

1. 新手型金融消费者

新手金融消费者，也就是初级消费者，他们在金融知识和经验方面相对较少。这类消费者可能对金融产品和市场的理解不深，可能缺乏有效的投资策略，更容易受到市场波动的影响。他们的投资决策可能主要依赖朋友、家人或媒体的建议，而不是基于深入的金融分析。

新手金融消费者的投资行为可能更为保守，他们可能更偏向于选择风险较低的金融产品，如储蓄账户、政府债券等。为了提高他们的金融素养，金融机构和政府可能需要提供更多的金融教育和咨询服务。

2. 熟练型金融消费者

熟练金融消费者，也就是中级消费者，他们在金融知识和经验方面有一定的基础。这类消费者通常能够理解金融产品的基本特性，能够进行简单的金融分析，也有能力处理一些基本的投资决策。

熟练金融消费者的投资行为可能比较均衡，他们可能会选择一些风险和收益适中的金融产品，如混合型基金、蓝筹股等。他们也可能会利用一些金融工具和服务来帮助自己的投资决策，如金融顾问、投资分析软件等。

3. 专业型金融消费者

专业金融消费者，也就是高级消费者，他们在金融知识和经验方面相当丰富。这类消费者通常能够深入理解金融产品的复杂特性，能够进行复杂的金融分析，也有能力处理复杂的投资决策。

专业金融消费者的投资行为可能比较积极，他们可能会选择一些风险较大但收益较高的金融产品，如股票、期货、外汇等。他们通常能够有效地利用各种金融工具和服务来帮助自己的投资决策，如金融顾问、投资分析软件、量化投资策略等。

扩展阅读

在金融市场中，如何成为一个成熟的投资者

金融市场虽瞬息万变，但其中并不缺乏“高手”。乔治·索罗斯在1992年成功狙击英国央行，净赚近10亿美元，由此名满全球。比尔·李普修兹在仅仅6小时时间里狂赚600万美元。迈克尔·斯坦哈特在28年内保持24%的年复利增长。此项种种，市场上并不少见。这些颇具盛名的大佬也不是一步成功的，从稚嫩到成熟都是在市场中磨炼出来的。

想要成为一个成熟的投资者，除了需要过人的眼界之外，与之匹配的市场“精神”也是必要的。

耐心等待

索罗斯曾说过：“金融市场通常是不可预测的，所以一个投资者需要有各种不同的预先情景假设。”虽然市场有时能被预测，但这并不表明市场行情走势都能被预测，如美联储加息，市场都是预测美联储什么时候加息、在什么节点加息，各种预测层出不穷，但不见得每个时间点都被精准预测。

所以，如果投资者能够耐心等待，而并不随市场大流，或者一点点风吹草动就立马加、减仓，那他能够等待一个押注定价偏差的机会，击败市场上大多数投资者。

所以在市场风险的档口，投资者耐心等待市场上的“时机”，就像猎豹耐心等待猎物进入自己的狩猎范围，进而一举击中。

从失败中获取经验

中国人常说“失败是成功之母”，作为市场上的一员，我们应该积极面对得失，成功戒骄戒躁，失败找其原因。比尔·李普修兹本人曾用4年时间将他的2 000美元经营到250 000美元，随后由于一笔投资失误又全部赔光。如果有人遇到这种事情会悔恨当时自己所做的决定，但李普修兹却将其当作一次教训，从中获取经验。

失败并不可怕，关键是失败的后果你能不能承受住，优秀的投资者都具备自我反省的能力，他们会不断重新评估自己的表现与投资方法，不断尝试自我提升，绝不害怕失败。

明确亏损底线

“留得青山在，不怕没柴烧。”投资者在面对巨大的亏损时，有时会抱有孤注一掷的心态，但这种心态并不可取。在开盘或者制订投资计划的时候，明确自己亏损底线是计划的第一步。在金融市场中，有来有往是再正常不过的一件事情，但是如果你面临着巨额的亏损，可能会被提前请出局。

所以，很多投资高手都非常注重止损。开仓后，最大的金额损失必须明确，决不允许自己因过度亏损而被扫出局，以保持再度进场的能力。因为他们相信，好好管理风险，就必然有获利机会。

努力学习尤为重要

其实不管你从事哪一方面的工作，前期都需要好好学习相关专业知识。在金融市场中，有很多书籍值得我们借鉴和参考。同时，投资者还可以通过视频、音频等方式，接受不同方式的投资者教育。这些知识都有利于提高投资者对金融市场的认识，了解市场运作，以免在同一个错误上翻跟头。

（资料来源：https://zhuanlan. zhihu. com/p/417320679）

（四）根据金融交易主体分类

1. 个人消费者

个人消费者在金融市场中占据重要位置，他们的消费行为不仅影响自身的经济状况，还对整个金融市场的运行产生影响。个人消费者的金融需求广泛多样，包括储蓄、投资、借款、保险、退休规划等。个人消费者在选择金融产品和服务时，通常会考虑多种因素，如收益率、风险、流动性、税收等。

个人消费者的金融消费行为可能受到多种因素的影响，包括收入、财富、风险承受能力、年龄、性别、教育程度、家庭状况、社会和文化背景等。例如，收入较高的个人消费者可能更倾向于投资风险较大但收益潜力较大的金融产品；年龄较大的个人消费者可能更关注保本和稳定收益的金融产品。

经典案例

网上申请信用卡诈骗案

3月6日，市民M女士在手机上浏览网站时看到一则可快速办理无须担保、到账快、利率低的网络贷款广告，恰好需要用钱的M女士便在该网页申请了一张5万元额度的信用卡，并留下了个人信息及联系方式。

3月7日，M女士接到自称是“中国农业银行工作人员”的陌生电话，声称她申请的信用卡审批下来了，需要核对身份信息，并添加了其微信。在微信聊天中，“工作人员”询问了M女士的月收入等信息，并让她提交了个人身份证和一张自己名下银行卡照片用于二次审核。

3月8日，“工作人员”给M女士发来了一张显示她姓名的“80 000元信用卡申请进度查询”截图，以资产流水不够为由，让M女士在自己之前提供的银行卡上存入了16 000元用于验证资金流水，并以开通二类账户为由，要走了M女士收到的验证码。随后，M女士发现刚存入的16 000元被分三笔转入一位陌生人的银行账户，询问“工作人员”，被告知转走的钱已转为质押金。M女士点击“工作人员”发来的陌生链接，下载了一款名为“信用卡管理”的App，打开App里的钱包确实显示有16 120元钱。着急要回“质押金”的M女士没有仔细辨别“信用卡管理”App的真伪，便按照“工作人员”的指示进行质押金解除。此时，“工作人员”又先后以“提款账号错误”“转账需要备注身份证后四位数字”“贷款账户资金太大需要存入相应金额才能提现”等理由诱骗M女士分三次向陌生账户转账数十万元。在“工作人员”第四次以“银行需要验资”为由要求M女士转账时，M女士意识到自己被骗，随即报警。

警方提示：“办理信用卡诈骗”是犯罪分子通过网络、电话、短信、其他社交工具等方式发布办理代办信用卡广告，后冒充银行工作人员联系受害人，获取受害人信任，以收取手续费、缴纳保证金、验资、提高额度等为由，诱骗受害人转账汇款。更有甚者通过上述方式，骗取受害人身份信息、银行信息、手机信息后直接将受害人银行账户内资金转移，实施诈骗的电信网络诈骗方式。

（资料来源：https://baijiahao.baidu.com/s?id=1760760270360908452&wfr=spider&for=pc）

2. 企业消费者

企业消费者是金融市场的另一主要参与者，他们的金融需求主要集中在融资、投资和风险管理等方面。企业消费者在选择金融产品和服务时，通常会考虑公司的经营策略、财务状况、市场环境、竞争对手的行为等因素。

企业消费者的金融消费行为可能受到公司规模、行业、经营状况、融资需求、风险管理策略等因素的影响。例如，规模较大、财务状况稳健的公司可能更容易从银行获取贷款；面临较大经营风险的公司可能更需要使用衍生品进行风险管理。

扩展阅读

企业融资：金融市场与资本市场

一、金融市场构成

企业发展离不开资本的驱动。每个企业都要经历起步创业、成长扩张、持续经营等发展历程，企业的发展永远与融资和投资相伴。资金不是万能的，然而没有资金却是万万不能的。资本来源于融资，融资的目的是投资，成功的投资是将规划蓝图和技术研发成果转化为实际生产能力的桥梁。然而，企业融资却总离不开金融市场。

金融市场是通过金融工具交易进行资金融通的场所与行为的总和。具体讲，金融市场是指以货币资金、有价证券为交易对象的市场。金融市场分类如下：

按交易工具的不同期限分为货币市场和资本市场。其中货币市场是经营一年以内短期资金融通的金融市场，包括同业拆借市场、票据贴现市场、回购市场和短期信贷市场等。按市场的功能分为发行市场（一级市场）和流通市场（二级市场）。按交割期限分为现货市场和期货市场。按地域分为地方性金融市场、全国性金融市场和国际性金融市场。按不同的交易标的物分为票据市场、证券市场（股票市场、债券市场、基金市场）、衍生工具市场、外汇市场和黄金市场。

金融市场与其他市场存在下列关系：在市场经济条件下，各类市场在资源配置中发挥着基础性作用，这些市场共同组合成一个完整、统一且互相联系的有机体系。市场体系分为两类：一类是产品市场，如消费品市场、生产资料市场、中介服务市场等；另一类是为产品提供生产条件的要素市场，如劳动力市场、土地市场、资金市场等。

金融市场是统一市场体系的一个重要组成部分，属于要素市场。它与消费品市场、生产资料市场、劳动力市场、技术市场、信息市场、房地产市场、中介服务市场等各类市场相互联系、相互依存，共同形成统一市场的有机整体。在整个市场体系中，金融市场是最基本的组成部分之一，是联系其他市场的纽带。因为无论是消费资料、生产资料的买卖还是技术和劳动力的流动，其交易活动都要通过货币的流通和资金的运动来实现，这就离不开金融市场这个平台。

二、资本市场及其组成

资本市场属于金融市场的范畴。资本市场是指资本供求双方进行资本买壶或交易的场所及其机制的总和。一般是指一年以上期限的直接融资市场。资本市场又称长期资金市场，是买卖中长期信用工具、实现较长时期资金融通的场所。资本市场指的是一种市场形式，而不是指一个具体的物理地点，它是指所有在这个市场上交易的人、机构以及他们之间的经济与法律关系。资本市场的基本功能就是融资功能。资本市场在资本供给方和资本需求方之间建立一种信用关系，同时也为资本供求双方提供了交易的平台。

资本市场构成如下：

其一，银行中长期信贷市场。银行中长期信贷市场是指银行通过信贷方式向企业或项目提供融资，直接向借款人发放中长期贷款的市场形式。由于贷款数额大、期限长，国际上经常采用银团贷款或基金长期融资借款的方式。

其二，有价证券市场。有价证券市场是各种有价证券（包括股票、政府债券和公司债券等）的发行和买卖场所，包括证券交易所、证券机构的柜台市场。只有经过证券管理机构批准的有信誉的有价证券才能进入证券交易所进行上市交易，未经批准发行或退市的证券只能在产权交易所或证券公司进行柜台交易。

三、资本市场的资金来源和流向

从资本市场的组成可看出，资金主要从两个渠道进入资本市场。

（一）储蓄存款

资金以储蓄存款的形式进入商业银行或信贷类基金，然后通过中长期信贷渠道流向资本市场。

（二）股权投资

资金以股本投资的形式直接进入资本市场，这些资金通过直接股权投资、股票投资、带有换股条件的可换股债券或可换股票据（行使换股权后属于股权投资）投资流向资本市场。

四、资本的退出途径

（一）公开上市退出

进入企业的资本通过企业在境内、境外证券市场公开挂牌上市，实现在证券交易所流通转让，如在上海证券交易所和深圳证券交易所的主板市场、中小板市场或创业板市场上市退出，在香港联交所的主板或创业板市场、纽约证券交易所、纳斯达克市场等上市退出。

（二）通过股权或产权转让交易主动退出

将股权或产权主动转让给其他企业、战略投资者、财务投资者或产业投资者。

（三）被收购

通过被收购兼并等资本运营手段退出，如股份被其所投资的企业收购、被企业原来创始股东收购或管理层回购等。据统计，2006 年境外上市退出方式占退出案例的 33.3%、本土上市占 10.1%、合资并购占 25.3%、同行出售占 12.1%、管理层收购占 4%，2008 年以 IPO 退出的占 79.2%，上市减持和并购分别占 16.7%和 4.2%，可见上市退出为主流。

五、企业的两大类融资方式

企业的外源融资方式有两类，即股权融资和债务融资。企业股权融资和债务融资完全是两种概念，企业股权融资筹集的是股本金，而债务融资是金融机构提供信贷资金用于生产流动资金或项目贷款。前者按年度收取股利并择机转让或从资本市场出售退出，后者是由企业按债务条约规定到期还本付息。

六、投资银行与商业银行的区别

投资银行是指有别于商业银行和其他金融机构、主要活动于资本市场并为投资者和筹资者提供全方位资本运营服务的非银行金融中介机构的总称。投资银行是一个智力密集型产业，所拥有的主要资产和所卖出去的主要产品都与人的智力密切相关；同时，它又是个资本密集型产业，所从事的都是大资本的运作，动辄几亿元、几十亿元甚至上百亿元资金，对金融市场产生重要影响。投资银行之所以称为银行，是因为其本身就是金融体系的重要组成部分，而且在历史上与商业银行业务融合造成了人们认识和称呼上的习惯。现实中的投资银行并不称为“某某投资银行”，而是常称为证券公司、投资公司，有的称为融资公司（财务顾问公司）或基金公司。世界著名的投资银行有高盛、摩根士丹利、瑞银华宝和德意志银行等。

投资银行的职能作用是实现资本价值的增值，其实现方式主要有两种：一是价值发现，二是价值创造。具体来说，投资银行是利用其专业知识和技术以及资本信息资源优势，不断发现新的价值，引导社会资本有序流动，实现资本资源优化配置，并帮助资本市场的相关参与各方通过一系列的合规运作，在资本市场上创造合理收益、实现价值增值。投资银行的业务包括证券发行与承销、证券交易经纪业务、证券自营业务、基金管理、企业收购兼并、理财顾问、项目融资、金融工具创新开发及应用等。协助企业融资、过桥贷款、咨询服务、资产管理等也都属于投资银行的业务范畴。在资本市场中，投资银行作为金融中介机构为投资者和融资者提供服务，其全部业务围绕融资、投资和资本价值增值而展开。在证券市场中，证券公司则经常担任企业上市的保荐人。2008 年的全球金融危机，使国际著名投资银行雷曼兄弟、美林证券等纷纷破产倒闭，高盛也开始转型成为金融控股公司，形成了比前几年更加明显的投资银行与商业银行混业经营的局面。投资银行与商业银行的主要异同如下。

（一）共同点

商业银行与投资银行的共同点：都是资金供给者和需求者的金融中介机构，既帮助资金供给者充分利用多余资金获取收益，同时又帮助资金需求者获得发展资金。商业银行为企业提供贷款，使企业获得项目发展资金和运营流动资金；投资银行协助企业从资本市场筹集建设与发展资金，尤其是数额较大的资金，有些投资银行还直接投资企业。商业银行的大额长期贷款和投资银行的直接投资，促进了金融资本与产业资本的融合，推动了实体经济的发展以及大型企业的崛起。

（二）主要区别

1. 融资方式不同

（1）商业银行的间接融资。商业银行具有资金需求者和资金供给者的双重身份，即存款人作为资金供给者把资金存入商业银行这个资金需求者，贷款人作为资金需求者从商业银行这个资金供给者手里取得信贷资金。但是，存款人和贷款人之间并不发生权利与义务关系，而是通过商业银行间接发生融资关系。

（2）投资银行的直接融资。投资银行作为金融中介帮助企业进行股权融资和权益性债务融资，为企业寻找潜在的投资者，引进战略投资伙伴，向投资者推介股票和企业债券。投资银行除直接向企业投资外，一般不介入投资者和筹资者之间的权利和义务当中，投资者与筹资者之间直接拥有权利和义务关系，投资银行只是促进直接权益转换关系的完成，即货币—股权或资本—资产之间的转换。

2. 其他区别

（1）本源业务和活动领域不同。投资银行本源业务是证券承销与交易，商业银行的本源业务是存贷款和资金结算；投资银行主要活动于资本市场，商业银行活动于货币市场。

（2）利润来源不同。投资银行利润主要来源于佣金和差价，商业银行利润主要来源于存贷款利差。

（3）监管部门和适用法规不同。投资银行的监管部门是证监会等证券监管机构，商业银行的监管部门是国家中央银行和银监会等银行监管当局；投资银行适用于公司法、证券法、投资基金法、期货法和证券发行上市法规等，商业银行适用于商业银行法、票据法、担保法、银行业监督管理法和商业银行信贷工作指引等。

正是由于上述明显差别，人们常常按直接融资方式划分资本市场，将一年以上的商业银行长期信贷业务排除在资本市场之外。随着经济发展和资本市场的壮大，企业长期融资会更多地来源于资本市场的直接融资。

七、其他中介机构

在资本市场中，广泛需要其他中介机构提供服务才能保证资本市场的顺利运行。它们包括律师事务所、会计师事务所、资产评估事务所、专业技术咨询机构、财务公关公司等。这些中介机构在资本市场活动中提供各方面的专业服务，为资金需求者和资金供给者双方进行尽职调查、审查基础文件资料和财务信息，以书面报告方式给出专业咨询意见，促进双方的合作成功，同时，为证券核准机构、监管机构和证券交易所提供审核业务。

（资料来源：https://www.sohu.com/a/457428325_120250635）

3. 政府消费者

政府消费者在金融市场中扮演重要角色，它们的金融需求主要包括公共项目融资、公债发行和管理、社会保障基金投资等。政府消费者在选择金融产品和服务时，通常会考虑政策目标、预算状况、经济环境、公众意见等因素。

政府消费者的金融消费行为可能受到政策目标、预算制约、政治因素、经济环境等因素的影响。例如，为了刺激经济发展，政府可能会增加公共项目投资，这可能需要通过发行公债来融资；为了保障公众的养老生活，政府可能需要为社会保障基金选择合适的投资策略。

第二节 影响金融消费行为的因素

一、环境因素

（一）经济状况

经济状况是影响金融消费行为的一个重要因素。宏观经济状况，包括经济增长、失业率、通货膨胀、利率等，都会影响人们的金融消费决策。例如，当经济景气时，人们的收入和财富可能增加，他们可能更愿意进行投资和消费。相反，当经济不景气时，人们可能更倾向于储蓄和减少消费。同时，利率的变化也会影响人们的借贷和投资行为。例如，当利率低时，人们可能更愿意借款消费或投资，而当利率高时，人们可能更愿意储蓄。

扩展阅读

外商投资意愿持续高涨

中央经济工作会议提出："要更大力度推动外贸稳规模、优结构，更大力度促进外资稳存量、扩增量，培育国际经贸合作新增长点。"今年以来，随着我国疫情防控转入新阶段，国际经贸交流合作渠道不断畅通，外商来华投资更加便利，外资企业投资中国的意愿高涨。

项目接连落地——投资中国信心足

"我们对中国市场的长期潜力充满信心。"博世集团董事会主席史蒂凡·哈通表示，中国是全球最大的汽车市场，富有韧性和活力，通过持续在中国发展，博世将有效增强在全球的竞争力。

2023 年 1 月 12 日，全球规模领先的汽车技术供应商德国博世集团，在苏州举行博世新能源汽车核心部件及自动驾驶研发制造基地项目签约仪式。据介绍，新基地项目总投资超 10 亿美元，将主要围绕新能源汽车核心部件，以及高阶智能驾驶解决方案在内的多项自动驾驶核心技术进行研发和生产。

同一天，总投资20亿元的太古可口可乐昆山项目签约落户昆山，成为其迄今在华最大的单笔投资。该项目致力打造华东地区研发制造基地、分拨销售中心，每年可罐装饮料超160万吨。

商务部发布数据显示，2022年，全国实际使用外资金额12 326.8亿元，按可比口径同比增长6.3%。2023年，外资项目有序推进，外资企业加码中国的信心不减。德国法兰克福金融与管理学院教授霍斯特·勒歇尔表示，德国博世集团近期宣布在苏州设立新基地，体现出企业对中国市场的信心。勒歇尔认为，随着中国消费进一步回暖，市场活力增强，对中国经济发展前景很乐观。

2023年1月28日，在广东省高质量发展大会上，多家世界500强企业代表分享了在广东投资投产计划。宝洁大中华区董事长、首席执行官许敏表示，将把宝洁国际贸易供应链控制中心从欧洲迁至广东，负责《区域全面经济伙伴关系协定》（RCEP）、“一带一路”沿线国家等市场的进出口业务管理服务，奠定以粤港澳大湾区为核心、进一步辐射欧亚市场的战略布局。

前不久，中国贸促会对160多家外资企业和外国商协会进行的快速调研得出了同样的结果。统计显示，99.4%的受访外资企业对2023年中国经济发展前景更有信心，表示将继续在中国投资兴业，分享中国的发展红利。受访的外资企业普遍认为，中国经济韧性强，在市场潜力、工业体系、基础设施、营商环境等方面具有综合竞争优势，看好中国经济发展的前景。

创新动能澎湃——高质量发展基础牢

“我们数字化、电动化和循环永续的集团战略与中国的发展方向相契合。”德国宝马集团董事长奥利弗·齐普策表示，宝马将进一步推进在华数字化和电动化的研发和生产布局，包括投资100亿元扩大宝马沈阳生产基地的动力电池生产能力。

2022年，德国宝马集团在中国不断推出新举措，发布全系车型，完成沈阳生产基地两大重点扩建项目。进入2023年，中国仍然是宝马集团最具战略意义的市场之一。

“我们愿与中国合作伙伴紧密合作，始终保持与中国经济和社会同频共进、协同发展、共创共赢。”齐普策认为，中国是推动新兴技术超大规模应用的热土。如果某项技术在中国市场形成规模，就能在全世界规模化应用。

商务部数据显示，2022年，我国高技术产业实际使用外资增长28.3%，占全国36.1%，较2021年提升7.1个百分点，其中电子及通信设备制造、科技成果转化服务、信息服务分别增长56.8%、35%和21.3%。

“这说明我国产业转型升级成效显著，已形成与全球高技术产业发展相匹配的产业基础和创新体系，跨国公司希望与中国企业共同成长，分享中国经济转型升级的红利。”商务部研究院现代供应链研究所所长林梦表示。

紧紧扭住科技创新这个牛鼻子，我国高质量发展基础更加牢固。2022年，我国高技术制造业增加值同比增长7.4%，全球创新指数排名由2012年的第三十四位上升至2022年的第十一位。

为了促进外资更好地参与我国创新驱动发展战略，共享高质量发展带来的机遇，前不久，商务部、科技部等21个部门研究提出了四方面16条政策举措，进一步加大对外资研发中心的支持力度。

“中国的科技创新离不开世界，世界的科技进步和创新发展也越来越需要中国。”科技部成果与区域司副司长吴家喜表示，下一步，要以更大的力度和更实的举措支持外资研发中心发展，推动外资研发中心更好融入我国科技创新体系，在形成具有全球竞争力的开放创新生态中发挥更大作用。

（资料来源：人民日报 2023-02-15）

（二）市场环境

市场环境也会显著影响金融消费行为。市场环境的变化，如金融产品和服务的供应、价格变动、技术创新等，都会影响人们的金融消费决策。例如，当新的金融产品或服务出现时，人们可能会根据新的选择来调整他们的消费行为。当金融产品的价格变动时，如股票价格波动，人们也可能会调整他们的投资策略。此外，金融科技的创新也可能会改变人们的金融消费行为，例如，移动支付和在线银行服务的出现，使人们能够更方便地进行金融交易。

（三）法律和政策

法律和政策对于金融消费行为的影响也是显著的。政府的法规、政策以及其执行，如税收政策、金融监管政策等，都会影响人们的金融消费行为。例如，政府可能会通过税收政策来鼓励或抑制某些类型的金融消费行为。同样，金融监管政策也可能会影响金融市场的运行，进而影响人们的金融消费行为。例如，政府可能会通过提高金融市场的透明度和公平性，来增加人们的投资信心。

扩展阅读

积极防范化解重大经济金融风险

加强金融监管，不断增强金融服务实体经济能力。习近平总书记指出，金融是实体经济的血脉，为实体经济服务是金融的天职，是金融的宗旨，也是防范金融风险的根本举措。为此，要加强党中央对金融工作的集中统一领导，坚定不移走好中国特色金融发展之路；要优化融资结构和金融机构体系、市场体系、产品体系，为实体经济提供更高质量、更有效率的服务；要引导金融机构把更多资源投向实体经济重点领域，满足制造业高质量发展对金融服务的需求；要着力抓住人、钱、制度这三个监管关键环节，统筹监管系统重要性金融机构，统筹监管金融控股公司和重要金融基础设施，运用现代科技手段和支付结算机制，实时动态监管线上线下、国际国内的资金流向流量；要完善规范金融运行的制度体系，确保金融系统良性运转；要把金融活动全部纳入金融监管，金融创新必须在审慎监管的前提下进行，守住不发生系统性金融风险的底线；要加强对金融机构高管、主要股东资质审核和行为监管，有效隔离产业资本和金融风险；要统筹好防范重大金融风险和道德风险，压实各方责任，及时加以处置，防止形成区域性、系统性金融风险；要创新完善权力监督制度和执纪执法体系，做到惩治金融领域腐败和处置金融风险同步推进、严肃追责和追赃挽损同步推进、建立制度和强化制度执行同步推进。

（资料来源：党建网

http://images2.wenming.cn/web_djw/shouye/sixianglilun/lilunqiangdang/202303/t20230310_6572706.shtml）

二、社会因素

（一）文化背景

文化背景是塑造人们价值观、行为模式和生活方式的重要因素，这同样适用于金融消费行为。不同的文化对金钱、财富和投资有着不同的观念，这些观念往往会深深地影响个人的金融消费行为。例如，在某些文化中，储蓄可能被视为一种财务稳定和责任感的表现，因此在这样的文化中的个体可能会更倾向于将一部分收入进行储蓄，而不是冒险投资。另外，在一些重视创新和冒险精神的文化中，个体可能更愿意投资于可能带来高回报的金融产品，如股票或新兴的金融科技产品。此外，文化背景还包括对金融概念的理解和接受程度，这可能会影响个人选择和使用某些金融产品的决定。比如，在一些文化中，信贷可能被视为一种负担，而在其他文化中，信贷可能被视为一种资金获取的有效方式。

（二）社会影响

社会影响涉及来自家庭、朋友、同事等的影响，以及更广泛的社会环境，如媒体报道、公众意见等对个体金融消费行为的影响。家庭和朋友往往对个体的金融消费行为有着显著的影响。他们的观念和行为可能会作为榜样，引导个体形成和采取相似的金融消费行为。例如，如果一个人的父母是积极的投资者，那么这个人可能会被教导并鼓励进行类似的投资行为。

更广泛的社会环境，包括媒体报道和公众意见，也可以对个体的金融消费行为产生影响。例如，媒体对某个投资趋势的持续报道可能会刺激个体加入这个趋势，即使这可能带来风险。同样，公众对某些金融行为的看法，如负债消费或过度投资，可能也会影响个体的金融消费行为。

三、个体因素

（一）收入与财富

收入与财富是影响个人金融消费行为的首要因素。个人的收入水平直接决定了他们可用于消费的资金多少，对于购买金融产品或服务的能力起着决定性的作用。高收入者通常有更多的资金用于投资，他们可能会选择更多样化的投资产品，包括高风险高收益的金融产品。与此同时，财富累积也会影响个人的金融消费行为，拥有更多的财富，尤其是流动性强的财富，如现金、股票等，会增加个人的金融选择范围，进而影响其金融消费行为。

（二）风险承受能力

风险承受能力是个人在面对潜在的财务损失时所能承受的程度。它不仅关系到个人的财务状况，还和个人的心理因素有关，如风险偏好、恐惧感等。风险承受能力高的人更愿意投资于高风险的金融产品，比如股票、期权等，他们期望通过接受较大的风险换取较高的收益。相反，风险承受能力低的人更倾向于投资于风险较低的金融产品，如政府债券、定期存款等。

扩展阅读

投资理财，如何判断自己的风险承受能力？

近年来，随着金融市场的发展，越来越多的投资产品出现，但在投资过程中，一些投资者，特别是老年投资者，只看到收入，忽视背后的风险，导致“钱袋子”亏损。

投资的本质是利用资金承担一定的风险，赚取收益。世界上没有稳定的投资方式。对于投资者来说，任何投资品种都会承担一定的投资风险，同时获得一定的收益。那么如何判断自己的风险承受能力？

由于不同年龄段的人实际收入和投资需求不同，相应的风险承受能力也大不相同。因此，投资也应该是“量体裁衣”，选择与自身风险承受能力相匹配的投资方式。

1. 青年期（20~30 岁）

现阶段，随着个人储蓄收入的逐步增加，实际风险承受能力相对较强。您可以选择具有一定风险的投资工具，但也要注意留下一些现金储备。

2. 壮年期（30~45 岁）

在这个阶段，个人收入逐渐稳定，财富积累明显，风险承受能力强，可以追求更高的投资回报，长期持有具有一定投资风险和较高绩效基准的金融产品。

3. 成熟期（45~55 岁）

此时，个人和家庭的收入正在增加，但相应的支出也在增加，如子女的教育费用、父母的养老金费用等。投资需要考虑收入和风险，以保持投资的稳定性。稳定的金融产品是首选。

4. 老年期（55~65 岁）

此时，大多数人的收入来源相对单一，投资重点基本上是如何保证退休生活质量，风险承受能力低，应选择低风险、稳定的金融产品，追求养老金的稳定增值。

最后，购买金融产品时的风险评估是我们了解自身风险承受能力的重要环节。我们必须认真完成，不要因为麻烦而选择跳过。

投资理财的初衷是帮助实现更好的生活，但如果忽视投资风险，可能会忘记眼花缭乱的理财产品的初衷。在选择合适的产品之前，请记得建立正确的投资理念。

（资料来源：https://www.sohu.com/a/574393178_530780）

（三）知识和教育

知识和教育水平也会显著影响个人的金融消费行为。具备较高教育水平和良好的金融知识的人更有可能理解金融产品的复杂性，从而能够做出更明智的决策。例如，他们可能会更清楚地理解投资风险，并知道如何分散投资来降低风险。此外，他们也更有可能对金融市场的波动有所了解，从而在金融市场的起伏中做出正确的决策。相反，对金融知识了解不足的人可能会过度依赖他人的意见，或者做出不符合自身实际情况的金融决策。

扩展阅读

金融知识水平的提高，有助于减少金融排斥、改善金融素养和行为

金融知识缺乏不仅是限制居民获取金融服务的重要因素，也会导致家庭或个人做出许多错误的投资决策。金融知识水平的提高有助于减少金融排斥，降低金融工具的使用成本，加深对金融市场和金融产品的认识和理解，还有众多研究证实了金融知识对家庭金融福利的重要性。弥补金融知识不足、改善金融决策的一个重要举措是为居民提供大规模金融教育。

金融危机爆发后，金融教育成为世界各国政府金融决策的重要议程，绝大多数经合组织

国家和新兴经济体（如中国、印度等）正在实施金融教育政策和计划。美国于2011年成立了消费者金融保护局，下设专门的金融教育办公室，明确的任务是提高美国消费者的金融知识，并为改善金融教育的效果提出建议。金融教育与金融行为关系的研究主要集中在金融教育对储蓄、退休计划、保险建议需求、负债行为、风险金融资产投资等方面。然而，这些文献对金融教育有效性的评价是不一致的。

一部分研究发现，金融教育能够改善金融素养和金融行为，如Ryack发现，那些在高中接受过金融教育的人（特别是那些参与股票市场的人），风险容忍度更高。Ghafoori等发现，出席金融研讨会对预期行为有积极影响。在两年时间里，研讨会产生的额外自愿性供款占与会成员退休金总额的6%；研讨会参与者更有可能使用复杂的投资组合策略，在临近退休时降低资产持有风险。

也有研究得出完全相反的结论，如Mandell和Klein认为金融教育计划对自我评估的金融知识的影响有限，其与更好的金融行为几乎没有联系。Fernandes等发现，金融知识的干预只能解释金融行为差异的0.1%，在低收入样本中效果较弱。和其他教育一样，金融教育也会随着时间的推移而衰退，即使是长达数小时的大规模干预，对干预后20个月或更长时间内的行为影响可以忽略不计。

与中国的金融教育工作主要由金融监管部门和证券公司等金融机构推动且主要面向金融消费者（如股民、基民等）这一特征有所不同，美国等西方国家的金融教育项目的范围相对更广，除面向金融消费者外，还针对小学、初中、高中、大学等学校内的学生群体、工作场所内的雇员等。金融机构如证券公司、基金公司开展的针对股票投资者的金融教育具有一定的优势，一是金融机构在为客户提供金融服务的过程中，积累了大量的客户资产与风险承受能力方面的信息，对客户的实际情况有更多的了解，金融教育项目的针对性更强。二是客户持续从证券机构获得金融服务，对证券服务机构有较高的信任度和依赖，即金融教育推进过程中的非制度因素带来的阻力相对更小。三是证券公司、基金公司的投研能力与专业知识水平相对更高，其开展的金融教育对个人投资者投资能力的提升作用可能会更明显。因此，以金融机构推动为主的金融教育模式可能有助于改善中国股民的投资收益。

利用2018年和2020年中国股市个人投资者调查数据，探讨金融教育与个人投资者股票投资收益的关系，推断金融教育不仅能够提高个人投资者股票投资收益为正的可能性，也能够提升股票投资收益水平。行为金融理论认为，投资者的投资决策并非“完全理性”的，投资者常常会根据实际的股票盈亏情况对投资决策进行主观判断，可能会影响投资者对投资风险与收益的判断，容易引致投资者出现非理性行为。

在满足一定条件的情况下，止损策略执行得越早，实现收益的比较优势越显著，止损策略的执行能够减缓投资者的行为偏差，有助于提高股票持有期间的整体收益。此外，金融教育可以提高居民风险承担能力，使其愿意为了更高的投资收益承担相应的风险，改善其风险偏好。因此，金融教育可能通过培育与形成投资者良好的止盈止损习惯、提高风险承担能力的渠道改善股票投资收益水平。

Lusardi和Mitchell指出，金融教育项目必须针对特定的群体，并将个体的异质性纳入考虑。首先，地区投资者保护程度与居民的金融福利紧密相关。Giofre指出，金融教育有助于促进国际证券投资多元化，在信息问题严重和监督成本较高的地方，即中小投资者权利保护较弱的地区，金融教育的作用尤其明显。其次，股票投资是一项高风险的投资活动，对投资者的风险认知和投资能力有较高的要求。

通常情况下，自学金融知识所需要的时间较长，金融教育能够相对便利和高效地满足股民基本的股票投资知识需求。但随着投资经验的增加，投资者金融知识与信息的甄别与获取能力不断增强，投资者对金融教育所提供金融知识的质量要求逐步提高，金融教育对股票投资收益的改善作用可能会逐渐弱化。

此外，史永东等认为，家庭财富是影响股民投资收益的重要因素。家庭财富高的人群其投资组合配置受到资金数量约束的可能性更低、投资分散化程度更高，并且通过金融教育获取金融知识的概率更高。

囿于可投资资产数量和交易成本限制，低财富人群的投资分散化程度不足、处置效应等行为偏差会更加突出。金融教育的普及能够使低财富投资者以更便捷、更低的成本获取股票投资所需的金融知识，能够缓解因投资能力不足对股票投资收益产生的负向影响。

很多国家（如美国、澳大利亚、新西兰、英国、德国、日本及韩国等）的投资者金融知识普遍不足，中国家庭对利率计算、通货膨胀理解和投资风险认知等基本的金融知识同样缺乏了解。金融知识的缺乏一方面会导致许多错误的投资决策，造成个人或家庭金融福利的损失。另一方面，金融知识水平较低的个人投资者更容易在投资过程中表现出情绪化和盲目性等非理性行为，加剧市场波动，进一步加大投资风险。金融教育是弥补金融知识缺乏、改善个人投资决策的一个有效途径。

行为金融理论指出，投资者做出的投资决策并非“完全理性”的，投资者常常会根据实际的股票盈亏情况对投资决策进行主观判断，投资者不仅会将购买成本作为股票交易的参考价格，还会考虑曾经出现过的最高价格，投资者的这一心理偏差，可能会影响投资者对投资风险以及投资收益的判断，容易引致投资者出现非理性行为，如处置效应等。池丽旭和庄新田认为，在满足一定条件的情况下，止损策略执行得越早，实现收益的比较优势越显著，并且止损策略的执行能够减缓投资者的行为偏差，有助于提高股票持有期间的整体收益。

在股票投资中，良好的止盈止损习惯可能从以下两个方面对投资者的投资收益带来显著的正向影响：一方面，止损习惯能够控制本金损失幅度，捕捉其他金融资产或品种的投资机会，减少处置效应等行为偏差；另一方面，止盈习惯能够及时锁定投资收益，帮助投资者实现财富的稳步增值。

金融教育能够帮助投资者更好地了解和甄别金融信息与产品，并且认识金融市场中的各种“异象”和行为偏差，培育和形成良好的止盈止损习惯，可能有助于提升个人投资者的股票投资收益水平。通常情况下，投资者的风险承担水平与收益是正相关关系，而金融教育与更高的风险承担水平有关。

金融教育能够提高居民的风险承担能力，使其愿意为了更高的投资收益而承担相应的风险，从而改善投资者的风险偏好。另外，金融教育带来的金融知识增加会使家庭更加了解金融产品、提高居民的风险认知水平，从而优化家庭金融资产选择、改善居民金融福利。为此，金融教育可能通过提高投资者的风险承担水平，进而促进个人投资者股票投资收益的提高。

（资料来源：https://baijiahao.baidu.com/s? id=1756253079363745489&wfr=spider&for=pc）

（四）年龄和生活阶段

年龄和生活阶段是个人金融消费行为的重要影响因素。通常来说，年轻人可能会更愿意承担更大的风险，因为他们有更长的时间去平衡可能出现的损失。相反，年纪较大的人可能更倾向于保守的投资策略，因为他们的退休储蓄需要更稳定的收益。同时，不同的生活阶段，比如刚刚开始工作、结婚生子、即将退休等，也会影响人们的金融消费行为。例如，有小孩的家庭可能需要考虑教育投资或购买保险等，而退休者则可能需要考虑如何将他们的储蓄转化为稳定的收入来源。

经典案例

李小姐的投资决策

李小姐是一位年轻的金融消费者，她有一笔积蓄并决定进行一次投资。她意识到自己需要对多种因素进行考虑，以做出明智的投资决策。以下是一些影响她金融消费行为的因素：

(1) 金融知识：李小姐通过自主学习和参与金融教育课程提升了自己的金融知识水平。她了解不同投资产品的特点、风险和回报，并能够评估投资机会。

(2) 风险偏好：李小姐了解自己的风险承受能力和风险偏好。她明白高回报通常伴随着更高的风险，因此她会仔细考虑风险与回报之间的平衡。

(3) 经济环境：李小姐关注经济环境的变化，包括利率、通胀率和就业市场等因素。她会根据宏观经济状况来做出投资决策，以获得更好的回报。

(4) 社会因素：李小姐也受到社会因素的影响，比如家庭和朋友的观点、投资者的情绪和媒体报道等。她会考虑这些因素，但最终会做出独立的决策。

(5) 个人目标：李小姐有清晰的个人目标，比如购房、养老金积累或子女教育基金等。她会将这些目标与投资决策相结合，以实现长期财务规划。

在李小姐的案例中，我们可以看到金融消费行为受到多种因素的影响。对于金融消费者来说，了解这些因素并综合考虑它们对投资决策的影响至关重要。只有通过全面的分析和理性思考，金融消费者才能做出符合自己利益和目标的决策，从而提高财务状况并实现长期财务目标。

第三节　金融消费者的购买决策过程

一、认知需要

认知需要是金融消费者决策过程的初始阶段，其核心在于识别和理解自己的金融需求。与一般消费品购买驱动的生理或心理需求不同，金融消费者的需求更多源于财务目标和安全感的追求。这一过程通常比较漫长，且需要深入的自我反省和市场调研。金融消费者需要评估自己的财务状况，包括收入、支出、债务、资产等。此外，他们还需考虑自己的长期财务目标，如退休规划、资产传承、子女教育基金等。这一阶段可能涉及与财务顾问的深度讨论，以及对各种财务规划工具和策略的研究。消费者在此阶段的挑战在于正确理解自己的财务需求，并能够清晰地描述这些需求，为后续的决策过程奠定基础。

扩展阅读

保险广告促销

对保险的需求，主要由人们潜在忧虑和现实风险大小以及人们求得安全的意识所决定，这种意识需要保险广告的诱导，使其变成现实购买力。保险商品广告，在商品导入期可向客户灌输某种消费观念，介绍保险商品知识，提高客户对保险商品的认识和信任度；在商品的成长期和成熟期，可引导潜在消费者购买，突出本企业保险商品特色，强化竞争力；在保险商品生命周期达到饱和后，则可维持商品市场。以长期、定期、间隔的广告方式呼唤注意，巩固习惯性购买。保险营销部门进行广告宣传要考虑以下几点：①确定广告目标。保险广告的最终目标是增加销售量，做好保险公司与消费者的沟通。广告目标一般分两类：一类是促进购买、增加销售和扩大市场份额目标；另一类是增加客户认知、兴趣、理解目标。前者通常采用产品广告的形式，后者则注重形象广告或公益广告。②选择广告媒体。保险广告的宣传媒体包括报刊、传单、招牌、广播、电视，路牌、霓虹灯、互联网等多种，除了考虑媒体各自的特点外，应结合目标市场接受媒体的习惯和特点、观众规模及成本，选择合适媒体。③广告效用与费用配比。在保险经济学中有这样一个公式：广告效果比率＝保险费增加率/广告费增加率×100%，加强广告效果，利用优秀的广告宣传可以对保险费的增长有直接作用。但不同的群体，所需费用不同，即便是同一媒体，所占版面不同，制作程序不同，播出时间和次数不同，费用也不同。效果越好，一般费用越多。保险公司要根据自身的财务状况和支付能力选择媒体，尽可能以最小的代价取得最佳的广告效果。④广告创意要注意客户的心理。这要求保险公司按不同的广告目标进行广告策划，以创新的形式、优美的语言、卓越的表现手法，满足消费者的心理需求，加强广告效果。

https://www.shenlanbao.com/zhishi/10-280667

二、搜集信息

在这一阶段，消费者基于之前认知到的需求，开始寻找满足需求的各种金融产品和服务。为了确保选择的方案既全面又可靠，消费者需要广泛而深入地搜集相关信息，包括金融产品的种类、特性、风险水平、潜在收益、费用结构以及市场表现等。消费者还需要考虑这些产品的风险水平、潜在收益、成本和费用，以及产品的历史表现。

信息来源的多样性是这一阶段的特点。消费者可以通过多种渠道获取信息，包括但不限于金融新闻、专业金融网站、金融市场分析报告，以及各类金融论坛和博客。除了公开渠道的信息，私人财务顾问或投资顾问的专业意见也是重要的信息来源。金融消费者还可以从个人的投资经验、亲友的建议或是群体的投资行为中获得有用的信息。该阶段的关键在于能够找到与个人财务目标和风险偏好相匹配的金融产品。

扩展阅读

理财保险的广告促销策略

广告是理财保险公司向目标顾客传递理财保险商品和服务信息，并说明其销售的活动。

广告是寻找理财保险对象的有效手段。理财保险广告促销的作用主要有以下几点。

(1) 传递信息、沟通供求。这是广告的基本功能。理财保险供给者通过广告能向需求者传递的信息很多，概括起来有 3 类，即理念信息，有关公司企业精神、经营宗旨、管理风格和水平等方面的信息；服务信息，如服务项目、服务内容、服务方式等方面的信息；视觉信息，如公司名称、徽标等方面的信息。

(2) 刺激需求、增加销售。理财保险广告可以有效地激发公众的理财保险需求、促进理财保险销售。

(3) 介绍知识，引导人们投保。人们购买理财保险商品的行为，起因于对保障商品的购买兴趣和欲望。购买兴趣及欲望的产生离不开对理财保险商品的认识。

人寿理财保险公司多采用商品广告和企业广告。商品广告的目的主要是将特定的理财保险商品介绍给理财保险消费者。由于人寿理财保险商品具有无形性，所以广告词应着重强调理财保险商品的特点，刺激理财保险消费者认识商品，并接受营销员的拜访。企业广告主要是提供理财保险公司的实力和资信，达到建立良好社会形象的目的。

财产理财保险公司采用广告的做法较之寿险公司少，其原因是财产理财保险所承保的均为灾害事故，以此做广告难让理财保险消费者接受。但是近年来，财产理财保险公司采用公益广告，以宣传防火、谨慎驾驶等防灾防损的观念，获得社会的好评。

(资料来源：https://www.shenlanbao.com/zhishi/11-173793)

三、分析选择

在收集了众多的信息之后，金融消费者需要对这些信息进行详细的分析和比较。消费者在评价不同金融产品时会考虑多种因素，通常包括产品的风险水平、预期回报、流动性、成本、历史表现以及产品结构的复杂程度等。不同消费者的评价标准可能会有所不同，往往取决于他们的个人价值观、投资目标、风险偏好以及投资期限等。

在进行评价比较时，金融消费者需要运用逻辑和分析能力，仔细考量每一个选项的优缺点，并与自己的财务状况和目标相比较。这一过程不仅需要客观的数据分析，还需要对市场趋势和潜在风险有深入的理解。消费者还应考虑各种投资选择的多样性和互补性，以实现投资组合的均衡和风险分散。

四、决定购买

在经过深入的评价和比较后，金融消费者需要从众多的选项中选择最适合自己的方案，即"最优方案"。最优方案意味着它在成本效益上最为合理，能在满足需求的同时提供最大的价值。这一决策涉及的不仅仅是选择最有可能带来财务收益的产品，还包括考虑该产品是否符合消费者的风险承受能力和投资风格。在这个阶段，消费者需要综合考虑个人的财务状况、市场趋势，以及可能的经济变化，做出最合适的投资决策。金融消费者应避免因情绪波动或市场的短期趋势而偏离原先的投资计划和目标。同时，考虑到金融投资的长期性和复杂性，做出决策时还应考虑其对整体投资组合的影响，确保所选方案能与其他投资相互协调，共同推动财务目标的实现。该阶段对消费者的决策能力和风险评估能力提出了较高的要求。

五、购后评价

金融产品的购买并不是这一过程的终点。在实施了购买决策之后，金融消费者需要对其进行持续的评估和复盘，包括监控投资的表现，评估是否达到了预期的目标，以及在必要时对策略进行调整，以应对市场变化。

购后评价的核心是对投资结果的反思和分析。金融消费者在这一阶段需要检查投资的实际表现，包括收益率、风险水平以及投资的稳定性等方面。评价的内容不仅限于财务回报，还包括投资决策过程中的各种考虑，如风险评估的准确性、市场趋势的预测准确度，以及决策过程中是否存在任何偏误。

该阶段的评价可以是即时的，也可以在一段时间后进行，以考察投资结果的长期表现和稳定性。金融消费者可以独立进行评价，也可以寻求外部意见，如财务顾问的建议或是与其他投资者的讨论，以获得更全面的视角。

购后评价的目的在于通过对过去决策的分析，提炼出有价值的经验和教训，从而在未来的投资决策中避免类似错误，不断优化自己的投资策略。同时，也有助于提高金融消费者对市场动态的理解和自身决策能力的提升。

经典案例

李先生购买股票

李先生是一位有一定储蓄的职场新人，他意识到他需要一种可以赚取更高回报的投资方式来增加他的财富。他认为股票投资可能是一个好的选择。李先生开始在线搜索关于股票投资的信息。他阅读了许多关于如何开始投资、如何选择好的股票，以及投资的风险和收益的文章和博客。同时，他还参与了一些线上的股票投资论坛和社区，以获取更实际的投资建议。通过研究，李先生发现投资股票并不是唯一的选择，他还可以考虑投资债券、基金或者房地产。他开始评估这些投资方式的风险和收益，看哪种投资方式最符合他的风险承受能力和财务目标。经过深思熟虑，李先生决定购买股票。他选择了几个他认为有发展前景的公司，并在一家知名的证券公司开设了账户进行购买。李先生定期查看他的股票投资的表现，看他的投资决策是否如预期的那样带来了收益。他发现投资股票确实能带来比他的储蓄账户更高的回报，他对他的投资决策感到满意。当然，他也意识到投资股票的风险，他决定继续学习和改进他的投资策略。

【本章小结】

在本章中，我们学习了消费者行为的概念和特点，了解了消费者需求、偏好、态度、行为等方面的特点和规律。我们还学习了消费者决策过程和购买决策的影响因素，包括需求认知、信息搜索、评估比较、购买决策、购后评价等方面。此外，我们还探讨了消费者群体行为的特点和影响，以及金融产品和服务对消费者行为的影响和作用。

通过本章的学习，我们能够更好地理解消费者在金融产品和服务方面的需求和行为，为制定科学、合理的金融营销策略提供依据和支持。同时，我们还可以运用所学的消费者行为分析方法和技巧，对实际的金融营销消费者行为进行分析和预测，提高我们的综合素质和能力水平。

【思考题】

消费者行为分析在金融营销中的作用是什么？如何进行消费者行为分析？

消费者的金融需求和动机有哪些？如何根据不同的需求和动机提供不同的金融产品和服务？

消费者的购买决策过程是怎样的？如何影响消费者的购买决策？

如何根据消费者的偏好改进现有的金融产品和服务？

消费者的个人和家庭背景对金融产品和服务选择有哪些影响？如何根据不同的背景制定不同的金融产品和服务？

第五章 金融营销目标市场

◆◆◆ 学习目标

掌握金融市场细分的概念和原则。
掌握目标市场选择的概念和原则。
掌握金融市场定位的概念和原则。

◆◆◆ 能力目标

能够根据消费者需求和行为特征进行市场细分，并能够根据市场细分结果制定相应的金融产品和服务方案。

能够根据企业自身条件和市场需求选择合适的目标市场，并能够制定相应的营销策略和措施。

能够根据企业自身特点和市场需求进行市场定位，并能够制定相应的营销策略和措施。

能够运用所学的市场调研方法和技巧，对目标市场进行深入的市场调研和分析，并能够根据市场调研结果制定相应的金融产品和服务方案。

时政视野

党的十八大以来，在以习近平同志为核心的党中央坚强领导下，我国金融业改革发展稳定取得历史性的伟大成就。中国银行业总资产名列世界第一位，股票市场、债券市场和保险市场规模均居世界第二位。我们经受住一系列严重风险冲击，成功避免若干全面性危机，金融治理体系和治理能力现代化持续推进。

（资料来源：https://www.12371.cn/2023/05/25/ARTI1685022040134519.shtml）

第一节 金融营销市场细分

一、金融营销市场细分的概念

市场细分（Market Segmentation）是市场营销领域中一个非常重要的概念，它本质上是一种企业根据消费者多元化的需求，将全市场拆分成各个具有不同消费群体的策略方法。市场细分是战略营销的第一步，也是落实客户保持策略的主要原则之一。在进行市场认知、市场研究、目标市场的选择方面，市场细分提供了重要的参考。它在客户关系管理的过程中占据了重要的、基础的位置。消费者需求的多样性构成了市场细分的实际基础，其实质就在于在不同需求的市场中找寻具有同一需求的客户群体，并将他们集结在一起。随着市场竞争趋势的升级，企业难以仅依赖单一的产品满足所有消费者的需求，更别提使用同一种方式来吸引所有的消费者。因此，如何深入解读市场特性、识别消费者需求，并进行市场细分，已经成为企业能否成功的一个决定性因素。

市场细分在本质上是对消费者需求的分割，而非对商品本身。企业进行这一策略步骤的目的在于，通过寻找可识别的特征，将各个市场中具有相同需求的消费者筛选出来并归类，从而使得一个产品的全市场被分割为许多更小的子市场。消费者对产品需求的特质是持续变化的，因此细分市场也会随之产生变动。这是一个持续不断的动态配对过程。

市场细分理论的提出要追溯到 1956 年，美国市场学家温德尔·史密斯首次对外界提出。市场细分理论依托三个基础点：消费者需求的差异性、公司资源的局限性，以及市场竞争的有效性。市场的细分变量基本上可以归为两大类型：一类是根据消费者的属性来将市场划分，另一类是根据消费者对产品或服务的感知来进行市场的划分。经常使用的市场细分变量包括地域细分、人文细分、心理细分，以及行为细分等。市场细分的功能在于，能够协助公司发掘并充分利用市场的机遇，科学地锁定目标市场，并在产品、定价、推广和分销渠道等策略上进行有效施策，避免公司资源的误投，从而实现经济效益的最大化，并提升其竞争力。

起初，市场细分的关键参考因素主要是人口统计变量（如年龄、性别等），但随着市场细分研究的深化，以消费者购买行为为核心的细分方法和以消费者生命周期价值为核心的细分方法逐渐成为主导。采用消费者为核心的细分方法，主要根据三个维度的变量，包括人口特征、心理特征以及行为特征。人口统计细分主要适用于探索基本的市场结构，特别是消费者结构，实践中常常作为其他细分方法的有效补充。行为细分和心理细分因其强大的推论依据，比起人口统计细分，被更广泛应用于营销和管理领域。相比之下，心理细分凭借其更稳健的理论依据，市场适应性超过行为细分，在创新的市场策略中运用更为有效。行为细分的优点在于，它不仅可以用来划分消费者，还能动态地对消费者进行管理。

随着营销实践的演变，市场细分理论呈现出两种极端的趋势：超级市场细分和反市场细分。超级市场细分的理论主张认为，为了满足人们个性化的需求，当前众多的市场细分需要进一步细化，这种理论发展到极端就是把市场细分到个人，即一对一营销理论。而反市场细分理论，并非反对市场细分，其理念在于在满足大部分消费者的共性需求的前提下，将过度狭小的市场进行整合，从而通过规模营销的优势，以较低的价格满足更大范围的市场需求。在真实的营销过程中，我们既不能简单地否定超级市场细分理论，也不能单纯地否定反市场细分理论，二者在实践中各有其适用的时期和范围，只有充分理解和把握，才能正确引导企业的营销活动。

二、金融行业市场细分的必要性

尽管我国金融业的历史相对较短，但已经积聚了亿级规模的客户。而在金融投资领域，客户的需求与消费品市场中的客户需求一样千变万化，甚至同一客户在不同的市场状况下，需求也会有所不同。因此，对于金融公司来说，如何应对客户需求的动态变化成为一个复杂的问题。一般情况下，由于公司资源的限制，很少有企业尝试去满足所有客户的需求；即使企业有足够的能力去满足所有客户的需求，这样做也并非经济高效。因此，金融公司应将关注点放在识别并满足价值客户的需求，为这一客户群体提供个性化、差异化的服务。具体来说，金融公司需要进行客户细分的重要性主要体现在以下几个方面：

（1）有助于优化资源分配。金融业是一种知识密集、轻资产的行业，用于开发和维护客户的资源是有限的。如何把这些有限的资源倾斜到价值客户上，从而为企业带来更高的收益，就显得至关重要。而要实现资源的差异化配置，精确的客户细分就成为其中的关键一环。

（2）获得差异化竞争优势。我国的金融业发展迅速，竞争压力大。目前的普遍营销策略和同质化产品已经无法满足市场竞争的需要。随着金融客户专业化程度的提升，他们的投资行为也日益成熟，大众化的营销方式难以满足客户的需求，因此，从大众化营销转向细分营销是大势所趋。如何对客户进行差异化营销，提供定制化的产品和服务，已经变得至关重要。这两个方面因素决定了金融企业是否能在市场中获得差异化的竞争优势。市场细分是企业快速发展的根基。

（3）客户经理制度的需求。当前，大多数金融公司都实行客户经理制度，以便更好地开发和维护客户，以在激烈的市场竞争中获取更高的市场份额。然而，不同级别和种类的客户往往需要配备有不同特性的客户经理。例如，私人银行客户通常需要配备有强大综合能力和高知识水平的客户经理。对于有特殊需求的客户，可能需要配备具有某种专业领域知识的客户经理。这就需要企业对客户进行精细化的分类，实施精确的客户细分策略。

扩展阅读

中国金融市场三大趋势解读

近日，尼尔森正式发布《中国金融综合追踪研究报告》，指出互联网金融、支付数字化和人口老龄化是当下中国金融行业最值得关注的三大趋势。基于对中国 20 个城市超过 17 000 个样本的调研，该报告旨在追踪市场变化、分析行业热点并提供尼尔森对金融行业的深刻洞察。

客户体验至上：互联网金融的精髓

互联网金融无疑是目前金融行业和互联网行业都最热的词汇之一，在技术与思维方式的不断创新和碰撞之中，企业面前展现出了更多的机会和挑战，消费者面前也展现出了更多的选择。

自从 2013 年 6 月阿里巴巴集团推出余额宝以来，互联网理财产品层出不穷。随着 2014 年余额宝收益率持续下降，客户数量反而不断上升，截至 2014 年第三季度，余额宝用户已经突破 1.49 亿。尼尔森调查发现，目前在大城市互联网网民中，互联网理财产品（包括网络融资平台如 P2P、余额宝、微信理财通等）综合渗透率已经高达 45%。

随着移动互联网的普及，微信已经成为中国最为普及的通信应用之一。调查中，超过半数的受访者表示愿意尝试通过微信管理银行账户的创新概念，其中缴费充值（56%）、转账汇款（56%）、账单明细查询（47%）、客服咨询（46%）和信用卡还款提醒（43%）是消费者最希望通过微信实现的账户管理功能。

尼尔森认为，互联网金融对传统银行业的挑战并非源于技术，而是源于以客户体验为中心进行产品与服务创新的思维方式。互联网金融的特点可以总结为四个关键词：过程社交化、收益透明化、服务个性化和界面人性化。

从量化竞争转为质化竞争：数字化支付趋势下的信用卡发展之路

尼尔森调查显示，在调查所覆盖的 20 个城市的网民中，94%的受访者曾经使用过在线支付平台。最近几年，数字支付的产品创新越来越多，声波支付、手机支付……消费者在支付方面有了越来越多的选择，便利的数字化支付得到了消费者越来越多的青睐。

“迅速发展的支付数字化趋势和创新给信用卡行业带来了挑战与压力，然而归本溯源，得客户者得天下。数字化支付产生的大数据，为信用卡金融行业提供了研究市场细分、促进信用卡与银行理财产品交叉销售的机会。”于海霞说，“更加关注消费者的需求，努力带给消费者更安全、便捷、友好的支付体验，是支付行业在数字化趋势中弄潮的关键。”

快速崛起中的老龄金融市场：老龄人群的价值重估

尼尔森的调研发现，中国老年人群实际上处于不断变化之中，老年人退休前的时代背景和消费习惯直接影响了他们进入老年后的消费能力和投资理财观点。尼尔森《2014中国金融市场综合追踪报告》发现，在20个城市受访的55岁以上老年人中，70%以上有投资理财产品，半数老年人拥有人身保险，45%持有信用卡，约五分之一的老年人有银行贵宾账户，近三成老年人会使用微信与人交流。我们相信，随着时间的推移，老年人的消费能力和投资理财观念将继续向着积极的方向发展。

目前，中国金融业对老年人市场的潜力普遍重视程度不够，对中国未来高速发展的老龄化进程准备不足。于海霞指出，老年人金融市场无论从数量上还是质量上看，都呈现出不断变化和升级中蓝海市场的特点。“金融业需要未雨绸缪提早布局，深入研究不同年龄层老年人的细分市场特点，分析老年金融需求并通过产品和服务创新真正为老年人提供有针对性的综合金融解决方案。谁能在老年人群中率先建立起品牌忠诚和顾问式的合作关系，谁就能赢得未来中国这块最重要的金融市场。”于海霞补充道。

（资料来源：https://www.nielsen.com/wp-content/uploads/sites/2/2019/05/%E4%B8%AD%E5%9B%BD%E9%87%91%E8%9E%8D%E5%B8%82%E5%9C%BA%E4%B8%89%E5%A4%A7%E8%B6%8B%E5%8A%BF%E8%A7%A3%E8%AF%BB_%E5%AE%A2%E6%88%B7%E5%88%86%E4%BA%AB%E7%89%88_CN.pdf 或 https://www.nielsen.com/zh/insights/2015/three-key-trends-in-china-finance-industry-cn/）

三、金融营销市场细分的作用

对于金融机构，进行科学合理且精准的市场细分并实施目标市场的营销战略具有重要的作用，主要表现为以下几点：

（1）市场细分的科学运用对于发现市场机遇、开发新的市场、更好地满足客户对金融产品的多样需求，以此提升金融机构的竞争力具有显著优势。首先，通过深入的市场细分，金融机构能够洞悉不同细分市场中的独特机会。面对这些机会，金融机构可以有选择地调整其业务布局，放弃那些与其核心价值或能力不符的市场或产品，而优先发展那些与其业务策略和机构特色更为匹配的细分市场。此举不仅有助于提升金融机构的市场地位，同时也为其提供了更大的业务发展空间。其次，市场细分的进行为金融机构提供了丰富的信息资源，从而创造了更多的新产品和新服务的开发机会。面对不断变化的市场需求，金融机构可以凭借这些深入的市场洞察来持续进行产品和服务的创新，确保其在业务领域始终保持领先地位，并满足客户的多元化需求。最为关键的是，金融机构在细分市场中可以为不同的客户群体提供更加精准和个性化的服务。这不仅增强了金融机构与客户的关系紧密度，而且有助于建立金融机构的品牌忠诚度。特别是在如今这个竞争日益激烈的金融市场中，能够持续提供与众不同的、精准匹配客户需求的服务无疑是一大竞争优势。

（2）市场细分的精准应用能够帮助金融机构更有针对性地集中人力和物力资源，专注于目标市场，以此提升银行的经济效益。在复杂多变的市场环境中，不同的金融机构各有所长。市场细分使金融机构能够发现并专注于那些与其核心能力和资源相匹配的市场细分，从而实现资源的优化配置和高效利用。在某个特定的市场细分中，金融机构可以利用其独特的优势，获取更多的市场份额，并实现规模经济的效益。为细分市场提供的特色服务也会增加竞争对手进入这一市场的难度，从而为金融机构创造竞争壁垒。

（3）有助于确定目标市场，制定营销策略，以提升市场份额。通常情况下，那些未被充分满足的市场通常存在巨大的市场潜力。通过进行市场细分，金融机构能够更好地理解各个客户群体的特定需求和期望，从而抓住市场机会。这使得金融机构可以更加精准地确定目标市场，优化其产品和服务以满足这些需求，从而扩大其在市场中的份额。

经典案例

招商银行的信用卡业务

市场调查表明，招商银行信用卡已经成为“消费者最经常使用的信用卡”“最喜爱的信用卡”，并且在消费者心目中初步形成了年轻、时尚、有活力、创新、优惠多、服务好、亲切的品牌印象。

根据市场调查及综合考虑经济发展程度、人口数量、受理环境、在当地的网点与竞争力等各种因素，招商银行把市场细分为四个层次：

北京、上海、深圳、广州为第一类市场，这些城市的市场成熟度非常高；

南京、杭州、成都、天津、武汉、重庆、青岛、苏州等城市为第二类市场，这些城市的市场成熟度相对较高；

其余一些经济比较发达的省会城市为第三类市场；

一些经济欠发达的城市和农村为第四类市场。

除了按地域进行市场细分以外，招商银行还根据客户的年龄、性别、收入、消费行为等特征，进一步进行了市场细分，以便为不同的客群打造不同的产品。

细分市场之后，招行为自己信用卡业务的主攻方向找到了答案：从地域上，暂不考虑进入第四类市场，对前三类市场则采取逐步进入的方针：对于一类市场，在发卡之初立即进入；对于二类市场，在发卡 1~2 年后进入；对于三类市场，在发卡 3 年后进入。

从客户年龄、性别、收入、消费行为等特征看，发卡 1~2 年内主攻“学生”和“白金”客群，并且不做太多的性别区分；发卡 2 年以后，开始推出白金信用卡、学生信用卡（YOUNG 卡）和瑞丽联名卡（女性卡）。现阶段，已经开始重点经营时尚活跃年轻人群、公务/商旅人士、有车族和女性客群，因这些客群的综合贡献度较高。

（资料来源：https://www.ck100.com/ccbp/fxzd/me20161114140709l6990209.shtml）

四、金融营销市场细分的原则

可测性原则，指的是能够通过市场研究、专业咨询等手段，对各个细分市场的特征要素进行量化测算，从而得出客户数量、销售规模、购买潜力等关键的量化指标。

易入性原则强调的是当市场细分完成后，金融机构应具备能力向某一细分市场提供所需的金融产品和服务，也就是说，该细分市场应当是易于开发、便于进入的。

经济性原则，注重细分市场中客户的需求量和经营规模必须能够达到使公司实现其盈利目标的程度。在考虑细分市场的时候，公司需要思考细分市场上客户的总数、购买频率以及消费能力，以确保公司进入此细分市场，能够达到预期的盈利。

差异性原则，意味着每个细分市场都应该有明显的区别，这样金融机构才能够清晰地认识到不同细分市场中的客户差异，从而提供个性化的产品和服务，保证营销策略的精准性。

稳定性原则，指的是在金融机构成功进入目标市场之后，应保证在一段相当长的时间内能稳定经营，避免目标市场快速变动给企业带来的风险和损失，从而确保金融机构能够长期稳定地获取利润。

五、金融营销客户细分的方法

（一）地理细分

目前，我国经济的地域差异较为明显，不同地区的客户在收入水平、对金融产品的认知等方面存在很大的差异。因此，金融机构可以针对不同地理位置的客户进行精细化的细分。在经济发达的地区，居民的收入普遍较高，金融意识也相对较强。在这些地方，金融机构往往可以推广更为复杂、风险性和收益性均较高的金融产品。相对来说，在经济欠发达的地区，如中西部一些城市和乡村，居民的金融需求往往更注重基础和保障。在这些地方，金融机构主要需要提供稳健的存款、贷款和保险业务，以满足大众的基本金融需求。普及金融知识和提升金融意识也成为这些地方的核心工作，以确保消费者能够做出明智的金融决策。值得注意的是，即使在同一个城市内，由于地段、历史背景和人口组成的差异，不同片区的金融需求也会有所不同。

（二）收入细分

金融产品和服务往往与消费者的财务状况紧密相关，因此，客户的收入状况成为决定其选择何种产品的关键因素之一。对于高收入的客户群体，他们通常拥有更强的资本实力和金融风险承受能力。金融机构可以为这部分客户提供更加高端和专属的服务，比如高净值理财产品、专业的资产配置建议等。这部分客户对于服务的专业性和个性化需求也相对更高，他们更看重金融顾问的专业建议和独特价值。与此同时，对于中低收入的客户群体，其金融需求往往更加注重基本的金融功能和产品安全性。金融机构可以为这些客户提供一系列的实用性强、易于理解和操作的金融产品和服务，如基本的储蓄账户、消费贷款或低风险的基金产品。金融机构在进行收入细分时还需注意细分的精细程度。单纯地将客户分为高、中、低三个档次可能过于简化，实际上，每个档次内部还存在着更为细微的差异。因此，深入挖掘客户的具体需求，并根据其财务状况和预期目标为其量身定制服务，将更有助于金融机构构建长期、稳健的客户关系。

（三）教育细分

金融产品和服务通常需要一定程度的金融知识基础来全面理解，不同的教育水平意味着客户对金融产品的理解和接受度存在差异。例如，受过高等教育的客户更倾向于探索和尝试复杂度较高的金融产品，他们对专业金融咨询也更有兴趣。而教育程度较低的客户可能更需要简单、直观的产品和更多的金融教育资源。因此，金融机构在设计和推广产品时，应充分认识到不同教育背景客户的特点和需求，制定相应的产品和服务策略，确保满足不同教育背景客户的多元化需求。

（四）生活方式细分

人们的生活方式存在着显著的差异。例如，35 岁以下的客户，通常在生活和职业的初级阶段，有着强烈的消费需求但相对有限的收入。针对这个群体，金融机构可以提供信用卡或消费信贷等服务，以帮助客户满足即时的消费欲望。而 45 岁以上的客户往往对资产管理、财富增值和遗产规划更感兴趣。通过生活方式的细分，金融机构能更精确地为客户提供产品和服务。

（五）贡献细分

贡献细分是一种更直接的细分方式，即根据客户为金融机构所带来的利润贡献程度来进行细分。这种细分使金融机构能更清楚地知道谁是给予自己最大利益的人，他们各自所占的份额是多少，谁是机构真正需要深耕的客户。显而易见的是，重点客户是机构收益的主要来源，对他们应提供尊贵和特权化的服务；普通客户是金融机构发展和争取的对象，而表现不佳的客户则是金融机构应主动优化的对象。通过运用贡献细分策略，金融机构可以优化资源分配，并更有针对性地为不同贡献层次的客户提供产品和服务。

1. 收入阶层（SIC）——四分法

由于不同社会收入阶层在金融产品的偏好、消费模式、投资意识等方面呈现出明显的差异性，这种不一致性为金融机构提供了突破口，使其能够通过细分市场策略更加有效地满足各类客户的特定需求。金融营销客户细分方法——四分法，通过将个人金融市场划分为四个区别明显的子市场，使金融机构能更深入地理解不同收入群体的特性。

第一，高收入阶层。这个阶层包括高级管理人员、独立的商业领袖，以及地位显赫的高级官员、领域内的杰出专家或继承了丰厚遗产的人等。对于金融机构来说，服务这一客户群体意味着提供尊贵的个性化服务和全程细致的关怀。机构通常会指派专业的财务顾问、高级客户经理或特别成立的部门负责，提供高品质的资产管理等服务，并根据客户资产状况和投资偏好量身定制理财计划。计划往往结合储蓄、保险、证券、房地产以及其他非传统资产如邮票、古董和艺术品，旨在为客户提供最佳的资产组合方案，以满足客户的个性化需求，使他们的资产得到最优配置。

第二，中上等收入阶层。针对中上等收入阶层的人群，主要包括大型企业的中级管理人员、政府部门的中等职务官员，以及各行各业的专业人士等。他们都是社会上的成功人士，收入水平和财富积累速度较快，大部分人很可能在不久的将来进入高收入阶层。因此，他们是金融机构未来重点培养的高端客户群体。针对这一阶层的特点，金融机构通常会提供一系列相对标准化但高价值的金融产品和服务，包括但不限于全方位的“一站式”金融服务，如综合理财方案、个人金融衍生业务以及法律咨询等。此外，金融机构还可以推出如虚拟银行服务等创新产品，以满足这一群体对新鲜事物的好奇心和尝试欲望。需要注意的是，中上等收入群体在金融投资方面通常表现出较高的谨慎性和议价能力，在选择金融产品和服务时，往往会更加注重性价比和个性化需求。因此，金融机构在服务这一群体时，不仅需要提供高质量和具有竞争力的产品，还需要投入相对较多的时间和精力。

第三，中低收入阶层。这个群体主要由公司的基层管理人员、政府机关的普通官员、行业中的一般专业人员组成，同时也包括技术娴熟的工人和小型企业主。对于金融机构来说，可以向这一群体提供广泛的、大众化的服务。这些客户虽然单个财务需求不如高收入群体大，但他们的总体数量庞大，对金融机构的稳定运营和发展具有重要意义。为此，金融机构通常会推出包括电话银行、个人消费贷款、个人汇款服务、自助银行服务、保管箱以及投资咨询在内的一系列金融服务组合。针对中下等收入阶层的特定需求，金融机构还可以提供由专业人员设计的定制化金融方案，利用各种金融工具和渠道，如信用卡、在线银行服务，以及旅游信贷和消费信贷等，以满足其理财和消费需求。为中下等收入群体提供贴合其需求和预算的金融服务，不仅有助于增强这一群体的金融福祉，同时也为金融机构带来稳定的客户基础和长期的市场潜力。

第四，低收入阶层。这一群体特点是收入相对较低，且经济稳定性不足。在金融机构的客户构成中，低收入群体占据了相当的比例，但同时也对资源配置提出了挑战，因为他们的服务需求与金融机构的资源投入之间存在不成比例的关系。面对这一挑战，金融机构的策略是利用技术优势，拓展多样化的服务渠道，尽可能地提供基本且效率高的服务。具体内容包括提供多样化的储蓄产品，比如零存整取、定期存款等，以及依据客户的投资目标提供的个性化存款组合。在贷款服务方面，提供住房和教育贷款等，旨在满足基本生活和发展需求。此外，为了降低服务成本并提高效率，金融机构大力推广自动化服务，如 ATM 机、自动转账系统等，这不仅有助于减少对人力资源的依赖，同时也为低收入客户提供了便捷和快速的金融服务。

扩展阅读

银行需要对用户进行分层分群，有效细分客群后，再定向执行策略来实现更高效的精细化运营。目前，商业银行用户的分层方法主要是以客户价值为主线，按用户的属性、消费行为以及价值三个维度进行划分，划分过程中融入用户的行为、需求和偏好等属性。

用户分层实施的两大核心要求如下：

一是不同层次的用户需要能够被数据标签区别，以便对不同层次的标签用户进行下一步的区分运营。

二是面对每一层的用户营销策略和运营机制是明确、稳定、统一的，而且运营转化效果基本一致。

传统商业银行主要按照资产规模、金融产品偏好、网点客户经理对用户的熟悉程度和营销重要程度等方式进行用户分类，因为缺乏用户数据和精细化分析，划分的层次比较粗糙、简单。数字化转型过程中银行需要对用户数据进行收集和分析，根据网点的营销运营特点进行针对性的分层。只有对用户进行有效分层，银行才能进行灵活的精细化用户营销工作。

一、为什么要做用户分层

为什么很多时候银行的营销进行不下去？明明有很多老用户，但就是没办法做营销或者运营工作，根本原因是没有做用户有效分层。

例如10万名单分给各个网点，网点如何去做营销呢？只能每个营销经理按比例随机分配，结果用户响应率、营销转化率根本没办法看。

根据20/80法则，产品的80%收入是由20%的用户所贡献，这样来看，我们的核心用户其实并不多，我们如何找到他们？如何发挥其他流量的价值？如何营销更多的用户成为核心用户？想要去实现这些目标，我们需要识别价值用户，有针对地营销这批客户。

而且当银行用户规模较小的时候，网点或者运营人员可以通过人工手段来维护这批用户，但随着用户规模不断扩大，运营人员的精力和时间有限，这时就需要进行用户分层，以提高运营效率。

手机银行随着用户基数的增长，用户呈现出属性差别（比如性别、地域、年龄等），即使同一属性用户也有着不同的产品行为习惯，运营人员这时就不能采取“一刀切”的手段来运营，而是需要根据不同人群有针对性地运营，满足差异化的用户需求。

最后，用户分层还可以帮助运营人员更好地梳理用户所处的流程状态，进而可以针对不同状态的用户，制定不同的运营策略。同时通过精细化运营，使得运营产品化，形成标准化的“人群—策略—触达—反馈—优化”，使得运营资源高效化，把每一份投入产出控制在最合理的有效区间。

二、用户分层模式

用户分层模式如图5-1所示。

图5-1　用户分层模式

1. 按用户价值分层

对客户价值的定义主要有这样几个方面：一是客户主要特征，如学历和职位等；二是根据客户主要交易产品、产品贡献度测算出其终身价值；三是渠道可以给予用户提供的产品和服务，如表5-1所示。

表5-1　用户价值分层

客户类型	客户特征	服务模式	渠道服务模式
高净值客户	以高层管理人员和企业为主	重点提供高端增值型资产管理和理财服务	为客户提供专尾的客户经理和服务渠道，主动提供专业化、个性化和便捷化服务
	学历较高，大部分为本科及以上	提供个性化产品服务	为客户提供丰富的渠道选择，提供便利的服务
		奢侈品消费信贷产品	

续表

客户类型	客户特征	服务模式	渠道服务模式
大众富裕型客户	主要为自由职位和中高层管理人员	提供丰富的短期理财产品和个性化理财服务	为客户提供专属的服务渠道，提供主动高效的服务
	以本科及高中学历为主	强化个人综合授信和经营性贷款产品	扩展客户服务渠道，提供丰富的渠道选择
潜力客户	以中层管理人员和普通员工为主，其次为自由职业者	丰富理财产品类型，针对客户需要，加强理财服务	为客户提供准确、高效和个性化的服务的区域
	大部分为本科学历	根据客户需求加强信用卡和外汇业务营销	提供丰富的渠道组合，实现安全便捷的渠道覆盖
		识别并增强信贷产品和服务	
基础客户	主要是普通员工、自由职工者和中层管理人员	根据客户需求识别机会，增强标准化理财产品销售	利用网点智能设备提供快捷服务
	学历相对较低、高中学历为主	挖掘潜力客户的个性化信贷需求，消费贷、车贷等	优化手机银行用户体验

2. 按用户生命周期分层

用户全生命周期运营如图 5-2 所示。

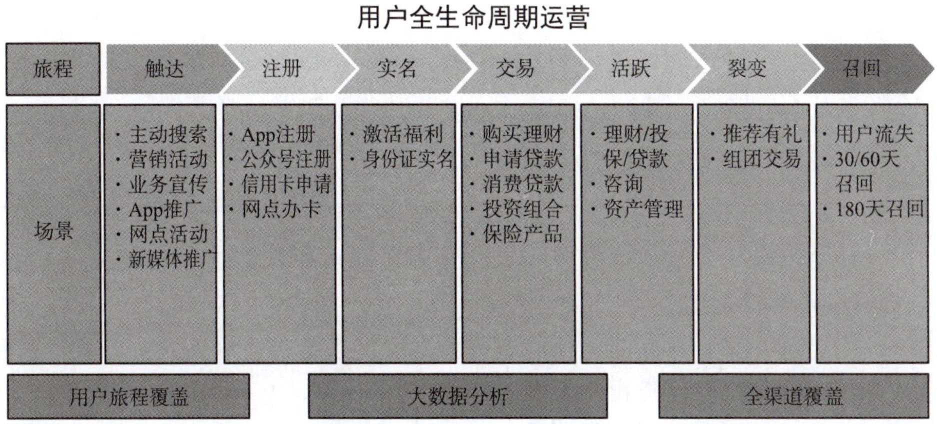

图 5-2　用户全生命周期运营

分析用户生命周期有两个问题：

不是所有用户都会经历完整的用户生命周期。

当银行的产品在初期阶段或者用户规模较小的时候，不需要管理用户生命周期。初创期的产品，因为用户量级不够，可以暂时不用做用户生命周期管理。

还有就是卖方市场的垄断型产品可以不用做用户生命周期管理，就像过去银行网点服务的阶段，其实不需要做用户管理和运营银行照样可以活得很好，但现在数字经济时代早已经行不通了。

用户处于不同生命周期有不同的营销和运营策略：

触达期、注册期：下载注册激活的用户、新用户。

实名、交易：已经完成金融产品功能体验、使用时长超过阈值、用户发现了产品价值，并有一定的认可度。

活跃期、裂变期：一段时间内，反复登录、经常使用、重复购买。

休眠期：用户价值开始走下坡路，贷款金额、复贷次数、登录频次下滑。

流失期、召回期：一段时间不再登录，用户流失 30 天还是比较容易召回的，流失超过 90 天的客户再想召回成本就很高了。

3. 按海盗模型分层

用户运营体系中有一个经典的框架叫作 AARRR，即拉新（Acquisition）、转化（Activation）、留存（Retention）、收益（Revenue）、自传播（Refer），如表 5-2 所示。

这个模型可以帮助我们更好地理解用户生命周期，采取有针对性的营销。我们使用一个标准商业银行互联网贷款业务来分析模式的各层定义情况。

表 5-2 AARRR 框架

对应层级	如何描述和定义该层级用户	制定运营策略导向
获取用户 Acquisition	下载手机银行未注册 已经注册但未办理业务	针对不同渠道或不同类型的用户精细化运营，提升获客效率
提高活跃度 Activation	注册后未实名认证、未办理业务	加强对用户完成首先交易流程的引导
提高留存率 Retention	用户的 7 天/15 天/30 天……留存率	针对产品对用户的留存问题进行定向分析 制定留存策略
获取收入 Revenue	用户的存款、贷款和购买理财等交易产生的收入	针对用户分层分析后，给予用户对应的提醒和激励，鼓励用户交易
裂变 Refer	用户推荐产品给朋友	鼓励用户分层，给予用户积分或实物等奖励

（1）拉新：该层级是下载手机银行 App 未注册，注册后尚未发生任何动作的用户。运营策略：按照用户渠道来源、用户背景给予针对性引导，提高注册效率。

（2）转化：该层级都是注册后尚未申请贷款信息的用户。运营策略：给予用户引导和激励，让用户完成信息填写和贷款申请。

（3）留存：该层级都是完成信息填写申请贷款，但未申请提现的用户。运营策略：思考如何邀请用户提现，用户未提现的原因，如果是额度太低了，可以发放利息抵扣券或者给予用户提额。

（4）收益：该层级都是用户已经提现，尚未结清贷款的用户。运营策略：鼓励用户将额度全部使用，可以阶段性给用户提额，让用户转变为忠诚用户。

（5）自传播：该层级都是用户已经变为忠诚用户，鼓励用户分享产品，将自己的朋友转化为银行互联网贷款产品的用户。运营策略：给予用户现金奖励、积分奖励、优惠券或者提额奖励，鼓励用户分享产品信息给朋友。

AARRR 模型是一种较为简单的用户分层方式，无须抓取大量用户数据和定义大量用户数据就可往前推进。在运营过程中，我们可以把它视为用户价值区隔分层的版本。

4. 按 RFM 模型分层

RFM 模型是衡量当前客户价值和客户潜在创利能力的重要工具和手段。RFM 模型不仅可以应用在客户关系管理中，也可以应用在用户分层中。该模型主要关注客户交易时间、交易频率和交易金融。

RFM 模型可以帮助运营人员快速了解客户的交易行为，因此在客户关系管理中被广泛运用，RFM 模型可将客户分为八层，如表 5-3 所示。

表 5-3 按 RFM 模型分层

指标	解释	意义
R(Recency) 近一次交易时间	最近一次交易时间与当前时间的间隔	R 越大，客户越久没发生交易 R 越小，客户越近有交易发生
F(Frequency) 交易频率	客户在固定时间内的交易次数	F 越大，表示客户交易越频繁 F 越小，表示客户不够活跃
M(Monetary) 交易金额	客户在固定时间内的交易金额	M 越大，表示客户价值越高 M 越小，表示客户价值越低
重要价值客户		优质和质量较高的用户
重要保持客户		促进该用户复购次数
重要发展客户		有流失倾向，促活
重要挽留客户		有价值流失用户，加强挽留
一般价值客户		忠诚用户，加强复购
一般保持客户		新用户，加强活动营销
一般发展客户		快流失用户，高频率营销
一般挽留客户		已经流失用户，加强挽留

不同银行的客户分层差异比较大，主要是关注重要发展客户，特别是中小银行，年轻的客户不能丢，这是最有潜力的客群，老年的客群也不能丢，这是银行网点最忠实的客户。

三、用户分群模式

用户运营体系是否只有用户分层？不完全是。

用户分层是上下结构，可是用户群体并不能以结构完全概括。

简单想一下吧，我们是否划出贷款用户客群或者理财用户客群，可是这部分群体也有差异，用户有不同的产品偏好，有用户高频购买，有用户曾经购买但是现在不买了，这该怎么细分？

如果继续增加层数，条件会变得复杂，也解决不了业务需求。

于是我们使用水平结构的用户分群。将同一个分层内的群体继续切分，满足更高的精细化需要。

四、用户分层步骤

银行的客户分层需要区别线上渠道和线下网点的差异性，根据用户数据和业务特点提出适合银行客群和业务特征的方案，具体的客户分层可以分为四步。

确定分层的客户范围：确定客户分层后主要的运营方向和运营目标，可以明确分层的客户范围，相关的产品和业务对这些客户进行精准定位。

选择客户维度的数据和具体分析变量：根据客群特征明确客户细分的基础维度并挑选相应的衡量指标。这些维度变量在获取和运营中体现明显的差异性，在应用层和数据层易于使用和传递。

制定客户分层规则：分层规则和逻辑需要考虑客户的相似需求，主要考虑因素包括客户所处的生命周期、客户所在地域和收入水平、客户价值和未来潜能，以及客户真实的金融需求。

建立客户分层标签：银行需要建立统一的标签库，将分层标签实时同步到标签库，以便后续客户营销和精细化运营都可以获取到用户最新的分层状态。

只有在对客户价值和属性进行全面分析的基础之上，银行才能对客户进行体系的分层。在确定模型之前，首先应对客户价值的影响因素进行全面分析，并以此为依据，针对性地建立一个完善的分层体系。

银行业经过这么多年发展，产品创新和新客拓展很难再有规模上的增长，多数银行力图拓展新客户市场，却因对客户价值的挖掘有限而导致举步维艰。据行业研究表明，发展一个新客户的成本是维护一个老客户成本的5~10倍，无论从成本还是效益上，客户分层都比较重要，只有客户分层后才能做差异化营销和运营，整体提高用户转化和忠诚度。

商业银行之间的竞争，最终是优质客户的竞争，客户才是银行的盈利点。客户分层有利于银行更好地识别客户，更有针对性地开发产品，更有温度地提供差异化服务。

（资料来源：https://www.woshipm.com/operate/5779405.html）

2. 家庭生命周期（FLC）——七分法

家庭生命周期基于家庭成员数量、年龄、角色和发展阶段的变化来细分客户。根据这种方法，可以将家庭细分为以下七个阶段：

第一，学生时期（无收入时期）：它是家庭生命周期中的一个独特时期，其经济特性主要表现为缺乏稳定的收入，大多数处于此阶段的个体依赖家庭或奖学金来维持日常开销。尤其对于大学生和研究生，初次开始独立管理财务，尽管对金融产品的了解和需求还相对较浅。对于此类客户群，金融机构应提供简洁易懂、操作方便的活期存款账户，以满足日常资金流动和管理的需求。更进一步，为了响应这部分人群在学业上可能出现的资金短缺，金融机构可以考虑推出有针对性的产品，如个人小额信贷和专门针对学生的信用贷款。在设计这类贷款产品时，金融机构可考虑根据学生的学历或学习成绩提供差异化的贷款额度。

第二，年轻单身时期：这个阶段的人群刚开始踏入社会，离开学校并开始职业生涯，其面临的经济压力和生活的挑战是多方面的，主要来源于教育、创业和个人娱乐消费。虽然收入水平尚属一般，但这个时期的消费者往往有更强烈的购物和消费意识，对于尝试新鲜事物的愿望也很强。金融机构应意识到这个特点，提供适合的金融产品。例如，零存整取和整存整取的储蓄产品可以满足他们的储蓄需求。同时，因为这一时期的人群可能需要资金来继续进修、开始创业或满足生活中的其他需求，各类贷款产品，如信用贷款、个人创业贷款和消费贷款也非常受欢迎。另外，信用卡作为一种现代资金清算工具，也逐渐成为这一消费群体的必备工具，帮助他们更好地管理资金和满足生活需求。

第三，新婚无子女阶段：这一时期代表了一对年轻夫妇开始构建新的生活，经济压力和生活需求明显增加。双方都有工作收入，生活稳定，投资收益也逐渐增多。与此同时，他们也会面临买房、买车和装修新居等大额开销。金融机构应该为这些客户提供一系列的金融产品和服务，以满足他们的需求。例如，提供联名账户、住房和汽车贷款等，使夫妇双方可以更加便捷地管理资金、为购买或改善住房提供资金支持；考虑到他们可能对投资产生兴趣，金融机构可以提供各种投资产品，如代理保险、基金和证券，使他们的资金获得增值机会。同时，金融机构还可以提供中间业务的综合服务，如各种费用的自动转账，让生活更加便捷。

第四，初为父母阶段：此阶段描述的是家庭中已有孩子，但孩子尚未进入大学的时期。在这一时段，家长们面临的金融需求与挑战越发复杂。随着收入的逐步增加和储蓄的积累，这些家庭不仅对传统的金融服务有持续需求，还开始对医疗和保险类产品产生需求。对于金融机构来说，在此阶段获得了扩展服务范围和深化客户关系的机会。例如，设计特定的金融产品来满足家庭医疗费用的需求；通过与保险公司合作，为客户提供各种保险代理服务，涵盖人寿、财产和汽车等。在这一阶段，教育也是家长们最为关心的议题之一。金融机构可以推出与教育相关的金融解决方案，结合储蓄和投资，帮助家庭为子女的未来教育做好准备。例如，通过设立教育储蓄账户，家长们可以为孩子的大学教育提前储备资金。同时，金融机构还可以提供专业的咨询服务，协助家庭进行合理的资金规划，确保资金的安全和增值。

第五，父母时代中期：该阶段主要针对至少有一个孩子在上大学或孩子即将结婚的家庭。这类家庭面临子女教育和自身退休的双重财务规划挑战。金融机构为这一阶段的家庭提供的服务需具备综合性和前瞻性，教育储蓄和贷款产品能够支持家庭应对高昂的教育费用，而适宜的投资组合，如股票和基金，能助力家庭资产的增值，为未来的退休生活积累财富。随着退休时间的临近，养老储蓄计划也应成为金融服务的重点。同时，家庭对医疗保健、家政服务等家居银行产品的需求逐渐上升，金融机构须提供相应服务以满足这些需求，从而在满足财务需求的同时，提升生活品质。

第六，父母时代后期：在父母时代后期，家庭步入空巢时代，子女已经离家独立。这时的消费者财务状况通常较为宽裕，不再承担子女的教育等大额开销。金融机构需为在此阶段的客户提供更为专业的投资和理财建议，协助进行资产配置。另外，这一阶段的客户可能会考虑进行房产交易或改善住房环境，因此住房改善贷款和重置抵押等服务也成为他们新的需求。随着年龄增长，对于旅游、娱乐的消费需求上升，而金融机构提供的旅行支票和相关金融产品可以满足此类需求。保险需求也明显增加，尤其是人身和医疗保险，以确保生活质量和健康得到妥善保障。

第七，家庭解体时期：这一阶段的客户主要为单身老人。随着此阶段生活的深入，客户对金融服务的需求逐渐转变。现金管理成为关注的重点，因为在退休后，他们需要确保资金流动性以满足日常开销。财产综合管理也是这一阶段客户的关注点之一，以确保资产能够得到合理的分配和使用，确保日后的生活品质。对于一些拥有较大资产的客户，信托服务成为一个值得考虑的选项，旨在更好地维护和管理其财产，同时为未来可能的需求或突发情况做好准备。遗产规划也是这一时期客户关心的问题。金融机构需为其提供明确、合理的遗产规划服务，确保财产能按照客户的意愿进行分配，减少未来的法律纠纷或家庭冲突。

经典案例

探寻招行信用卡的增长密码

随着数字化转型进程加快，掌上生活 App 已成为 1.32 亿用户（截至 2022 年 6 月末）的选择。易观分析调查显示，10 月份中国银行业信用卡 App 活跃人数 10 246.43 万人，其中，掌上生活 App 活跃人数为 4 347.46 万人，占行业首位。

当前，居民收入增速放缓，消费场景及居民消费能力都受到了影响，一些银行信用卡增量扩张步入低潮，2022 年大部分上市银行披露的半年报及三季报信用卡贷款余额已较上年年末呈负增长态势，而招商银行信用卡依旧保持正增长。这背后的原因是什么？

行业增速放缓

金融的魅力在于跨时间、跨空间的价值交换，能够助力人们更早触达“对美好生活的向往”，这是消费金融在国内兴起的重要原因之一。我国现有的消费金融产品中，信用卡历史最久，在社会消费和实体经济当中渗透最深，对社会经济发展带来的助力作用也更加深刻。

仅从国际上人均持卡量的比较来看，国内信用卡发展中长期远未达到饱和状态——美国人均超过 3 张，日本、韩国人均超过 2 张，而中国尚不足 1 张。但实际上，一个由招行信用卡率先提出的业内共识是，2019 年是信用卡行业的一个拐点，“信用卡行业已经进入下半场”。

从当前增速看，行业已出现阶段性放缓特征。2022 年第二季度支付业务统计数据显示，信用卡和借贷合一卡 8.07 亿张，环比增长 0.57%，人均持有信用卡和借贷合一卡 0.57 张。

发卡量是增量竞争的重要指标，2021 年年底我国信用卡和借贷合一卡发卡量突破 8 亿张，目前发卡量同比增速已从 2017—2019 年度的两位数增速跌至 2022 年第一季度的 2.30%，并于 2022 年第二季度继续下降至 2.15%，如图 5-3 所示。

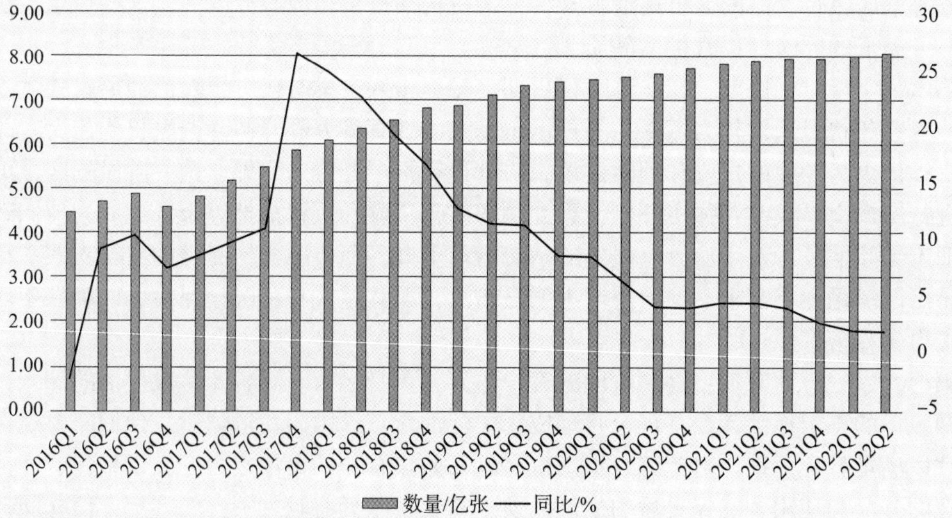

图 5-3　信用卡在用发卡量及增速

数据来源：中国人民银行

当前信用卡市场呈现出几大特征：

市场规模趋稳。经过多年“跑马圈”地之后，目前信用卡形成了较为稳定的行业格局：以工商银行、建设银行、中国银行、招商银行、中信银行等7家银行为代表的“一线集团”，各家银行累计发卡量超过1亿张（农行未公布累计发卡量数据，以2021年中期报告中的数据作为参考，累计发卡量1.4亿张；广发银行2021年年报披露累计发卡量超过1.01亿张），以平安银行、交通银行等5家银行为代表的“二线集团”，各家银行累计发卡量在5 000万~1亿张。

行业分化格局更为明显。通过以衡量各家银行信用卡收入的重要指标——贷款余额来看，截至2022年上半年，建行、招行、工行分别在9 000亿、8 500亿、6 500亿数量级左右。“二线集团”信贷余额增速在2022年之后遭遇瓶颈，数量级基本为4 000亿~5 000亿，包括交行、民生、光大、浦发等银行。

2022年以来，包括部分“一线集团”的银行信用卡在贷款余额方面并未取得增幅。

中国工商银行2021年年报显示，信用卡透支余额为6 923.39亿元；2022年中国工商银行半年报显示，信用卡透支余额6 581.37亿元。中国建设银行2022年半年报显示，信用卡贷款9 103.11亿元，较上年年末增加140.89亿元，增幅1.57%。

招行2022年半年报显示，截至报告期末，信用卡贷款余额854 5.01亿元，较上年年末增长1.69%。报告期内，实现信用卡交易额23 879.83亿元，同比增长4.88%；实现信用卡利息收入314.22亿元，同比增长10.54%；实现信用卡非利息收入140.25亿元，同比增长5.95%。以较小的新增卡量取得较高的收入增速，说明存量经营取得成效。

2022年10月31日，招行行长王良在三季度业绩交流会上表示，信用卡贷款在三季度实现了恢复性增长，比二季度增长接近400亿元。

招行三季报显示，信用卡贷款余额为8 914.81亿元。受益于信用卡交易量增长拉动，银行卡手续费收入159.24亿元，同比增长6.54%。

从经营业务到经营客群

在消费信贷整体低迷的2022年，为什么招商银行信用卡可以实现逆势增长？

“捕捉细分客群，重心由发卡规模转向用户经营”。这个问题，或许可以从中国银联发布的《中国银行卡产业发展报告》中找到一些答案，报告指出，随着信用卡业务“跑马圈地”时代的结束，针对细分市场的精细化运营成为众多银行的选择。

过去20年，招行信用卡凭借精准的客群定位，获得了年轻人的青睐和强劲的发展动力。当下，招行信用卡还将从高成长型产业和区域入手，进一步挖掘新的价值客群。

招行信用卡中心总经理王波表示，招行信用卡希望寻找到那些具有高成长性、关注品质生活的客群。同时，招行信用卡认为，服务好实体经济和制造业极其关键。比如2022年，招行信用卡系统地考察了江浙沪一带众多的先进制造业企业、生物医药企业等，希望从这些处于高质量发展中的企业中挖掘价值客户。尽管大部分企业的规模并不大，但都处于所属细分领域的第一梯队。

“银行卡发卡量区域结构与经济发展密切关联”。中国支付清算协会发布的《中国支付产业年报》显示，从银行卡产业区域结构上来看，东部地区依然占据领先地位。据统计，2021年，东部地区国民生产总值合计59.23万亿元，占全国国民生产总值的51.79%。东部信用卡在用发卡量4.81亿张，约占全国信用卡在用发卡量的61.76%。中西部地区国民生产总值为49.57万亿元，占比43.34%。中西部地区信用卡在用发卡量2.43亿张，占全国信用卡在用发卡量的31.16%。东北地区国民生产总值为5.57万亿元，占比4.87%。东北地区信用卡在用发卡量5 510.62万张，占全国信用卡在用发卡量的7.08%。

站在信用卡发卡20年的发展节点上，从符合业务发展规律的角度出发，随着信用卡行业步入存量时代，风险与增长的平衡被打破，日趋白热化的竞争和逐步趋严的行业监管都对从业机构的精细化管理和合规经营提出了更高的要求。

招行信用卡理事长刘加隆认为，当前国内信用卡行业正处于一个长周期下的“回落期”，在这个过程当中，行业多年积累下来的问题会逐步暴露并被解决，行业分化会进一步加剧，但长期对于行业来说，是一次转向“高质量发展”的契机，同时也可以借此机会实现信用卡市场“柔性去产能”。

（资料来源：http://m.eeo.com.cn/2022/1204/569598.shtml）

第二节　金融营销目标市场选择

一、金融营销目标市场的含义

目标市场，简而言之，是指企业意欲进军并投入资源以提供服务的消费者群体，这些消费者的需求有着一定的相似性，这个判断过程通常是基于市场细分的。然而，对于任何一家企业，不是所有的细分市场都具有赚取利润的潜力。企业需要从大量的细分市场中挑选出那些最符合其经营理念的子市场作为自己的目标市场，并根据目标市场的特征以及企业自身的资源情况，部署市场营销战略。

在确定目标市场时，企业应仔细考察以下几个重要因素。首先，考察不同细分市场的大小和增长的可能性，以预测其未来发展趋势。其次，分析市场的盈利前景，确保可以获得良好的投资回报。最后，企业需要根据自身的市场营销目标来选择合适的市场。同时，企业的经营实力和资源状况也是决定性的考虑因素，它们影响企业在特定细分市场中的表现和竞争力。另外，深入了解各细分市场的竞争格局也非常关键。根据这些因素，企业可以采取五种不同的市场选择策略，找到最适合自身发展的细分市场，如图5-4所示。

确定目标市场对于金融机构来说是一个基于市场细分进行的重要决策过程。这一过程涉及金融机构深入分析和考量各个细分市场的需求规模、自身资源优势、经营管理能力、主要竞争对手以及盈利潜力等多方面因素。在此基础上，机构从众多细分市场中筛选出有限数量的市场作为其服务的重点领域。

被选定的细分市场通常在金融机构的市场布局中占据核心和主导地位。对于这些市场的有效开发和控制，能够直接或间接地影响和促进金融机构其他细分市场的发展。对于金融机构而言，目标市场不仅是其提供服务并从中获利的关键区域，也是需要着重培育和发展的核心客户群体，这些客户群体的满足和赢取，是实现市场占领的关键。

在金融机构服务的客户群中，某些客户群体是其金融产品和服务的主要消费者，他们是金融机构的主要盈利源泉。因此，金融机构主要集中围绕这部分客户的需求来开发新的产品和服务，从而明确自己的目标市场定位。通过这种方式，金融机构不仅能更好地满足关键客户的需求，还能在竞争激烈的金融市场中保持其竞争力和盈利能力。

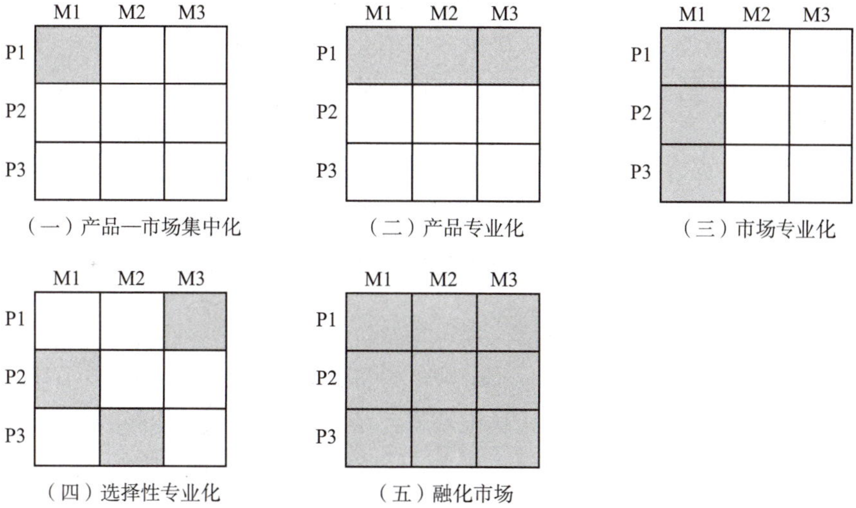

图 5-4　目标市场细分

二、金融营销目标市场的选择条件

在选择金融营销目标市场时，金融机构应遵循三个主要条件以确保其战略的有效性和成功。首先，金融机构应关注的是识别那些具有未被充分满足的客户需求的市场。这些市场不仅应展现出对新产品和服务的明确需求，而且需具备足够的市场规模，以便吸收金融机构所提供的服务。同时，这些市场应能为金融机构带来显著的经济收益。其次，金融机构需要确保自身拥有充足的资源和能力来满足所选市场的特定需求。这意味着，机构不仅要有足够的资金和技术支持，还需具备适当的人力资源和专业知识，以便有效地服务于所选市场。最后，选定的市场应该具有竞争优势。换句话说，金融机构所选定的目标市场，必须拥有充足且稳定的消费能力，其市场需求变化应与金融机构的产品开发和创新相吻合。与此同时，该市场的同业竞争者相对较少或者实力较弱。除此之外，金融机构还应考虑市场的分销渠道和业务网络布局。有效的分销网络和营业网点布局对于金融产品和服务的成功推广也很重要。通过确保这些关键要素，金融机构可以在选择金融营销目标市场时做出更正确的决策，从而提高其市场战略的成功率。

三、金融营销目标市场的选择策略

第一种策略是无差异化目标市场策略。在金融营销中，无差异性目标市场战略将整个市场视为一个统一的大市场，而不对其进行细分。这种策略主要是基于整个市场的共性需求，而不注重个别细分市场的特殊需求。适用于这种策略的金融产品和服务通常具有广泛的市场需求，例如基础的储蓄账户或简单的银行卡服务。采用无差异性目标市场战略的优点是，金融机构可以节省大量的市场调研和开发成本，因为不需要为多个细分市场设计不同的产品和服务。这种战略还可以通过大规模的广告宣传和广泛的销售渠道快速吸引大量客户。但是，该策略也有其局限性。由于缺乏针对性，可能会忽略某些客户的特定需求，这导致失去某些潜在的市场机会。由于产品和服务的同质化，金融机构在市场中的竞争优势降低。

第二种策略是差异化目标市场战略。差异化目标市场战略在金融营销中体现了对大市场进行细分的思路，识别出各个细分市场之间的实际差异，并针对这些差异提供特定的金融产品和服务。这种策略要求金融机构深入了解不同细分市场的独特需求和偏好，为每一个细分市场量身定制合适的产品和服务。差异化目标市场战略的显著优点是其高度的针对性和灵活性。金融机构可以准确地满足各个细分市场的需求，为金融机构带来更高的利润。同时，通过提供独特的、针对性的产品和服务，金融机构可以在竞争激烈的市场中建立自己的优势。然而，这种策略也带来了更高的开发和营销成本。对多个细分市场进行深入的市场调研、开发不同的产品和服务，以及为每个细分市场制定和实施特定的营销策略，都需要投入大量的资源和时间。

第三种策略是集中型目标市场战略。集中型目标市场战略是金融机构在营销活动中将注意力和资源集中于特定的、有限的市场细分或客户群体，其追求的是在这一有限的市场中获得更大的份额，而非试图在更广泛的市场中获得较小的市场份额。这种策略往往基于对某一特定市场或客户群体的深入了解和专长。例如，某家银行发现在某一地区或某一行业中有特定的金融服务需求，于是决定集中资源为这一特定市场提供专门的解决方案。集中型目标市场战略的主要优势是专业性和效率。金融机构可以利用对特定市场的深入了解，提供更为个性化和专业的服务，从而建立强大的品牌忠诚度和市场占有率。这也使得金融机构能够更有效地分配资源和优化营销策略。但是，这种策略也存在风险。过于集中于某一市场可能使金融机构对外部变化和风险过于敏感。如果目标市场出现不利变化或遭遇突发事件，例如经济衰退或政策变化，金融机构将会面临较大的挑战。

金融机构需根据自己的独特性质和实际情况来对目标市场战略进行选择，涉及对机构的内部资源、产品和服务的独特性质、产品所处的生命周期阶段，以及外部的市场竞争环境进行全面的考量。金融机构可以选择专注于某一特定战略，如无差异化、差异化或集中型策略。但同样，根据需要和情境，也可以灵活地结合使用这些战略，以实现最佳的市场效果和业务增长。

第三节　金融营销市场定位

一、市场定位的概念

市场定位起源于 1972 年，由美国营销专家艾·里斯和杰克特劳特首次提出。它是营销学中非常重要的概念之一，关注如何根据产品在市场中的地位以及消费者对某些产品属性的关注度来塑造产品。不仅要确保产品在消费者心中留下深刻印象，还要确保它在市场中有合适的位置，与其他竞品有所区别。通过成功的市场定位，企业可以保证其产品在所处的市场位置上获得最佳的竞争优势。

该理论的核心要点可以归纳为：品牌建设、竞争导向和消费者心智的洞察。在整个定位策略中，品牌建设是中心环节。一个成功的品牌不仅仅是标识或名称，更是在消费者心中所代表的特定价值和意义。与此同时，竞争导向需要机构深入了解市场上的其他参与者及其自身的地位；消费者心智的洞察则关注品牌如何在消费者思维中占据特定位置。

市场定位首先要求从宏观角度深入分析行业环境，包括了解整个行业的趋势、自身的优势和劣势，以及竞争对手的强弱点。有了对行业的深入理解后，机构需要寻找那些能够使其与竞争对手区分开来的关键定位点或特性，这被称为寻找区隔概念。在明确了独特的区隔概念后，机构应制定相应的定位策略，确立在市场上希望占据的位置，并在消费者心中建立与之相符的品牌形象。最后，为了确保目标消费者对品牌有正确的认知，机构需要采用有效的市场传播策略来广泛传达其定位概念，并确保在日常运营和市场活动中与此定位保持一致。

从 20 世纪 70 至 80 年代起，世界经济格局展现出激增的趋势，随之而来的是市场竞争的日益激烈。原本用以指导企业决策的传统理论，已不足以应对这种竞争压力。为应对此变局，波特提出了一种战略化的思维方式，即竞争战略理论，将企业引入战略化的发展轨道。波特的理论为企业如何在多变的市场环境中确立自身地位提供了一个框架，并进一步将其解构为三个互相关联的层面进行阐述。

第一，考虑的是产品核心定位，这指向企业在选择市场提供的商品或服务时的专注点。鉴于不可能面面俱到，企业必须筛选并专注于那些能够满足消费者期望并且具有财务效益的特定领域。在此基础上，企业需调整其业务行为，以确保所提供的商品或服务既能满足客户需求又能提升财务收益。

第二，波特竞争战略中的第二个构成要素是市场需求导向定位，着眼于如何针对消费者的多元化需求来塑造企业的市场战略。在消费者众多且需求差异化显著的现实条件下，企业若能准确捕捉并满足这些需求，便可在激烈的市场竞争中取得先机。市场不断进化，消费者的需求亦随之变化。因此，企业在进行需求导向定位时，应具备灵活性，根据市场环境的变动及时调整定位策略。然而，在实施过程中，企业应避免单凭臆断进行需求分析，应通过科学的数据和市场调研来实现更为精确的定位，识别并聚焦于特定需求的消费者群体，为他们提供量身定制的产品或服务。在这一过程中，如果市场上的企业都在追逐相同的需求点，需求定位的作用便会显得模糊。因此，企业需寻找独特的需求空间，以避免在一片同质化的竞争中迷失方向。透过深入分析，企业可识别和创造特定需求，进而开发出能够引导市场潮流的创新产品或服务，以维持其市场定位的独特性和有效性。

波特的竞争战略理论在第三维度强调接触点的定位。在市场中，即便是需求相似的消费者群体，他们的特定需求在地域分布和规模大小上仍会有所差异。企业可以通过精细化管理的接触点定位来针对这些细微的差别，如针对不同区域的消费者开设特定的销售渠道，或是为不同规模的客户群体设计定制化的营销活动。

企业可根据策略需要选择单一或多重定位方式，关键在于根据全面的内外部环境分析来制订出行之有效的经营策略。值得注意的是，定位策略的制订在本质上是企业根据自己的判断和选择来确定的，并非完全受市场需求动向的制约。同时，这些定位决策也会对市场格局产生影响。

二、金融机构市场定位的含义和类型

金融机构在当今经济环境中的市场定位可以理解为，是基于对消费者市场与金融环境的深度分析之上，塑造其服务与产品形象的过程，旨在赢得市场的广泛认可。通过有效的市场定位，金融机构可以构建自身的竞争优势，并使这一优势被消费者所知晓和认可，使其在竞争激烈的金融领域中脱颖而出。对金融机构而言，市场定位不仅是分析消费者和金融市场的需求，更是结合其长期战略规划，针对特定目标客户群体，制定并提供特色鲜明的金融产品与服务，使得金融机构在提供服务时能与其他机构区别开来，强化其在市场中的独特地位。

在实际操作中，金融机构的市场定位策略可以通过竞争位次、目标市场和模型定位来实施。竞争位次定位依据机构在市场中的相对地位，如市场领导者、挑战者、追随者或补缺者。目标市场定位则是根据所选择的市场进行，通常分为无差异性、差异性和集中性三种。模型定位关注的则是客户、产品和经营区域。金融机构需要在这三个维度上作出选择，并通过对自身优势的分析比较，找到最佳的市场定位策略，从而在资源配置和利用效率方面取得优势。

金融机构的市场定位不仅是一种竞争策略，更是一个持续的适应和创新过程。在快速变化的金融环境中，机构需要不断审视和调整其市场定位，以确保在服务质量、产品创新和客户体验方面保持领先地位。

三、市场定位流程

在探讨如何有效地定位市场时，需要考虑三个核心要素，即客户（Customer）、竞争区域（Area of Competition）和产品（Product），这三个要素构成了市场定位的 C-A-P 模型。企业的市场定位不仅是选择的问题，更是如何在有限资源下，根据企业的独特特性和资源约束，合理且高效地分配资源。这就要求企业在确定其市场定位时，必须综合考虑内外环境因素，并在客户、竞争区域、产品这三方面做出明智的资源配置决策，以实现利润最大化，如图 5-5 所示。

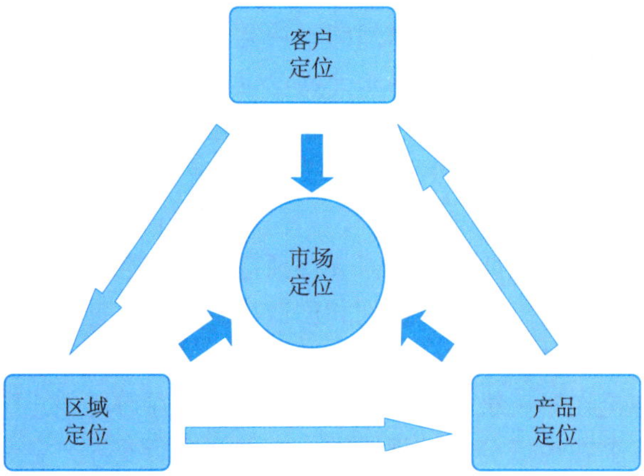

图 5-5 目标市场定位

特别是对于金融机构，运用 C-A-P 模型进行市场定位意味着需要深入分析市场，基于机构的独特特点，对客户群、竞争区域和产品进行最佳组合。在资源有限的情况下，这种方法能够确保资源的最优利用，并实现合理的市场定位。按照 C-A-P 模型，金融机构在实现市场定位的过程中，需要明确其产品定位，识别目标客户群，以及确定其竞争区域。这一模型的三个要素符合许多国际金融机构的定位策略，因此被广泛应用。

值得注意的是，市场定位的三大要素是相互关联且相互影响的。客户群、地区范围和服务类型之间存在着紧密的联系，它们共同推动金融机构的发展。金融机构在发展和市场扩张过程中，必须先解决其服务区域、目标客户以及产品问题。区域的差异会影响客户基础，客户基础的多样性又会影响产品的需求，而产品的质量和适应性会进一步吸引或留住客户。因此，这三个要素之间的相互作用是金融机构市场定位策略的关键所在。

四、市场定位战略

在金融企业的目标市场中，通常竞争对手的产品已经在顾客心目中树立起了一定的形象，占有一定的位置。金融企业要想在目标市场上成功地树立起自己产品独特的形象，就需要针对这些企业的产品，进行适当的定位。

市场定位，通常还称为产品定位或竞争性定位。作为市场营销理论的重要概念和方法，市场定位是根据竞争者现有产品在市场中所处的地位和消费者或用户对产品某一特征或属性的重视程度，努力塑造出本金融企业产品与众不同的、给人印象鲜明的个性或形象，并把这种形象和个性特征生动、有力地传递给目标顾客，使该产品在市场上确定强有力的竞争位置。

金融营销市场定位是塑造一种金融产品在金融市场上的位置。这种位置取决于消费者如何认识这种金融产品。它作为一种竞争战略，显示了一种金融产品或一家金融机构同类似的金融产品或金融机构之间的竞争关系。

金融营销市场定位的战略主要有以下几种：

（一）首次定位

首次定位是指金融企业对初次投放市场的产品确定市场地位的活动。比如，交通银行信用卡业务首次推出时采用免年费、赠送山姆会员、折扣优惠等方式，这样的市场定位的目的在于打开新的市场。

经典案例

交通银行信用卡与沃尔玛中国的合作由来已久，双方分别在银行业和零售业中占据着重要地位。11 月 5 日，交通银行山姆优逸白金无界联名信用卡正式发布上线，此卡为交通银行信用卡与山姆会员商店共同打造的首张联名信用卡，实现了智慧金融和高端零售的有机结合，将为山姆会员带来全新的消费权益和生活体验。

15 年合作，“老朋友”带来新机遇

早在 2006 年，交通银行信用卡便与沃尔玛联合推出了交通银行沃尔玛信用卡，创下了国内信用卡品牌与外资零售商合作发卡的先例。15 年来，交通银行沃尔玛信用卡持续精进服务，每天为消费者送出多项优惠福利，在获客数量、会员权益等方面取得了业内瞩目的成绩，该卡现已拥有约 600 万持卡人，成为持卡人规模最大的交通银行联名信用卡。

2021 年，基于交通银行沃尔玛信用卡的成功运营经验，以及对金融业发展趋势的深度洞察，交通银行信用卡将目光投向沃尔玛旗下的高端仓储式会员商店——山姆会员商店，为山姆会员量身打造了交通银行山姆优逸白金无界联名信用卡。

山姆会员商店是世界 500 强企业沃尔玛旗下高端会员制商店，已有逾 30 年的历史，超过 800 家门店，是全球最大的会员制商店之一。中国第一家山姆会员商店于 1996 年落户深圳，目前运营 36 家门店，服务超过 300 万名会员。全新上市的交通银行山姆优逸白金无界联名信用卡，集山姆会员商店优势和交通银行信用卡智慧金融服务于一体，带来了支付立减、积分兑换等专属权益。

专属权益，引领高品质消费体验

山姆会员商店是高端零售的代表，交通银行山姆优逸白金无界联名信用卡延续了山姆会员商店的高端属性，此卡采用黑芯卡基和烫印工艺，整体卡面尽显沉稳大气，尤其是卡片中央的山姆会员商店标识，由银色立金工艺制作而成，兼顾质感和视觉冲击。

除了高颜值的卡面，此卡的专属权益同样值得一提。首先是新用户权益，新用户激活后可以领取260元店内刷卡金。其次是用卡权益，包括“天天优惠”、积分兑换、优逸白金卡特权这三大板块。月度消费满2 000元的用户，次月在店内使用银联刷卡支付可立减10%，使用微信支付可立减5%，每日最高优惠50元，每月最高优惠100元；持卡用户还可以使用15万积分兑260元会员费刷卡金，使用30万积分兑680元会员费刷卡金，或以0.15%比例兑换山姆店内消费刷卡金；同时，持卡用户还可以享受标准优逸白金卡境外贵宾室权益，尊享轻松愉悦的旅途时光。除此之外，使用此卡首次成为山姆会员时，可以代扣会籍费；已持有山姆会员的消费者，可以选择此卡自动续费，首次续费成功可领取60元补贴，让品质消费更加优惠。

交通银行山姆优逸白金无界联名信用卡打通了零售和金融的沟通边界，能够有效拓展双方的服务范围，为山姆会员带来高品质且实惠的消费体验。同时，全新的合作模式将促进双方优质会员的交流和转化，可以快速提升区域高端零售业务，形成强大的引流能力。

对话新金融，有界亦无界。交通银行山姆优逸白金无界联名信用卡的上市，掀起了零售业深化跨界合作、追求价值认同的新风尚。面对存量市场的激烈竞争，交通银行信用卡将继续携手沃尔玛中国，深耕消费渠道，创新服务内容，全力突围下一个15年。

（资料来源：https://finance.sina.com.cn/jjxw/2021-11-26/doc-ikyamrmy5123431.shtml）

（二）迎强定位

迎强定位是指金融企业根据自身的实力，为占据较佳的金融市场位置，与占据支配地位的、实力最强或较强的竞争对手发生正面竞争，而使自己的金融产品进入与对手相同的市场位置。

其特点是金融机构及其金融产品能较快地为消费者所了解，易于达到树立市场形象的目的，甚至产生所谓的轰动效应，但同时具有较大的风险性。一般来说，采用迎强定位的金融企业能够提供更加具有优势的金融产品，并且有充足的资源以维持市场竞争。

（三）重新定位

重新定位是指金融机构为已经在金融市场销售的市场反应差的产品进行二次定位，重新确定某种形象，以改变顾客对其原有的认识或态度，争取有利的市场地位的活动。这种重新定位旨在摆脱困境，重新获得增长与活力。

（四）避强定位

避强定位是指当对手实力强劲时，避开强有力的竞争对手，选择新的金融产品和新的企业形象定位的活动。其特点是能够迅速在市场上站稳脚跟，并能在消费者或用户心目中迅速树立起一种形象。由于这种定位方式的市场风险较小，成功率较高，常常为多数金融机构所采用。但同时，避强往往意味着企业必须放弃某个最佳的市场位置，很可能使企业处于最差的市场位置。

（五）创新定位

创新定位是生产具有创新特色、填补市场空白并未被市场占有但有潜在市场需求的产品，例如招商银行推出的创新型存款产品“享定存”和“招阳一号”。

经典案例

招商银行创新型存款产品

享定存

享定存是一种由您选择存款期限和起存金额，整笔存入，到期还本付息的一种定期储蓄存款。

服务特色：

1. 较高的稳定收入：利率较高，利率水平与期限长短和起点金额成正比。

2. 资金灵活：在您需要资金周转而享定存存款未到期时，可以通过全额提前支取或者部分提前支取方式提前将您的享定存存款转为活期，部分提前支取账户剩余金额不可低于产品起存金额。

3. 起存金额低：个人享定存定期存款的起存金额为人民币 5 000 元、5 万元、10 万元。

4. 存期选择多：存期分为三个月、六个月、一年、二年、三年和五年。

招阳一号

招阳一号为条件利率型定期存款产品，该产品按月付息，在预定额度范围内，通过起点金额的灵活组合，适应不同金额偏好。起存金额越高，利率越高。

服务特色：

1. 按月付息：本产品按月计付利息，不支持部分提前支取，仅支持全额提前支取，全额提前支取按照我行活期存款挂牌利率计息，并需扣除已支付利息。

2. 起存金额低：起存金额为人民币 5 000 元、5 万元、10 万元。

3. 存期选择多：一年、两年、三年。

（资料来源：https://www.cmbchina.com/personal/saving/SavingInfo.aspx? guid = 9aeba3c5-7159-4bab-9198-0243a800a1f7）

扩展阅读

现阶段的中国商业银行体系是由工、农、中、建四大国有商业银行（第一集团）、中型股份制商业银行（以交行、中信、光大、民生、招行为代表的第二集团）和地区性商业银行共同组成。它们在金融市场中分别处于市场领导者、市场挑战者和市场追随者以及市场补缺者地位，这是由中国商业银行发展历史和多方面原因共同决定的。中国商业银行在 20 多年的发展历程中，其市场营销活动的产生发展和营销理念的衍变是与我国金融体制改革的不断深化息息相关的。1978 年以前，由于采用单一的银行体系和混合型央行制度，几乎没有营销观念；1979—1984 年，四大商业银行的前身——四大专业银行相继成立，通过政府行为实行银行业务和市场专营，进入市场分割阶段；1984—1992 年，以交行、中信、招行为代表的股份制商业银行的成立增加了国有商业银行的竞争压力，使整个银行业进入以占有和争夺市场份额为主要目标的促销竞争和服务改善阶段；1992 年至加入 WTO 之前，随着网络技术和金融电子化的发展，商业银行进入一个空前的金融全面创新阶段，市场竞争进一步加剧；加入 WTO 之后，中国商业银行开始向市场营销时代迈进，这是一个良好开端和历史转折。近两年来，我们欣喜地看到，三类商业银行的经营决策者们都在结合国内外经济大环境和银行业竞争的现状，认真思考，努力探索，为各自的经营发展重新定位并寻求更加合理的营销战略模式。

四大国有商业银行作为市场领导者和行业领袖，实力雄厚、规模庞大，市场占有率高，有强大的分销网络，在整个行业中居支配地位，它们应采取迎头定位的方法，选择进攻型战略模式或合理化战略模式，以地理扩张、市场渗入、新市场开辟等方式，结合自身目标定位，以扩大市场总规模或以维持和增进现有市场占有率等手段来谋求更大的发展。中型股份制商业银行是新兴的商业银行，其实力远不如第一集团，市场占有率也不高，但有较高的盈利能力，多方面因素决定了它们只能采取避强定位的方法，成为市场挑战者或市场追随者，它们既可采用进攻型营销战略模式，也可采用防御型战略模式或合理化战略模式，应抓住机遇，利用直接进攻、间接进攻或以大吃小以及成本优势、差异化、服务专业化等策略力争成为可以与第一集团相提并论的大银行或至少成为充满竞争活力的高盈利银行，否则便可能跌入第三阵营。地区性商业银行实力弱小，居于为地区经济服务的市场补缺者地位，它们应尽量避免与大中型商业银行发生冲突，充分利用市场"缝隙"，采用单一产品和集中服务等方式求得生存和发展。

中国三类商业银行共生共存，互为补充，共同组成了中国的商业银行体系。在这个具有历史意义的转折时期，它们必须抓住机遇，迎接挑战，既竞争，又团结，放眼全球，立足本土，努力提高自身实力和核心竞争力，以求得中国金融业的大发展。

（资料来源：https://cglhub.com/auto/db/detail.aspx?db=950008&rid=1180718&agfi=0&cls=0&uni=True&cid=0&showgp=True&prec=False&md=93&pd=6&msd=93&psd=6&mdd=93&pdd=6&count=10&reds=%E5%B8%82%E5%9C%BA%E7%AB%9E%E4%BA%89）

【本章小结】

在本章中，我们学习了金融市场细分的重要性及其原因、原则和方法，了解了不同的市场细分变量和标准，如地理、人口、心理等。我们还学习了目标市场的概念和选择方法，包括目标市场的特征、选择标准、评估和定位等。此外，我们还探讨了市场定位的概念和步骤，包括市场定位的原则、战略和战术等。

通过本章的学习，我们能够更好地理解金融市场细分、目标市场选择和市场定位的概念和方法，为制定科学、合理的金融营销策略提供依据和支持。同时，我们还可以运用所学的金融营销策略和方法，对实际的金融营销目标市场进行分析和决策，提高我们的综合素质和能力水平。

【思考题】

如何确定金融营销的目标市场？有哪些方法和步骤？

如何根据目标市场的特征制定金融产品和服务？

目标市场的需求和行为是怎样的？如何根据目标市场的需求和行为制定不同的金融产品和服务？

如何确定目标市场的定位？如何根据目标市场的定位制定金融营销策略？

第六章 金融营销策略

◆◆◆ 学习目标

掌握金融市场定位的原则和方法。

掌握金融产品的特点和类型，了解产品策略的制定和实施。

掌握金融产品定价的原则和方法，了解价格策略的制定和实施。

掌握金融产品销售渠道的类型和特点，了解渠道策略的制定和实施。

掌握金融促销的方式和手段，了解促销策略的制定和实施。

◆◆◆ 能力目标

能够根据企业自身特点和市场需求进行市场定位，并能够制定相应的金融产品和服务方案。

能够根据市场需求和竞争状况制定合适的金融产品策略，包括产品开发、定价、促销等方面的策略。

能够根据市场需求和竞争状况制定合适的价格策略，包括价格制定、折扣、促销等方面的策略。

能够运用所学的金融营销策略和方法，对实际的金融营销目标市场进行分析和决策，提高企业的竞争力和盈利能力。

时政视野

金融是国家重要的核心竞争力，金融安全是国家安全的重要组成部分，金融制度是经济社会发展中重要的基础性制度。改革开放以来，我国金融业发展取得了历史性成就。特别是党的十八大以来，我们有序推进金融改革发展、治理金融风险，金融业保持快速发展，金融改革开放有序推进，金融产品日益丰富，金融服务普惠性增强，金融监管得到加强和改进。同时，我国金融业的市场结构、经营理念、创新能力、服务水平还不适应经济高质量发展的要求，诸多矛盾和问题仍然突出。我们要抓住完善金融服务、防范金融风险这个重点，推动金融业高质量发展。

——习近平在中共中央政治局第十三次集体学习上的讲话(2019 年 2 月 22 日)

(资料来源：《人民日报》2019 年 2 月 24 日)

第一节　金融营销产品策略

一、金融营销产品概述

（一）金融产品的概念

金融产品的概念经过了长时间的发展和变化，已经从狭义的金融工具扩展到包括更广泛的金融服务和活动。为了理解金融产品的概念，我们需要先来理解金融产品的本质。著名的“现代营销学之父”菲利普·科特勒对产品的定义是，任何能够供应给市场，吸引市场注意、被获取、被使用或消费，从而满足欲望或需求的事物。这一定义不仅包括具体的商品，也包括抽象的服务。对于金融行业而言，金融产品主要表现为提供给客户的各种金融服务，包括银行、证券公司、保险公司等参与金融市场的各类金融机构的产品和服务。在这些服务中，金融产品的交换和金融服务的提供是密切相关并且互相促进的。金融产品的交易是金融服务运营的直接结果，金融服务的价值也在金融产品的交易过程中体现。

金融产品的范畴可以从广义和狭义的角度进行理解。从广义的角度看，金融产品的组成要素包括金融运作方式、金融工具和金融服务体系。而从狭义的角度看，金融产品主要包括本身是商品的金融工具以及附带的“辅助性商品”服务，或者简单地说，金融产品就等同于金融工具。然而，我们更倾向于狭义的定义，因为这样的定义不仅包括了传统的金融工具，也包括了无形的金融服务。换句话说，金融产品就是金融交易的对象。从契约角度看，金融产品就是一份记载了参与金融交易各方权利和义务的合约。这些合约的条款可能是显性的，也有可能是隐性的。基于这样的定义，所有的金融交易行为都必然涉及金融产品的交易。

综上，金融产品的概念是多元化的，它包括了具体的金融工具、无形的金融服务，以及参与金融交易的契约。金融产品不仅是金融机构运营的基础，也是满足人们金融需求的关键工具。

扩展阅读

华为使能合作伙伴，助力工业企业数字化转型

工业企业数字化转型趋势

工业互联网是新一代 ICT 技术与制造业深度融合的产物。工业互联网以数据为核心要素实现全面连接，构建起全要素、全产业链、全价值链融合的新制造体系和新产业生态，是数字化转型的关键支撑和重要途径。当前，全球工业互联网正处在产业格局未定的关键期和规模化扩张的窗口期，我国在体制和市场层面具备优势，在工信部指导下，依托工业互联网产业联盟的产业推广和建设，我国工业企业有望在全球范围内引领工业互联网转型实践。

工业互联网以数据闭环为核心，通过对物理资产的全面深度感知，实现海量工业数据的高效集成与管理，开展各类工业模型与数据模型的构建与分析，形成优化决策并反馈至物理系统，这是工业互联网最基本的模式和方法，也是驱动制造业智能化转型的关键。

推进工业互联网需要理解和遵循工业的规律，真正以业务场景为驱动，始终关注提质、降本、增效等业界核心诉求，给客户带来切实的业务价值。

华为联合合作伙伴为工业企业提供场景化解决方案

华为技术有限公司（以下简称“华为”）是全球领先的 ICT 基础设施和智能终端提供商，为工业企业提供“云、边、端、联接”工业互联网整体解决方案，如图 6-1 所示。

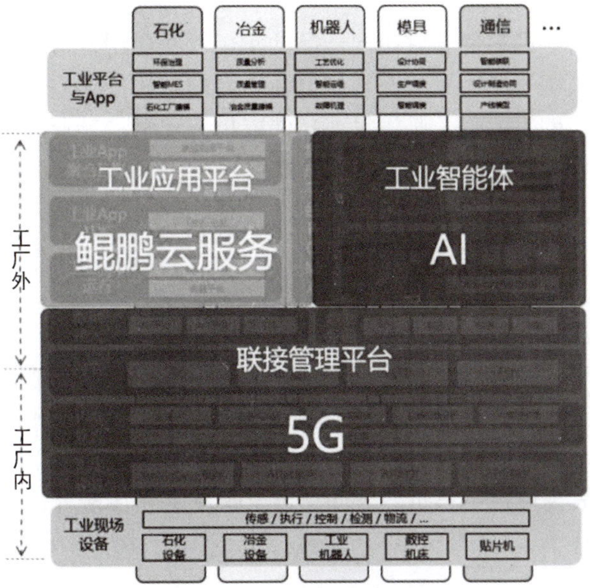

图 6-1　工业互联网图示

网络是工业互联网的基础，为人、机、物全面互联提供基础设施，促进各种工业数据的充分流动和无缝集成。华为提供 5G 全系列解决方案，包括城区主力覆盖场景的 Massive MIMO 宏站、室外补盲补热场景杆站、室内热点场景的室内数字系统（DIS）、天面受限场景的全集成 BladeAAU、FWA 与热点短距场景的毫米波产品等。目前华为与运营商、垂直行业等合作，已经取得的工业互联网应用初步成果包括和中国商飞、三一重工、湖南湘钢、南方电网等企业的联合创新，致力于构建专网、切片和边缘计算等公共能力，共同构建 5G 生态，推动 5G 产业发展。

平台是工业互联网发展的沃土，是面向制造业数字化、网络化、智能化需求，构建基于海量数据采集、汇聚、分析的服务体系，支撑制造资源泛在连接、弹性供给、高效配置的载体。华为云具备从芯片、算法、AI 通用服务到云上 EI 应用开发平台的全栈能力，与此同时，华为云推出智能边缘市场，为边缘应用开发商、硬件供应商以及解决方案集成商提供共享的产业环境，汇聚边缘 AI 生态。华为联合各行业合作伙伴为工业企业提供场景化解决方案，聚焦工业企业的生产制造流、价值创造流、全生命周期流这三大核心流程，专注解决企业提质、增效问题。

（资料来源：http://www.aii-alliance.org/index/c150/n1428.html）

（二）金融产品的层次

菲利普·科特勒在1976年提出了产品的三个层次理论，他认为产品在广义上应被视为消费者通过购买可以获得的一种能满足特定需求和欲望的物品总和。这些物品总和不仅包括有形的实体产品，还包括无形的利益。依据三层次理论，我们可以将金融产品的价值构成进行分层，并形成一个逐步升级的序列，这三个层次分别是：核心产品、形式产品、服务产品。

1. 核心产品

核心产品是金融产品的精髓，它指向产品的实用性、应用价值或效益，是消费者选择购买或使用特定产品的关键驱动因素。在金融创新产品的整体概念中，核心产品是最基本且最重要的部分。金融产品的主要任务是满足客户的支付、理财、融资和安全需求。因此，金融产品的核心内容是提供客户所追求的基本利益和解决方案，即金融产品带给用户的基础效益和实用价值。金融产品的核心利益各有特点，例如股票的股息收益、存款的利息、有价证券的分红、信用卡的透支利益以及保险等。

2. 形式产品

形式产品是核心产品的具体化，是产品内涵的直观载体，涵盖了产品的五大典型特性：品质、特性、品牌、形式和包装。这些特性最为直观，并且最具有吸引用户的力量。因此，这一层次成为购买决策的重要因素。由于金融产品的无形性，其形式产品的展现无法依靠外观、颜色、样式、品牌和标签，而是主要通过产品的类型来体现。以传统的银行存贷汇产品为例，其形式产品的表现可以是存折、合同、汇款单、定期活期等种类。还有一些季节性特征的产品，如贺岁类存单、助学贷款等。

3. 服务产品

服务产品，也称为附加服务或利益，是用来增强和补充核心产品的部分，为顾客在购买产品时带来额外的服务和益处。这些附加服务有助于增加客户价值，包括免费安装、维修服务、咨询服务、接待服务、保管服务等。例如，中国人民保险集团股份有限公司的汽车保险除了提供车辆保险，还额外提供紧急道路救援，代理车辆年检等服务。

过去，金融产品常常被等同于金融工具，如银行承兑汇票、商业票据、债券、回购协议、利率及货币互换、票据发行便利、货币市场存单、货币市场存款账户等。然而近年来，金融产品的定义已向服务方向扩展，特别体现在基于服务收费的中间业务快速增长。随着金融产品的服务部分占比越来越大，工具性产品的重要性逐渐下降，服务在产品价值构成中的角色日益凸显。传统的工具性金融产品属于可规范、可格式化的知识领域，金融产品的同质化和规模化就源于此。然而，金融机构发现，只销售金融产品的基本效用并不足以吸引更多的客户。在人本思想和经济繁荣的推动下，人们的生活富裕无忧，更关注生活质量、人际交往和精神享受。随着金融产品的基本功能日趋同质化，服务方式、服务手段、服务人员，甚至服务员的微笑都成了购买决策的重要因素。金融机构如何区别于众，需要让产品反映出对客户心理和主观偏好的关注。随着国民教育普及和收入水平提高，企业和民众对金融理财的意识和能力日益强烈，加之市场经济的熏陶，投资和风险意识不断增强，大多数客户已经具备较强的投融资决策能力，他们对金融机构的需求更倾向于信息提供和咨询服务。近几年来，多品种交叉的融资理财方案、账户管理、信托计划等以服务收费为特征的中间业务产品受到市场欢迎，这也是客户日趋成熟的表现。社会的变化使得产品的趋势由“技术为王”转变为“服务为上”，产品的概念内涵也发生了深刻的变化。

（三）金融产品的特点

1. 无形性和不可分割性

无形性是金融产品的一大特点，因为它们大多数是服务形态，无法通过感官去感知，也无法像实物产品那样，通过观察其外观或测试其性能来准确判断其质量和价格是否合理。金融机构往往向客户提供建议，如资金配置方案或投资理财顾问服务等，这些服务只能通过数字、计算分析和预测来展示其所提供的利益和功能以吸引客户。因此，金融服务往往被视为观念产品。由于金融产品的使用价值并没有不同的物质属性，金融产品理论上可以被“非物质化”。因为金融产品可能没有明显的物理特征，它们具有很强的抽象性，这为金融产品在创新方面提供了广阔的空间。然而，金融机构可以通过改变金融设备、产品服务以及金融工具等方式来实现金融产品在生产和包装等方面的“有形化”。这也是金融产品与实物产品的一个主要区别，它要求金融机构在产品设计、推广和服务过程中需要采取特殊的策略，以满足和引导消费者的需求。

因金融产品具有无形性，往往需要金融机构在提供金融产品时将多个相关流程紧密地连接在一起，例如金融产品的销售流程和服务流程，这使得金融产品表现出不可分割性。因此，在金融产品的整个营销过程中，必须特别注重各环节之间的相互关系，确保金融产品的完整性和连贯性。

2. 同质性和可替代性

金融产品的同质性表现在，即使是不同金融机构提供的金融产品，其基本功能往往也是相同的。以商业银行发行的信用卡为例，除了产品名称之外，其他功能如透支、免息以及境外紧急服务等几乎无明显区别。这使得金融产品在市场竞争中需要通过差异化的服务、品牌形象或者其他附加价值来吸引和保留客户。

不同种类的物质消费品具有不同的使用价值，因此它们通常不可替代，或者替代性极小。但对于金融产品来说，它与物质消费品不同，不同的金融产品之间并无实质性的差别，替代性相对较强。这种同质性和可替代性构成了金融管理的一大特色，也就是说，金融产品之间存在相互制约、相互影响以及相互替代的关系。

3. 产品增值性

增值性有别于其他类型的服务，是金融产品的一项显著特征。人们购买金融产品的主要目的是寻求在满足其需求的同时，获取直接或间接的盈利以及其他便利。例如，通过商业银行的存款服务，客户可以得到利息收益，这是一种直接利益。再比如，商业银行的贷款服务可以让客户提前获得资金，从而享受到某种便利。这些金融产品所提供的价值往往超出了产品本身的价值，呈现出显著的增值性。

4. 使用价值归属于价值

与一般消费品直接满足物质需求的功能不同，金融产品本身并不能直接满足人们的物质需求。然而，金融产品代表着财富，它可以被转化为货币，而货币又可以被用来购买其他商品和服务。因此，金融产品的使用价值最终可以归结为其代表的价值。这也是金融产品相较于一般消费品的一个重要特点，它的价值主要体现在其可兑换的价值上，而不在其直接的使用价值上。

5. 产品与客户关系的持续性

金融产品与客户关系的持续性是金融服务的一大特点。在提供金融服务的过程中，金融机构需要与客户保持一定的持续关系，维护长期稳定的互信关系。即使在如今网络信息服务盛行的时代，面对面的接触虽然减少，但金融机构仍需提供全面的专业人员，为客户提供专业的咨询服务，增加客户对金融机构及其产品的信任度。

6. 灵活性和差异性

金融产品的灵活性和差异性主要体现在为了满足不同地区、不同领域的客户需求，金融机构可以灵活地创建各种类型的产品和服务。例如，存款作为一种金融产品，其具体的种类和形式可以多达数百种。同时，不同的商业银行、不同的经营网点、不同的柜台人员在提供同一种服务时，可能会呈现出不同的特点，使得对客户满意度的影响也呈现出一定的差异。

（四）金融产品的分类

（1）金融产品按其交易的方式和业务的性质一般可以分为三大类，具体包括负债类产品、资产类产品和中介服务类产品。

负债类产品：这类产品主要由金融企业发行，包括金融企业自身发行的债券和股票，以及针对社会公众发售的各种定额或不定额、期限不同的存款单。各种形式的账户卡、存款卡、信用卡也属于此类产品。除此之外，各种由金融企业承担偿付责任的委托、信托类协议书或合同书和担保书，以及由保险公司提供的保险单，也被归入负债类产品。

资产类产品：这类产品主要是金融企业购入的各种有价证券，包括国债、企业债券等，以及与客户签订的各种形式的贷款协议书或合同、各种投资合同、股权证等。这类产品的特点是它们本身就是一种资产，可以为投资者带来回报。

中介服务类产品：这类产品主要包括各种形式的委托代理协议书，代理各种资金结算清算的委托书，受理凭证及结算工具如支票、本票、汇票等。此外，代理外汇、黄金、有价证券的即期、远期买卖的委托书等也属于这类产品。中介服务类产品的主要功能是提供金融中介服务，帮助投资者进行各种金融交易。

这三大类金融产品各有特点，应根据投资者的投资需求和风险承受能力进行选择。投资者在选择金融产品时，需要充分了解产品的性质、特点、收益和风险，以便做出明智的投资决策。

（2）银行产品作为商业银行向客户提供的服务价值的微观载体，也是商业银行进行经营管理活动的最小业务单元，构成了商业银行业务的核心。在现代商业银行业务的持续发展和创新中，银行产品已经由最初的存、贷、汇等基础产品扩展到资产管理、贸易融资等更为复杂且多元的产品体系。这其中，数字化趋势的推动以及各种新的金融平台、场景和生态的出现，都为银行产品的范围和内涵的扩充提供了可能。依据其特性和服务内容，银行产品可以被划分为以下主要类型：

存款类产品：包括活期存款、定期存款、储蓄存款等。这类产品的主要作用是为客户提供安全、稳定的资金存放服务，并且能带来一定的利息收益。

贷款类产品：这类产品主要包括个人贷款、企业贷款、房贷、车贷等。它们的主要目标是提供资金借贷服务，从而满足客户的各种消费需求和投资计划。

投资类产品：包括基金、理财产品、股票等。这些产品主要为客户提供投资理财服务，帮助他们实现财富增值。

信用卡类产品：信用卡产品为客户提供信用额度和消费贷款服务，用户还可以享受诸如消费返现、积分兑换等优惠福利。

外汇类产品：包括外汇存款、外汇汇款、外汇理财等。这类产品主要为客户提供外汇交易和投资服务，帮助他们利用汇率变动实现资产增值。

以上是对银行产品的主要分类的简述。各类产品均具有自身的特性，客户可以根据自己的需求和风险承受能力，选择最适合自己的产品进行理财和投资。

（3）保险产品是以管理和规避风险为核心，为个人和企业提供风险保障和财富管理服务的重要金融工具。根据保险的保障内容和特性，可以将保险产品划分为多种类别。

重疾险：这类保险产品也被称为失能补偿保险，其主要目标是对于重大疾病患者在无法工作的情况下的工资损失、家人陪护的经济损失、治疗后的康复护理费用，以及其他医疗保险无法报销的费用进行补偿。

意外险：意外险的主要作用是对日常生活中的意外伤害和身故风险进行规避，提供意外医疗保障和意外伤害保障。

定期寿险：定期寿险主要是为了保障家庭经济支柱，在家庭经济支柱因疾病或意外去世后，家庭成员可以获得一次性赔偿金，保证正常的家庭生活。

医疗险：医疗险主要是为了报销因意外或疾病产生的医疗费用，保障患者在生病后能够得到及时的医疗服务，避免因病致贫。百万医疗险、防癌医疗险、小额医疗险、惠民保险等都属于医疗险。

理财保险：包括养老年金、教育年金、增额终身寿险等，主要用于帮助客户实现财富的稳定增值，并达成各种阶段性的财务目标，如养老规划、子女教育规划等。

此外，根据功能、赔付方式和保障期限，保险产品还可以进一步细分。保险产品按功能可分为保障型和理财型。前者主要包括重疾险、意外险、医疗险、定期寿险等，后者主要包括养老年金保险、教育年金保险、增额终身寿险等。

保险产品按赔付方式分为赔付型和补偿型。赔付型产品在符合保险公司理赔条件的情况下，会一次性赔付保险金，包括：重疾险、意外险、定期寿险等。而补偿型产品则会在满足理赔条件的情况下，补偿支出的医疗费用，主要针对医疗险。

保险产品按保障期限分为长期险和短期险，长期险的保障期限一般为一年以上，而短期险则通常为一年或者一年以下。

（4）证券是代表某种经济权益的法律凭证，通常将其视为证券市场中的交易对象，包括资本证券、货币证券和商品证券等。

货币证券：货币证券实际上是一种商业信用工具，通常在企业之间的商品交易、劳务报酬的支付和债权债务的清算等过程中使用。常见的货币证券包括期票、汇票、本票、支票等。

资本证券：资本证券是投资者向企业或国家投入资本时获得的书面证明文件。资本证券主要可以分为股权证券（所有权证券）和债权证券两类。其中，股权证券代表了投资者对企业的所有权，例如各种股票；债权证券则代表了企业或国家对投资者的债务，例如各种债券。

商品证券：商品证券是证券持有人凭证券提取指定货物的证明，它证明证券持有人可以凭证券提取该证券上所列明的货物，例如栈单、运货证书、提货单等。

二、金融营销产品组合策略

（一）金融产品组合含义

金融产品组合理论源于美国学者马科维茨提出的现代资产组合理论。这一理论强调在不确定条件下如何实施最优的资产负债组合以均衡收益。马科维茨假设，资产收益的不确定性可以用方差来表示，因此要得到最优组合，需满足在一定收益情况下的最小化方差，或在一定的风险水平下的最大化收益。

在众多金融机构中，以商业银行为例。这一理论对商业银行实施金融产品组合有着积极的实践指导意义。不同的金融产品本身均具有一定风险，商业银行推出的各项金融产品，如贷款、存款和投资产品等，收益与风险并存。对于商业银行来说，不可能将所有资金均配置到某一个或某一类型的金融产品上，即“不能将鸡蛋放在同一个篮子”，而是需要对各种金融产品的收益率及其风险水平进行客观分析，避免过度投资同类型金融产品而导致风险加剧，影响收益水平。所以，商业银行应当结合市场需求，对各类金融产品进行多元化的组合，以实现对风险的弱化，同时实现收益最大化。马科维茨提出的资产组合理论，为商业银行的金融产品组合提供了坚实的理论基础。

金融企业对于金融产品的组合营销是指金融机构的营销部门以满足客户需求为出发点，将金融产品组合捆绑，综合性地为客户提供金融服务方案的过程。该营销模式的核心是真正以客户需求为导向，而非以金融产品为导向。

产品组合是由销售者提供给购买者的一组产品，包括所有产品线和项目。在现代市场营销环境中，多产品或多品种的运营模式已经成为金融机构的常态，需要根据市场的供需状况以及自身的运营目标来决定产品的组合和运营方向。

与静态的产品组合相对，金融机构的产品组合更具有动态性。科技进步、市场需求的转变、竞争状况的变化以及银行自身实力的增强，都会推动金融机构对产品组合进行调整。因此，金融机构需要随着内外部环境的变化，对其产品组合策略进行持续的优化，包括剔除某些产品或是开发新的产品，以此保证产品组合始终处于最佳状态。

金融产品组合是指金融机构向客户提供的所有产品线、产品种类和产品项目的有机组合，是机构所有金融产品的集合。在这个集合中，产品线通常指的是一系列高度相关的金融产品。这些产品拥有相似的基本功能，能够满足客户的特定需求。产品种类则是在某一产品线中可能出现的各种产品类型。例如，在储蓄存款中的定期存款和活期存款就属于不同的产品类型。产品项目是金融产品划分中的最基本单位，也就是说，它是某一个具体的金融产品。

金融机构的金融产品组合涉及宽度、长度、深度和密度四个方面。宽度指的是产品组合中包含的产品线的数量。例如，一个金融机构可能提供存款、贷款、投资、保险等多个产品线。涉及的产品线越多，产品组合宽度越大。长度是指每一个产品线中产品的数量。比如在储蓄产品线中，可能会包含定期存款、活期存款等。深度则指的是产品线中每一种产品所包含的品种数量。例如，在定期存款产品种类中，可能包含一年期定存、两年期定存等。通常情况下，产品组合深度越深，越可以占领同类产品更多的细分市场，满足更多客户的需求。密度指的是各条产品线在最终用途、分销渠道或其他方面的关联程度。关联程度越高，意味着产品组合的密度就越高。

（二）金融产品组合概述

金融产品组合是金融机构提供的一系列服务和产品的综合体，这些产品旨在满足各类客户的不同需求。它不仅包括传统的负债业务，如存款业务、债券回购业务、商业票据再贴现业务、发行金融债券等，还包括资产业务，如贷款业务、投资业务等。此外，还包括中间业务，如结算业务、代理业务、信托业务、租赁业务、咨询业务、保管业务等。而表外业务，如贷款承诺、担保、利率货币互换业务、期权业务等，也构成了产品组合的一部分。

随着金融创新的不断发展，金融机构也通过不断创新和优化金融产品组合来提供更多元化的服务，以最大化利润。这包括更加人性化的储蓄业务、消费信贷业务、平衡租赁业务，更加复杂的互换业务、离岸业务，以及属于金融制度创新的混业经营等。为了满足客户需求，同时也为了实现自身的发展，金融机构在经营过程中，必须充分体现出三大原则：安全性、流动性、盈利性。这三大原则同样也适用于金融产品的设计和发展。

在金融产品的开发过程中，不仅包括新发明的产品，还包括金融机构提供的各种可能的服务，即经营者开发出新的金融产品或变动金融整体产品中任何一部分所推出的产品，都可以理解为是一种新的产品。大体可以分为四类：全新型产品，升级换代产品，仿制新产品，以及变革新产品。

全新型产品是指金融机构依赖科技的不断进步，研发出来的能激发消费者新兴需求的产品，例如网上银行等；升级换代产品，则是通过新技术的应用，使得原有产品的性能得以质的飞跃，例如金融机构在其传统业务之上，开发出了功能更加全面而新颖的投资理财服务；仿制新产品是指商业金融机构在市场上推出已经存在但本金融机构尚未运营过的产品。例如，当某金融机构在广州首次推出个人理财服务之后，许多金融机构也纷纷跟进，推出了此类服务。

变革新产品，是指对已有产品的特性和内容进行革新，赋予旧产品新的特性，或者将两个或者更多的现有产品或服务重新组合，或者是将几种服务略作调整，使之联合成为一种新的产品，从而完善并拓展金融产品的功能，以迎合消费者的新兴需求。变革新产品在市场上的影响力通常并不逊色于全新型产品，并且它们有着巨大的发展空间，目标市场清晰，成本更低，因此被商业金融机构广泛地采用。例如，近些年新兴的金融创新热潮，实质上也是对传统的金融产品，如结算、存款、利率等进行了重新组合。

（三）金融产品组合策略

金融产品组合策略指的是金融企业根据市场需求和自身运营能力，对产品组合的四个关键元素——宽度、深度、长度以及关联度进行恰当的选择。

宽度，指的是金融机构提供的产品线涵盖的产品大类和服务类型的数量。深度，代表金融机构所提供的某类金融产品的具体品种数量。长度，则是金融机构能够提供的全部产品种类的总和。关联度，关乎各个金融产品线在产品功能、类别，服务模式，服务对象和营销策略方面的相关性、相似性以及差异性。

从理论上说，金融机构的产品组合宽度越宽、深度越深、长度越长，关联度越高，对机构的发展越有利。这是因为金融产品可以切入更多的细分市场，提升目标市场的销售额和利润，同时，通过规模经济效应降低成本；金融产品线的合理扩展能够增强金融机构在金融行业的竞争力；产品关联度越高，越有利于产品的销售和交叉销售。当市场需求较大且竞争程度较低时，企业可以考虑增加产品种类，扩展产品组合的宽度和深度，开发新的金融产品。这样可以满足更广泛的客户需求，并增加市场份额。相反，当市场需求较小或竞争程度较高时，企业可以选择更为专注和狭窄的金融产品组合，并将营销焦点集中在某一种或几种核心产品上。这有助于企业更好地专注于特定领域，提供专业化的产品和服务，以应对激烈的市场竞争。因此，根据市场需求和竞争情况，金融企业可以灵活调整产品组合的宽度和深度，以符合市场需求，并在竞争中找到自己的定位和竞争优势。

金融产品组合策略是金融机构在经营中采取的一种方法，目的是对其产品和服务进行适当的组合和配置，以更好地满足市场需求，提高效益，并降低风险。根据不同的经营目标和环境，金融产品组合策略主要分为产品扩张策略和产品缩减策略。

1. 产品扩张策略

产品扩张策略旨在增加产品线或产品项目，扩大经营范围，以更多的产品去满足市场需要。产品扩张策略的优点是可以使金融产品适应不同客户或同一客户不同层次的要求，提高同一产品线的市场占有率，从而增强银行的竞争能力。其缺陷是新项目的开发可能要花费大量资源，导致金融机构经营成本的上升。金融产品扩张策略主要有以下三种。

拓宽金融产品组合的宽度：金融机构增加一条或几条产品线以进一步扩大金融产品或服务的范围，实现产品线的多样化。例如，一些商业银行除了办理基本业务外，还开展了证券中介、共同基金、保险、信托、咨询等业务，发展为“全能银行”。这种做法的优点是可以充分发挥商业银行的技术、人才、资源等优势，实现多角化经营，不断扩大市场、吸引更多客户，同时也可以通过业务多元化在一定程度上分散经营风险、增强竞争力。但这种策略对银行经营管理水平的要求较高，商业银行必须抓好产品线的综合管理，否则可能引起经营混乱，以至于影响银行的声誉。

拓展金融产品组合的长度：即加长产品线，增加金融机构的经营档次和范围。通常的具体策略有高档产品策略与低档产品策略。高档产品策略是指在一条产品线内，增加高档高价产品项目，提高商业银行现有产品的声望，一方面增加现有产品的销售，另一方面又可以吸引高收入者购买这类产品。低档产品策略是指在高价产品线中增加廉价产品项目，利用高档品牌产品的声望和地位，吸引无力购买高档产品的顾客。因此，经营高档产品可使金融机构整体业务获得声誉；而经营低档产品则可以增加销量，提高效益。金融机构可以根据自身情况，选择其中之一或两者同时使用。

拓展金融产品组合的深度：在金融机构原有的产品线内增设新的产品项目，以丰富金融产品的种类，实现多样化经营。

2. 产品缩减策略

产品缩减策略是指金融机构通过减少产品线或产品项目来缩小金融机构的经营范围，实现产品的专业化，将有限的资源集中于一些能带来较大盈利的产品组合上。金融机构可以对产品的市场需求进行调研，选择产品需求量大的市场，集中精力在这些产品上开展业务。这种策略的优点是可以使金融机构发挥业务专长，提高服务质量，集中资源优势占领某一市场，并可以大大降低经营成本，获得更多盈利。同时也有缺点，金融机构为此集中精力在某产品，导致其适应性和灵活性比较低，增加了经营风险。

总结起来，无论是产品扩张策略还是产品缩减策略，都有其独特的优势和劣势。因此，金融机构在制定和执行产品组合策略时，应综合考虑自身的资源优势、市场需求、经营环境和风险承受能力，以达到优化资源配置、提高经营效益和降低经营风险的目标。

经典案例

中信银行发布理财产品组合“信芯家族”

2023 年 3 月 21 日，中信银行举办以“信任为芯，更有信心”为主题的 App 春季财富大会，会上发布全新理财产品组合——“信芯家族”，旨在从用户日常理财的痛点出发，推出不同投资周期的理财产品组合，为用户营造更加安心省心的投资理财体验。

中信银行有关负责人介绍道，在命名上，中信银行赋予了“信芯”两字丰富的内涵：信是中信的传承，“信芯”也代表着由内之外的信心。中信银行将客户的信任作为产品内核，有信心为客户创造价值，实现财富保值增值，提供有温度的财富管理体验。这也是“信任为芯，更有信心”主题想传达给客户的产品理念。

中信银行财富管理部总经理助理袁东宁在发布会上称，刚入门的投资者想要购买理财产品，可能会因为选择太多、了解不足而走弯路，“信芯家族”理财产品组合能够针对客户理财痛点提供有温度、可信赖的解决方案。

据悉，“信芯家族”底层的产品是从市场多家理财子公司优选、追求稳健低波动类型的理财产品，涵盖现金管理类、固收类、固收+类资产，属于风险评级为 PR1-PR2 级（较低风险）的净值型理财。包含日信芯、周信芯、月信芯、季信芯、半年芯和年信芯六款产品，客户可以从产品名称中直观了解投资期限，更加简单地安排资金。

其中，日信芯主打现金管理类产品，最低 1 分起购，方便日常消费使用；周信芯、月信芯、季信芯三款产品重点投资于债券等债权类资产，最低 1 元起购，以追求稳定收益为目标，具备稳健低波动的属性，适合手上有闲置资金，追求短期投资获得稳健收益的客户；半年芯和年信芯产品重点投资于债券等债权类资产，最低 1 元起购，部分固收+类产品会增加不高于 5%~20%的权益进行收益增厚，适用于倾向中长期稳健投资，追求更进一步收益的客户。

“丰富的产品矩阵满足不同的投资需求，让用户的选择更加简单化。”该负责人说，用户登录中信银行手机 App“信芯家族”理财专区，可清晰地看到产品赎回时间，了解账户资金情况，让资产打理更加轻松便捷。

他表示，近年来，中信银行依托其产品类型、研发能力、风险控制能力及定价能力塑造了自身具有市场影响力的特色品牌。一方面，丰富了短期限产品供应、发力固收类产品，以低波动、更灵活的产品线助力客户的中短期活钱打理。另一方面，把握市场机会，推出增厚收益的债权类、权益类 FOF 等产品，满足追求更进一步收益的客户需求。

（资料来源：http://cq.news.cn/2023-03/22/c_1129453563.htm）

三、金融营销产品的生命周期策略

（一）产品生命周期理论

产品生命周期理论是一个在市场营销中广泛使用的概念，用于描述产品从引入市场，经历成长和成熟，最后进入衰退阶段的过程。这个理论于 1966 年由美国哈佛大学教授雷蒙德·弗农首次提出，由此揭示出产品在市场上的销售和利润等关键指标会随着时间的推移发生变化，从而形成一个从低到高，再从高到低的发展趋势。弗农认为产品的生命周期即产品的市场寿命，如同生物一样，会经历一个形成、成长、成熟、衰退的周期，如图 6-2 所示。

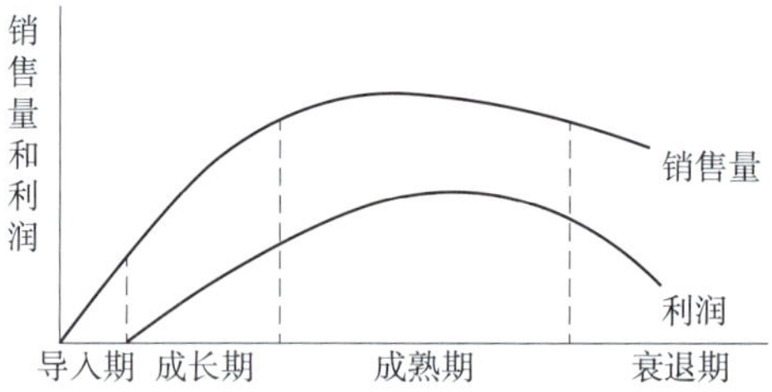

图 6-2　产品生命周期

产品生命周期理论将一个产品的发展过程划分为四个主要阶段，即导入期、成长期、成熟期和衰退期。每个阶段都具有其特点，通过产品销售情况和市场竞争状况两个主要指标进行判断。以下是每个阶段的主要特征：

导入期：产品刚进入市场，销售渠道尚未完全打通，因此在这一阶段，产品通常会面临销量和利润低的“双低”状况。尽管企业在这个阶段可能没有竞争者，但由于技术原因，产品可能无法大规模生产，成本高，销售额增长缓慢。

成长期：在这个阶段，产品开始大规模生产，生产成本下降。消费者对产品变得更加熟悉，并愿意购买，导致产品销量急剧上升，利润增加和市场份额扩大。随着竞争者看到产品的潜在利润并进入市场，同类产品的供应量增加，价格开始下降，利润增长速度减慢。

成熟期：在这个阶段，市场需求接近饱和，产品销量达到巅峰。产品的市场占有率可能会逐步放缓增长，甚至开始下降。由于同行业竞争激烈，新的同类产品大量涌现，产品售价下降，促销费用增加，企业盈利开始减少。

衰退期：在产品生命周期的最后阶段，产品销量和利润开始显著下降。科技的发展带来新的产品或替代品，吸引消费者从原有产品转向新产品，使得原来产品的销售额和利润额快速下降。

产品生命周期理论不仅可以帮助企业理解和预测产品的销售趋势，还可以为企业制定相应的营销策略提供依据。例如，在产品导入期，企业可能需要大量投资在产品宣传和市场推广上，以增加公众对产品的认知。而在产品成熟期，企业则需要通过提高产品质量或者降低价格来保持竞争优势。

值得注意的是，产品生命周期理论虽然在理论上具有广泛的适用性，但并不是所有产品都会严格遵循这个模型。例如，有些产品一经推出就会迅速走向成熟，有些产品则会在导入期和成熟期之间停滞不前。此外，有些产品可能会在特定的市场环境下出现销售的反复增长，形成多个生命周期。

经典案例

养老型产品梳理及动态生命周期策略设计

1. 人口老龄化趋势，催生养老型产品广阔发展空间

根据国家统计局的数据，2019 年中国人口的出生率下降至 10.48%，创下了 1952 年以来的历史新低，但 65 岁以上人口占比不断攀升，2019 年达到 12.6%，同时 16~59 岁人口占比近几年在不断下降。从统计数据可以看出，我国出生人口下降，老龄人口不断增多，人口老龄化形势日益严峻（图 6-3、图 6-4）。在此背景下，养老问题的解决也日益突出，而养老产品的设计与推广则是从长远考虑，通过养老性质的长期储蓄，以应对当下的人口老龄化问题。

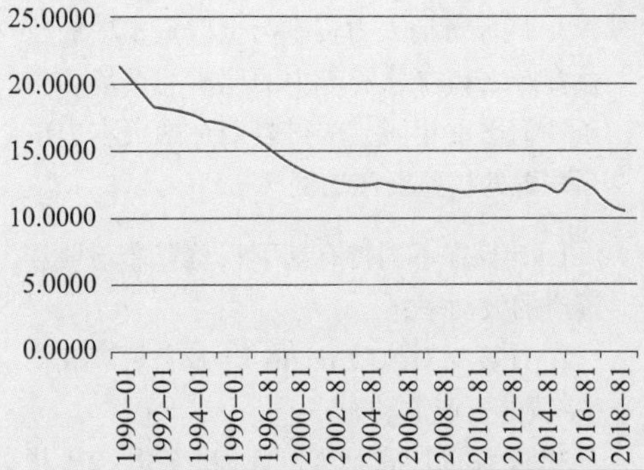

图 6-3　中国人口出生率（%）

资料来源：Wind，华宝证券研究创新部

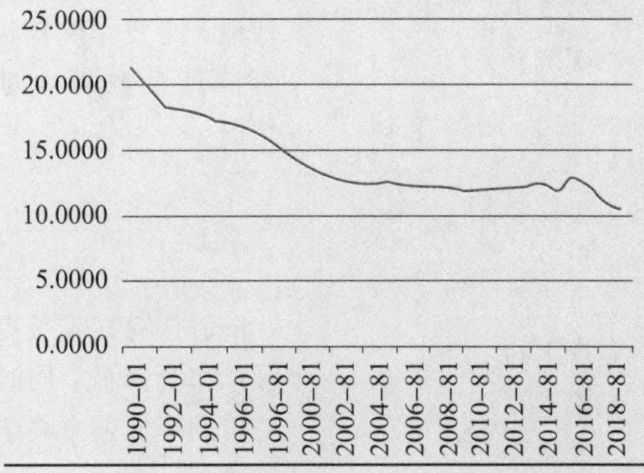

图 6-4　人口结构、占总人口比例、65 岁及以上（%）

资料来源：Wind，华宝证券研究创新部

2. 基于动态生命周期的目标日期型养老 FOF 策略设计

从策略设计的理念看，目标日期策略设计覆盖了投资人的整个生命周期，在海外养老 FOF 产品中占据主导地位，且该策略的设计相较更为复杂，滑动路径的设计是策略的核心。

目标日期策略的主要设计思路

目标日期策略设计的重点在于下滑轨道的设计，因此我们首先从理论角度入手，展示现有的下滑轨道理论思路；其次，以我国公募市场目标日期基金为样本，研究我国目前主要运用的下滑轨道设计方法。

不论采用哪一种方法设计下滑轨道，覆盖整个生命周期的目标日期策略都需要全方位了解投资群体的特征，包括工作年限、工资水平及增长率、风险厌恶水平等，然后才能设计符合用户特征的养老产品。

当前，业内比较认可的下滑轨道设计方案主要有三类，第一种是整个投资过程效用最大化的方法（代表 Lyxor）；第二种是考虑人力资本与金融资本均衡配置的方法（代表 Ibbotson）；第三种是资产不同期限风险变化的方法（代表 Northern Trust），如表 6-1 所示。

表 6-1 目标日期策略下滑轨道设计主要理论方法

下滑轨道设计方法	代表模型	理论基础	主要步骤（简化）
投资效用最大化	Lyxor	结合投资人的未来收入与风险厌恶系数，最大化投资效用	1. 确定人力资本状况，体现为未来每期可以新增投资金额； 2. 效用最优化求解权益资产占比
人力资本与金融资本均衡配置	Ibbotson	个人的资本＝金融资本＋人力资本；个人资本的配置应符合市场均衡配置，评估人力资本配置状况后可计算金融资本的配置情况	1. 确定市场均衡下的风险资产配比； 2. 确定不同阶段人力资本的收益风险水平，即将人力资本拆解为权益资产与债券资产； 3. 确保每期人力资本与金融资本中的权益资产之和在总资产中的比重与市场均衡条件下比重相同，求得当期金融资本中应当配置的权益资产比例
资产不同期限风险变化	Northern Trust	随着持有期延长资产的波动率会降低，同时权益资产的降低速率高于债券资产	1. 计算在不同持有期下权益资产与债券资产的波动率； 2. 计算相对风险 relaRisk＝权益资产波动率/债券资产波动率； 3. 权益资产占比＝relaRisk 变化（从开始投资到 t 时刻）/relaRisk 总变化（从开始投资到投资结束）

资料来源：华宝证券研究创新部

投资效用最大化的方法，即追求在投资结束的时候，整体效用的最大化。以 Lyxor 模型为例，需要考虑风险厌恶水平的变化、人力资本的变化所导致的未来投入资金的变化情况，求解最优的风险资产配置比例。该模型每期风险资产权重的变化主要来源于两方面，一方面是风险厌恶水平，另一方面是未来投入资金的变化，因此这两个参数与下滑轨道的形态密切相关。

人力资本与金融资本均衡配置的方法，重点在于分析人力资本在不同阶段的收益风险属性，即不同阶段人力资本可拆解为权益资产与债券资产的占比，这与投资人的工作属性等密切相关。将投资人的资本分为人力资本与金融资本两大类，随着年龄的增加，人力资本不断下降，同时金融资本不断上升，最终需要达到的平衡是个人资产中权益资产的配置比例与市场均衡条件下相同。

资产不同期限风险变化的方法，重点在于分析不同阶段资产的波动率变化情况。以 Northern Trust 机构研究模型为例，认为随着持有期的不断增加，资产的波动率会逐渐降低；此外，权益资产的降低速率要高于债券资产。模型利用这一特征，计算每期权益资产与债券资产的相对波动率 relaRisk，将从开始投资日到 t 时刻相对波动率的变化总额占从开始投资日到投资结束日相对波动率的变化总额的比例作为 t 时刻权益资产的权重。

截止到2019年12月底，已发行的目标日期型FOF共34只（不包含C类份额），我们主要从这些基金的招募说明书中获取下滑轨道的设计方法。从各基金的投资策略说明来看，一部分基金采用了投资期效用最大化的方法，如“易方达汇诚养老2033三年”“工银养老2035三年”“国泰民安养老2040三年”等。还有一部分基金采用了投资期望收益最大化的方法，如“嘉实养老2030三年”“景顺长城养老2045五年”“天弘养老2035三年”“兴业养老2035A”等基金。其中采用期望收益最大化方法的基金，对于风险的约束也各有不同，如利用VaR模型、均方差模型等。其中“兴业养老2035A”基金对下滑轨道的介绍比较详细，该基金也采用了投资效用最大化的方法，且效用函数采用常相对风险规避效用函数（CRRA），并基于统计数据、研究报告等确定投资者的风险厌恶系数、投资金额、投资期限、提取金额、提取期限等参数生成覆盖生命周期的投资下滑轨道。

（资料来源：https://finance. sina. com. cn/money/fund/fundzmt/2020-04-13/doc-iirczymi6117318. shtml）

（二）金融产品生命周期各阶段的划分及特点

金融产品所处生命周期各阶段所面临的环境变化、竞争者的情况以及消费者的需求等都有所不同，而且呈现出各自的特征。金融产品生命周期各个不同阶段的划分，对应的市场开拓也有着不同的机会。金融产品也遵循产品生命周期模型，在每个阶段，都需要根据产品的特性、市场环境和竞争状况来调整战略，以维持其市场地位和盈利能力。

1. 导入期

金融产品的导入期，是指新的金融产品刚刚推出并进入市场。市场上对这类产品的了解和接受程度尚未普遍，大部分消费者可能对这类产品还不熟悉，只有一小部分追求创新或新鲜体验的消费者可能会选择尝试。在这个阶段，金融机构通常需要投入大量的资源来进行产品的宣传和推广，以提高产品的知名度和吸引潜在的客户。

由于新的金融产品在市场推广和风险控制上可能面临更大的挑战，因此，企业在导入期的成本投入可能会比较高。例如，为了推广新的金融产品，可能需要投入大量的广告和营销费用，同时，也需要进行严格的风险评估和控制，以防止可能的风险和损失。由于销售量尚处于初期阶段，企业可能在这个阶段无法实现大规模利润。

尽管如此，导入期也是企业赢得市场份额和建立品牌形象的关键时期。此时，市场上的竞争对手可能还不多，企业有更多的机会去吸引和留住消费者。在这个阶段，企业的营销策略应当聚焦于提高产品知名度，吸引潜在客户，打通分销渠道，从而实现市场的初步占领。

在产品策略上，企业可以首先推出基本型的金融产品，同时通过不断的技术和业务优化，提高产品的性能，降低风险，提升产品质量。在销售策略上，企业可以利用各种营销渠道，如网络广告，社交媒体等，进行产品的广泛宣传和推广，激发消费者的购买欲望。在价格策略上，可以通过采用较低的价格和更具吸引力的利率等手段，来吸引更多的消费者。在渠道策略上，企业可以选择多元化的销售渠道，如线上线下融合销售，以降低营销成本和吸引更多的潜在消费者。

2. 成长期

成长期是金融产品生命周期的第二阶段。在这个阶段，金融产品的销售额和需求量开始迅速增长，成为市场的主流产品。因为成长期是指产品在引入期试销效果良好，消费者逐渐接受该产品，产品已经在市场站住脚，并逐渐打开销路。这个阶段的销售额和市场份额在增长，公司的利润也会随之增长。由于产品需求的增加，企业将开始扩大生产规模，降低单位产品的成本。市场竞争在这个阶段会变得更加激烈。其他金融机构看到了产品的成功，可能会开始推出类似的产品以求分得一杯羹。这将导致同类产品的供应量增加，市场价格可能会有所下降。金融产品的社会供给能力的增长可能会超过需求的增长。尽管产品的销售量和市场份额正在增长，但随着竞争对手的加入，供应可能会超过需求，导致价格下降。

在这个阶段，金融机构要抓住销售的有利时机，需要采取策略以维持其市场位置和增长动力，包括产品策略、价格策略、销售渠道策略、促销策略等，以扩大市场份额，获得最大的经济效益。例如，金融机构可以改进产品性能，扩大产品深度，增强服务，开发产品的新功能或新用途，以保持其市场领先地位；在扩大生产规模并降低成本的基础上，金融机构可以选择适当的时机对产品进行适当的降价，以提高销售量和利润；寻找新的目标市场，增加新的分销渠道，以及在维持现有分销渠道的同时，开发新的销售渠道；转变广告宣传的重心，从介绍产品的基本功能转向宣传产品的特色和品牌形象，提高品牌知名度，引导消费者对产品产生良好的印象和偏好。

3. 成熟期

成熟期是金融产品生命周期的第三阶段，此时，产品已经实现了大规模生产，并在市场上获得了稳定的地位。在这一阶段，由于市场需求开始趋向饱和，销售增长的速度会逐渐放缓甚至下降。此时，产品已经被市场广泛接受并日益标准化，竞争则更加激烈。在成熟期，产品的供应可能超过需求，这可能导致产品价格下降，而市场上的销售额则可能有所增长。由于竞争的加剧，企业可能需要在产品质量、设计、规格和服务等方面增加投入，这可能导致成本上升，从而降低企业的盈利能力。同时，市场的众多品牌在这个阶段也会经历淘汰和优化的过程，形成一些知名的品牌产品。这些名牌产品的盈利率可能会上升。此外，产品的性能也会不断改善，可能会出现系列产品。生产者更加注重采用非价格的竞争因素来获取消费者的忠诚。

在成熟期，金融机构需要采取一些策略来维持其市场份额和延长产品的市场寿命。这些策略可能包括市场改进策略、产品改良策略、营销组合改进策略等。例如，金融机构可采取措施稳定目标市场，保持原有消费者的忠诚度，同时开发新市场，寻找新的消费者；对原有的金融产品进行创新和改良，包括改进性能，提高质量，改变外观和款式等，可以增加产品的系列，使产品更加多样化；通过改进营销组合的一个或几个要素来刺激销售，可以改进产品的包装，调整产品的价格，优化销售渠道等。此外，促销的重心也可以从宣传产品用途和企业品牌转变为塑造企业形象，宣传企业的理念和社会目标，努力提升企业的形象和声誉。

4. 衰退期

在金融产品的生命周期中，衰退期是一个无法避免的阶段。对于金融机构而言，当其提供的金融产品进入衰退期，意味着该产品在市场中的吸引力正在逐渐减弱。由于新技术的涌现、竞争对手的创新以及消费者需求的演变，这些金融产品可能会失去部分或全部的市场份额，被其他更先进的解决方案替代。

金融机构必须面对的一个事实是，随着产品的老化和市场环境的变化，一旦进入衰退期，该产品的盈利能力将受到挑战，销售收入可能会减少，同时，为了维护和支持现有客户，运营成本可能会增加。由于新的金融产品不断进入市场，客户可能会寻找更有吸引力的投资机会，这使得金融机构的旧版产品更难以为客户带来价值。

衰退期并不意味着金融产品的彻底消亡，但企业必须谨慎应对。一旦市场上出现了更具竞争力的新产品，原有的产品可能很快就会被边缘化。为了保持机构的生存和发展，金融机构需要调整战略。与此同时，金融机构可以考虑开发新的产品或进入新的市场，以寻找新的增长点。为了应对这些挑战，金融机构需要进行战略性的决策。这个阶段企业可采用的策略包括："撤"策略：机构可以选择甩卖滞销的金融产品，以此来减少积压产品造成的损失。"转"策略：机构可以转移目标市场，比如将产品销售的重点从大城市转移到中小城市或者乡村。此外，也可以转变产品的用途，寻找和开发产品的新用途。"攻"策略：企业在撤退老款产品的同时，可以采取进攻策略，比如推出新的金融产品，进入新的市场，以此来开始产品新的生命周期。金融机构需要有先见之明，适应市场变化，采取相应的策略来应对这一阶段的挑战。

无论如何，对于金融机构而言，关键是保持对市场变化的敏感度，确保在产品生命周期中的任何阶段都能为客户提供最大的价值。当产品进入衰退期时，机构需要具备远见，既要有优雅退出市场的策略，也要有推动新产品或创新的计划。

第二节　金融营销定价策略

一、金融营销定价概述

（一）金融营销定价的内涵

金融营销定价是金融产品或服务的营销中的一个关键环节。价格是营销的"4P"（Product 产品、Price 价格、Place 分销渠道、Promotion 促销）策略中的一个重要组成部分。金融营销定价不仅直接影响着金融产品的销售量和市场份额，而且影响着金融机构的收入和利润水平，甚至可能影响到金融机构的生存和发展。对于金融营销定价的理解，包含以下几个方面：

（1）价格决策：金融营销定价首先是一个价格决策过程，即金融机构需要对其产品或服务设定一个能够反映其价值、被市场接受，并能带来足够利润的价格。这个决策过程涉及对市场需求、竞争情况、成本结构、风险因素等的全面分析和考虑。

（2）交易媒介：价格是交易的媒介，它代表了一种价值交换关系。金融营销定价实际上是在设定这种交换关系，决定了消费者为获取金融产品或服务需要付出的价值。

（3）竞争工具：价格是金融机构在市场上进行竞争的重要工具之一。通过合理的价格设定，金融机构可以吸引和留住客户，扩大市场份额，甚至可能改变市场竞争格局。

（4）收入和利润来源：对于金融机构来说，价格是其收入和利润的主要来源。合理的价格设定能够保证金融机构的收入水平，实现其盈利目标。

金融营销定价不同于其他类型产品的定价，它具有其自身的特点和复杂性。金融产品和服务通常具有不可存储、风险性高、价格变动性大等特性，这些都给金融营销定价带来挑战。因此，金融营销定价需要金融机构具有深厚的金融知识、精准的市场判断力以及严谨的风险控制能力。

（二）金融营销定价的过程

金融营销定价的过程是一个多步骤、跨学科、涉及大量内外部因素的复杂过程。金融机构在确定金融产品或服务价格的过程中，需要做出诸多决策并进行深入的分析。金融营销定价的过程涉及多种分析和决策，需要金融机构的各个部门协同合作，以确保价格的合理性和有效性。由于金融市场的特殊性和复杂性，金融营销定价的过程也需要具备灵活性和动态性，以适应市场的快速变化。以下是金融营销定价的基本过程：

（1）目标设定：金融机构需要明确价格设定的目标。这些目标可能包括最大化利润、增加市场份额、提高客户满意度、提高金融产品或服务的认知度等。不同的目标可能导致不同的价格策略。

（2）成本分析：金融机构需要详细分析和计算生产和提供金融产品或服务的全部成本，包括直接成本和间接成本。这将为价格设定提供基础，同时也帮助金融机构理解在何种价格水平下可以保持盈利。

（3）市场分析：市场分析包括市场需求和价值评估，以及竞争态势分析。金融机构需要深入理解客户对金融产品或服务的需求和感知价值。这可能需要进行市场调查和数据分析，了解客户的需求特征、购买行为、支付意愿等。另外，金融机构需要评估市场上的竞争态势，包括竞争对手的数量、强度、价格策略等。同时，也需要分析可能的市场变化，如新竞争对手的进入、技术的变化等。

（4）价格设定：基于以上的分析，金融机构需要选择合适的价格策略。可能的策略包括成本加成定价、市场导向定价、价值导向定价等。每种策略都有其优缺点和适用条件。在选择了价格策略后，金融机构需要确定具体的价格。这一过程可能需要进行多轮的内部讨论和决策，同时可能需要利用专门的定价模型和工具。

（5）价格执行和调整：金融机构需要对设定的价格进行落实，并定期评估和调整。价格的执行可能涉及销售、营销、财务等多个部门。价格的调整则需要基于市场反馈和业绩数据，以保持价格的适应性和有效性。

（三）金融营销定价的原则

金融营销定价原则是指在金融产品或服务的定价过程中，金融机构需要遵循的基本准则。金融营销定价原则主要包括追求利润原则、扩大市场份额原则和补偿相关风险原则。

（1）追求利润原则：作为营利性的金融企业，追求利润最大化是其企业的本性。然而，金融产品的价格并非越高越好，而是应当在保证可接受风险的前提下，通过科学的定价机制达到利润最大化。实际上，如果价格过高，可能会导致客户流失，进而影响到产品销售量和企业收益。因此，追求利润原则实际上是指在满足风险管理的前提下，追求价格与收益的最优配比。

（2）扩大市场份额原则：在激烈的市场竞争中，金融机构需要通过制定合理的价格策略来扩大市场份额。合理的定价不仅可以吸引新的客户，也能保持现有客户的忠诚度。在制定定价策略时，金融机构需要考虑到竞争对手的定价行为和市场需求的变化，以确保自己的价格具有竞争优势。同时，定价策略还应考虑到客户的反馈，以实现价格与市场需求的最佳匹配。

（3）补偿相关风险原则：金融产品或服务的定价需要充分考虑到金融机构面临的风险，包括信用风险、市场风险、流动性风险等。金融机构需要将这些风险因素纳入定价过程，以确保在风险发生时，可以通过产品价格得到适当的补偿。具体来说，金融机构可以根据风险的大小和可能性，将风险成本加入产品价格中。同时，金融机构还可以通过调整定价策略，来管理和控制风险。

二、金融产品定价方法

金融营销定价方法主要包括成本导向定价、市场导向定价和价值导向定价这三大类。不同的定价方法适用于不同的市场环境和产品特性，也反映了金融机构在定价时对成本、市场和价值的不同重视程度。

（一）成本导向定价

成本导向定价主要基于金融产品或服务的成本进行定价，成本加成定价法和目标利润定价法都是在金融业中广泛应用的定价策略。它们都是以成本为基础进行定价，但是两者的侧重点和使用的方法有所不同。

1. 成本加成定价法

成本加成定价法是一种基于成本的定价策略，是最常见和简单的一种定价方法。它是指在产品的成本基础上，加上预定的利润率，以此来确定产品的售价。成本主要包括直接成本和间接成本。直接成本包括产品制造、研发、运营等方面的费用；间接成本则包括公司的行政管理、人力资源、营销等方面的费用。

在成本加成定价法中，定价的基础是对成本的准确估计，同时需要设定合理的利润率。这个利润率一般取决于市场竞争状况、公司的利润目标以及产品的定位等因素。成本加成定价法的优点是简单明了，易于理解和实施。但它的缺点是不能反映市场需求和竞争状况的变化，可能会导致价格过高或过低，从而影响公司的盈利能力和市场份额。

2. 目标利润定价法

目标利润定价法是一种更复杂的基于成本的定价策略，它是以达到预定的利润目标为目标，通过调整价格来实现利润目标。在这种定价策略中，公司首先设定一个利润目标，然后基于产品的成本和预期的销售量，计算出能够实现利润目标的价格。

目标利润定价法需要对市场需求和竞争状况有深入的理解，因为销售量的预测直接影响到价格的设定和利润目标的实现。这种定价策略的优点是可以使公司的定价更具有目标导向和灵活性。但它的缺点是需要对市场需求和销售量进行准确的预测，这在实际操作中可能会比较困难。

（二）市场导向定价

市场导向定价法主要是考虑市场环境、消费者需求以及竞争对手的行为来设定价格。在金融产品的定价中，市场导向定价法主要体现在竞争导向定价法和需求导向定价法。

1. 竞争导向定价法

竞争导向定价法，又称为竞争定价策略，是根据市场竞争环境和竞争对手的价格水平来设定自身产品的价格。在金融市场中，由于许多金融产品和服务的同质化程度较高，因此竞争对手的价格行为会对市场价格产生重要影响。

金融机构在制定竞争导向定价策略时，首先要深入了解和分析市场的竞争格局，清楚了解竞争对手的定价策略和价格水平，然后根据自身的成本、品牌和市场定位，以及短期和长期的营销目标，决定是与竞争对手保持价格一致、设定更高的价格还是设定更低的价格。

2. 需求导向定价法

需求导向定价法，也称为需求定价策略，是根据市场需求和消费者的支付意愿来设定价格。在金融市场中，消费者对金融产品和服务的需求强烈，并且愿意为获取这些产品和服务支付高价。

在实施需求导向定价策略时，金融机构首先要深入了解和研究市场需求和消费者行为，包括消费者的需求量、需求结构、支付习惯、价格敏感度等方面的信息，然后根据需求和消费者的支付意愿，设定合理的价格。

这两种定价方法各有优劣，对于竞争激烈、产品同质化程度高的金融市场，竞争导向定价法更为适用。而对于消费者需求明确、支付意愿强烈的金融产品，需求导向定价法更为合适。在实际应用中，金融机构通常会结合这两种定价方法，灵活运用，以适应复杂多变的市场环境。

（三）价值导向定价

价值导向定价法是一种根据产品或服务所提供的价值来设定价格的策略。在金融行业中，金融产品或服务的价值往往很难量化，但是，金融机构通常可以通过研究和理解客户的需求，来确定他们对产品或服务的价值认知，进而设定价格。这个过程主要包括两种方法：客户价值定价法和性价比定价法。

1. 客户价值定价法

客户价值定价法是一种根据客户对产品或服务的价值认知来设定价格的方法。这种方法认为，价格应反映产品或服务所提供的价值，而这个价值是由客户决定的。金融机构在使用这种定价方法时，需要深入了解客户的需求，包括他们对产品或服务的期望、对价格的敏感度，以及他们对价值的认知。然后，金融机构根据这些信息，确定价格，使其反映产品或服务的价值。在实施客户价值定价法时，金融机构通常需要进行大量的市场研究，包括调查、访谈等，以获取准确的客户需求和价值认知信息。然后，通过数据分析和模型建立，将这些信息转化为具体的价格策略。

2. 性价比定价法

性价比定价法是一种在确定产品价格时，同时考虑产品的价值和成本的定价方法。这种方法的主要思想是，产品的价格应该反映其性价比，也就是说，价格应该等于产品的价值除以其成本。

在金融行业中，性价比定价法常常用于定价具有清晰、可量化价值的金融产品，如保险产品、投资基金等。金融机构在使用性价比定价法时，需要评估产品的价值和成本，然后将两者进行比较，确定价格。如果产品的价值远大于其成本，那么价格可以设置得较高；如果产品的价值只是略高于或等于其成本，那么价格则应设定得较低。

客户价值定价法和性价比定价法都是金融机构在定价时常用的策略。这两种方法都强调了价格应该反映产品或服务的价值，但是，确定价值时的侧重点不同：客户价值定价法更侧重于理解和满足客户的需求，而性价比定价法则更侧重于考虑产品的成本。在实际应用中，金融机构通常会根据产品类型和市场环境，灵活选择和使用这两种方法。

扩展阅读

定价转型的战略意义

利率市场化不再是几年前大家喊的“狼来了”，而是真真切切地已经在我们身边发生。国外发展经验显示，利率市场化既给银行的发展带来前所未有的严峻挑战，也为中小银行创造了弯道超车的机遇。事实证明，尽快建立科学的定价管理体系是各家银行应对挑战的当务之急与制胜工具。

一、科学定价可以为银行带来6%~15%的收入增长

中国银行业正在面临前所未有的增长和盈利压力。一方面，源于中国经济增速放缓，市场进入下行周期，银行不良率跳升，直接削减银行的利润与核心资本；另一方面，利率市场化下银行利差持续收窄，传统业务又受到互联网金融的冲击。银行业的收入增长也从几年前的两位数回落到个位数。麦肯锡国外项目经验显示，建立科学的定价管理体系能为银行带来6%~15%的收入提升（图6-5），这相当于1~2个核心分行为银行创造的价值，将为银行的全面转型升级赢得时间并提供盈利支持。据统计，科学定价所带来的收入提升主要来自以下四个方面：一是降低定价漏损，即快速定位现有定价体系中的“跑、冒、滴、漏”，实施针对性的速赢举措；二是实施“金字塔”存款挂牌策略，在普遍降低资金成本的同时，加强对重点客户的精准营销与维护投入；三是从单一产品定价转向客户综合定价，加深与战略客户的客户关系，挖掘交叉销售机会，提升单一客户产品渗透率，进而提升客户综合经济增加值（Economic Value Added，EVA）；四是优化中间业务收费，加强对费率优惠减免的管理，同时根据产品的相互拉动性设计新型的组合产品定价策略，以吸引客户业务的自动归集，提升主办行地位。

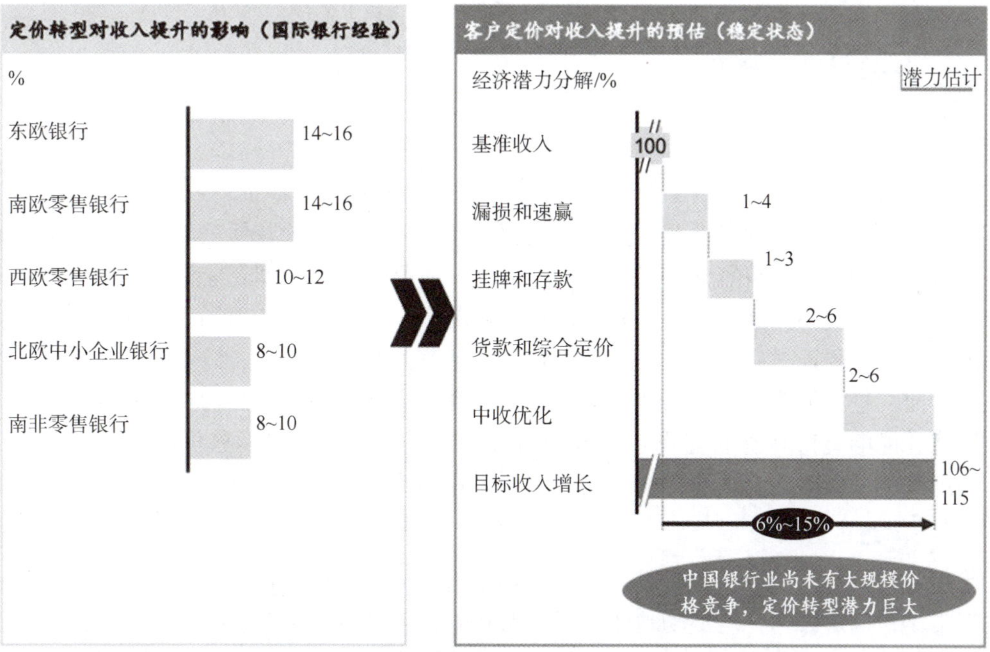

图6-5　科学的定价管理体系能为银行带来6%~15%收入提升

二、科学定价是公司银行前线业务转型的关键抓手

公司银行业务仍然是国内银行的收入基石，直接或间接带来的收入占到银行总收入6成以上。因此，公司银行业务的转型事关整个银行转型的成败。长期以来，相对于零售银行业务与金融市场业务，公司银行业务处于更为粗放的管理状态。推行科学定价为公司银行业务从“做业务”向“做客户”转型提供了关键抓手。一方面，科学定价的实施将推动客户账户规划的真正落实。账户规划的结果作为定价的重要输入项，直接影响对客户端的最终报

价。此举将有效提高对账户规划的重视程度，促进账户规划流程的进一步规范，鼓励客户经理、团队领导、产品经理、风险经理等积极参与。另一方面，科学定价为交叉销售的实现提供了必要手段。科学定价过程中的客户聚类与同类客户对标，为交叉销售的机会识别提供了科学依据。同时，通过基于客户综合价值而非单一产品定价，为交叉销售的成功提供了制胜法宝。

三、科学定价倒逼银行中后台专业化能力快速提升

定价能力折射出银行中后台专业化管理综合水平。许多银行不知道自己的成本底线在哪里，是因为在 FTP、风险计量、经济资本计量、成本分摊等诸多环节中的一个或是几个环节存在问题。建立科学定价管理体系的过程实质上也是倒逼银行中后台专业化管理水平不断提升的过程。

银行的中后台专业化能力的提升，也能通过定价手段转化为市场竞争力。比如，银行在某些产品方面高于同业的运营效率，可以通过管理会计的成本归集和分摊直接影响该产品的运营成本，最终会以相对于同业低的成本率反映在最终产品定价上，以此获取市场竞争的相对优势。而银行在某些产品方面相对的投入产出劣势，也可以通过定价客观反映差距，以支持管理层做进一步决策，如是继续战略投入、部分流程外包，还是通过并购改善规模不经济。

（资料来源：《中国银行业白皮书》Copyright © McKinsey & Company 麦肯锡大中华区金融机构咨询业务 www. mcKinseychina. com）

三、金融产品定价策略

（一）高价策略

高价策略，也被称为溢价策略，通常被应用于那些拥有独特价值和优质服务的金融产品。它们常常以其高端的特性或专业级别的服务区分于市场上的其他产品，从而正当化它们的高价格。例如，一些定制化的投资咨询服务，或者是专门为大型企业设计的复杂的金融解决方案，可能就会使用高价策略。采用高价策略的产品通常需要在市场中构建高质量和专业的形象。它们需要通过有效的市场营销策略，强调其产品的独特性，以及为客户带来的特殊价值。然而，这种策略也面临一些挑战。首先，高价可能会限制产品的市场覆盖范围，只有少数愿意并能够支付高价的客户才能成为目标市场。其次，高价策略可能会引来更多的竞争，因为其他公司可能会被高利润的潜力吸引，进而投入更多的资源来开发类似的产品。

（二）渗透定价策略

渗透定价策略的目标是通过设定低于市场平均水平的价格，迅速吸引大量客户，从而尽快占据市场份额。公司一旦成功地建立了其市场地位，就可以逐渐提高价格，以实现更高的收益。这种策略通常适用于那些新入市场、希望快速增长的金融产品。然而，渗透定价策略也有其挑战。因为低价可能会导致公司的利润率下降，至少在短期内是这样。如果公司不能在提高价格后保持其市场份额，那么这种策略可能会导致公司的收入下降。另外，低价可能会对品牌形象产生负面影响。消费者可能会将低价与低质量联系起来，这可能会影响他们对公司产品的看法。

（三）价格歧视策略

价格歧视策略涉及根据不同的消费者群体或购买情况设置不同的价格。在金融服务行业中，这种策略可能会表现为对不同类型的客户（如个人消费者和企业客户）或在不同情况下（如购买大额产品或长期服务）提供不同的价格。价格歧视策略允许金融机构更好地利用其市场，并可能帮助它们最大化收入。它需要准确地理解和预测消费者的需求和支付意愿，这需要大量的市场研究和数据分析。如果价格歧视策略被消费者视为不公平，那么它可能会对公司的声誉产生负面影响。另外，价格歧视策略可能会引起法律和监管问题，尤其是在那些对价格歧视有严格规定的市场。

（四）随行就市定价策略

随行就市定价策略，有时也被称为市场定价策略，是一种基于市场平均价格设定自身产品价格的策略。在这种策略下，金融机构将自己的产品价格设定在与竞争对手相同或接近的水平，通常是为了避免价格战或在竞争激烈的市场中保持竞争力。

此策略的主要优点是能够降低竞争风险，同时避免对价格敏感的客户流失。然而，这种策略也有其局限性，因为它可能限制了金融机构通过创新定价策略来提升收入和利润的可能性。同时，如果所有金融机构都采取相同的定价策略，那么市场可能会陷入同质化竞争，导致缺乏产品和服务的差异化。随行就市定价策略也要求金融机构持续监测市场价格，并在必要时及时调整自己的定价。这可能需要投入大量的时间和资源，同时也要求金融机构具备灵活的价格调整能力。

（五）主动竞争定价策略

主动竞争定价策略，有时也被称为领先定价策略，是一种以提前调整价格来影响市场价格水平的策略。在金融行业中，这可能表现为金融机构通过提前降低或提高产品价格来吸引客户，或是影响竞争对手的定价决策。主动竞争定价策略可以帮助金融机构提前占领市场，并在某些情况下获得竞争优势。例如，如果一个金融机构预见到市场利率可能会下降，并提前降低了其产品的利率，那么它可能会在市场利率下降之前吸引更多的客户。

然而，主动竞争定价策略也有其风险。首先，这种策略需要金融机构具有高度的市场洞察力和快速的反应能力，才能在市场变化之前做出正确的定价决策。其次，如果金融机构的定价决策错误，可能会导致收入下降或客户流失。例如，如果一个金融机构过早地降低了利率，而市场利率并未如预期那样下降，那么它可能会失去一部分收入。

扩展阅读

麦肯锡科学定价整体方案思路

麦肯锡结合全球银行定价转型项目的领先实践，结合对于中国市场的理解和项目经验，认为一套“端到端”的科学定价整体方案至少应该包括：定价漏损和速赢；存款定价策略；贷款定价策略；中间业务定价优化；客户综合定价；定价治理架构；系统和数据（图6-6）。

一、定价漏损和速赢

商业定价漏损给银行带来可观的损失。以比较保守的估计，银行现有定价系统中的“跑冒滴漏”（即定价漏损），每年造成相当于对公收入2%~4%的不必要收入损失。具体漏损的种类包括贷款定价未能充分体现客户和业务所需的风险溢价、价格优惠给予了非战略客户、给予战略客户的价格优惠未能带来预期的交叉销售，等等。

定价漏损管理是最容易“快速见效”的速赢举措，银行应率先启动。除速赢效果外，漏损还是一个银行全面、量化的自我定价诊断的过程，可为下一步的定价体系建设提供重要输入。麦肯锡的漏损诊断方面包括：定价漏损现状诊断；有针对性的速赢举措；漏损管理长

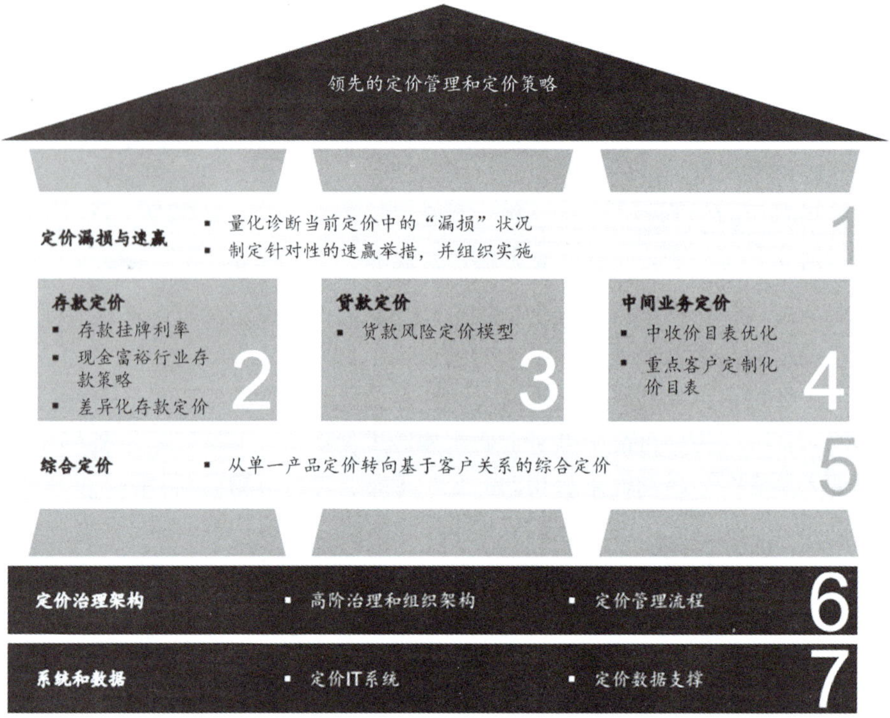

图 6-6　麦肯锡科学定价转型整体方案

效机制。

二、存款挂牌和存款定价策略

相比国际最佳实践，目前中国银行业对于存款定价管理总体显得“简单粗暴”，挂牌以“加点法”为主，存款也缺乏对现金富裕行业和战略客户的优惠定价策略。面向未来，银行目标采取更加主动、更加有效的存款定价策略，需要抓住三个核心要点：优化存款挂牌策略；聚焦存款富裕行业；实行差异化定价。

三、基于风险的贷款定价策略

中国在过去 20 年经历了“宏观经济持续向好，信贷资产快速扩张”的黄金发展时期，银行往往对自身的信贷质量有较为乐观的估计。近期经济“新常态”使很多银行感受到明显的“逾期和不良”双升的压力，也引起对当前贷款定价方法的关注和思考。科学的贷款定价的核心概括而言就是“核算清楚成本底线、要求恰当的风险溢价、赚取符合预期的利润率”，也就是常说的“成本加成法”。成本加成法的难点在于厘清每一个客户和每一笔贷款的成本，具体包含资金成本（FTP）、运营成本、资本成本和风险成本。

四、中间业务定价策略

净利差缩窄倒逼银行由利差收入驱动向中间业务驱动转型。过去 10 年间，银行的中收占比已经取得了快速的增长，但相比国际先进银行占比仍然偏低。面向未来，银行的中收定价管理有重大提升空间。中收定价优化应围绕三个主轴展开：中收价目表优化；重点客户的定制化中收价格表；中收减免管理。

五、基于客户关系的综合定价策略

根据我们的经验，银行最重要的 5% 的战略客户通常为其创造 50% 以上的业务收入，贡献超过 60% 的经济利润。谁能够有针对性地服务好现有的重点客户，并不断将普通客户转化为“主办行”客户，谁就能取得未来竞争的先机。基于客户关系的综合定价方法是服务战略客户的最重要抓手之一。麦肯锡通过多年的客户实践，总结了一整套综合定价方法，核心步骤包括：识别重点和潜力客户；“基于价值”的客户分层；在客户分层内按照客户关系EVA的内部排序；内部价格对称和参考价格计算；综合定价管理体系和价格审批。

六、定价治理优化

定价策略和方法的变革必然伴随着治理体制的优化，涉及很多部门对于定价工作职责的重新定价和划分，涉及管理流程的重新界定和调整。麦肯锡认为银行应该从科学定价的机制和流程需要来设置相应的管理职责。

七、定价系统和数据

银行定价有其复杂性，科学定价体系也越来越依赖一套现代的定价系统。正如我们采访过的一位欧洲对公业务负责人说：“光有好的方法和策略是不够的，拥有一套集成了定价和定价管理的IT系统才能快速提升我们的定价能力。同样一个价格测算的任务，过去一个客户经理可能花上两天的时间，有了定价系统20分钟就能完成。”我们的经验表明，通过定价系统将整个科学定价体系固化，可为银行的收入和EVA带来巨大提升。

（资料来源：中国银行业白皮书 Copyright © McKinsey & Company 麦肯锡大中华区金融机构咨询业务 www. mcKinseychina. com）

第三节 金融营销渠道策略

一、金融营销渠道概述

（一）金融营销渠道的概念

渠道的主要作用就是把产品从生产者手中传递到消费者手中，促使产品所有权发生转移。营销渠道选择对产品信息宣传、传递有着重要作用，营销渠道建设在一定程度上影响产品转移速度。

金融营销渠道是指金融机构的服务或产品利用媒介从生产领域流向消费领域所经过的整个通道，满足目标市场消费者的需要，实现价值转移和交换的各种场所、方式和途径。其功能有：服务功能；方便快捷功能；信息传递功能；销售功能；宣传功能。

综上所述，广义渠道指提供产品或服务、接受使用产品或服务过程的一整套相互依存的环节，包括产品或服务提供、产品或服务传递、产品或服务的接受等。

对于金融机构而言，营销渠道是指金融机构提供的金融营销产品或服务，通过多元化的营销渠道让客户接受或享受服务。

（二）金融营销渠道的类别

（1）金融营销渠道按照产品和服务是直接由金融机构销售，还是通过第三方中介销售，划分为直接营销渠道和间接营销渠道。

直接营销渠道指金融机构通过自身的销售团队和销售网络直接向客户销售产品和提供服务。这种渠道使得金融机构能够直接与客户进行交流，以便更好地了解客户的需求，提供定制的金融解决方案，和建立长期的客户关系。常见的直接营销渠道包括：实体网点、线上网点、电话银行等。例如，银行和保险公司的实体分行和营业网点就是最传统的直接营销渠道。随着科技的发展，直接营销渠道已经扩展到电话销售、网上销售、移动端销售等形式，这些渠道为金融机构提供了更多元化、更高效的方式来直接与客户交流。

间接营销渠道：指金融机构通过第三方中介，如代理人、经纪人或其他合作伙伴来销售其产品和服务。这种方式可以扩展金融机构的市场覆盖面，尤其是对于那些没有足够资源建立庞大销售网络的小型金融机构而言。常见的间接营销渠道包括：代理行、合作伙伴、电子支付平台等。例如，保险公司通常会通过保险代理人和经纪人来销售保险产品；银行会与零售商、航空公司等合作，提供联名信用卡等产品。这些中介机构通常具有丰富的市场经验和客户资源，可以帮助保险公司扩展市场，提高销售效率。随着电子支付的普及，许多银行和金融机构也会与各类电商平台、支付平台等合作，通过这些平台来提供金融产品和服务。

（2）按照所需设备和交互方式不同，金融机构的营销渠道可以分为实体营销渠道、自助服务渠道和数字化营销渠道。

实体营销渠道：客户可以直接在金融机构的实体位置（如分行或服务中心）进行交易。在这里，金融专业人员可以直接为客户提供咨询和服务，这包括投资建议、贷款申请、保险产品介绍等。此类渠道的优点是可以提供个性化的服务，并能直接解答客户的疑问。

自助服务渠道：这类渠道主要包括自助终端、ATM 机等设备，以及电话银行服务。通过这些渠道，客户可以在不需要人工干预的情况下完成一些基本的金融操作，如查询账户余额、转账、取款等。这种服务模式具有 24 小时可用、方便快捷的优点。

数字化营销渠道：随着互联网技术的发展，越来越多的金融机构开始提供在线服务，如移动银行、网络银行、App 等。通过这些渠道，客户可以在任何时间、任何地点进行金融交易，还可以使用 AI 智能助手进行咨询。金融机构还可以通过数字化渠道收集大量的用户数据，以优化服务和进行精准营销。

（三）金融营销渠道的职能

金融营销渠道是金融产品销售的重要工具，根据金融产品的特性，金融营销渠道的职能主要包括服务职能、信息职能、促销职能、谈判职能和财务职能等。

1. 服务职能

在金融产品销售过程中，金融机构提供的服务不仅限于产品本身，还包括为顾客提供一些增值服务，包括金融机构可能为客户提供财务咨询、投资建议、税务规划等服务，这些都是为了满足客户的特殊需求。以保险经纪人为例，其核心职责在于作为客户委托人，负有重要的使命，为客户提供风险咨询服务和定制个性化的投保方案，以满足客户的需求并为其购买合适的保险产品。服务还可以体现在对客户的尊重和关心上，包括提供个性化的服务，关注客户的需求变化，并及时调整服务内容等。在金融机构中，个人理财顾问和客户经理等直接与客户接触的员工，他们能够深入了解客户的需求，为客户提供精准的服务。

2. 信息职能

金融机构营销渠道的信息职能主要体现在信息在金融机构和客户之间的传递。这种信息一般包括机构已经整理的客户信息、收集的潜在客户信息、查找的竞争产品及竞争机构的信息，甚至是宏观市场环境中的相关信息。我们可以根据信息在各方之间的流动方向，将信息职能进一步细分为正向流动和反向流动两种类型。正向流动的信息，是由金融机构作为信息的发出者，客户作为信息的接收者。这种信息流通通常通过代理渠道实现。反向信息流动则相反，客户是信息的提供者，他们主动向金融机构提供他们的信息，如通过网络销售渠道实现信息的反向流动。

各种销售渠道都能够完成信息流动的职能，将金融机构需要传达的信息通过各种渠道传递给目标客户。但是由于信息传递方式的不同，渠道获取信息反馈的差异性较大。例如，通过广告、电视和网络等媒体来传递产品信息，这种方式属于单向的信息传递，不能与客户深度沟通，无法了解客户对产品的真实反馈，所以这种方式的信息反馈存在局限性。相反，金融顾问和经纪人可以和客户面对面接触，使得信息的传递变得双向，从而能更准确地了解客户的需求和反馈。

在金融机构中，不同类型的机构可以扮演不同的信息职能。如银行和证券公司可以利用自身广阔的客户资源和渠道优势，直接为客户提供金融产品和服务信息。同时，这些机构也可以根据客户的反馈和需求，反向传递信息给金融机构，帮助它们改进产品和服务。再如，特定行业的机构，例如旅行社和汽车销售商，可以利用自身的特性和业务，为客户提供针对性的保险和金融产品信息。

3. 促销职能

金融机构的营销渠道在促销职能上的表现，主要体现在他们如何通过各种方式传递吸引顾客的信息，以推动金融产品和服务的销售。与传递普通信息相比，促销信息的传播具有更直接的目标，即直接吸引和激励潜在客户进行购买。促销信息通常需要选择那些具有吸引力的内容，确保在海量信息中，能够有效地与客户进行沟通，吸引他们的注意力。例如，金融机构可以通过促销活动、优惠券、折扣等方式，提供具有诱惑力的优惠信息，激发客户的购买欲望。

然而，值得注意的是，不同的金融营销渠道可能提供的信息不同，同时，不同特性的客户所需的信息也存在差异。因此，传递促销信息时需要注意信息与目标客户的匹配程度。针对不同的目标群体，金融机构需要通过各种营销渠道进行精准的信息传递，以达到最佳的促销效果。例如，对于年轻的互联网用户，金融机构可以通过社交媒体、移动应用等渠道，发布个性化、具有创新意识的促销信息，吸引他们的关注和购买。对于老年人或者更传统的客户，金融机构可能需要通过电视广告、报纸或者直接邮件等传统的营销渠道，传递更稳定、安全的金融产品信息。

4. 谈判职能

在金融产品销售过程中，尤其是对于大额金融产品，如企业贷款、大额投资产品等，谈判是一个重要的环节。金融机构和客户需要就产品的价格、利率、期限、还款方式等问题进行谈判，以达成双方都接受的协议。这种谈判通常在金融顾问或投资经理的协助下进行，他们在谈判中扮演着媒介的角色。他们的主要任务是理解客户的需求和期望，并在保护客户利益的同时，也为金融机构的利益做出平衡。谈判的目的不仅是完成交易，还是确保双方的利益得到公平对待。需要注意的是，对于标准化的金融产品，如固定利率贷款或一些标准化的投资产品，销售流程通常较为简单，不涉及太多谈判。这是因为这类产品的条件通常已经由金融机构预先设定，客户可以直接选择是否购买。

5. 财务职能

金融机构的营销渠道的财务职能主要涉及资金的获得和分配问题。在金融机构中，如何有效地管理和分配资金资源是十分重要的。在这里，财务职能并不直接体现在电子邮件营销、社交媒体营销或电话营销等形式的广告推广中。金融咨询顾问、投资经理或银行代表等人员才是财务职能的直接执行者。他们在与客户的交互过程中，通常需要处理各种与财务有关的问题，如帮助客户完成贷款申请、提供投资建议、管理客户的投资组合等。这些人员需要有深厚的财务知识和技能，以便在客户和金融机构之间做出最佳的决策。此外，他们还需要了解各种金融产品和服务，以便为客户提供最合适的选择。

二、金融营销渠道的选择与建设

（一）金融营销渠道的选择

金融营销渠道的选择是金融机构进行市场营销的一个重要环节。合适的营销渠道能够将金融产品和服务有效地传达给目标客户，从而提高销售效果和客户满意度。选择金融营销渠道时，金融机构需要考虑多个因素，包括目标市场、目标客户、产品特性、公司策略等。

首先，金融机构需要了解目标市场的特性，包括市场规模、市场竞争情况、市场成熟度等。例如，如果目标市场竞争激烈，金融机构可能需要选择更加直接和个性化的营销渠道，如个人销售或网络营销，以更有效地与潜在客户进行交流。如果目标市场规模大、成熟度高，金融机构可能更倾向于使用广泛的营销渠道，如电视广告或大众媒体广告，以扩大品牌知名度。

其次，金融机构需要理解目标客户的行为和偏好。不同的客户群体可能偏好不同的营销渠道。例如，年轻的客户群体可能更喜欢使用数字化营销渠道，如社交媒体或移动应用，而老年客户可能更倾向于使用传统的营销渠道，如电话销售或直接邮件。金融机构还需要考虑客户的收入水平、教育水平等因素，以选择最适合的营销渠道。

再次，金融产品的特性也会影响营销渠道的选择。一些复杂的金融产品，如保险和投资基金，可能需要通过个人销售或咨询服务来进行销售，以便解释产品的特性和风险。而一些简单的金融产品，如储蓄账户或信用卡，可能适合通过自助服务渠道或大众媒体进行销售。

最后，金融机构的策略也会影响营销渠道的选择。如果金融机构希望提升品牌形象，可能会选择高端的营销渠道，如电视广告或大型活动赞助。如果金融机构希望提高销售效率，可能会选择效果明显的营销渠道，如网络营销或直接销售。

（二）金融营销渠道的建设

金融营销渠道建设是金融机构运营和发展的重要组成部分，特别是在当今的数字化时代，建设和优化各种金融营销渠道更是显得尤为重要。其涵盖了传统的银行柜台业务、电话银行业务、互联网金融业务以及移动金融业务等各种渠道的建设。

（1）线下实体渠道是最传统也是最主要的金融营销渠道。这主要包括各类银行分行、营业厅、ATM 机等。尽管随着科技的进步，线上渠道越来越受欢迎，但柜台业务依然在服务的深度和广度上有着无可替代的优势。实体渠道的优势在于能够提供面对面的服务，增强与客户的互动，对于一些重大或复杂的金融业务，如贷款、保险、投资等，线下实体渠道能提供更为详尽的咨询服务，对于客户而言更能获得信任感。金融机构在制定营销渠道策略时，不能忽视这一渠道，要适当投入资源，优化服务流程，提升柜台服务质量。但实体渠道的缺点也很明显，那就是经营成本高、覆盖面小。因此，如何优化实体渠道，提升其服务效率和客户体验，是金融机构需要思考的问题。

（2）电话银行业务作为一个更为便捷的渠道，也有着巨大的潜力。电话营销渠道是比较成熟的远程服务渠道，这是一个既可以接触到潜在客户，又可以维护老客户的有效渠道。电话银行业务可以实现快速响应，为客户提供24小时不间断的服务。它可以提供个性化服务，直接解决客户问题。在电话营销中，通过大数据分析，金融机构可以对客户进行精细化的分群，为不同的客户提供定制化的服务和产品，从而提高销售转化率。然而，随着社会的发展和科技的进步，电话营销的效率和效果在逐渐下降，客户对电话推销的抵触也在逐渐增强。因此，金融机构需要在电话营销的基础上，引入更加精准的客户分析和智能化的呼叫系统，以提升电话营销的效果。

（3）最具革命性的营销渠道无疑是互联网和移动金融业务。互联网和移动金融渠道已经成为金融营销的主战场，二者的兴起使得金融机构能够更为直接、更为快速地触达潜在的客户。这包括官方网站、手机银行、第三方支付平台、社交媒体等多种形式，通过构建用户友好的在线界面和应用程序，金融机构可以降低服务的使用门槛，提高客户体验。互联网和移动金融渠道具有成本低、覆盖面广、服务时间长、交易速度快的优势，尤其是随着大数据、人工智能等技术的发展，金融机构可以通过数据分析，实现更为精细化的客户管理，通过个性化推荐，满足用户个性化需求。但互联网渠道也存在风险，如信息安全风险、服务质量不稳定等，这些都需要金融机构重视和解决。

扩展阅读

银行传统网点和渠道营销的转型

由于移动互联网的迅速扩展，客户偏好和行为发生了极大的变化，线上渠道逐渐替代线下渠道（图6-7）。而随着线下渠道的关闭，各个银行也都在加大移动渠道的建设。

从传统商业银行的角度来分析，所有渠道是逐步建设起来的，先有网点，再有自助银行，然后是电话银行网上银行，智能手机出现之前还有短信银行，后来才有了现在的手机银行、掌上银行和微信银行等，各渠道分属不同部门管理，渠道准入规则、收费等都有差别。

渠道建设的时间有先后，又分属不同部门管理，很多商业银行的渠道都有单独的一套运行规则，甚至连客户信息在各渠道保留的都不一样，渠道各自为战，互相拼抢业务，每个网点柜员面对各渠道的考核压力下，往往不知所从，这不仅仅是资源的浪费，更给服务客户造成了许多困难，这需要在渠道流程设计上体现效率的提升。

营销转型最重要的变化就是渠道变革。由于移动互联网的迅速扩展，客户偏好和行为发生了极大的变化，线上渠道逐渐替代线下渠道，银行新设的物理网点在逐年减少，而关闭网点在逐年增加，这些年银行网点由净增变成净减。

随着线下渠道的关闭，各银行都在加大移动渠道的建设，商业都加速在线下扩展渠道，并且通过数字化平台重新设计自己的运营流程。全渠道的数字化产品从根本上改变了银行与客户接触的方式，并对整体的客户体验、客户营销和运营产生了深远的影响。

网点和线上整合、产品数据化是商业银行这些年发展与创新的方向，例如近年来招商银行大力投入数字化转型和科技创新能力，全面转型手机银行，以招商银行App和掌上生活App为阵地，探索和构建数字化获客模型，这两大App已经成为招商银行产品创新和用户运营的主要平台。

一、银行网点面临的挑战

线下服务普及导致去网点客户减少，且部门网点客户到店体验不佳、互动性差。客户体验差影响客户到网点意愿，造成客户流失。

商业银行传统模式营销成本较高，不够精准，且营销范围仅限于周边，目前客群有限，对大量的长尾客群无法服务。

银行网点引入智能化系统、设备，缩减柜台数量，网点的业务流程、岗位定位、服务营销都发生了变化，网点管理模式需要重塑。

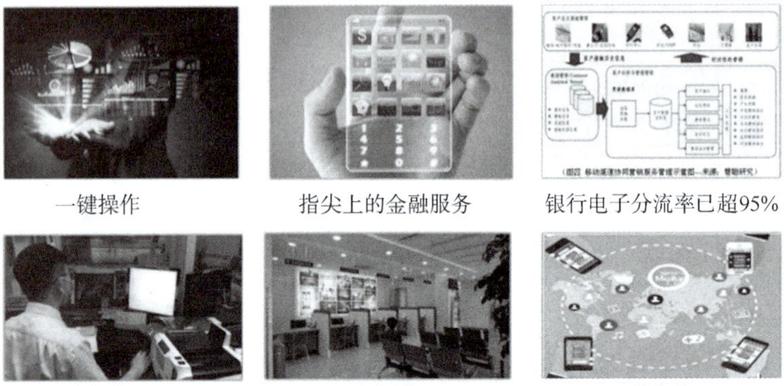

一键操作　指尖上的金融服务　银行电子分流率已超95%

离柜化　离行化　线上化

图 6-7　银行数字化营销

国内很多银行开始尝试将前中后进行进一步分离，部门银行也成立了一个跨业务、跨线上线下的全渠道部门，我们在数字化转型中如果仅通过一个部门合并和变更还是远远不能达到转型的目标和效果。

全渠道面对用户首先需要考虑的是渠道差异下如何保证最优的用户体验，目前商业银行发布和上架产品时会针对不同的渠道有不同的产品，更多的时候同一个产品交付时未考虑线上和线下渠道的差异性和便利性。

二、银行渠道的价值定位

银行进行数字化转型随之而来的就是全渠道转型。首先需要明确渠道的价值定位。内部要打通银行各个分支行、各个业务线之间的渠道，包括所有的线上和线下渠道、人工和虚拟渠道。同时也要打通外部同生态合作伙伴之间的渠道。通过数字化驱动的智能化，把渠道无缝融合起来，如图 6-8 所示。

全渠道的核心是数字化转型驱动的智能化，通过数字化以手机银行为核心把线上和线下渠道无缝融合起来，让用户在银行所有渠道都能得到一致的产品体验。银行进行全渠道转型首先要明确渠道的价值定位，提出三个核心方向：

（1）一体：内部要打通银行各个分支行、各个业务条线之间的渠道，包括线上和线下渠道、人工和虚拟渠道。同时也要打通外部同生态合作伙伴之间的渠道。

（2）智慧：全渠道的核心是数字化驱动的智能化，如何通过智能化方式把渠道无缝融合起来，这是全渠道和过去“跨渠道”“多渠道”概念的差别。

（3）开放：现在银行都面临移动互联网的挑战，客户的行为是与生态和场景在一起的，那么银行在传统封闭系统的情况下，如何适应一个开放的市场竞争环境，这是我们在全渠道

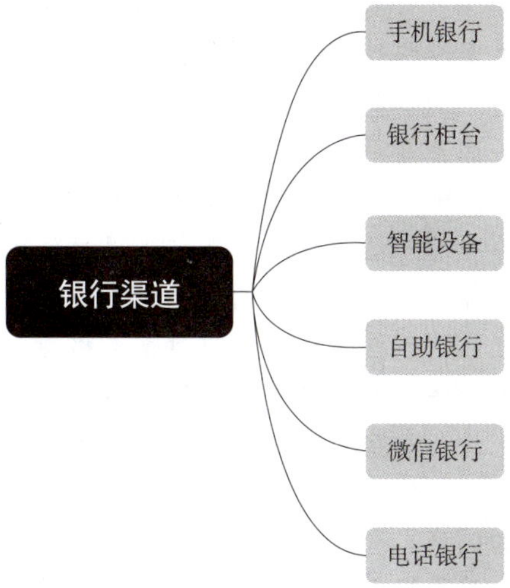

图 6-8 银行渠道

中需要关注的第三个问题。

全渠道的核心是一体、智能和开放，一体是偏内向的渠道整合；开放是外向的生态融合；智能就是要通过数字化的手段打通这些环节。

三、各家银行围绕手机银行进行渠道转型

从国际银行业数字化转型看，2012 年花旗银行就提出了“移动优先”（Mobile First）战略，2017 年又进一步提出以“简单化、数字化、全球化”为主线的“打造数字银行”的新数字化战略，强调要重视客户核心需求、强化自身数字化能力、积极拥抱外部合作伙伴等战略重点。

摩根大通银行则按照“移动优生，数字渗透”（Mobile First，Digital Everywhere）的数字化创新战略，推进银行数字化转型，突出打造领先的数字化体验、布局生态圈、创新数字产品、打造技术型组织和能力等。

国内以招商银行为代表，早在 2016 年已经对招商银行的未来发展提出了“移动优先”战略，推动从“卡时代”向“App 时代”的跨越。

大多数商业银行依托手机银行拓宽服务半径，优化用户渠道体验和打造自己银行核心竞争力的手段。商业银行的手机银行包括个人端手机银行及企业端手机银行，类比于微信银行和电话银行等渠道，主要满足用户移动端基本操作需求，提供便捷易用的操作渠道，企业端手机银行主要是提供账户管理、电子对账、综合汇款、企业团队等功能及产品。个人端手机银行业务范围主要围绕基本账户信息查询、转账汇款、购买理财产品、支付消费、贷款及其他优惠活动等。

工商银行聚集手机银行打造平台流量的超级 App，集成多场景功能模式。除了拥有自有平台体系的功能外，工商银行还采取开放策略，在云平台、活动专区后展开第三方服务伙伴接入生态体系，工商银行的手机银行利用数字化转型强大的 SaaS 云服务能力，向第三方合作伙伴开放 API 接口，输出金融科技服务能力和平台流量资源，与合作伙伴共建场景生态圈。数字化转型的一个比较重要的成果就是不光建设本行的数字化能力，还需要开放和共享的数字化能力给自己的上下游合作伙伴。

商业银行与客户的接触渠道日益多样化，客户线上线下海量信息零散割裂在各个渠道，信息和体验不一致成为一大痛点。打通数据和信息在各个渠道的无缝交互，可以为客户创造完美的服务体验。全渠道战略需要银行围绕手机银行为中心，利用高级数据分析进行深度数据挖掘，增加用户的黏性和转化的机会，提升全渠道的协同效应。

例如，某银行可以将一个客户在网点开户储蓄的信息与手机银行浏览基金产品的频次和时间联系起来，识别出该客户的理财需求，从而有针对性地为其推送基金或其他理财产品，增强客户黏性，对用户给予单独的产品推荐和服务，可以提高用户复购率和转化率。

在银行网点，用户和客户经理能借助便利的服务时间和地点，进行面对面的交流，线下网点有更多的机会与用户建立感情连接，形成客户黏性。移动互联网和数字化时代，线下网点与线上手机银行等渠道角色分明、互为支持，可以帮助每家银行走出自己特色的线上线下协同之路。通过数字化转型来优化和重塑线上手机银行和线下网点中用户的触点，解决线上和线下的融合联动、数据和流程一体化问题，通过线上高频与线下场景的结合，互相引流、转化来解决获客、活客、留客的痛点。

线上的流量运营，需要以手机银行为核心，向其他互联网渠道辐射，加大互联网运营效率，形成手机银行的用户流量池。线下网点的传统运营，需要打造营销和渠道的数字化能力，提高各渠道、各环节的漏斗转化率。

线上渠道和线下网点都实现数据和场景的结合、优化客户在各渠道触点的体验、精准营销才是流量运营的核心，线下传统的物理网点向智能化和场景化转型，多家银行的 5G 网点、无人网点、DIY 银行等一批新型智能网点开始相继亮相，为用户提供线上线下多个场景的增值服务。

线上业务与线下网点交互的营销模式能够实现优势互补、融合发展，提高金融服务效能，符合金融服务业未来发展趋势。渠道的打通和连贯又使银行客户可以轻松方便地得到不同渠道获取的金融产品，将会形成惊人的转化率、交易规模和复购率。强化线上与线下协同，能为客户提供更多的选择，线上渠道服务形式灵活，有助于提高客户的体验感。

而线下网点仍然是银行触达客户的重要渠道，可以维系存量客户，增强客户黏性。通过线上线下协同发展，能够为客户提供更精准、贴心的服务。线上以手机银行为主、线下以网点为辅，线上与线下相融通，强化银行网点与周边生态、社区的交互，是数字化转型下银行客户运营的主要形态。

线下将生活场景和银行业务无缝融合起来，不但能够吸引客户、强化与客户之间的联系，打造有温度的线下服务体验，这样还能够让线下和线上互动，让网点数字化运营、客户营销做得淋漓尽致。

（资料来源：https://www.woshipm.com/marketing/5732620.html）

第四节　金融营销促销策略

一、金融产品促销概述

（一）金融产品促销的含义

金融企业的促销与常规企业的促销理念一样，更贴近的含义也应该为“推广”，而非单纯的降价或者优惠活动。在金融业中，促销的内涵丰富，包含了品牌宣传、金融产品的推销、销售促进、公共关系以及其他沟通传播方式等一系列的营销行为。

在品牌宣传中，金融企业可能创新各种广告创意方式、广告投放方式，例如，通过社交媒体、电视、网络、报纸等渠道宣传其金融产品和服务。在公关方面，金融企业可能通过事件传播、社会化媒体传播等方式提升自身形象、扩大影响力，并与公众建立良好的互动关系。

金融企业促销活动的多样性、变化性和不确定性与常规企业无异，同样需要不断探索、实践、发掘什么样的推广活动能够激发消费者的购买欲，从而实现服务和产品销量的提升。在金融企业中，促销的主要任务是传递有关该组织（如银行、保险公司、证券公司等）的行为、理念、形象以及该组织提供的金融产品和服务的信息。在金融产品或服务投向市场的前后，金融企业应广泛开展宣传活动，使更多的消费者能认知产品或服务。同时，金融企业需要倾听消费者的声音，与消费者进行双向沟通，以更好地满足和实现消费者的需要。

金融企业的促销目的也是引起消费者的注意与兴趣，激发其购买欲望，促成其购买行为。金融企业促销的目的要服从于市场营销的目的，为了获得较好的盈利必须争取更多的客户，因此要通过促销活动促成大量的购买行为的实现，以实现企业的销售任务。此外，对于金融企业来说，促销也有助于提升其在激烈竞争的金融市场中的竞争力，并建立并维护其品牌形象和信誉。

（二）金融产品促销的作用

1. 传递信息

促销活动是一种有效的信息传递工具，金融机构可以在促销活动中明确地展示其产品或服务的特点和优势。例如，一家银行可能会在促销活动中详细介绍其储蓄账户的高利率，或者一家保险公司可能会强调其保险产品在某些情况下的全面覆盖，详细的信息可以帮助消费者更全面地了解产品或服务，从而做出更好的决策。通过促销活动传递的信息还可以刺激消费者的需求，当消费者了解到某种金融产品或服务的优势时，他们可能会被激发出购买该产品或服务的愿望。例如，如果一家银行在促销活动中宣传其高息储蓄账户，那么消费者可能会被激发出对高利率储蓄的需求，从而选择开设此类账户。类似地，如果一家保险公司在促销活动中宣传其全面覆盖的保险产品，消费者可能会被激发出对全面保障的需求，从而选择购买此类保险产品。

刺激需求的结果对金融机构是非常有利的，可以助力其扩大市场份额，增加收入。通过有效的信息传递和需求刺激，金融机构的促销活动可以达到提高产品知名度，增强品牌影响力，扩大市场份额，增加销售收入等多重目标。然而，需要注意的是，金融机构在进行促销活动时必须确保信息的准确性和透明性。因为误导性的信息可能会对消费者造成误导，导致他们做出错误的金融决策，从而对金融机构的声誉和业绩产生负面影响。因此，金融机构在进行促销活动时，必须严格遵守相关法规，确保信息的准确性和透明性。

2. 扩大销售

消费者的金融需求随着科技的发展和社会的进步也在不断发展和变化。金融机构必须通过创新和优化其产品和服务，以适应这些变化。通过促销活动，金融机构可以展示新的或改进的产品和服务，引发消费者的兴趣，激发他们的新需求。例如，商业银行可能会推出新型储蓄产品，该产品能够提供更高的利息回报。通过宣传和推广新型产品，该银行不仅可以满足消费者对高利息和更多服务的需求，也可能激发他们对这种新产品的需求，从而推动销售的增长。当金融机构成功地创造了新的需求，消费者就会更愿意购买其产品和服务。因此，扩大销售是促销活动的直接结果。此外，金融机构还可以通过各种促销活动，如提供优惠利率、赠送礼品等，进一步激发消费者的购买欲望，推动销售的增长。

然而，金融机构在进行促销活动时，也需要注意维护其产品和服务的质量。虽然促销活动可以刺激消费者的购买欲望，但如果产品和服务的质量不能满足消费者的期望，那么消费者可能会失去对该金融机构的信任，从而带来负面影响。因此，金融机构在进行促销活动时，不仅要重视创造需求和扩大销售，也需要重视维护其产品和服务的质量。

3. 有力竞争

由于金融机构之间的竞争非常激烈，机构需要通过有吸引力的促销活动来吸引和保留客户，同时突出自身的特色和优势。通过促销活动，金融机构可以向消费者介绍其产品和服务的独特特色，其中可能包括高质量的客户服务、创新的金融产品、有优势的利率、新颖的在线平台等。这些特色能够帮助金融机构在激烈的竞争中脱颖而出，吸引更多的消费者。例如，商业银行可能会通过促销活动推广其新版移动银行应用程序及其新的特色功能，如无卡存取款和转账等。

金融机构通过突出自己的特色，可以更有效地在市场环境中竞争。在消费者的眼中，金融产品和服务往往是同质化的，因此通过突出自身的特色，金融机构可以在众多的竞争者中博得消费者眼球。这可以帮助增加消费者对其产品和服务的认可度，从而提高其市场占有率。例如，金融机构可能会通过提供免费的个人财务规划服务，来吸引对该服务有需求的消费者。

4. 有效反馈

金融机构可以通过开展促销活动，获取大量的客户反馈信息。反馈可以来自客户对促销活动的参与情况，客户的投诉和建议，客户使用产品或服务的频率、习惯等方面。例如，通过观察哪些促销活动得到了广泛的参与，金融机构可以了解到客户的喜好和需求；通过分析客户的投诉和建议，金融机构可以了解到自己的不足之处；通过研究客户的使用习惯，金融机构可以了解到客户的消费行为。

收集到反馈信息后，金融机构需要对这些信息进行深入的分析，并据此调整自己的产品或服务。如果反馈显示，某种产品或服务受到了广泛的欢迎，金融机构可以将其作为重点，进行更深入的开发和优化；如果反馈显示，某种产品或服务存在问题，金融机构则需要及时进行调整，解决问题。只有这样，金融机构才能始终保持与市场需求的同步，提高自己的市场竞争力。在此过程中，金融机构需要时刻保持开放和透明，让客户看到自己的反馈被采纳，并对产品或服务进行了改进，以此激发客户更积极地参与到金融机构的各项活动中来，从而进一步提升金融机构的业绩。

（三）金融产品促销的影响因素

1. 消费需求

对于任何产品或服务来说，消费者的需求总是第一位的。因为消费者的购买决定取决于他们的需求，而不是产品本身。当消费者对某种金融产品产生需求时，就有可能购买这种产品，这是促销策略能够成功的关键。

消费需求由消费者的内在需求和外在环境共同决定。内在需求包括消费者的个人理财目标，如储蓄、投资、退休计划等。这些需求可能会影响消费者对金融产品的偏好，比如有些消费者可能更倾向于低风险的储蓄产品，有些消费者则可能更倾向于高收益的投资产品。

外在环境则包括宏观经济环境、市场情况、政策法规等因素。这些因素可能会影响消费者的需求模式和购买力。例如，在经济衰退时，消费者可能会更倾向于稳定的储蓄产品，以保护他们的资产不受损失。在经济繁荣时，消费者则可能会寻求高风险高回报的投资产品，以获取更多的收益。

金融产品的促销活动必须满足消费者的需求才能成功。如果一个促销活动不能满足消费者的需求，那么消费者就不会参与，活动也就无法达到预期的效果。因此，在设计金融产品的促销活动时，必须首先研究和理解消费者的需求，然后根据消费者的需求来设计活动。

扩展阅读

习近平在中共中央政治局第十三次集体学习时强调深化金融供给侧结构性　改革增强金融服务实体经济能力

习近平指出，深化金融供给侧结构性改革必须贯彻落实新发展理念，强化金融服务功能，找准金融服务重点，以服务实体经济、服务人民生活为本。要以金融体系结构调整优化为重点，优化融资结构和金融机构体系、市场体系、产品体系，为实体经济发展提供更高质量、更有效率的金融服务。要构建多层次、广覆盖、有差异的银行体系，端正发展理念，坚持以市场需求为导向，积极开发个性化、差异化、定制化金融产品，增加中小金融机构数量和业务比重，改进小微企业和“三农”金融服务。要建设一个规范、透明、开放、有活力、有韧性的资本市场，完善资本市场基础性制度，把好市场入口和市场出口两道关，加强对交易的全程监管。要围绕建设现代化经济的产业体系、市场体系、区域发展体系、绿色发展体系等提供精准金融服务，构建风险投资、银行信贷、债券市场、股票市场等全方位、多层次金融支持服务体系。要适应发展更多依靠创新、创造、创意的大趋势，推动金融服务结构和质量来一个转变。要更加注意尊重市场规律、坚持精准支持，选择那些符合国家产业发展方向、主业相对集中于实体经济、技术先进、产品有市场、暂时遇到困难的民营企业重点支持。

（资料来源：http://gdjr.gd.gov.cn/zyls/zxls/index.html）

2. 产品特性

不同的金融产品有着不同的特性，这些特性会影响消费者对产品的认知和评价，进而影响他们的购买决策。因此，金融机构在开展促销活动时需要了解产品特性并充分利用这些特性来进行促销活动。

首先，金融产品的特性包括其风险与回报的特性。高风险的产品可能会带来更高的回报，但同时也会有更大的风险；低风险的产品则可能提供稳定的收益，但收益可能较低。这些特性会影响消费者的购买决策。例如，有风险承受能力的消费者可能会选择高风险的投资产品，而保守的消费者可能会选择低风险的储蓄产品。

其次，金融产品的特性还包括其流动性、透明度、易用性等。高流动性的产品可以方便消费者随时提取或转移资金，高透明度的产品可以让消费者清楚地了解产品的情况，易用性则可以方便消费者使用产品。例如，流动性好的产品可能会吸引那些需要随时使用资金的消费者，高透明度的产品可能会吸引那些重视信息公开的消费者，易用性好的产品则可能会吸引那些希望方便操作的消费者。

最后，每个金融产品还有其独特的特性，比如某些产品可能有特殊的税收优惠政策，某些产品可能有特别的加息活动等。这些特性都是产品的竞争优势，可以在促销活动中加以利用，以此来吸引消费者。因此，在进行促销活动时，金融机构要充分考虑产品的风险与回报、流动性、透明度、易用性以及独特的特性等，并以此来吸引不同的消费者群体。

3. 市场特征

无论是金融产品的设计、价格设定、营销方式还是分销渠道，都需要根据市场规模、消费者行为、竞争情况等市场特征进行精准调整。

首先，市场规模直接影响金融产品的销售潜力。在大型市场中，广泛的营销策略和大规模的促销活动往往能够更好地吸引消费者的注意。然而，在较小的市场中，针对性的营销策略，如通过关系网络进行一对一的销售，可能会更为有效。

其次，消费者行为也是金融产品营销需要考虑的因素。对于那些对金融产品有深入了解、需要特定金融解决方案的消费者，公司需要提供更加专业、详细的产品信息，以及个性化的咨询服务。而对于那些对金融产品认知较少、购买决策主要依赖于信任和便利性的消费者，公司则需要通过简单明了的广告语和优质的客户服务来吸引他们。

最后，市场中的竞争状况也会对金融产品的促销产生重大影响。在竞争激烈的市场中，公司需要通过创新的产品设计、有吸引力的价格优惠、独特的营销策略等手段来获得竞争优势。而在竞争相对较少的市场中，公司则有更多的机会通过提供高质量的产品和服务来建立自己的品牌形象。

4. 促销成本

不同的促销形式，如广告、销售折扣、特价优惠、赠品等，每种形式的费用支出都有所不同。当金融机构在进行促销策略时，需要权衡各种因素，如促销活动的效果、成本和自身的经营状况，以实现最佳的促销效果。

首先，金融机构需要在促销总费用一定的条件下，制定促销组合使得促销效果最大。这意味着机构需要在总费用预算一定的前提下，选择最能够吸引消费者的促销形式。在这个过程中，机构需要不断测试和调整其促销组合，以找到最有效的方式。其次，金融机构需要在促销效果一定的条件下，制定促销组合使得促销总费用最低。这需要机构对各种促销形式的成本进行详细的分析和评估，以找出成本效益最高的方式。例如，虽然电视广告能够吸引大量的消费者，但其成本也非常高。相比之下，网络广告或社交媒体广告可能成本较低，但效果可能与电视广告相当。因此，机构需要根据自己的预算和目标，选择最合适的广告渠道。

然而，除了促销效果和成本之外，金融机构在制定促销策略时还需要考虑其自身的经营状况和财务实力。如果机构的经营状况良好，财务实力雄厚，那么它可能有能力进行大规模的促销活动，如大型的广告活动或赠品活动。反之，如果机构的经营状况较差，财务实力较弱，那么它可能需要选择更为节约成本的促销形式，如电子邮件营销或社交媒体营销。

二、金融产品促销方式

（一）人员推销

1. 人员推销的类型

在金融产品的人员推销中，主要有两种类型，分别是直接销售和间接销售。这两种类型各有特点和适用场景。

直接销售是最常见的人员推销类型。在这种模式下，金融机构的销售人员会直接与潜在客户进行接触，介绍并推销金融产品。直接销售的形式多样，可以是在金融机构的营业厅内进行，也可以通过电话或网络进行。在直接销售中，销售人员有更多的机会与客户建立起直接的关系，了解他们的需求，提供个性化的产品和服务。这种类型的销售方式通常需要销售人员具备良好的沟通技巧和专业知识，才能有效地推销产品并提供满意的服务。

另一种类型是间接销售，也被称为分销或代理销售。在这种模式下，金融机构会通过代理人、经纪人或分销商等第三方进行销售。这些第三方通常会在销售成功后获得一定的佣金或奖励。间接销售的优点是可以扩大销售范围，覆盖到金融机构难以直接接触的消费者。然而，这种销售方式也有一些挑战，比如金融机构需要确保第三方的行为符合其品牌和服务标准，否则可能会损害到机构的声誉。

在实际的营销过程中，直接销售和间接销售通常会结合使用。比如，金融机构可能会通过直接销售的方式，向现有客户推销其核心产品，然后通过间接销售的方式，扩大其产品的市场覆盖。通过灵活地运用这两种类型的销售方式，金融机构可以更有效地推销其产品。

2. 人员推销的形式

人员推销的具体形式包括上门推销、座席销售、电话销售和会议推销，每种形式各具特色，有着不同的优点和局限性。

上门推销是一种非常传统的销售方式，它要求销售人员直接上门去拜访潜在客户，详细讲解金融产品的功能和优势。这种销售方式的最大优势在于，它可以让销售人员与客户建立面对面的联系，方便提供个性化服务。然而，这种方式的缺点也很明显，因为销售人员需要投入大量的时间和精力去拜访客户，销售效率相对较低。

座席销售，通常是通过呼叫中心进行的，销售人员在固定的工作座席上接听或拨打电话，为客户提供咨询服务并推销产品。这种方式的优点是可以高效地处理大量电话咨询，减少销售人员的移动时间，提高工作效率。但是，它的缺点是无法提供面对面的服务，可能影响到与客户的情感联系。

电话销售，可以说是座席销售的一种，但其重点在于主动拨打电话给潜在客户，主动介绍和推销金融产品。电话销售的优点是可以覆盖大量的潜在客户，销售人员可以在短时间内与多位客户进行交流，推销效率较高。然而，这种方式的缺点是可能打扰客户，需要销售人员具备良好的沟通技巧和应变能力。

会议推销是通过组织产品推介会、研讨会、讲座等形式，将潜在客户聚集在一起，通过集中展示和讲解，进行产品推销。这种方式的优点是可以在短时间内影响一大群人，增强品牌的曝光度和影响力。但它的缺点是需要花费大量的时间和资金来组织活动，如果活动组织得不好，可能会造成资源的浪费。

3. 人员推销的特点

互动性强。人员推销具有高度的互动性，可以进行即时的交流和反馈。销售人员可以直接与客户进行对话，了解客户的需求和疑虑，提供即时的解答和建议。这种交流过程不仅能提高销售效率，也能增强客户的信任和满意度。

个性化服务。人员推销可以提供高度个性化的服务。销售人员可以根据每个客户的具体情况，提供个性化的产品推荐和服务方案。这种个性化的服务不仅能满足客户的个性需求，也能提高产品的销售效果。

专业性要求高。人员推销的效果在很大程度上取决于销售人员的专业素质。销售人员需要具备丰富的产品知识、良好的沟通技巧和专业的服务态度，才能有效地进行推销工作。

成本较高：人员推销相比于其他的推销方式，如网络推销、广告推销等，通常具有较高的成本。这包括人力成本、培训成本、管理成本等。因此，金融机构在进行人员推销时，需要综合考虑各种因素，确保推销的效果能够超过成本。

（二）广告促销

1. 广告促销的含义

广告是由各种组织和个体通过付费方式，利用各种传播媒体在特定的时间和空间传递通知和说服性的信息。在金融领域中，这种定义得到了深入的体现和应用。金融产品的广告促销就是金融机构通过各种媒介传递其金融产品信息，以影响和说服目标市场成员，提高产品的知名度，刺激消费者购买，从而推动金融产品的销售。

2. 广告促销的目的

通知和教育消费者。金融产品的特性通常比较复杂，消费者可能对其性能、用途和价值存在困惑。因此，广告需要向消费者提供足够的信息，帮助他们了解和理解产品，从而减少购买决策的不确定性。这种信息可以是产品的基本特性、使用方法、优势和潜在效益，也可以是金融机构的历史、信誉和专业能力。

影响消费者的态度和行为。通过精心设计的广告信息和形象，金融机构可以塑造消费者对其产品的积极感知，引发他们对产品的兴趣和好奇心，进而激发购买欲望。广告还可以通过情感诉求和社会认同等手段，影响消费者的价值观和生活方式，从而改变他们的消费行为。

建立和强化品牌形象。广告不仅是传播产品信息的工具，也是塑造和传播品牌形象的重要途径。通过一致和持续的广告传播，金融机构可以建立自己的品牌知名度和美誉度，从而提高消费者的忠诚度，增强市场竞争力。

3. 广告促销的特点

信息丰富。金融产品通常比一般消费品更复杂，涉及的因素也更多，如风险和回报、产品的使用条件、适用的消费者类型等。这就需要金融广告提供足够丰富的信息，帮助消费者理解并做出明智的购买决策。因此，信息丰富是金融广告的一项基本要求。但同时，如何将复杂的金融信息简洁、清晰、有趣地传达给消费者，是广告制作中需要克服的挑战。

专业性。金融产品涉及消费者的财富和未来，消费者对金融机构的专业能力有着极高的期待。因此，金融产品广告需要展现出专业性，包括使用专业的语言、展示专业的知识，以及强调金融机构的专业团队和服务。专业性不仅能够增强消费者对产品和金融机构的信任，也能够提高品牌形象和声誉。

广泛性。金融产品广告的影响力非常广泛。在传播范围上，现代科技的发展使得金融广告可以通过多种媒体，如电视、网络、社交媒体等，迅速传播到全球的消费者。在影响效果上，金融广告不仅能够引导消费者的购买行为，还能够塑造消费者的品牌认知和价值观。因此，金融机构需要充分利用广告的广泛性，实现大规模的市场推广和品牌建设。

潜在性。与直接的销售策略不同，金融产品广告更侧重于潜移默化地影响消费者。通过持续的信息传播，金融广告能够逐渐改变消费者的认知和态度，从而在长期积累后产生购买动机。这种潜在的影响力是金融广告的重要特点，也是其持久效果的关键。

4. 广告促销的种类

金融产品广告可以根据宣传内容的不同，划分为以下几个主要类别：产品信息广告、比较广告、故事情境广告和公益广告。

产品信息广告主要是提供金融产品的具体信息，包括产品特性、收益率、风险水平等重要参数。其目的是通过详细准确的信息，让潜在消费者更全面、更深入地了解产品。例如，银行发行的定期存款广告，就会明确指出存款期限、利率、最低存款额等关键信息。这类广告的优势在于其清晰、明确，容易理解，可以直接触达有明确购买需求的消费者。然而，也需要注意避免信息过多、过复杂，导致消费者难以消化。

比较广告主要是通过直接或间接比较自家产品与竞争对手产品的优劣，以展示自家产品的竞争优势。例如，一家投资公司可能会在广告中对比自家的基金与其他基金的历史业绩，以证明自家基金的优越性。这类广告的优势在于其能直接突出产品优点，吸引消费者注意。但也需要注意遵守相关法规，确保比较的公正、真实，避免引发不必要的纠纷。

故事情境广告主要是通过构建生动的故事情境，来展示金融产品的使用场景和效果。例如，一家保险公司的广告可能会描绘一个家庭因为购买了相应的保险，而在遇到突发事件时得到了有效保障的故事。其优势在于其情感化、生动化，能够引发消费者的共鸣，提高品牌亲和力。然而，也需要注意故事的设计应与产品特性、品牌形象相一致，否则可能导致消费者的困扰和误解。

公益广告主要是展示金融机构的社会责任和公益行为，如捐款、公益活动、社会投资等。例如，一家银行可能会在广告中宣传其对教育、环保等领域的投资和支持。其优势在于其能提升机构的社会形象，增强消费者的信任感和好感度。然而，也需要注意公益广告的设计应真实反映机构的社会责任行为，否则可能引发公众的质疑和反感。

5. 广告促销的形式

金融产品广告促销有多种形式，包括但不限于电视广告、报纸广告、互联网广告、户外广告、直邮广告等。金融机构需要根据自身的目标市场和预算来选择最适合的广告形式。

电视广告是传统的广告形式之一，它能够以动态的方式呈现信息，同时结合视觉和听觉效果来吸引消费者的注意力。电视广告的覆盖范围广泛，适合传播给大规模的观众。但是，电视广告的成本相对较高，而且随着消费者越来越倾向于使用互联网和流媒体服务，电视广告的影响力可能会有所降低。

报纸广告可以提供详细的产品信息和解释，是适合传播复杂金融产品的广告形式之一。然而，报纸广告的阅读人群通常有限，而且随着数字媒体的发展，报纸的传播力也在逐渐减弱。

随着数字技术的发展，互联网广告已经成为一种非常重要的广告形式。互联网广告可以在网页、搜索引擎、社交媒体、电子邮件和移动应用等平台进行展示，覆盖面广，可定向性强，互动性高，且成本相对较低。但是，互联网广告也面临着消费者过滤广告和隐私问题的挑战。

户外广告包括公交站、地铁站、大楼外墙、高速公路旁的广告牌等，具有很好的视觉冲击力，能够吸引大量的路过人群。然而，户外广告的信息量有限，不适合提供过多的详细信息。

直邮广告可以将具体的产品信息和优惠直接发送给特定的消费者，个性化程度高、针对性强。然而，直接邮件广告需要良好的客户数据库支持，且可能遭遇消费者的忽视或反感。

扩展阅读

经典再现，西游形象“代言”银行产品

如果四大名著作者可以收版权使用费的话，恐怕目前世界上鲜有畅销书作者可以与之相提并论。而这几人当中，《西游记》作者吴承恩最有可能荣登榜首。除了书籍的各种再版之外，《西游记》可谓是被“二次创作”最多的一个题材。

小时候寒暑假每当打开电视，总会看到六小龄童主演的1986年版《西游记》。甚至进入21世纪后，还是年年如此。大学时代，《大话西游》这部电影是我最喜欢看的，影片以“无厘头”的方式，深刻剖析了人生和爱情，成为经典之作。日本动漫画家鸟山明的经典作品《七龙珠》，创造了一个来自外星球的“孙悟空”，甚至成了东京奥运会的形象大使。至于在其他商业领域，使用唐僧师徒四人形象的产品更是数不胜数。

在银行的业务宣传中，同样不乏《西游记》形象为之“代言”。信用卡、礼仪储蓄存单、储蓄宣传漫画中，唐僧师徒各展所长，演绎经典，颇具新意。

银行卡面——强强联手重现经典形象

《西游记》中最激动人心的故事，非“大闹天宫”一段莫属。猴哥踏破灵霄宝殿，十万天兵天将无可奈何，以至于在西天取经路上，但凡遇到妖魔鬼怪，悟空总是将“俺老孙乃是500年前大闹天宫的齐天大圣”挂在嘴边。上海美术制片厂从1961年开始将这个故事拍成彩色动画长片，成为国产动画的巅峰作品之一，在国内外收获无数大奖。2012年，这部经典动画做了高清修复版，邀请一众明星配音后重返荧幕。曾经爱看这部动画片的小“粉丝”，不少已过而立之年，都纷纷走进影院，重温儿时情怀。

当年口袋里没有半毛钱的小观众，此时已经具备了一定的经济基础和诉诸情怀的需求。工商银行上海市分行借助与上影集团和上海美术制片厂在业务战略合作的契机，联手推出了大闹天宫灵通卡。该卡片除了常规的借记卡功能外，还有观影优惠等增值服务。卡面上孙悟空穿着鹅黄色上衣、大红的裤子，腰束虎皮短裙，足下一双黑靴，脖子上还围着一条浅蓝色围巾，手搭凉棚，朝着凌霄宝殿上的脊兽挥起金箍棒，仿佛又将我们的记忆拉回到了童年时光，如图6-9所示。

图6-9　大闹天宫灵通卡

儿童存单——师徒五人“身价”有别

儿童储蓄存单，顾名思义就是对少年儿童发行的储蓄存款单，包括存折、卡、券等，可以从小培养少年儿童勤俭节约的美德。

面向小朋友的储蓄产品，自然更需要结合儿童审美偏好来开发。尤其是三四十年前，国内卡通形象还不丰富，西游团队经常挑起大梁。有一套1989年中国农业银行哈尔滨分行推出的儿童活期储蓄存单，一共五张，面额1~5元不等，师傅是“最金贵”的5元，悟空是4元，八戒是3元，沙僧是2元，白龙马是1元（图6-10）。背面写有“儿童储蓄。一次存入，一次支取，不记名，不挂失，凭卡片支取本金和利息。利率月息2.4‰，可在本市农行储蓄所（柜）办理存取”。1989年，如果某个小朋友收到这样一套总价15元的存单作为压岁钱，那可真是一笔不小的财富。

图6-10　儿童活期储蓄存单

宣传漫画——八戒总是“负面”教材

《西游记》人物性格迥异，师徒四人中，唐僧和沙僧个性沉稳，悟空和八戒则活跃很多。悟空动辄“呆子长”“呆子短”，拿八戒开涮。八戒也不甘示弱，一声声“弼马温”，揭起悟空最想回避的旧伤疤。因猪八戒的“人设”是好吃懒做的诙谐形象，所以在一些宣传画中，悟空和八戒经常一同登台，而“反面”角色往往就由八戒来“背锅”了。

在一本20世纪80年代出版的《中国储蓄漫画选》当中，有一幅万籁鸣的漫画。画面上孙悟空和八戒站立云端，八戒托钵，悟空则手捧蟠桃形状的储蓄罐。配文是：“猴哥，现在化缘真难啊。”“八戒，现在要靠储蓄才好。”万籁鸣是中国近代著名的动画导演，《大闹天宫》正是其最得意的代表作。这幅漫画是万老90岁高龄时创作的，笔墨寥寥，悟空八戒的生动形象却呼之欲出，极显功力。其实，原著中八戒的“财商”比其他人高，还偷偷藏过私房钱，整天捧着钵盂化缘的反倒是悟空，看来八戒还真是有点冤枉啊。

（资料来源：中国工商银行上海市银行博物馆　许斌）

（三）营业推广

1. 营业推广的定义

营业推广是指企业在进行销售活动时，通过各种手段刺激消费者购买或者刺激销售渠道以提高销售额的一种策略行为。具体来说，它包括各种短期内能激励消费者、经销商或者业务团队行动的营销活动，如打折促销、购物赠品、积分回馈、购物券等。

在金融领域，营业推广主要是通过各种优惠政策、服务增值或者特殊活动等方式来吸引客户，促进金融产品或者服务的销售。例如，银行可能会通过提供一定期限的优惠利率、免收手续费、赠送保险或者积分回馈等方式来促销其信用卡、存款或者贷款产品。投资公司可能会提供免费的投资咨询服务、优质的客户服务或者特殊的投资机会来吸引新的客户或者保持老客户。

2. 营业推广的特点

金融产品营业推广通常具有刺激性、临时性、针对性、多样性、互动性等特点。金融产品的营业推广通常采用各种策略，如优惠利率、附加服务、奖励积分等，以刺激消费者的购买行为。这些推广活动通常在短期内产生显著的效果，从而达到提高销售、增加市场份额或者提升品牌知名度的目的。

金融产品的营业推广通常具有时间限制，例如“限时优惠”或“首次申请优惠”。临时性旨在刺激消费者在一定时间内做出购买决策，从而加速销售过程。金融产品的营业推广通常针对特定的目标市场或者消费者群体进行。例如，银行会针对大学生推出特别的信用卡产品，投资公司会针对高净值客户推出特别的投资服务。

金融产品的营业推广形式多种多样，可以通过线上或者线下的方式进行，包括电子邮件推广、社交媒体推广、电话销售、门店推广、大型活动推广等。金融产品的营业推广更注重与消费者的互动。金融机构可能会通过社交媒体进行推广活动，邀请消费者参与互动，从而提升消费者的参与度和品牌忠诚度。

3. 营业推广的形式

金融产品的营业推广形式丰富多样，包括折扣与优惠、赠品与礼品、积分与奖励、联合促销等。

折扣与优惠是最常见的营业推广形式之一，通常包括利率优惠、手续费减免、增值服务免费等。例如，银行可能会对一部分信用卡客户提供特定时间内的低利率贷款或者免除首年年费的优惠。这种推广形式能直接降低消费者的购买成本，从而刺激消费者的购买行为。

赠品与礼品是一种通过赠送物品或服务以吸引消费者的推广形式。例如，银行可能会对新开户客户赠送定制的纪念品，保险公司可能会对购买特定产品的客户赠送免费的保险服务。这种推广形式能提高消费者的购买欲望，并增加消费者对品牌的好感和忠诚度。

积分与奖励是一种通过提供积分或奖励来鼓励消费者频繁购买或使用产品的推广形式。例如，信用卡公司通常会推出积分奖励计划，消费者每消费一定金额就可以获得一定的积分，积分可以用来兑换各种礼品或者服务。这种推广形式能刺激消费者的重复购买行为，并提高消费者的满意度和忠诚度。

联合促销是一种通过与其他品牌或者企业合作来扩大推广效果的形式。例如，信用卡公司可能会与酒店、航空公司等合作，为信用卡用户提供特别的优惠和服务。联合促销推广形式能扩大推广的覆盖范围，并提高消费者的购买欲望。

（四）公关促销

1. 公关促销的定义

公关促销，即公共关系促销，它是指企业通过建立和维护与公众的良好关系，提升企业及其产品的社会形象和公众认知度，以达到推动销售、增强市场竞争力的目的。公关促销的核心是建立互信互惠的关系，而不是直接推动销售，它更注重长期的品牌价值和公司形象的建设。它通过一系列的公关活动，将企业的经营目标、经营理念、政策措施等传递给公众，使公众对企业及其金融产品有更深的了解和认同。这些公关活动可以包括新闻发布会、社会责任活动、公众讲座、企业文化展示等。

2. 公关促销的形式

公关促销是企业塑造公众形象的重要方式，常见的金融产品公关促销形式主要有新闻发布、公益活动、记者招待会、赞助活动等。

新闻发布是企业公关促销的一种常用形式，这种方式通过发布企业新闻、公告或者专题报道，向公众传达企业的最新信息，以此提高企业在公众中的知名度和影响力。在金融领域，新闻发布通常用于公布公司的新产品、新服务、新政策等信息。如某银行发布新的金融产品或改革策略，某券商公布最新的股票研究报告等。

金融机构通常会参与或组织各种公益活动，以此展现其对社会责任的承担和对公众的关怀。这种形式能够提升企业的社会形象，加深公众对企业的好感，也有利于提高企业的品牌知名度。例如，某保险公司发起公益保险项目，为需要援助的人群提供保障；或者某银行捐款赞助教育公益活动，帮助贫困地区的孩子接受教育等。

扩展阅读

人保寿险持续开展“温暖守护，向光同行”公益活动，
情系福利院儿童、老人、环卫工等群体

2023年以来，中国人保寿险个人业务事业群联合省级分公司联动开展“温暖守护，向光而行”公益活动，先后在北京、江西、广东、广西等地为环卫工人、养老院老人、福利院儿童三类群体送去温暖。

2023年4月，中国人保寿险公益使者分别走进广东省和广西壮族自治区，开展“止于至善，关爱未来”福利院儿童主题的线下公益行动。

在福利院，人保寿险的公益使者看到的是这样一群普通而又不普通的孩子。他们有时会走神儿，有时特别淘气，有时非常好奇，每天都有忙不完的事情，快乐对于他们来说也总是那么简单。他们是活泼可爱的精灵，感知世界的美好与未知。

人保寿险爱心使者走进福利院，与孩子们一起阅读绘画，一起欢唱嬉戏。一本有趣的绘画、一个充满想象力的乐园、一个未知的世界，构建起他们丰富多彩的美好生活。

孩子们表示，他们会学习更多的本领，去帮助更多的人。这是他们对爱的理解，也是他们对爱的回答。人保寿险希望可以有更多力量来一起守护孩子对未来的期望，呵护每一双正待展开的翅膀。

本次公益活动覆盖广东省和广西壮族自治区的七所福利院机构，受捐儿童达1 270名，人保寿险将浓浓爱意播撒在两广大地。

从冬到夏，一路温暖守护，终于迎来百花盛开。中国人保寿险始终秉承“人民保险，服务人民”的初心使命，践行企业社会责任与担当，用温暖守护向光而行。人保寿险人也愿成为一束温暖的光，去照亮更多需要关爱的群体。使命不怠，奉献无悔，温暖同行！

（资料来源：https://baijiahao.baidu.com/s?id=1766017731018031492&wfr=spider&for=pc）

记者招待会是企业公关的一种重要方式，尤其在金融领域中应用广泛。通过举行记者招待会，企业可以与媒体建立直接的联系，向媒体传达重要的企业信息，提高媒体的关注度和理解度。记者招待会通常在企业有重大信息发布时举行，如新产品发布、业绩发布、重大战略宣布等。在记者招待会上，企业的高级管理层可以直接与媒体交流，解答媒体的疑问，澄清媒体的误解，强化媒体对企业的正面印象。

扩展阅读

民生银行西安分行召开“资金 e 收付”产品发布会

9 月 14 日，中国民生银行交易银行部举行“资金 e 收付”系列产品发布会。

“资金 e 收付”是民生银行聚焦不同行业资金收付场景中的客户需求，为客户提供线上化、智能化的行业解决方案，通过提供账户体系、行内外支付通道、系统到账通知和自动对账等功能，助力客户实现订单流与资金流的匹配，实现业财高效协同。方案涵盖订单收银台、收款通、薪福通、购销通、市场通等多个产品，服务大消费行业分销收款、物业及水电燃气缴费、医药/保险/新能源汽车等特色行业销售收款、自营电商、供应链平台资金清结算。

后续，民生银行西安分行将进一步贯彻落实行内“做精交易银行产品服务，夯实支付结算及现金管理产品体系，打造特色交易银行品牌，提高低成本负债获取能力”的发展要求，聚焦客户日常资金收付场景，依托科技系统能力，用好“资金 e 收付”系列产品，为客户提供更为简单、高效、智能的结算服务。

（资料来源：https://baijiahao.baidu.com/s?id=1744984759533725412&wfr=spider&for=pc）

赞助活动是企业提升品牌知名度和影响力的有效方式。通过赞助相关的活动或项目，企业可以把自己的品牌与活动或项目的正面形象关联起来，从而提升品牌的形象和声誉。赞助活动可以是各种形式，如赞助体育赛事、艺术节、公益活动等。在金融领域，企业通常会选择与自身业务相关或目标市场相关的活动进行赞助。例如，一家投资银行可能会赞助一个金融论坛或创业大赛，展示其在金融和投资领域的专业性和领导力；一家保险公司可能会赞助一个健康或安全相关的公益活动，传达其关心客户健康和安全的品牌理念。通过赞助活动，企业不仅可以提高品牌的知名度和美誉度，还可以向公众传达其品牌的价值和理念，建立与公众的情感连接。

扩展阅读

广发证券连续 7 年赞助香港科技大学创业大赛

广发证券连续 7 年赞助香港科技大学创业大赛，助力培育香港青年创业家。港科大百万奖金创业大赛自 2011 年创办，至今已经举行十三届。广发证券连续 7 年作为大赛的白金赞助商，全力支持青年创新创业，并连续 5 年赞助设立“广发创新奖”以特别表彰在创新方面有所突破的创业队伍。目前大赛已由香港单一赛区扩展到国内其他赛区，包括北京、广州、澳门、深圳、佛山五个地区，成为大中华地区知名的青年创业比赛。大赛至今获逾 700 个来自世界各地，具人工智能、医疗等不同科研背景的队伍参加，培养出多个广受认可的初创企业和项目。香港赛区的前三名队伍还将获得与来自其他五个赛区的获奖队伍一起进行全国总决赛的资格，共同角逐创业大赛的全国总冠军。

本届创业大赛以“开创你的丰硕未来”（Empower your Future）为主题，吸引了 234 支参赛队伍，数量创历年新高。2023 年赛事分三轮举行，参赛项目主要专注于医疗保健、人工智能、可持续发展等热门领域，当前受到热议的 ESG 也得到创业者的广泛关注，2023 年赛事中80%的参赛项目均涉及ESG元素。作为大赛多年的赞助商，广发证券全程参与比赛。广发投资（香港）有限公司执行董事麦小颖女士连续2年受邀担任颁奖嘉宾和决赛评委，在现场为参赛队伍提供专业意见和指导。

麦小颖女士表示："非常荣幸今年再次代表广发证券参与创业大赛，并担任颁奖嘉宾和评委。2023年的赛事涌现了更多优秀的创业团队，在他们的展示中，我们感受到丰富的创业理念和市场洞察力。作为广发在境外的私募股权投资平台，广发投资（香港）一直关注并支持各个领域杰出的初创企业。未来，广发证券及其旗下子公司将会持续身体力行，令更多优秀的高校研究成果走向社会，支持优秀创业者、成就伟大企业。"

作为中国资本市场最具影响力的证券公司之一，广发证券一直以实际行动投身于公益事业。在境内，广发证券通过"广发证券大学生微创业行动"等项目聚焦科技创新，扶持青年学生创新创业实践。自2015年起，广发证券已连续8年成功举办微创业活动，累计投入逾千万，帮助大学生提高创新创业能力，至今共收集大学生微创业项目8 830个，奖励扶持微创业项目超过400个，在国内1 000多所高校中累积了较高的品牌认知度和影响力。未来，广发证券将继续秉持"广聚爱，发于心"的公益理念，积极履行社会责任，全力推动境内外青年创业事业蓬勃发展。

（资料来源：https://baijiahao.baidu.com/s?id=1768872908742423812&wfr=spider&for=pc）

【本章小结】

在本章中，我们学习了金融市场定位的概念和重要性，以及市场定位的原则和方法。我们了解了金融产品的特点和类型，掌握了产品策略的制定和实施方法，包括产品开发、定价、促销等方面的策略。我们还学习了价格策略的制定和实施方法，包括价格制定、折扣、促销等方面的策略。此外，我们还探讨了销售渠道的选择和促销策略的制定，包括直接销售、代理销售、网络销售等方面的渠道选择和广告宣传、营销活动、客户服务等方面的促销策略。

通过本章的学习，我们能够更好地理解金融营销策略的制定和实施方法，掌握金融营销策略的技巧和方法，为制定科学、合理的金融营销策略提供依据和支持。同时，我们还可以运用所学的金融营销策略和方法，对实际的金融营销目标市场进行分析和评估，提高企业的竞争力和盈利能力。

【思考题】

金融营销策略的内涵是什么？

金融营销策略的构成要素包括哪些？如何制定一个有效的金融营销策略？

概述金融产品的定位，如何根据市场定位制定金融产品策略？

概述金融产品的定价策略，如何根据市场需求和竞争情况制定定价策略？

概述金融服务的渠道策略，如何选择最合适的渠道进行金融服务推广？

第七章 数字化金融营销

◆◆◆ 学习目标

了解数字化金融营销的概念、特点和趋势，理解数字化金融营销在金融机构中的作用和意义。

掌握数字化金融营销的方法和策略。

掌握数字化金融营销的技能和能力。

理解数字化金融营销的挑战和机遇。

◆◆◆ 能力目标

学生能够根据金融机构的需求和目标，制定数字化营销计划，包括目标客户、营销渠道、营销内容、营销预算等方面的规划和设计。

学生能够熟悉并运用各种数字化营销渠道，如搜索引擎优化、社交媒体营销、电子邮件营销、网络广告等，以便更好地推广金融产品和服务。

学生能够通过数据分析工具对数字化营销数据进行收集、整理、分析和解读，以了解数字化营销的效果和客户的需求和行为，从而优化数字化营销策略。

学生能够根据金融机构的特点和目标客户的需求，制定相应的数字化营销策略，包括产品策略、价格策略、渠道策略、促销策略等。

时政视野

以党的二十大精神为指南　金融助力实现“科技—产业—金融”

科产融生态圈是指根据“科技—产业—金融”良性循环机理，以科技为手段、产业为核心、金融为动力、平台为拓展方式，集合商流、物流、资金流、信息流，实现线上化发展的新型生态圈。这可谓产业金融 3.0 版本，能让科技、产业和金融耦合共生，循环发展。产业金融 1.0 阶段主要特点为中心化模式，即围绕“1”个核心，企业同时为供应链上的 N 个企业提供融资服务，提高各企业间协同化运作能力。产业金融 2.0 阶段，金融机构以产业链的核心企业为依托，针对产业链的各个环节，设计个性化、标准化的金融服务产品，为整个产业链上的所有企业提供综合解决方案；通过技术和牌照的结合，实现资源优化配置，降低客户融资成本，促进金融和产业链的融合。而产业金融 3.0 阶段，整体向平台化方向发展，集物流、商流、信息流和资金流为一体，采用线上模式，通过信息化主要解决信息不对称、配置缺位等问题。并且，随着互联网技术的发展与应用，并借助人工智能、大数据、区块链等技术实现信息全集成与共享，金融机构可以从产品模式、业务流程等各方面更加注重客户体验和个性化定制，金融服务更加智能化，服务彻底走向以客户为中心、场景与生态并存的科产融生态圈。可以说，未来的科产融生态圈建设，是解决上述瓶颈的制胜法宝，并能帮助金融业有力推动“科技—产业—金融”良性循环。

（资料来源：金融时报-中国金融新闻网 https://www.financialnews.com.cn/ll/sx/202304/t20230424_269579.html）

第一节　数字化金融营销概述

一、数字化金融营销的概念

（一）数字金融的概念

近年来，互联网、大数据、人工智能、云计算和区块链等技术与传统金融服务的深度结合加速发展，催生了数字金融的兴起。随着数字金融领域的迅速壮大，它已逐步转变为学术界关注的焦点。然而，目前学界对于数字金融的定义仍未达成明确的共识，众多学者分别从各自的视角对数字金融的概念进行界定，包括欧盟委员会、世界银行在内的国际机构也对数字金融的概念有所关注。

2020 年 4 月，针对数字金融概念的相关问题，欧盟委员会发起了一次面向公众的调查。几乎同一时间，世界银行发布了一份名为《数字金融服务报告》的研究报告，其中将数字金融定义为一种金融模式，即传统金融行业与金融科技公司利用数字技术为客户提供金融服务。

我国一些学者对数字金融的相关概念有不同的理解：

黄益平、黄卓（2018）认为，数字金融泛指传统金融机构与互联网公司利用数字技术实现融资、支付、投资和其他新型金融业务模式。

张磊、吴晓明（2020）从业务模式角度给出解释，认为数字化金融是指网络技术和金融的有机融合，主要包括三种模式：电商平台模式、网贷平台模式和传统金融数字化模式。

朱太辉、张彧通（2021）认为，金融数字化的核心是基于移动通信技术、人工智能、云计算、大数据、区块链等数字科技，对金融机构的技术架构、业务模式和组织管理进行改造，推动数字技术、大数据与金融业务的融合发展。

综合以上机构和学者的观点可以看出，数字金融并非仅仅是“互联网+金融”的简单组合，而是将互联网技术和精神与金融行业有机整合，从而诞生出一种全新的金融模式和业务形态。数字金融的参与主体不仅包括传统金融机构，还涵盖了互联网公司和金融科技公司。此外，数字金融覆盖的范围已明显扩大，从金融机构的业务管理电子化和信息化、金融服务交易的线上化和移动化扩展到金融服务的全流程数字化。与此同时，支持数字金融发展的底层技术已经显著升级，从计算机信息技术和移动互联技术等传统技术向大数据、云计算、区块链和人工智能等前沿数字技术迈进。

本书认为，数字金融是指金融行业通过利用数字化科技手段，实现金融业务创新、管理升级和服务优化的一种新型金融业务形态。它是数字技术与传统金融之间相互渗透、相互融合的结果，展示了以传统金融为根基的新趋势、新技术和新模式。

（二）数字化金融营销的概念

数字营销的起源可以追溯到20世纪90年代，随着互联网的兴起和普及，商家开始认识到网络平台在宣传和推广产品方面的巨大潜力。经过30余年的发展，数字营销经历了多个阶段，学界对于数字营销总结的经验成果也较为丰富。在其内涵方面，现代营销之父菲利普·科特勒（2018）认为，数据和网络社区价值构成了数字营销的基本要素。国内学者梁超（2020）认为，数字营销是指使用数字媒体或渠道来生产、推广产品和服务的营销活动。

数字营销的实践需要依赖互联网和在线数字技术，越来越多的企业开始采用数字营销策略，在互联网、移动设备、社交媒体等数字渠道上推广、销售和维护自己的产品和服务，具体的方法和手段通常包括搜索引擎营销、电子邮件营销、数据驱动营销、电子商务营销、社交媒体营销和内容营销等。其核心目标是通过更精确、个性化、实时和互动的方式，触达目标受众并提高营销活动的有效性与投资回报率。数字营销的发展为企业增加了营销渠道的宽度和广度，助力企业了解和满足消费者需求。

随着数字化金融的发展，金融行业开始将数字技术如移动通信、人工智能、云计算、大数据、区块链等与市场营销相结合。因此，数字化金融营销可被定义为：基于移动通信、人工智能、云计算、大数据、区块链等数字技术的市场营销在金融领域的应用。通过整合数字金融和数字营销的理念，在线上、线下渠道实现金融产品和服务的有效推广、销售和维护，以及精准营销。

二、数字化金融营销的特征

伴随互联网、大数据、云计算、人工智能等先进技术的持续演进，数字金融为客户提供了更高效、便捷和安全的金融服务体验。数字金融的广泛应用推动了金融市场的深度发展，降低了金融服务的成本，提高了金融服务质量，增强了金融风险管理能力，并进一步促使金融资源合理配置，从而推动经济增长。

数字化金融营销作为金融业在数字化背景下的必然发展趋势，整合了数字金融与数字营销的特点，推动了金融产品和金融服务模式的创新，为金融机构提供了更多的市场机遇和竞争优势。数字化金融营销的特征如下：

（一）数据驱动实现个性化精准营销

数字化金融营销充分利用大数据、人工智能等技术手段，对客户数据进行深入分析，通过对用户行为、消费习惯、信用评级等大量的数据来源进行挖掘，金融机构可以准确地了解目标客户群体的需求、行为特征和市场趋势，从而制定有效的营销策略。此外，基于大数据和人工智能技术，金融机构可以根据用户特征、用户的风险承受能力、用户需求和偏好等因素，为客户推荐高度个性化的产品和服务，以及定制化的金融解决方案。数据驱动的特点使得数字化金融营销更具针对性、精确性和实效性，个性化的精准营销有助于提升用户满意度和忠诚度，降低营销成本。

（二）多渠道整合实现客户群广泛覆盖

数字化金融营销充分利用互联网、移动设备、社交媒体等数字渠道，实现金融产品和服务的广泛传播以及线上线下的无缝对接，为客户提供一体化、全方位的金融服务体验。这使得金融机构可以触及更广泛的潜在客户群体，实现营销目标的快速扩散，提高品牌知名度和市场份额。多渠道传播的特点为数字化金融营销带来了更大的覆盖范围和影响力。

（三）技术依赖实现即时互动与反馈

数字化金融营销具有高度的实时性和互动性。金融机构可借助移动互联网、即时通信、社交媒体等技术，与客户即时互动，实时解决用户的问题和需求。同时，用户也可以通过评论、点赞、分享等方式参与到营销活动中，形成良好的互动氛围。实时互动的特点提升了数字化金融营销的用户体验和口碑传播效果。金融机构也可以根据客户反馈对营销策略进行调整和优化，实现持续的营销效果提升。

（四）信息监控实现精准的风险控制

数字化金融营销利用大数据分析、云计算等先进信息技术，可以实现更为精确的风险控制。金融机构可依托各平台生成的用户行为数据与交易信息流数据，精确评估不同用户的信用水平和还款能力，从而制定合适的信贷政策和风险控制措施。这有助于降低金融机构的信贷风险，提高风险识别和防范能力，保障金融市场的稳定运行。为此，数字化金融营销也更注重风险控制，确保金融营销活动的安全和合规。

总之，数字化金融营销具有数据驱动实现个性化精准营销、多渠道整合，实现客户群广泛覆盖、技术依赖，实现即时互动与反馈、信息监控实现精准的风险控制等特征。这些特征使得数字化金融营销在金融行业中具有巨大的潜力和竞争优势。随着金融科技的不断发展，数字化金融营销将进一步改变金融行业的营销方式和业务模式，推动金融行业的持续创新和发展。金融机构需要不断提升数字化能力，拓展数字渠道，完善客户服务，以应对数字化时代所带来的挑战与变革。

三、数字化金融营销与传统金融营销的区别

得益于数字技术的快速发展，数字金融正成为金融业发展的新引擎。数字化金融营销与传统金融营销的区别如下：

（一）业务体系构建不同

数字金融业务具有多样性和丰富性，涵盖了互联网支付、网络借贷、数字保险、网络众筹以及互联网理财等方面。金融产品和服务的不断发展与完善为金融行业的业务体系注入了活力。观察传统金融领域，我们可以发现金融企业通过运用数字技术，尤其是大数据、云计算和人工智能等技术，显著提高了金融服务的效率和实力。

首先，金融企业利用互联网的便利性、高效性和速度优势，为客户提供金融服务，使客户无论身处何地、何时都能够获得基本的金融服务。其次，金融企业能够收集并分析大量客户信息，深入了解客户需求，并结合客户特点为他们提供个性化的金融产品或服务。这样一来，客户的多样化需求得到满足，金融产品与服务种类得到进一步丰富。最后，数字金融的发展和应用增强了金融服务的安全性和稳定性。借助大数据、云计算、指纹识别和面部识别等先进技术，金融企业能够确保客户在使用金融产品时资金和信息的安全性得到保障。总之，数字金融业务的多样性和丰富性不仅拓宽了金融行业的业务体系，还为客户提供了更高

效、个性化和安全的金融服务。

（二）资源配置效率不同

在很大程度上来讲，金融资源配置的效率决定着整个社会经济的运转效率。数字金融通过整合诸如信息流和资金流等各类信息，有助于解决客户信息不对称的问题，从而提高金融配置的效率。在大数据和人工智能技术支持下，用户的背景信息、消费偏好、兴趣爱好以及社交行为等可以通过数字技术加以处理与分析。这使客户需求能够被精准划分和整合，利用这些数据为不同客户提供量身定制的金融产品和服务。相较于传统金融模式，数字金融有助于降低金融服务的门槛，让中低收入阶层也能获得相应的金融服务，进而提升整个社会的金融资源配置水平。随着数字技术的不断发展和进步，出现了诸如微信、支付宝等多样化的金融平台，这些平台极大地推动了金融行业的发展。这些数字金融平台为用户提供了便捷的金融服务，如转账、支付、理财、借贷等，满足了用户在不同场景下的金融需求。

（三）成本投入不同

与传统金融相比，数字金融在很大程度上简化了业务流程和资金流通环节，显著降低了人力成本、运营成本和风险成本的投入，减轻了中间环节的负担，提升了支付效率，从而使整体交易的经济成本得到降低。与此同时，数字金融还进一步提高了信息利用效率，缓解了信息不对称导致的成本问题。

首先，在数字化背景下，金融服务提供商能够更有效地获取和处理客户信息，降低金融交易中的信息搜索成本。其次，通过数字技术处理和分析用户信息，金融服务提供商可以更加有针对性地满足信息需求，为不同客户提供量身定制的产品或服务，大大节省决策成本。再次，利用收集到的用户信息数据，借助数字技术监测消费者行为的动态变化，显著降低贷款全流程的实时监控成本和风险成本。最后，消费者可以利用互联网的便利性和实时性，在网络中轻松筛选和比较金融产品，迅速选择合适的金融产品，减少享受金融服务过程中的时间成本和交通成本。总之，数字金融的发展和应用使金融业务运作更加高效，降低了经济成本，并增强了信息利用效率，从而优化了金融市场的整体表现。

（四）金融脱媒程度不同

数字金融的崛起对传统金融业态构成了挑战，推动了金融交易的“去中介化”进程。凭借其便捷性、实时性、低成本和低门槛等特点，数字金融吸引了大量资金涌入网络金融平台。这些互联网平台所提供的存款利率通常高于商业银行，导致银行存款减少，进而使银行的储蓄功能逐步被削弱。与传统金融机构的贷款业务相比，网络借贷业务流程更为简捷。数字金融平台能够迅速汇集大量信息，并在短时间内掌握借贷双方的信息。

此外，基于大数据技术的互联网平台可以高效地监控贷款主体的信誉以及消费者行为的实时变化，从而有效地降低信用风险。移动支付业务的兴起在一定程度上推动了金融去中介化的进程。数字金融，以移动支付为典型代表，利用互联网优势吸引众多资金，进而抢夺原属于传统金融机构的客户资源。

以第三方支付平台为例，如微信支付等平台在快速扩张的同时，不断创新其业务领域，对传统金融机构的支付和结算业务带来了威胁。此外，互联网理财产品的种类繁多并且收益较高，使得传统金融机构的理财业务客户被抢占。随着数字金融服务日益丰富多样，金融中介的作用逐步削弱。这导致传统金融机构在资产、负债以及中间业务方面面临着“去中介化”的趋势，进一步促使金融市场朝着多元化的方向发展。数字金融的崛起在不断改变金融市场格局，对传统金融机构提出了更高的挑战，同时也为金融市场带来了无限的发展空间和可能性。

经典案例

火山引擎白皮书：金融数字化营销要让用户更舒适

2022 年 7 月 28 日，火山引擎联手安永金融科技与创新团队、北京前沿金融监管科技研究院、上海高金金融研究院，共同发布了《金融行业零售营销体系数字化营销白皮书》。同时，火山引擎总裁谭待出席了发布活动，与嘉宾及观众共同探讨数字化营销相关话题。

近年来，伴随着外部的市场挑战与内部的行业竞争，金融领域的各大组织都在寻求在零售营销领域抢占先机。而数字化给予了它们新的可能：利用数字化技术实现突破，以数据驱动为核心，持续优化客户体验，实现可持续营销。

此次发布的白皮书覆盖保险、银行、证券三大细分领域，主要解读数字化营销的发展现状、痛点及未来趋势，并给出了端到端落地解决方案，既融合了高校研究院和咨询机构的行业洞察和经验，还结合了火山引擎在数据、算法、体验、云上的技术优势，传递“更恰到好处的触达和更舒适的用户体验”的营销主张。

谭待在活动中也表示，火山引擎脱胎于字节的技术中台，希望把过去多年积累的技术、产品与经验，赋能给金融机构，加快行业的数字化转型速度。为此火山引擎将坚持业务价值驱动，加快关键技术自主创新，探索场景创新。

白皮书显示，未来几年，客群细分化、产品丰富化、体验极致化、渠道多样化、运营生态化五方面将成为金融零售行业数字化转型的主要趋势。

首先客户需求的个性化裂变推动了客群划分的精细化，不同年龄段和区域的客群展现出截然不同的身份标签和兴趣习惯。而为满足不同客群的金融需求，各机构将不断丰富其产品服务体系并积极拓展线上线下多种渠道，确保客户可享受到随时随地获取产品服务的极致体验，最终金融机构通过集合自身优质资源和流量，再配合从公域引流到私域的运营策略，形成正向自循环的金融运营生态。

白皮书指出，站在以“客户”为中心的经营角度，需要从全渠道贯通、客户体验升级、内容生态创新、搭建一体化营销平台、数据智能、多云协同六个角度全面提升金融零售体系数字化营销效能。依托系统工具重塑零售营销流程，搭建全域立体营销矩阵，将智能化的营销场景拓展至每个业务领域，帮助金融公司在激烈的竞争中保持用户增长，提升客户黏性。

不久前，2022 火山引擎 FORCE 原动力大会上正式发布了“公私域流量经营解决方案”。火山引擎利用新技术和智能手段助力金融机构开展端到端的客户旅程和流量经营，公域获客做开源，私域提活做节流。火山引擎提供了北极星指标、运营策略、人群分层分级分群等一体化运营策略，构建数据采集、管理、加工、分析、展示全链路能力，实现“数据驱动运营”。

构建好的内容体系，让App充满高质量的内容，让一线客户经理拥有丰富的营销物料，也是数字化营销的前提。金融机构也需要好的内容，来帮助客户了解财富管理知识，并引导到合适的财富管理产品。火山引擎联动抖音集团内容生态，整合全网创作者以及专业机构财经内容，形成不同主题的内容集合，为企业保持常看常新的内容输出，解决内容创作难题；提供从内容获取、内容加工、内容管理、内容消费到运营分析的全链路解决方案，并依托抖音、西瓜视频、今日头条等原生的内容质检、精准推荐、画质优显技术，提升内容体验。

如谭待所说，金融行业的稳定性、安全性非常重要，在提供场景化行业解决方案的同时，也对技术提供方提出了更高的要求。火山引擎将持续深入理解行业，潜心打磨产品，用更长期的心态和专业的技术能力为金融行业数字化提供服务。

（资料来源：https://baijiahao.baidu.com/s?id=1739667822139391945&wfr=spider&for=pc）

第二节 大数据金融营销

一、大数据金融营销的内涵

（一）大数据金融的概念

大数据金融是一种基于先进的互联网和大数据技术，通过收集和分析大量消费者数据，并将分析结果提供给互联网金融机构以支持其市场营销活动的创新金融方法。对于任何企业来说，消费者数据都具有极大的价值。相较于传统金融模式，大数据金融在处理大量消费者数据方面表现出明显优势。

首先，大数据金融更能贴近消费者，高效地处理消费信息，深入地分析消费需求，有助于金融企业为消费者量身打造合适的金融产品，提供个性化服务。例如，天弘基金与支付宝合作推出的余额宝、蚂蚁金服的创建以及京东金融的成立，都是大数据金融应用的典型案例。对于不同行业和规模的企业，若能提前意识到大数据金融时代的需求，便能在市场中获得巨大的竞争优势。

此外，大数据金融为我们提供了将数据精细化处理和整合的工具。对金融企业而言，其数据量庞大，其中包含许多非结构化数据。过去，由于处理技术的局限和数据的复杂性，这些具有商业价值的数据往往被忽略。然而，随着大数据时代的到来，人们开始关注这类数据，并创造工具以处理和分析它们，经过精确分析和整合后的数据价值将远超我们的预期。大数据金融利用先进的技术手段，将这些原本被忽视的非结构化数据转化为具有商业价值的信息。这使得金融企业能够更好地了解消费者需求，为他们提供更个性化和定制化的服务。这一切都归功于大数据技术的发展，它为金融行业带来了革命性的变化。

（二）大数据金融营销的特点

1. 利用大数据收集信息并优化营销策略

在大数据时代背景下，金融机构可以利用先进的互联网技术快速、准确地收集与金融产品营销和消费者相关的信息。通过对这些海量数据的分析和挖掘，同时排除无关信息的干扰，金融机构能够找到有利于自身发展的关键信息，从而优化营销策略。例如，金融机构可以通过对客户行为数据的分析，发现消费者的行为习惯、偏好和需求，通过绘制客户画像来获取最具价值的消费信息，进而制定更具针对性的营销活动和推广方案。这一特点也要求金融机构的员工需要具备良好的大数据运用能力，能够从庞大的数据信息中精确找到关键信息，并进行完整记录与科学总结。此外，大数据技术还可以帮助金融机构实时监测市场动态，及时调整和优化金融产品和服务的营销策略，制定更具针对性的营销推广方案，开展多样化的市场营销活动，以适应不断变化的市场环境。

2. 借助数据信息共享进行精准化营销

互联网时代背景下，金融机构可以通过多种途径掌握大数据技术对金融产品营销过程的分析成果，并将其中的核心内容运用到金融产品和服务的营销推广中。金融机构可根据这些内容及时改进现有的营销策略，开展更为精准的营销推广活动，提升金融产品的市场占有率。此外，金融机构可以利用大数据技术为客户提供个性化服务，满足客户多样化的金融需求，也可以根据大数据分析结果，更好地了解客户的风险承受能力和投资偏好，从而提供更为合适的金融产品和服务。这将有助于金融机构优化客户体验，提高客户满意度和忠诚度。

大数据金融营销鼓励金融机构之间，以及金融机构与电商平台、社交网络等大数据平台开展战略合作，进行信息数据的互通和共享。更新行业最新数据信息，扩大金融机构的数据信息容量。在此路径中，金融机构收集到的信息能够进一步掌握不同类型客户的差异化需求，以此为基础打造金融服务的完整体系，并确保能够获得相应的经济效益。通过共享数据分析成果，金融机构可以提高数据信息的利用价值，实现精准化营销。例如，金融机构可以与合作伙伴共同利用消费者画像，为客户提供个性化的金融产品和服务。这种精准化营销不仅可以提高客户满意度和忠诚度，还可以降低营销成本，提升营销效果。

综上所述，大数据金融营销以数据为核心，通过收集和分析大量信息来优化营销策略，实现精准化营销。金融机构应充分利用大数据技术的优势，不断创新营销模式，提高市场竞争力。

二、大数据金融营销的策略

在大数据时代，人们生活在一个充满数据的网络空间，各种行为都会留下数据痕迹。通过对这些数据进行深入分析，可以描绘出个人画像，了解网络消费习惯和行为模式，使得精准营销成为可能。然而，金融领域的客户群体具有多维度和多特征，其金融需求充满个性化和差异化。传统金融机构的营销模式是以产品为中心的简单粗放式，难以满足客户越来越实时化、差异化和多样化的金融服务需求。

在大数据背景下，金融机构的精准金融营销策略基于海量数据分析，对客户进行精准定位和关联分析，实时细分客户群体，挖掘客户的真实需求。根据这些需求，金融机构可以快速创造各种针对性金融产品，实现精准营销金融服务，进而提高市场份额和经济效益。因此，在大数据时代，金融机构应基于 4P 理论（产品策略、价格策略、渠道策略和促销策略），从四个方面提出营销工作的发展方向。

（一）产品策略

1. 客户为中心的产品策略

在传统营销模式下，金融机构的新型营销产品多为流程式产品，主要侧重市场覆盖范围，难以实现针对性和可量化的营销。这种方式没有将消费者置于核心位置，无法充分满足客户群体的需求，缺乏差异化和个性化特征。然而，在大数据背景下，金融机构应以客户为核心，通过数据挖掘迅速准确地发现和定位客户需求，快速迭代推出差异化产品，从而实现精准营销，优化客户体验，使产品真正符合客户需求。

2. 跨界合作推出产品

金融机构在创新金融产品时，可以选择与具备流量效应的组织合作，推出联合产品。例如，商业银行与特定消费组织合作推出联名信用卡，这样可以打破原有行业的封闭体系，有利于构建完整的生态圈和接入流量端口。通过实现场景化营销和精准营销，金融机构能够成为金融产品服务专家。在这种模式下，金融机构不仅能满足客户需求，还能扩大市场份额，提高竞争力。

（二）价格策略

1. 差异化价格策略

随着利率市场化的推进，银行息差利润逐渐减少，因此，利润增长点主要集中在中间业务。在这种情况下，采用阶梯式差异化价格策略有助于提升效益。金融机构可以首先利用大数据广泛收集和分析客户信息，识别不同的风险特征，从而制定差异化的价格和调整相关金融服务费率，以扩大客户群体并实现精准营销。长远来看，金融机构也可以在实现既定营销目标的过程中适当让利，以促使整个生态圈达到闭环，实现 1+1>2 的效果。关联业务的收入可以弥补让利所带来的损失，同时，对未来现金流的良好预期也有助于弥补现行让利。其次，金融机构可以通过大数据分析企业客户的数据信息，了解客户的风险偏好，根据不同的抵押方式和资产信用等差异化定价，对客户进行精准定位，并制定相应的营销策略。这样的差异化价格策略有助于金融机构拓展客户群体。

2. 动态调整价格策略

金融机构可充分利用大数据对金融市场变化进行实时监控。通过对实时数据的分析，金融机构能够了解市场行情，提前制定相应的策略，以便适时调整金融产品和服务的价格政策。同时，金融机构可根据市场情况制定合适的收益策略，并通过精准营销将这些策略推送给相关客户，帮助客户抵御风险并实现收益。

（三）渠道策略

1. 整合渠道策略

在大数据时代，传统行业界限逐渐消失，跨界合作成为发展趋势。金融机构的金融营销渠道应多元化，积极与各类流量平台展开合作，构建全方位、立体的多元化营销体系。这样可以避免信息割裂，确保客户需求得到快速准确的识别，对客户群的社会属性、生活属性和消费倾向进行深入刻画。从而当客户通过任意渠道寻求服务时，都能实现及时响应，提供精准的针对性服务，达到精准营销的目标。

2. 创新渠道策略

金融机构应致力于打造大数据应用平台，不断拓展客户营销管理系统。加强与社交平台、电商平台、媒体平台以及各种流量平台的合作，收集客户活动数据，进行分析画像，以推送适合客户的金融产品组合。同时，对后续服务的反馈数据进行收集，充分利用客户关系网络进行口碑式营销。这将有助于从多个维度建立线上线下立体营销体系，实现数据收集、精准投送和互动。

（四）促销策略

大数据时代，金融机构的促销策略与传统的全面促销有很大差别，更强调精准和针对性，以满足客户的未来需求。寻找具有高关注度的客户群体，吸引流量，形成示范效应，进而扩大营销覆盖和影响力。根据收集和整理的营销数据，跟踪推送促销内容，运用内容营销策略。通常，接触一定次数的内容促销的客户容易被金融产品吸引。

通过客户关系系统在促销活动中收集的数据，有助于发掘客户行为的共性并推荐相关产品，这在一定程度上会促使客户进行重复购买。在积累了一定时间的数据后，银行能够预测客户的下一次购买时机，并在适当的时间段内精确投放促销产品信息。

三、大数据金融营销的创新

（一）大数据背景下金融营销创新的意义

在大数据时代背景下，金融机构通过创新业务实现高效发展至关重要，只有通过有效的业务创新才能满足当前时代对金融行业的发展需求，进而提升自身的竞争力。为了在业务创新方面取得成果，机构应当采取全方位的策略。管理者需要充分了解大数据技术对金融行业发展的重要性及其优势。此外，合理运用大数据技术将有助于提升金融机构的竞争力，从而实现长期稳健发展。

1. 满足社会发展需求

金融机构尤其是商业银行作为国家主要的经济引擎，其长期发展不仅关乎自身经营成效，同时也影响着民众的经济福祉。在大数据时代的背景下，信息技术的普及给金融机构的经营模式带来了挑战，暴露出一系列经营问题。这些问题制约了金融机构的长远发展，使其难以紧跟社会的进步，这对金融机构与社会环境的协同发展产生了负面影响。如此状况若持续下去，金融机构的长期发展将岌岌可危。因此，对金融机构的营销业务进行创新成为必然的发展方向。只有通过创新，金融机构才能满足社会发展的需求，紧跟时代的步伐，避免被市场淘汰。

2. 提高金融机构竞争优势

在当前的大数据新时代，网络金融机构层出不穷，金融行业发展趋势发生变革，传统金融机构的经营模式面临着巨大的挑战。要适应这一发展趋势，金融机构必须对业务进行创新，改革传统经营方式，以满足时代发展需求，并在竞争激烈的市场中稳固地位，提高经济效益，实现可持续发展。然而，我国金融机构起步较晚，经营结构相对单一，客户群体分散，提供的金融产品和服务范围有限，管理系统不够完善，抵御风险的能力较弱。这种情况容易导致金融机构竞争力下滑，无法有效开展业务。因此，对营销业务进行创新和优化管理模式至关重要。这样，金融机构才能满足当前时代的需求，并提升自身竞争实力。

（二）大数据背景下金融营销创新的基础

1. 数据支持

在日常管理中，金融机构的运营涉及大量的数据，包括财务数据、客户信息等。为了确保这些数据的有效性和真实性，提高数据综合利用效率，金融机构应当运用大数据技术对数据进行精确分析，对内外部数据进行综合整理，对不同类型的数据进行关联分析。只有建立统一的数据划分体系，才能实现对这些数据的有效利用。同时，提供准确的数据支持，有助于构建大数据平台，基于数据分析了解数据的实际运行状况。综上所述，大数据平台由维度定义模块、并行分析模块、数据冗余模块和数据采集模块四个部分组成。

2. 物理支持

在构建大数据平台时，金融机构管理者应充分认识到大数据平台对于机构营销模式创新的重要作用和意义，金融机构需为大数据平台提供必要的框架支持。为实现这一目标，管理者应准确评估机构的整体数据量，并在评估过程中对各设置节点进行详细计算。只有这样，才能确保系统中的组件能够满足当前社会对金融行业发展的需求。

3. 挖掘客户

在当今社会背景下，要想在日常经营中对金融营销业务进行创新，金融机构应该科学、合理地利用大数据平台。此外，还需确保大数据平台中涉及的数据具有真实性和准确性。创新和应用营销模式的最终目标是寻找目标客户，在这过程中，金融机构应寻找精准营销客户，只有这样才能实现营销业务创新的目的。在日常经营过程中，金融机构应从多个角度挖掘客户，为潜在客户质量提供保障。

4. 智能引擎

在当前社会环境中，一旦通过创新的营销策略找到了潜在客户，接下来的任务就是根据具体客户需求进行针对性服务。创新的营销模式应基于金融机构的具体发展状况，为客户提供智能化的决策解决方案。这些智能决策方案包括产品的详细信息、精确定价和准入评估等。在实施智能决策过程中，应为集团客户或集团上下游客户提供有针对性的营销策略，以便在实践中将这些客户培养成目标受众。

5. 统一业务发展平台

金融营销创新及其具体应用在大数据背景下受到了影响。因此，金融营销应致力于方案制定和问题解决。与此同时，金融营销系统应与金融机构的运营平台相结合，为营销模式的完善奠定基础。建立与企业应用相一致的平台有助于推动营销流程的发展，并发掘潜在客户群体，同时确保群体质量。各环节完成后，统一工作平台中的任务也随之完成。这种方法实质上有助于推动业务流程的发展，缩短工作时间，并为金融机构的客户群体和员工带来便利。此外，它还能在主观上简化贷款等业务前的繁琐调查过程，实现营销创新。

6. 筛选准入客户

筛选合格客户的核心目标在于确保客户质量。在日常运营中，金融机构需要处理各种类型客户的业务，因此如何控制客户质量成为金融机构员工首要关注的问题之一。在执行客户筛选过程时，金融机构不仅要确保客户质量，还需保障客户结构。在实际操作中，应结合大数据平台，将“黑名单”“白名单”和“灰名单”的使用标准和要求纳入客户准入体系。通常来说，白名单中的客户是营销业务系统推荐的对象，黑名单中的客户是不允许准入的，而灰名单中的客户则是具有一定风险的。

（三）大数据背景下金融营销的创新策略

1. 创新金融产品以满足市场和客户多样化需求

随着时代变迁，人们的观念和需求在不断演变，金融机构传统的单一金融营销产品已无法满足市场和不同客户群体的需求。为适应这一发展趋势，金融机构需在深入开展市场调研的基础上，创新和丰富金融产品，为不同客户量身定制个性化的金融解决方案，从而提高营销的成交率。

2. 加强与客户的互动沟通并维护客户关系

在信息化和大数据的时代背景下，通过网络实现与客户的实时联系和沟通变得越来越容易。营销人员可以利用微信等渠道与客户保持紧密联系，增进沟通交流。一方面，这有助于提升对客户的服务质量；另一方面，通过与客户的互动了解他们的需求，为他们提供多元化的产品方案，从而提高客户忠诚度，并为后期营销奠定基础。

3. 拓展多元化营销渠道，创新营销策略

在大数据背景下，各种网络平台都可成为金融机构金融营销的有效途径，例如商业银行的平台包括银行自有平台，如官网、微信公众号、手机银行等，以及第三方网络平台。金融机构的自有平台具有低成本、信息可靠和效果可控等优势。机构可全面升级自有平台，提高可操作性，增加宣传和沟通渠道，优化客户服务，从而提高客户黏性和营销成功率。与第三方网络平台如支付宝、淘宝等合作可提高产品曝光度，扩大客户群，提升营销成交率。通过渠道整合策略，金融营销模式创新将在大数据环境下取得理想成果。

4. 全面创新促销方式

大数据时代，网络平台和社交软件日益发达。金融机构可利用这些工具与客户互动，获取客户数据。通过专业数据分析人员，针对不同人群采取相应的促销方式。例如，针对高端人群，可以在深入了解客户需求的基础上，为客户制定个性化的营销策略。而针对普通人群，可根据客户追求实惠的心理制定团购促销等策略。通过鼓励客户转发促销活动信息并集赞，可以实施优惠政策，从而大幅提高产品宣传和曝光度，实现金融机构金融营销的目标。

经典案例

大数据破冰保险业——你的驾车数据决定你的车保费用

在高速发展的保险市场中，车险作为我国渗透率最高的险种，其发展面临着巨大的挑战。数据显示，2016 年我国车险业务的保费约 7 000 亿元，占财产险保费的 70%，而与此同时，2016 年约 75%的财险公司车险业务处于亏损状态。庞大的市场规模和不容忽视的亏损状态使得车险成为保险行业改革的重点。为了进一步促进机动车商业保险的健康发展，保监会在近两年内两次调整商业车险费率，倒逼车险行业改革。商车费改试点启动后，一大批保险公司、第三方平台和互联网公司开始利用技术支持或合作等方式介入 UBI 车险行列，UBI 逐渐进入人们视野，成为国内车险领域的热点话题。

UBI，即 Usage-based Insurance（基于使用的保险），区别于传统车险按车型和历史出险记录定价的定价方式，UBI 车险旨在通过采集车主驾车的相关使用数据，例如年驾驶里程、连续驾车时间、急加速、急减速发生的频率等，来掌握车主驾驶行为，从而根据实际的风险进行相应的车险定价。

UBI 车险根据定价方式的不同，可以大致分为两类：PAYD（PAY-AS-YOU-DRIVE，基于行驶里程/时长定价的保险）和 PHYD（PAY-HOW-YOU-DRIVE，基于驾驶行为习惯，如急加速、急转弯次数，定价的保险），其中后者对于数据质量、数据维度的要求明显高于前者。

UBI 车险的数据采集方式可分为前装和后装数据采集。其中前装采集方式即通过汽车内置传感器采集数据。此种方式采集到的驾驶行为数据维度更多，准确度也较后装数据更高。但是难点在于数据分散掌握在汽车制造商手中，保险公司或数据服务商很难将所有汽车制造商的数据进行整合。后装数据采集方式可分为两类。一种是使用后装 OBD（On-Board Diagnostic，车载诊断设备）采集数据，车主需要在车辆诊断数据插槽

插入一个数据采集硬件，此种数据采集方式受制于车厂协议的不公开，可获取的数据有限，数据的质量也无法保证，且如何让普通车主接受 OBD 仍是个大问题。另外一种是利用手机 App 采集数据。因为大多数智能手机都内置有一系列的传感器，如 GPS 接收模块、加速度计、陀螺仪等，可依此获知行驶里程、加速度和转弯等驾驶数据。通过手机 App 采集数据的优势在于成本低廉、推广方式简单，缺点在于智能手机的数据质量及测量数据的可靠性是值得怀疑的，智能手机的加速度计是没有校准的，它的陀螺仪也要随着手机位置的不同不断调整。

目前，行业内的领先 UBI 实践主要采用后装 OBD 设备或 App 作为数据采集方式。行业内已有较多基于 PAYD 方式定价的 UBI 车险实践，其中美国较为成功的案例为 Metromile。Metromile 的用户每月只需交低额基本费，剩下的按里程计算，一天超过一定的里程会自动封顶。此外，Metromile 还开发了和 OBD 对接的 App，为用户提供更多附加服务。功能包括：停车场定位你的汽车，检测汽车健康状况，提供开销最优的导航线路，一键寻找附近修车公司。国内 PAYD 较为典型的公司是里程保，里程保是车险无忧旗下创新车险品牌。里程保支持两种模式按里程付费：一种是依靠硬件 OBD 自动识别里程，车主可通过里程保购买 1 年行驶 10 000 公里、15 000 公里、20 000 公里的车险套餐；另一种是直接用手机 UBI 识别里程+车主每月自助拍照里程表，对月末未行驶到 1 000 公里的剩余里程，申请现金提现，根据车型不同每公里提现的金额不同。两种模式的保单都是由保险公司提供，目前支持出单的保险公司包括平安、太平洋、阳光、民安、三星等。据里程保称，2017 年已经成交 1 万单，保费超过 3 000 万元。

基于 PHYD 方式定价的 UBI 车险实践，国内暂时没有很成熟的案例。较为典型的是美国的 Progressive 保险公司的 UBI 车险产品 Snapshot。Snapshot 基于后装 OBD 设备获得数据评估驾驶行为。用户参加 UBI 项目后，公司向用户免费提供 OBD 设备的使用权，用户安装后装 OBD 设备驾驶 45 天后，Snapshot 根据用户驾驶的加速度、驾驶频率、车速等数据对用户进行风险评估，并根据其风险高低程度的不同给予不同的车险折扣，其中驾驶行为良好的车辆在续保时最多可享受 30%的险费优惠。

目前，UBI 车险在中国的发展还处于初期，据思略特报告显示，未来 5 年，车险市场规模由于新车销量增长放缓将保持 10%的增速，到 2020 年，预测整个中国车险市场规模约为 9 420 亿元。若车险费率市场化完全放开，同时伴随着车联网 50%的新车渗透率预期，保守估计 UBI 的渗透率在 2020 年可以达到 10%～15%，UBI 保险面临着 1 400 亿元的市场空间。虽然市场规模宏大，但是 UBI 在中国未来的发展仍存在挑战。

（资料来源：https://www.jfdaily.com/news/detail.do?id=73468）

第三节　人工智能金融营销

一、人工智能金融营销发展概述

人工智能技术凭借其在文本、语音和图像等多种信息类型的自动挖掘、提取和处理方面所展示出的强大实力，已成为推动金融科技发展和加速金融数字化转型的核心动力。金融与人工智能的深度融合正逐渐为金融业务链注入活力，提高金融机构的服务效率，拓宽金融服务的范围和深度，使得人工智能在金融领域持续创造价值。

（一）政策背景

1. 国家宏观政策和行业规范陆续出台

《中华人民共和国国民经济和社会发展第十四个五年规划和2035年远景目标纲要》强调，要完善具备高适应性、竞争力、普惠性的现代金融体系，有序推进金融创新，稳妥发展金融科技，加快金融机构数字化转型。这意味着金融领域的科技创新与数字化建设将进入多领域、深层次的探索与实践新阶段。与此同时，行业细分领域的规范逐步出台，多场景应用与安全监管齐头并进。在2019年12月发布的《关于推动银行业和保险业高质量发展的指导意见》中，银保监会提出要充分利用人工智能加强业务管理，提升服务质量，降低成本，提高效益，同时发挥人工智能在打击非法集资、反洗钱、反欺诈等方面的积极作用。

2. 地方出台扶持政策

在中央宏观政策的统一指导下，各地根据自身区域特点和行业发展状况制定适宜的相关政策，通过人才补贴、鼓励创新、招商引资以及设立专项投资基金等方式推动智能金融的特色化发展。在北京和上海出台的相关政策中，都强调要在智能金融的发展创新中发挥领头作用，利用本地的人才和技术优势将发展重心集中在智能金融技术的研发攻关和创新试点上。而重庆和成都发布的相关规划则关注于利用人工智能进一步推动普惠金融，降低中小企业融资成本。这样的政策有助于各地区充分发挥自身优势，共同推动智能金融的繁荣发展。

3. 行业标准逐步规范

随着人工智能在金融领域的应用日益深入，相关的行业规范和监管政策也在持续完善。2019年10月28日，中国人民银行和国家市场监督管理总局联合发布了《金融科技产品认证规则》，将金融科技产品的认证流程、监督模式、认证标志、查询系统等予以标准化。2021年，中国人民银行正式发布《人工智能算法金融应用评价规范》（JR/T 0221-2021），为人工智能算法在金融领域应用的基本要求、评价方法、判定准则提供了指导。这表明，有关部门正大力推动智能金融行业的标准化改革，提升行业准入门槛，激励合规企业自主创新，并充分参与到规范化的市场竞争中。这样的措施有助于推动智能金融行业健康、可持续地发展。

（二）发展环境

1. 基于需求导向，传统金融行业面临的问题日益显著

受行业特点制约，传统金融领域如银行、保险和证券业等，面临一系列突出的问题。在业务、资金、客户、风险控制和营销方面，它们往往遇到流程复杂、周期较长、服务模式单一、个性化服务不足，以及审批过程过于依赖人工等典型困境。尤其在激烈的市场竞争中，这些问题导致传统金融行业无法迅速有效地满足客户多样化的金融投资需求。总的来说，传统金融行业的痛点主要体现在三个方面：一是人工成本较高，难以为所有客户提供定制化金融服务；二是信息不对称导致信息孤岛现象，无法有效降低潜在风险；三是客户获取困难，转化率低，远程交易操作不便，流程烦琐。结合金融业务链的核心环节，不同阶段分别对应各自的痛点和需求。在产品设计与市场营销环节，重点在于如何获取更多业务；在风险控制环节，关注降低风险成本；在客户服务环节，着力提高客户满意度；在支持性活动方面，力

求优化运营成本。

2. 以智能化为目标，提高金融行业的数字化水平

针对金融领域面临的风险控制要求高、业务量庞大、重复性劳动多等实际问题，人工智能技术与业务场景深度结合，为业务流程自动化、解决信息不对称和构建普惠金融等方面贡献了巨大的价值。金融行业中有大量简单重复性工作，如信息录入、核查、提交等，人工智能技术能实现这些人工操作的自动化，提高操作精确性，从而降低人力成本。而且，传统金融业务场景中普遍存在信息不对称问题，人工智能技术与金融业务场景的深度结合在很大程度上解决了数据孤岛和大数据分析效率问题，为客户众多、数据复杂、精确度要求高的金融领域创造了巨大价值。此外，智能投顾、智能营销等典型服务通过利用人工智能技术，提高线上线下用户服务覆盖范围和效率，为客户提供定制化的个性化服务和投资方案，全面推动数字普惠金融的新发展模式。

3. 以服务为中心，聚焦五大关键业务环节

从细分行业的共性出发，金融核心业务链可概括为五大环节。综合银行、保险、证券行业的业务特点，金融核心业务链包括产品设计、市场营销、风险控制、客户服务以及支持性活动（人力资源、财务、IT 等）。针对各细分领域，银行业务涉及产品与解决方案、营销与销售、风险管理与审查、客户关系与服务，核心业务链可概括为产品开发与定价、资金募集、市场推广、客户服务等环节。保险业务包括产品开发、营销与销售、核保定价及承保、保单管理与服务、理赔、资产管理等，其核心业务链可概括为产品研发、市场销售、渠道拓展与维护、客户服务、投资管理等环节。证券业务则围绕证券发行、投资决策支持、销售与交易、清算结算与托管、报告与数据分析等，核心业务链可概括为产品研发、市场营销、定价、承销、募集以及交易等环节。

二、人工智能金融营销的应用场景

（一）智能投顾

智能投顾利用智能算法对客户的风险承受能力、财务状况、收益目标等进行数据分析和模型构建，进而根据金融理论制定个性化的资产配置方案，这是目前金融机构广泛应用人工智能技术的一个领域。智能投顾起源于 2008 年的美国，人工智能和大数据受到华尔街的普遍看好，以及受到市场对财富管理需求的增长推动，人工智能在资产管理行业得到广泛应用。目前，美国市场上有很多成熟的智能投顾平台，如先锋基金、嘉信理财、Betterment 和 Wealthfront 等。据咨询公司 A. T. Kearney 预测，美国智能投顾行业的资产管理规模将从 2016 年的 3 000 亿美元增长至 2020 年的 2.2 万亿美元，年均复合增长率达 68%，约占美国所有资产管理规模的 5.6%。智能投顾在 2014 年进入中国市场，最初由互联网公司主导，后来国内的主要商业银行和金融机构也纷纷采用这一技术，近年来发展迅速。根据艾瑞咨询的报告，中国智能理财服务市场资产管理规模从 2016 年起经历了显著增长，体现在理财产品的在投余额规模上。呈现了从 2016 年到近年来的持续扩大，预计随着技术的进步和市场的发展，这一趋势在未来几年将继续保持增长态势。目前中国智能投顾市场的主要参与者包括传统金融机构（银行、证券公司、基金管理公司等）、互联网公司和金融 IT 公司。传统金融机构相较于互联网和金融 IT 公司的优势在于其多年积累的客户网络、产品资源和经营经验。2016 年，招商银行推出了国内首个智能投顾平台“摩羯智投”，紧接着，浦发银行推出了

“财智机器人”。2017 年，兴业银行的兴业智投、平安银行的智能投顾、光大银行的光云智投以及中国工商银行的“AI 投”相继问世。

（二）智能客服

智能客服是基于自然语言处理、语音识别和知识图谱等技术构建的智能问答系统，能够为客户提供全天候的自动化问答服务。如今，这项技术在银行和金融机构中得到了广泛应用，为用户提供便捷的金融业务咨询和办理服务，例如通过聊天机器人（Chatbot）和虚拟助手等方式。美国银行、摩根大通、中国工商银行、招商银行和中信银行等都已使用聊天机器人为客户提供全天候的智能对话服务。与传统的人工客服相比，智能客服能同时应对多线问答并提供 24 小时连续服务，有效地分担了大量简单的客服业务，降低了人工服务的压力和运营成本。人工智能技术的应用也为客户身份核验环节带来了重大改进，诸如人脸识别、指纹识别和声纹识别等生物识别技术能够迅速准确地验证客户身份，受到许多银行的欢迎，并广泛应用于手机银行、网点以及各种支付场景。根据 Gen Market Insights 的研究，中国将成为人脸识别技术领域最大的消费者和市场供应商，到 2023 年，中国将占全球人脸识别市场份额的 44.6%。

（三）智能运维

在金融行业中，人工智能技术在简化日常业务流程和行政管理方面具有显著成效。金融机构通过运用机器人流程自动化（RPA）和智能流程自动化（IPA）技术，将常规运营中的重复性任务实现标准化、自动化和智能化的优化，从而降低人为失误并提高业务处理效率。机器人流程自动化（RPA）通过软件捕获数据，模拟人与系统之间的互动，以实现重复业务流程的自动化。根据 Gartner 发布的《2019 年全球 RPA 市场份额与收入》报告，2019 年 RPA 市场收入达到 14.1 亿美元，同比 2018 年的 8.7 亿美元增长 62.9%。智能流程自动化（IPA）是在 RPA 基础上的进一步拓展，整合了大数据分析、基础流程重构、流程自动化和机器学习等技术，以实现流程的更高层次的自动化和智能化。据 Futurum 发布的《2019 年 RPA 与 IPA 现状》报告，金融领域中有 85%的企业已将 RPA/IPA 技术应用于日常运营。这些技术的广泛应用有效地提升了金融机构在业务运营和行政管理方面的效率与准确性。

三、人工智能金融营销面临的风险

（一）技术风险

人工智能技术对网络技术存在着显著的依赖性，因此在运行过程中存在一定的风险。首先，信息安全问题是人工智能技术不可避免的挑战。在信息时代，人才固然重要，但信息资源更为关键。如今，人们对个人隐私和信息保护的关注度日益提高。由于人工智能技术对网络环境有较高的要求，一旦网络保护屏障被破坏，不法分子便可能利用漏洞窃取用户信息和资料。这将使用户的信息暴露在外，甚至可能对其财产和生命安全构成严重威胁。其次，系统风险也是人工智能技术面临的问题。对于人工智能技术而言，系统如同“心脏”，一旦发生故障，将可能导致无法估量的损失。尽管人工智能技术在工作效率方面具有明显优势，但其本质上依赖于算法驱动的机械活动，因此无法完全消除失控风险。系统故障的原因多种多样，如网络设施损坏、黑客攻击等。当前，网络技术几乎渗透到金融行业的各个领域，虽然人工智能为金融行业的发展带来了新机遇，但同时也暴露出了行业的薄弱环节。一旦人工智能成为网络犯罪分子攻击金融行业的目标，势必会给整个行业带来严重的冲击。

（二）市场风险

当前，尽管我国在人工智能技术方面取得了显著成果，但仍存在依赖国外技术的情况，如开源代码和成熟算法等。我们国内尚缺乏具有自主知识产权的核心技术，因此在金融领域的人工智能应用往往受到外部因素的制约。毫无疑问，核心技术对于企业来说至关重要。如果企业未能掌握核心技术，在很多方面都可能受到限制，不利于金融企业的长远稳定发展。此外，金融行业工作人员的专业素质问题也被严重忽视。随着人工智能技术在金融领域的广泛应用，金融行业的发展确实得到了提升，减少了大量重复性和无效性工作，取代了部分人力。然而，这并不意味着金融从业者可以忽略自身专业素质的提高。实际上，人工智能技术的应用对金融行业人员带来了较大的冲击，使得专业素质较低的员工面临被淘汰的风险。尽管人工智能在某些方面具有优势，但它无法完全替代人工操作，如人工智能系统仍需要人员进行监控和操作。因此，金融行业从业者要避免被行业淘汰，就必须重视自身专业素质的提高。

（三）监管风险

尽管目前人工智能技术取得了显著的突破，但相应的监管体系尚未得到充分完善。这导致了人工智能技术应用水平存在较大差异，缺乏统一的标准和规范，使用户隐私保护难以得到全面保障。另外，监管力度不足也是人工智能技术在金融领域应用所面临的难题。

随着金融领域智能化程度的不断加深，监管难度随之增大。现阶段的监管法规主要针对行为主体，然而在智能投顾平台上，尽管客户拥有资金的归属权，但实际控制人却是进行运营投资活动的平台本身，而非行为主体。因此，在智能金融领域中，以追溯行为主体为核心的传统监管方法面临着巨大的挑战。

经典案例

各国银行AI助理大PK，你pick（选择）谁?

由于疫情的影响，很多银行分支机构难以生存，为了走出当前困境，它们开始向数字化转型，推出AI虚拟助理，降本增效，既能满足当前疫情形势下社交距离的需要，又能更好地为客户提供服务。那么，各国银行推出的AI虚拟助理都有哪些优势呢?

1. 美国银行虚拟助理Erica：不仅能听懂你说话，还能读懂你的手势

美国银行推出的AI虚拟助理——Erica，已经取得了成功。Erica是一款基于应用的数字化助手，在去年5月推出后的6个月内吸引了400万用户。用户可以使用语音、文本和手势命令与Erica对话，Erica使用预测分析和自然语言处理，模拟与用户的真实对话。Erica还能够帮助处理信息查询服务，包括对银行卡的交易流水、账单支付信息、锁定或解锁借记卡等服务。每个客户与助理的互动都能被记录下来，然后用来改善未来与客户的沟通方式。

2. 印度国家银行虚拟助理SIA：每秒飞速处理业务咨询，累计每天处理超8亿次

2017年9月，印度国家银行（State Bank of India）推出了国家银行智能助理（SIA），大力应用人工智能技术。SIA由硅谷和班加罗尔的初创公司Payjo开发，旨在帮助银行客户处理日常银行业务，并回答他们的问题。SIA每秒可以处理多达10 000

个查询，相当于每天处理近 8.64 亿次查询。SIA 是在银行领域面向消费者的最大人工智能应用之一。

3. 比利时的 KBC 银行虚拟助理 Kate：根据数据信息，提供高度个性化的有用的资产分配建议

总部位于布鲁塞尔的 KBC 集团 N. V. 是一家综合性多渠道银行保险公司，专门为比利时、爱尔兰、中欧和东南亚的私人客户和中小企业提供服务。然而，由于疫情的影响，全球经济下滑，大大影响了银行业的发展，这些因素加速了银行向全数字平台的转变。像全球许多其他银行一样，KBC 表示，它计划放弃大部分的面对面的银行服务。他们的产品、服务和商业银行业务流程都将以“数字化优先”为重点进行开发，因此，该银行推出虚拟助理 Kate，为客户提供更优质的服务同时，也满足疫情之下的人与人之间相互隔离的需求。

数字助理 Kate 会安装在 KBC 的应用和平台上，这些应用和平台对比利时和捷克共和国的客户开放。Kate 可能会以类似于 Erica 等其他虚拟助理的方式与客户互动。这些助理通常可以通过一个简单易用的银行应用程序处理客户的大多数的查询服务。不仅如此，KBC 表示，根据搜集到的客户信息，Kate 还能提供高度个性化的、有意义的资产分配建议，并能提供相关产品的优惠信息。

数字助理还能够继续“学习”新技能，在未来，将会与银行的中小企业和其他客户合作。Kate 甚至可能在未来几个月内能与 KBC 的其他国家的客户进行“互动”。Kate 是 KBC 实行数字化转型战略的核心元素，将会影响所有银行的产品和工作流程，以及会影响银行与客户进行的互动。最终，所有产品和流程的开发和更新都将由 Kate 驱动完成。KBC 表示，它打算致力于扩展其“银行即服务”模式，为非客户提供超越传统账户管理和交易功能的广泛金融服务。此外，在 2020 年 1 月，KBC 设立的机器人助理 Matti，虚拟助理的新功能正在被开发。

那么，各国银行 AI 助理大 PK，你 pick（选择）谁？

（资料来源：https://baijiahao.baidu.com/s?id=1683692607187238786&wfr=spider&for=pc）

第四节 私域金融营销

一、私域流量的内涵

（一）私域流量的概念

私域流量这一概念源于电商领域，自 2016 年阿里巴巴首席执行官提出相关概念后，学术界和产业界都展开了广泛的研究。在学术领域，部分学者将私域流量定义为品牌、商家或个人可以自由地反复利用、无须支付费用，又能随时可触达的被沉淀在公众号、微信群、个人微信号、头条号、抖音等自媒体渠道的用户。在产业界，有企业将私域流量界定为“粉丝”、客户和账户存放的流量在完全控制个人的情况下，可以直接到达并多次使用的流量。尽管学术界和产业界对私域流量的描述不尽相同，但它们的基本认知相对一致。私域流量通过各类在线平台实现“粉丝”流量转化，与客户直接对话交流，并利用人际关系建立信任。

它的出现有利于实现点对点的营销策略，同时可以显著降低营销成本。

（二）私域流量的特点

随着电商业态的升级，私域流量作为一种新兴的营销策略和竞争领域，将在未来几年成为商家竞争的关键要素。私域流量与公域流量相对应，成为现代企业营销的关键工具。它不仅是一种可以自主控制、免费推广、反复利用、直接接触用户的渠道方式，还是互联网营销的重要手段。其特点包括以下七点：

1. 基于信任和利益构建

私域流量的建立依赖于消费者对企业及个人的信任或利益。消费者相信加入私域流量能获得关键意见领袖和关键意见消费者的指导与帮助。这种指导和建议既是信任的基础，也是利益的支柱，其中的利益包括专业信息分享，以及促销折扣、积分等直接优惠。

2. 封闭性流量池

流量一直是商家竞争的关键环节。最初，商家通过报纸、杂志、电台、电视等传统媒体获取流量。随着互联网的发展，门户网站和主流电商逐渐成为流量的主要来源。但这些流量是共享的，无法实现封闭性流量池。私域流量的出现使封闭性流量池成为可能。

3. 可自主控制

与被平台方控制的公域流量不同，私域流量掌握在企业及个人手中，这使得商家使用起来更为得心应手。

4. 免费推广

公域流量获取客户成本高，需要不断购买以实现反复使用。而私域流量一旦建立，企业便可免费发布新信息、推广新产品，成本几乎为零。

5. 可反复使用

客户复购率一直是商家追求的目标，尤其是快消品等刚需产品和高复购率产品。一旦建立客户黏性，企业成本将大幅降低，盈利能力提升。

6. 直接触及用户

私域流量的封闭稳定性使商家信息传播和渠道渗透达到极简化水平，既降低了营销成本，又能精确了解消费者需求，实现深度服务。

7. 互联网营销的关键工具

互联网的本质在于透明、简捷和低成本，从而减少传统营销的不透明、复杂和高成本弊端。随着公域流量获取客户成本的上升，私域流量的优势越来越明显，这意味着在未来营销策略中，私域流量的地位和作用将更加重要。

（三）私域流量的内容形态

从内容呈现角度来看，私域流量采用多种表现形式，如纯文本、图文结合、音频、短视频、长视频和直播等，以影响用户的认知和决策。

（四）私域流量运营的关键角色

KOL（关键意见领袖）是拥有大量准确产品信息并受特定群体信任的人物，对群体购买行为具有较大影响力，可以认为是网红、大 V、知名 UP 主等，属于稀缺资源。

KOC（关键意见消费者）是能够影响其朋友和“粉丝”产生消费行为的消费者，通常是商品的超级用户。因为 KOC 本身就是消费者，产品体验来自亲身尝试，真实性更高，从而获得“粉丝”更高的信任度。

（五）私域流量运营的底层逻辑

理解私域流量运营的基本原理是金融机构开展私域营销的关键起点。从私域流量的平台载体角度来看，起源于社交电商的私域流量具有强烈的社交特性和与用户的情感联系。以微信流量池为基础拓展的社交生态系统是开展私域流量运营的理想平台。微信作为全民级社交应用，用户数量已经超过 12.4 亿，实现了普及化，为私域流量的转化和运营提供了机遇。短视频平台和直播的兴起也为私域流量的转化创造了条件，以淘宝为代表的电商平台以及以抖音、快手为代表的短视频直播平台均拥有庞大的公域流量资源，从这些平台实现多渠道引流是目前私域流量的主要来源。从运营思维角度来看，私域流量与公域流量的差异在于，精细化的用户运营取代了粗放式的流量购买模式。公域流量主要通过付费购买从现有流量平台获得，目前绝大部分入口由互联网公司控制。相较于公域流量的“大面积覆盖，捕捉大客户”，私域流量更注重精细化用户运营，建立与用户长期的信任关系。特别是对金融机构而言，金融理财产品往往属于高客单价、需要专业指导的长期产品，流量运营的重心从高成本客户获取转向培育目标客户信任关系和提高客户生命周期总价值成为必然选择。

总之，私域流量运营的基本逻辑可以概括为以下流程：公域引流→私域留存→运营转化→最终实现盈利。

二、私域金融营销的策略

4R 营销理论由唐·舒尔茨在 4C 营销理论基础上发展而来，围绕关联（Relevance）、反应（Reaction）、关系（Relationship）和报酬（Reward）四大要素总结了新型营销框架，专注于企业与用户间关系的建立，与私域流量运营的思路相契合。

（一）多途径引流构建私域流量资源

金融机构与客户建立联系的主要方式是通过多种在线途径接触用户，传播服务和产品信息，精确吸引目标客户，构建企业专属的私域流量库，为后续流量留存和转化盈利奠定基石。互联网的发展为私域流量提供了丰富多样的平台载体，为了接触更多潜在用户，金融机构运用各类传媒通道进行引流至关重要。例如，招商银行和广发银行作为传统金融行业的典型，不仅具备自家移动 App，还依靠微信生态系统实现了千万级的吸引力。与传统银行不同，蜗牛保险作为新兴网络金融机构，通过精心挑选的内容在全网范围内吸引流量，拓宽引流领域。蜗牛保险首先大力投放自媒体内容，单月文章投放数量多达 300 篇，甚至在多个账号推广同一篇受欢迎的文章。同时，其自主运营的公众号“粉丝”已超 60 万，成为私域引流的稳固途径。除此之外，蜗牛保险还在抖音、微博、今日头条等众多平台展开内容运营和引流工作。

（二）以客户为中心识别需求

各类网络平台的崛起使金融机构能够更迅速地识别和响应用户需求，并依赖大数据对用户进行细致的标签分类，为客户提供更为个性化的服务。传统的线下营销方式，客户体验烦琐的服务流程、低效的咨询，也仍然难以满足个性化的定制需求。而在线上，金融机构一方面可以利用社交媒体与用户直接沟通，迅速洞察用户需求；另一方面，依托大数据分析，金融机构能够迅速掌握客户的消费偏好等信息，设立并完善不同的用户标签。针对金融机构的需求，用户标签可能包括：基本信息、投资风险偏好、用户价值等。

例如，招商银行通过对 App 用户使用黏度的大数据分析，将用户划分为外环、中环和内环三个层次，形成不同的用户标签。通过调查问卷收集反馈，及时调整运营策略，更好地满足用户需求。

（三）建立信任关系以实现长期价值

私域流量的核心在于真实的用户联系。对金融机构而言，由于其服务和产品的独特性，与客户建立信任关系、提高流量黏度和活跃度是品牌建设和促进销售的至关重要的环节。在吸引流量的基础上，维护用户关系便成为后续运营和转化的关键。

首先，金融机构可以通过提供高质量内容和塑造人物形象来加强与用户之间的信任关系。私域流量运营强调打造一个让用户持续信任的专业人物形象。其次，建立信任关系需要关注用户的社交需求，与用户建立情感联系，从而实现用户的长期价值。

例如，蜗牛保险在抖音上制作以保险知识解答和保险产品推荐为主的内容，所有视频的主角均为保险专家“联哥”。通过积极地在评论区和私信与用户互动，不断针对用户的提问和需求更新系列解答视频，塑造了一个保险知识丰富且充满关怀的形象。

（四）实现流量的转化变现

实现私域流量的盈利与销售增长是金融机构的最终目标。报酬不仅包括销售额的提升，还涵盖用户的时间投入以及基于用户关系实现的流量裂变。

为了实现流量到收入的成功转化，金融机构采取了多种策略和方法。这些方法包括针对用户价格敏感性设计的优惠券、满减以及拉新返利等优惠措施，以及根据用户需求打造的场景化营销，如好物分享和“种草”推荐。

以京东金融为例，它会向用户推送各种立减券和支付券，引导用户进行消费转化。利用高额优惠券吸引用户了解投资产品，用户投资越多，所获得的福利也越丰厚。招商银行私域社群的一个显著特点便是提供大量的消费优惠券，几乎覆盖了餐饮、服装、住宿和出行等各个方面。用户要想获得优惠券，需要推荐朋友办理银行卡。通过丰厚的奖励激励用户完成裂变，最终实现流量的转化和盈利。

三、金融业私域营销的模式

（一）银行私域流量运营模式

1. 微信银行公众号

微信银行公众号作为商业银行的关键线上客户服务和宣传推广平台，已成为电子银行使用频率最高的渠道。自 2013 年 7 月 1 日招商银行率先推出微信银行服务以来，产品营销宣传触达率逐渐提高，成为私域流量运营的重要支柱。然而，由于互动程度有限，营销效果主要来自长期的逐步渗透。

2. 移动银行应用程序

移动银行应用程序是银行线上业务的核心通道。据 CFCA 统计，截至 2019 年，中国个人手机银行用户比例达到 63%，年增长率达到 11%。银行借助移动银行应用程序进行产品宣传、回应客户咨询，并主动与客户互动。然而，出于安全考虑，客户将移动银行应用程序视为金融工具，其使用频率和时长远低于社交应用程序。

3. 员工个人社交圈

员工个人社交圈是银行员工利用私域流量的重要领域，能够高效地传播银行产品信息并产生涟漪效应。然而，产品宣传文案重复现象较为突出，可能导致千篇一律的形象固化。

4. 员工微信社群

一些银行员工针对特定客户群体创建微信社群，借助群体氛围激发客户购买意愿，并通过 KOC 分享产品，实现裂变式营销效果。然而，许多社群由于缺乏真正的 KOL 和价值输出，客户黏性不足，社群活跃度有待提高。

5. 短视频平台号

短视频平台号是银行及员工待挖掘的私域流量宝藏。截至 2020 年 6 月底，银行官方短视频平台账号粉丝最多的为中信银行信用卡客服，“粉丝”数量约 130 万；其他银行官方账号“粉丝”数量多在 20 万以下。发布内容主要以品牌宣传为主，产品销售潜力尚待开发。

扩展阅读

企业微信逐渐成长为商业银行私域运营“新贵”

按渠道划分，电话、短信是商业银行私域运营的传统渠道，个保法的落地对上述渠道运营的触达率及有效性有所影响。从互联网渠道看，自营 App 是商业银行重要的私域渠道，其功能完善、具备强金融属性且 App 的使用者多为忠实用户，但该渠道互动性较弱。疫情之下，精细运营的需求助推商业银行腾讯生态私域运营的建设，以微信各触点为基础，商业银行不断丰富线上模块功能，同时企微有效提升了银行与用户间的互动频率，企微渠道逐渐成长为银行私域运营“新贵”。表 7-1 为 2022 年中国商业银行私域运营渠道。

表 7-1　2022 年中国商业银行私域运营渠道

<table>
<tr><th colspan="3">渠道划分</th><th>渠道划分</th><th>渠道特征</th></tr>
<tr><td>传统渠道</td><td colspan="2">电话、短信</td><td>交易提醒、产品营销</td><td>应用范围广，模式简单；受制于个保法规定及用户浏览习惯，触达率及有效性有所下降</td></tr>
<tr><td rowspan="4">互联网渠道</td><td colspan="2">银行自营 App</td><td>线上银行业务功能集合，为用户提供金融服务，包括但不限于账户管理、转账汇款、日常缴费、金融理财等</td><td>强金融属性，线上银行功能模块丰富，逐渐拓展生活消费场景，使用人群多为忠实用户；互动性较弱，沟通频率不高</td></tr>
<tr><td rowspan="2">腾讯生态</td><td>微信</td><td>咨询服务、营销推送及简单金融业务查询及办理</td><td>多围绕个人微信、公众号、服务号、视频号、社群开展服务，互动性较强，社群持续活客难</td></tr>
<tr><td>企业微信</td><td>咨询服务、信息推送及活动发起简单业务查询及办理、用户运营</td><td>多围绕服务名片、社群、内容推送开展服务，互动性较强，话术规范性提升，能实现离职后客户资源继承</td></tr>
<tr><td colspan="2">其他媒体平台</td><td>品牌营销与宣传</td><td>弱金融属性，强宣传属性</td></tr>
</table>

（资料来源：2022 年中国商业银行私域运营专题研究报告 https://www.163.com/dy/article/HHCEFNRT05118VBB.html）

（二）保险私域流量运营模式

随着社交产品的日益丰富和完善，私域流量的发展得到了良好的助力。许多企业如今采用基于微信生态的私域流量营销策略。例如，利用微信公众号进行品牌推广和内容营销，提供在线服务；通过个人微信或企业微信建立用户信任，实现流量变现；使用微信群进行用户分层管理，有针对性地开展营销活动，提高用户活跃度；通过小程序创建商城和营销活动，实现用户转化和裂变传播。各个用户触点之间可以相互引流，增加与用户的互动频率。

自 2018 年企业微信与个人微信实现互通以来，企业微信凭借官方认证、客户行为追踪、会话记录存档、离职员工客户自动继承等优势，使营销人员与客户的互动过程数字化和透明化，被众多企业视为私域流量运营的最佳平台。目前，部分保险公司已尝试利用企业微信与客户建立联系，但由于缺乏有效的运营策略和工具支持，客户活跃度较低，尚未充分发挥私域流量的价值。

本教材通过研究其他行业成功的私域流量运营案例，结合保险行业特点，提炼出一种以社交为核心、利用企业微信多次触达和服务、数据驱动流量转化的精细化运营思路。

1. 多渠道引流获客

通过各种可接触客户的渠道，为客户提供定制保障计划、专属福利、增值服务等，引导客户添加营销人员为微信好友，将客户纳入公司私域流量库。可采用的吸引客户方法如下。

营销人员添加客户为好友：保险公司的直销员、电销座席及代理人在拓展业务过程中，邀请接触到的客户或潜在客户成为微信好友，提供个性化的专业服务。

公共领域流量吸引：通过在图文、短视频、直播等内容中添加引流二维码，将公共领域的粉丝引入私域流量库，建立更紧密的联系。

自主平台吸引客户：在保险公司官方网站、App、微信公众号等自主平台上，通过引导客户扫描二维码添加营销人员为微信好友，以获得定期参加抽奖、赠品等福利活动的特权，提高自主平台的客户触达率和活跃度。

裂变式吸引客户：通过裂变海报、好友拼团、KOC 推荐等方式，利用私域流量库中现有客户的社交网络，以较低成本吸引对保险产品感兴趣的新用户。

2. 精细化运营建立信任

以客户为核心进行运营活动，将针对客户的企业微信账户塑造成富有亲和力的保险专家形象，增强客户信任和活跃度。同时，借助数据埋点将客户接触点和客户行为数据化，与保险公司业务系统中的数据进行有效融合，建立统一的客户视角，提高客户洞察能力，为精细化运营奠定基础。以下是一些常见的运营方式。

内容运营：结合客户当地时事热点，通过分享朋友圈或发送消息推送的方式，传递与保险相关的内容，普及保险知识，增强客户对保险的认识。

社群运营：针对通过电子渠道投保相同产品的客户，根据其所在城市、保险到期时间等特征将其划分为不同的社群进行统一管理，有针对性地发布内容信息或组织话题讨论，确保社群成员保持活跃。

活动运营：借助节日、客户生日等特殊场景，整合线上线下资源，定期开展营销活动，增加与客户的互动次数，提升品牌知名度和影响力，增强客户忠诚度。

客户分层：综合客户在线行为数据和业务数据，对客户进行分层管理，为不同客户群体制定个性化的运营策略，确保运营效果，避免运营资源的浪费。

3. 实现流量转换和盈利

优秀的运营是实现流量转换和用户留存的关键，而私域流量的运营与转换都需要数据支持。通过企业微信与客户进行高品质的互动，既可建立良好的信任关系，又能合规且低成本地获取客户行为数据，实现客户全生命周期的数字化。这有助于保险公司运用大数据技术进行精确营销，从而实现优秀的转换效果，最终达到流量变现。在数据驱动的运营转换方面，保险公司应注意以下几个方面的工作。

数据整合：将客户在公司内部的业务数据和行为数据整合起来，结合业务需求建立客户标签系统，构建统一的客户视图。这使得销售和运营人员能够全面了解客户的业务信息和互动情况，从而进行个性化的互动。

数据分析：通过挖掘客户的历史行为数据，识别关键行为和行为属性，量化不同属性客户与活跃度、转化之间的关联程度。持续关注客户流失原因，有效唤醒沉默客户、挽回流失客户，避免在无法挽回的客户上浪费营销资源。

预测模型：基于整合后的客户数据，根据业务需求构建预测模型。将预测标签推送给相应的营销人员，引导他们向客户推送定向营销内容、产品或活动。持续跟踪运营转化效果，不断优化并提高模型预测能力。

经典案例

蚂蚁金服的私域营销之路

蚂蚁金服的前身为支付宝，其正式成立前的所有事宜皆围绕支付宝展开。2013 年依托支付宝成立小微金融服务集团，2014 年 10 月蚂蚁金服正式成立，全名为蚂蚁金融服务集团。蚂蚁金服自成立以来就不断开拓“互联网+金融”板块，投入高额资金并逐步建立起多业务板块布局。除了以支付宝为主体的线上、线下电子支付以外，蚂蚁金服还陆续开发上线了余额宝、蚂蚁财富、蚂蚁花呗、蚂蚁森林等多个板块，通过一步步将具有协同效应及相乘效果的板块进行有效路径组织，一步步围绕各个板块构建专属的顾客社群，形成了“蚂蚁金服研发上线—老顾客自发营销—新老顾客共同消费”的一体化模式。这些顾客社群往往可以动态地实现自我发展和价值反哺，进一步激发顾客对参与蚂蚁金服产品设计、产品营销、产品传播以及企业管理等的积极性，各个社群之间的良性互动也极大降低了蚂蚁金服的获客成本。加上蚂蚁金服风险控制工作、资产链和资金链供应不断完善，其成为移动互联网时代金融企业社群营销的良好典范。

为将蚂蚁金服社群构建的发展历程更加系统地展示出来，后续将按照时间顺序描述蚂蚁金服社群构建的各个阶段：

（一）社群基础搭建阶段：2004—2008 年

2004—2008 年为早期（2014 年正式成立之前）社群构建的奠基阶段，即公域流量引流及私域流量池初期构建阶段。早期的公域流量引流的媒介为支付宝板块，私域流量池也构建在旗下支付宝板块之上。2003 年“非典”疫情使我国线下购物受阻并催生了淘宝网络购物平台。受到我国当时个人信用体系覆盖有限这一客观情况的限制，淘宝平台和顾客面临“发货”与“付款”谁先谁后的窘况，这实质上是当时全国新兴网络购物顾客群体与商家群体之间真实存在的信任痛点。2004 年支付宝的出现以及“担保交易”模式的推出率先成功地解决了这一痛点。在接下来的几年间，支付宝以“全额赔付”为口号进行宣传，又做出“你敢用，我敢赔”等系列承诺，逐渐在电子商务担保领域站稳脚跟，期间不断向公域流量进行企业理念（以信任为关键）传播和价值输出（简单、安全、快速），持续性吸引围绕淘宝购物平台的公域流量。与购物平台的“绑定”状态使支付宝成为早期公域流量向蚂蚁金服流动的“管道”，由于支付宝的担保交易实现了市场领先水平，因此成立初期则将市场上游离的网络购物群体迅速聚拢在一起。为了稳定日益增长的私域流量，早期的支付宝进行了专业的顾客管理，不断优化顾客服务并积极参与同顾客间的交流互动，构建稳固的私域流量池。

（二）社群初步形成阶段：2008—2012 年

早期所有业务活动几乎均通过支付宝展开，虽然支付宝是公域流量向私域流量转化的重要媒介，成为私域流量池的载体，但不可忽视的是支付宝本身也是蚂蚁金服旗下一款特色鲜明的品牌。早期的蚂蚁金服通过不断扩大支付宝支付规模、支付范围及支付场景来继续增加市场份额。首先，于 2008 年正式发布移动电子商务战略，主推手机移动支付业务，率先将主打担保交易和第三方支付的支付宝进行大范围推广，聚拢顾客。其次，除线上线下支付业务以外，蚂蚁金服于同年（2008 年）上线支付宝公共事业缴费业务，致力于解决顾客群体对于生活中各项缴费程序繁杂的痛点，用优异的使用体验以及优惠、分享活动推动网上生活缴费的普及，成功开拓新的顾客来源领域。再次，陆续组织开展支付宝板块与口碑、中国铁路 12306、携程旅行网、大众点评网、饿了么外卖、滴滴出行等一系列手机应用平台合作，促使支付宝不断发展为我国最大的第三方支付品牌，并且从合作平台吸引大批顾客。最后，陆续在中国香港、摩纳哥、以色列、巴基斯坦、澳大利亚等地区开展支付宝金融服务业务，将支付宝社群扩展的方向引向全世界，不断提升支付宝品牌的国内国际知名度。

（三）社群多元构建阶段：2013—2016 年

2013—2016 年为蚂蚁金服私域流量池构建初具规模以及支付宝板块社群初步形成后集中进行社群构建的一个阶段，此阶段中的蚂蚁金服不断开拓新的业态、产品及服务，通过在私域流量池中树立行为规范借以发挥规范性社会影响作用拉动潜在观望顾客参与到企业营销活动中来；通过在私域流量池内最大限度传播各方交互信息借以发挥信息性社会影响作用进一步扩大企业社群规模。

第一，针对顾客需求日益多元化以及理财需求不断上升的实际情况，蚂蚁金服瞄准高增长的互联网理财群体，不仅在子模块中组织关于理财的有奖问答等活动，积极进行与顾客的互动，观察目标顾客的兴趣点所在，还为资金相对零散的普通顾客寻求出路，2013 年正式推出理财与支付功能并存的余额宝板块。蚂蚁金服将余额宝定位为小额现金管理工具。

第二，蚂蚁金服不仅于 2015 年将蚂蚁聚宝升级为蚂蚁财富，还不断完善基于 Techfin 战略上线的“财富号”自运营平台，逐步将参与方推向全国范围内的金融机构。通过运行“财富号”平台，蚂蚁金服为入驻运营平台的金融机构提供顾客数据和直接面对海量潜在客户的能力，并且允许平台内的金融机构在公平透明的规则下进行自主运营和金融产品销售。

第三，针对我国互联网消费信贷市场的快速发展，蚂蚁金服于2015年正式上线蚂蚁花呗。蚂蚁金服主推蚂蚁花呗的多场景、可透支、门槛低、还款便捷等品牌优势，不仅在淘宝、天猫、大众点评等数十家互联网购物平台开通花呗付款通道，还推出针对小额支付或购物节期间消费的折扣、返利、期限免息等活动，并且与线下商家合作开通花呗付款通道。此外，面对支付宝构建的私域流量池，蚂蚁金服以支付宝为媒介直接向目标顾客推送蚂蚁花呗信息，并在此过程中不断提高额度判定准确度、额度审核效率以及顾客服务水平。

第四，蚂蚁金服于2016年在支付宝公益板块推出蚂蚁森林，通过创新的运作模式倡导环境保护以及绿色、低碳行为。蚂蚁森林将顾客所有符合规定的线上线下支付、低碳行走、绿色公交出行、生活缴费等特定行为都作为产生“绿色能量”的渠道，用“绿色能量”来浇灌顾客账户中栽种的虚拟树苗，当树苗被浇灌到一定程度时，用户可以选择参与真实的公益项目，通过公益组织在我国的沙土防治地区代种一棵真正的树。蚂蚁森林官方每隔一段时间会对公益活动取得的成绩进行公示，将顾客们取得的实际进展和具体数据展示给他们。

（四）多元社群巩固阶段：2017年至今

经历社群多元构建阶段后，蚂蚁金服的工作重点转移至维护和巩固已建好的多元社群。此阶段的蚂蚁金服继续坚持原有的企业理念，充分发挥并放大各个板块的独特优势，保障规范性社会影响和信息性社会影响的正常作用发挥。2018年11月，支付宝的全球用户超过9亿。2019年，支付宝全球用户总量突破10亿，社会经济不断发展，顾客角色也在不停转变。支付宝将口号重新定义为“生活好，支付宝”，继续向潜在顾客传递品牌社群扩张的信号，将品牌信息传播给下沉市场顾客，提升信息性社会影响的作用范围，强化与支付宝品牌发生联系的利益相关者间关系以及以忠实顾客为关键的关系网络，稳步扩张支付宝品牌社群。实际上，伴随此次品牌推进，支付宝的价值主张也将开始由认知型转向情感型，这恰好满足了移动互联网时代顾客对购物体验与情感交互的新要求，有利于支付宝品牌社群的进一步发展。蚂蚁金服旗下的投资理财兴趣社群，即围绕余额宝、蚂蚁财富两个板块构建的碎片化理财，以及智能化、专业化理财的兴趣社群。蚂蚁金服一直坚持瞄准高增长的互联网理财群体，并投入技术和人力打造综合化平台及专属信息交互空间。根据蚂蚁财富官方数据，当天交易用户中的35%会在下单前浏览内容社区，浏览后产生交易的用户比直接交易的用户客单价提升了45%。社群中顾客间言论、意见以及大批量的成交活动产生的规范性社会影响以及信息性社会影响对顾客决策行为的作用是显著的。2017年我国互联网消费信贷总额达到4.38万亿，较2016年增长904%；2018年互联网消费信贷总额达到9.78万亿，同比增长122.9%。蚂蚁金服持续关注我国互联网信贷市场的发展，于2018年5月宣布蚂蚁花呗正式对银行开放，进一步延伸社会化影响范围，扩大社群构建，促使蚂蚁花呗品牌社群在大环境的带动下不断发展壮大，在年青一代的生活中扮演着重要角色。蚂蚁金服环境保护兴趣社群即围绕旗下蚂蚁森林构建的兴趣社群，支付宝10亿基础用户的1/2均参与其中。2019年4月，蚂蚁森林的总用户达到了5亿，在我国沙土防止地区成功种下树木总数达到1亿棵，总面积接近136万亩。此外，蚂蚁金服与全国绿化委员会办公室以及中国绿化基金展开合作，用户种树到达一定数量后可获取国家颁发的证书。

第五节　数字化金融营销发展新趋势

一、数字化金融发展概述

当前，全球领先的金融机构纷纷从构建数字金融生态体系、优化客户与用户体验、创新金融科技以及拓展业务发展渠道等多个层面进行金融数字化改革。数字金融，作为金融与科技紧密融合的新领域，其内涵在持续地进行动态调整。在初始阶段，它主要专注于特定环节和产品业务的技术创新。然而，如今已经涵盖了金融市场营销、金融行业投融资、货币支付、咨询等全面性的各种技术创新。

在全球历史发展背景下，金融和技术的紧密联系可追溯至 19 世纪下半叶，当时电报和电缆在金融全球化中发挥了关键作用。1967 年，自动取款机的诞生标志着现代金融科技时代的开始。贝廷格于 1972 年首次提出了“金融科技”概念，将银行业知识、现代管理思想和计算机技术相结合。进入 20 世纪 80 年代，金融市场自由化和计算机技术的迅猛发展推动了金融科技的进一步演变。那时，金融机构开始实施电子交易和电子支付系统。到了 20 世纪 90 年代，随着互联网的普及，金融科技得到更广泛的应用。花旗集团的一项技术合作项目也涉及金融科技这一概念。在这个时期，金融科技的发展主要是由传统金融行业推动的，它们利用信息技术来实现流程电子化，这时也出现了“电子金融”的说法。

2008 年金融危机爆发后，金融监管改革和数字技术的进步共同推动了金融科技进入一个繁荣发展的新阶段，呈现出截然不同的特点。全球范围内，诸如区块链、大数据、云计算和人工智能等数字技术在金融行业中得到广泛应用，极大地加速了行业变革。同时，各种非金融科技公司和新兴企业纷纷涌入金融领域，充分发挥自身优势，直接为企业和消费者提供创新的金融产品与服务。从 2010 年开始，全球范围内的数字金融发展经历了一轮爆发式增长，尤其是在美国、欧洲和亚洲等地区。许多创新型金融科技公司和初创企业涌现出来，涵盖了从支付、贷款、众筹、保险到资产管理等各个金融领域。这些公司利用先进的技术，为客户提供更便捷、高效和个性化的金融服务。与此同时，传统金融机构也在逐步拥抱金融科技，改革自身的业务模式，以应对新兴竞争者带来的挑战。

北京大学数字金融研究中心编制的数字普惠金融指数显示，2011—2018 年，中国数字金融发展保持了持续快速的上涨势头，而这种趋势也在其他国家和地区得到了体现。在这个时期，数字金融的普及和发展受益于移动性、实惠性和便利性等优势，迅速赢得了用户的青睐。随着互联网普及、智能手机的广泛应用和移动支付技术的成熟，数字金融在支付、信贷、保险、投资等多个领域的应用得以深化。此外，金融科技行业的投资活动同样非常活跃。

2016 年，中国在金融科技领域的风险投资跃居全球之首，同时孵化了大量独角兽企业。同年，中国金融科技独角兽公司的数量约占全球总数的 40%，总市值超过全球的 70% 以上。这一现象表明，全球范围内的数字金融发展已经形成了一个多极化的格局，各国和地区都在为数字金融的快速发展做出贡献。在数字中国战略的实施过程中，各行各业都在积极布局数字化转型，以适应新的业务和管理模式。金融行业作为信息化建设较早启动、成熟水平较高的代表行业之一，在近年来却面临互联网和金融科技等颠覆性力量的冲击，这使得金融行业在数字化转型方面的危机感日益加剧。

2021 年 12 月，中国人民银行颁布了《金融科技发展规划（2022—2025 年）》。相较于三年前发布的《金融科技发展规划（2019—2021 年）》，新版发展规划提出了从“立柱架梁”发展为“积厚成势”的目标，这具有深远的意义。这标志着以数字化转型为核心的金融科技发展已步入新时期，管理体系更为健全，更加关注质量和长远价值。在八项主要任务中，金融科技治理位列首位，并且多次强调了“数据”的重要性。该规划提出在保障安全和隐私的前提下，着重推动数据的有序共享和综合应用。

2022 年 1 月，中国银保监会颁布了《关于银行业保险业数字化转型的指导意见》。在遵循五大原则——回归本源、统筹协调、创新驱动、互利共赢以及严守底线的基础上，该意见从六个方面提出了 27 项具体措施，涵盖战略规划与组织流程建设、业务经营管理数字化、数据能力建设、科技能力建设、风险防范、组织保障和监督管理等。这些建议旨在进一步推动银行业和保险业的数字化转型，促进其高质量发展，构建适应现代经济发展的数字金融新格局。这将有助于提高金融服务实体经济的能力和水平，并有效预防和化解金融风险。

数字化已经崛起为除劳动力、土地、资本和技术之外的第五大生产要素。对金融机构而言，准确把握方向、培养能力并持续地实现数字化建设的价值，对于其数字化进程具有举足轻重的意义。

扩展阅读

银行的数字化转型进程

从银行的业务发展和技术迭代的角度看，银行的数字化转型进程可以简单分为以下几个阶段：①业务自动化：19 世纪 70 年代，花旗银行就开始使用自动取款机来解决用户的一些日常事务。它利用磁码卡或智能卡实现金融交易的自助服务，在一定程度上替代了银行柜台人员的工作，降低了人工成本，提高了交易效率。②银行电子化：计算机的出现，实现了电子渠道的信息录入，此阶段主要由人工手动操作，可看作我国数字金融的发展雏形。随着互联网和移动电子设备的兴起，传统的银行开始在互联网上进行线上运营，电子银行被广泛使用。无论是网络版的 e-银行，还是基于手机的网上银行服务，从最初的网上转账、对账单和电子账单支付，发展出了越来越丰富的功能，如网上购买和融资、借贷等。在这个阶段，数字银行的主要参与者是传统的银行机。③银行数字化：在这一阶段，参与者从传统的银行机构扩展到技术公司、互联网公司。金融技术开始影响银行产业的发展，许多银行企业开始依赖大数据、人工智能、区块链、云计算和生物识别等关键技术。自 2009 年以来，包括花旗银行、摩根大通、摩根士丹利和高盛等大规模开拓金融科技领域，中国开始在金融技术领域发挥实力，并相继在支付、贷款和财富管理领域增加战略投资。中国国内的大规模银行也加速了其在金融技术领域的布局速度。就科技公司而言，如腾讯发起的微众银行和阿里发起的网上商家银行，代表了科技公司以科技赋能金融业务的民营银行，直接进入银行产业，成为数字银行的主要参与者。

究竟什么才是“数字化银行”？数字银行目前并没有确定统一的定义，根据《数字银行》（*Digital Bank*）一书给出的解释——数字银行区别于传统银行的关键在于，无论是否设立分行，其不再依赖于实体分行网点，而是以数字网络作为银行的核心，借助前沿技术为客户提供在线金融服务，服务趋向定制化和互动化，银行结构趋向扁平化。数字银行的特点在于智能化和线上化，意味着银行的业务、管理能够自动在线进行。这就代表着数字银行是具体的，而不是空洞的概念。

（资料来源：中国银行业数字化转型研究报告 https://baijiahao.baidu.com/s?id=1728069931839526937&wfr=spider&for=pc）

二、金融机构营销未来趋势

金融机构在当前竞争激烈的市场环境下，需紧跟行业趋势，不断创新。鉴于金融机构的特殊属性，我们预期其未来营销将呈现出以下四大发展趋势：全渠道融合、生态系统构建、价值导向、用户精细化。

（一）全渠道融合

受到网络平台迅猛发展和公共卫生事件双重推动，金融业务加速拓展至线上市场，全方位展现其线上营销水平。金融机构在传统市场的运营主要集中在实体业务，因此，在推行线上市场活动时，务必关注内容形式的契合度、趣味性、合规性，同时加强大数据运营能力的培养，实现与实体渠道的无缝对接。金融机构应在网络与实体两个领域间消除壁垒，实现无缝融合。线上平台能够带来便捷高效的服务体验，拓展服务覆盖范围；而实体渠道则能提供更为丰富的人际交流和个性化服务。金融机构通过全面整合线上线下资源，有望更好地满足各类客户需求，优化用户体验。

（二）生态系统构建

得益于5G技术的普及和流量成本的下降，数字营销内容、渠道以及传播方式日益丰富多元。利用公共领域的市场策略，金融机构可在广泛范围内塑造品牌形象，占据消费者心智；而在私有领域开展营销活动则有助于精准吸引并留住用户，实现多维度、多场景的互动，从而加深用户对金融机构的全面了解，提高用户价值。金融机构应着力打造一个多元化且互补的营销生态系统，涵盖公共领域的品牌塑造和私有领域的精细化用户运营等方面。通过这一生态系统的构建，金融机构能在多个场景下与用户互动，实现品牌价值的全面传播，进而提升用户认知度和忠诚度。

（三）价值导向

内容可划分为高品质内容和短时消费内容两类。一方面，高品质内容能深入触动用户内心，塑造品牌价值。在信息泛滥、同质化严重的背景下，观众对优质内容的需求愈发迫切。另一方面，短时消费内容迎合了用户在碎片化时间里获取信息的习惯，由于注意力分散和耐心有限，能在短时内吸引用户兴趣的内容备受青睐。金融机构应在不同层面上融合高品质内容与短时消费内容，以此吸引并留住用户，达到品牌价值最大化的目标。

（四）用户精细化

随着网络用户数的迅猛增长，提升流量盈利的核心将从获取更多新增流量逐渐转为提高现有流量价值。为达成此目标，金融机构需采用基于数据的精细化用户运营策略，避免过分依赖“硬性推广”，转而通过精准用户画像捕捉并满足他们的个性化需求，实现数字化精准营销。金融机构应以用户为中心，运用数据分析，为客户提供精确且个性化的金融服务。通过深入探究用户需求、行为及喜好，金融机构能更好地满足客户需求，从而提升用户价值。

三、元宇宙金融新热点

元宇宙这一概念最早起源于一部文学创作，在 1992 年的科幻小说《雪崩》中，首次出现了“元宇宙”与“化身”两个词汇，描述了在“元宇宙”中，现实生活中的人们可以拥有自己的虚拟化身。如今，作为互联网技术领域中的高级形式，元宇宙已经吸引了各个行业的广泛关注。

元宇宙指的是与现实世界平行且高度互通的虚拟时空体系，它集合了下一代互联网技术、前沿数字科技和人类智慧，元宇宙旨在创造一个全新的数字领域，并推动数字世界与物理世界的共融发展。同时，元宇宙也将为区块链技术的应用带来广阔的发展空间，并促进数字资产交易的繁荣。

扩展阅读

VR 营销的优势

(1) 引领新潮的 VR 技术无疑会让很多人感到迥异于传统的新鲜感和刺激感，抓住消费者的猎奇心理是市场营销行之有效的手段之一。

(2) VR 的交互性和沉浸性能够在短时间内吸引用户的全部注意力，有科学证据表明人们对 VR 体验的记忆不仅时间长而且更深刻，并且伴随着营销方式的多样化，VR 可以以多种形式进入不同的行业企业中。

(3) 在“讲故事”这个营销难题上，VR 可以帮助我们找到“感性”和“理性”之间的更好平衡。数字营销不是“奇葩说”，消费者一没有时间，二没有兴趣去听产品的特性分析和优劣辩论。而 VR 很可能是打通感性，植入理性的最佳媒介。

(资料来源：https://www.sohu.com/a/204952197_486975)

随着虚拟现实技术的发展和元宇宙概念的兴起，有一些金融机构开始关注元宇宙金融。元宇宙金融是指在元宇宙环境中进行的金融活动，涉及数字货币、虚拟资产交易、虚拟保险等。金融机构需要根据元宇宙金融的特点制定相应的金融营销策略，以适应这一新兴领域的发展。

(一) 元宇宙助力金融品牌建设

金融机构可通过赞助虚拟活动、合作举办虚拟展会、创建虚拟社区等方式，实现现实世界与虚拟现实世界的互动，提高品牌知名度。例如，参与虚拟世界的各类活动赞助，可提高品牌曝光度，扩大品牌影响力；与其他企业或元宇宙平台合作举办虚拟展会，展示金融产品与服务，可吸引潜在客户；搭建虚拟社区，为用户提供交流、娱乐、学习等平台，可增强用户对金融品牌的认同感和归属感。

(二) 社交媒体与元宇宙平台整合

金融机构可充分利用社交媒体和元宇宙平台的整合优势，为用户提供丰富的互动体验。具体策略例如：通过虚拟社交平台与客户建立联系，提供实时的在线客服、金融咨询等，以提高客户满意度和忠诚度；整合社交媒体和元宇宙平台上的用户数据，进行深入分析，为提供更精准、个性化的金融服务奠定基础；运用社交媒体与元宇宙平台的整合优势，推出互动营销活动，如在线问答、抽奖、优惠券发放等，激发用户参与热情，提高用户黏性。

（三）元宇宙赋能场景金融

元宇宙在经济和金融领域产生了深远影响，对场景金融的改变尤为明显和全面。通过元宇宙赋能场景金融，金融机构能有效提高服务效能，实现以下核心价值：首先，优化客户在场景金融中的体验，让客户克服物理空间和时间限制，随时随地完成金融交易；其次，随着元宇宙技术的发展和基础设施完善，金融机构能够利用元宇宙在场景金融中提供更为丰富、个性化、虚拟化的金融产品和服务。金融机构应广泛运用元宇宙技术提高客户体验，推动其向元宇宙服务生态的发展与拓展。

通过以上策略，金融机构可以在元宇宙环境中有效地实施金融营销，满足不同用户的需求，提升品牌影响力和市场竞争力。同时，结合元宇宙金融品牌建设、社交媒体与元宇宙平台整合以及元宇宙赋能场景金融，金融机构能够在元宇宙市场中取得持续发展和成功。

经典案例

元宇宙金融有多远？

如今，越来越多的金融机构、科技公司都开始加入元宇宙。

当然，元宇宙不仅仅是戴上 VR 眼镜进入虚拟世界那么简单。目前元宇宙发展仍属于前期阶段，在金融领域应用以数字虚拟人以及优化服务和展业流程为主。比如，Kookmin 等韩国银行就在元宇宙环境中开设了分行，允许其客户在虚拟金融小镇中四处走动。该小镇为客户提供虚拟分行和金融游乐场，并为员工提供“远程办公”中心。客户可以走进虚拟分支机构，并通过视频通话与现实生活中的客服进行交谈。韩国投资公司 IBK Investment & Securities 也与 MetaCity Forum 进行合作，将提供虚拟金融服务，并推出自己的元宇宙平台，以此来吸引千禧一代的客户。

北京互联网金融协会研究院院长易欢欢认为，银行业是元宇宙在金融领域落地的先头兵。据了解，海外银行在元宇宙领域早有布局，如法国巴黎银行的 VR Banking Apps，允许客户在 VR 环境中虚拟访问其账户活动和交易记录；GTE Financial（佛罗里达州最大的信用合作社之一）推出了 GTE 3D，用户可以通过台式计算机访问银行搭建的虚拟世界，在虚拟的社区金融中心内有服务和产品，包括汽车和房屋贷款、投资、保险和金融知识信息等，足不出户就可以逛银行。

目前，国内也有浙商银行、江苏银行、百信银行等商业银行布局元宇宙，落地的应用和服务主要包括虚拟数字人、数字藏品和建设元宇宙营业厅三类，提供沉浸式体验。尤其是虚拟人方面，金融机构百花齐放。

在保险领域，对元宇宙也有相关尝试。比如，互联网保险公司泰康在线发布了以旗下自有 IP TKer 为原型的 NFT 数字藏品“福虎开泰”。泰康在线有关负责人表示，未来元宇宙带来的新一轮技术革命将在提升互联网保险用户体验、颠覆保险购买认知等方面发挥无与伦比的价值。“元宇宙是保险从互联网时代升级到物联网时代寻求突破的端口。而元宇宙在感官和技术上的颠覆则有望重塑保险的购买认知，通过元宇宙中营造的氛围以及由此带来的情绪感知，化无形的产品为有形的体验，增强用户风险感知度。”

仁和研究院院长王和认为，保险与元宇宙有很强的契合点。“保险，需要换一个方向看风险，看风险管理，而元宇宙更像是一个数字原生世界，它本来就存在，只是我们偶然打开或者跟上了造物主的脚本走进了这片世界。”在王和看来，元宇宙更像是多维空间的打通和切换——在多维空间、多维宇宙之间可以打通和切换。“既然分不清哪里是现实世界，哪里是虚拟世界，那么，你想在哪个世界体验，你就愿意停留在哪个世界”。王和也指出，虽然当下元宇宙更多是新瓶装旧酒，但元宇宙毫无疑问是伟大人类历史发展方向之一；虽然现在仍在发展初级阶段，但每个阶段都有每个阶段的社会价值和商业价值。

众安金融科技研究院相关负责人表示，元宇宙对金融行业带来的实质性影响可以分三个阶段：第一个阶段是元宇宙概念爆发期，在此阶段元宇宙的技术与应用初现成效但并不成熟，商业化的产品以游戏平台、虚拟人、VR 线上办公与空间、AR 视觉增强为主。金融在这个阶段更有可能会经历营销与展业模式上的革新，例如虚拟经纪人与代理人、游戏化展业平台、虚实结合的营销体验等。第二个阶段是元宇宙沉淀期，这个阶段元宇宙热潮已过，其噱头化的宣传价值已经消耗殆尽，真正能够创造价值的元宇宙应用得以留存。在此阶段，元宇宙或作为供应链金融的数据获取与管理核心渠道之一。第三个阶段是元宇宙成熟期，随着元宇宙核心技术的成熟，元宇宙应用的长期积累将对金融系统带来新的挑战与机遇。

“元宇宙的出现可能会赋予金融行业更多元化的展业模式、更丰富的场景，但不会改变金融行业的本质。元宇宙的核心价值在于提高服务的效率与质量。”上述人士指出。

（资料来源：https://baijiahao.baidu.com/s?id=1724701549209106927&wfr=spider&for=pc）

【本章小结】

在本章中，我们学习了数字化金融营销的概念、特点和趋势，理解数字化金融营销在金融机构中的作用和意义。我们了解了数字化金融营销的方法和策略，包括数字化营销计划、数字化营销渠道、数字化营销工具等方面的知识。我们还学习了数字化金融营销的实践案例，了解数字化金融营销在实际中的应用和效果。

通过本章的学习，我们能够更好地理解数字化金融营销的基本概念、方法和策略，掌握数字化金融营销的技能和能力，为未来的数字化金融营销工作做好准备。同时，我们还可以运用所学的知识和技能，对实际的金融营销目标市场进行分析和评估，提高企业的竞争力和盈利能力。

【思考题】

数字化金融营销的内涵是什么？数字化金融营销为何如此重要？
概述数字化金融营销的优缺点是什么？如何充分利用数字化金融营销的优势？
概述数字化金融营销的常用渠道，如何选择最合适的渠道进行营销推广？
概述数字化金融营销的安全问题，如何保护客户信息和数据安全？
概述数字化金融营销的未来发展趋势，如何应对未来的发展趋势？

【实践操作】

任务名称：金融产品私域营销策划。

任务目标：通过深入研究私域营销策略，为金融机构针对特定金融产品制定一套有效的私域营销策划方案，以提升产品市场占有率和客户满意度。

任务内容：收集私域营销的相关理论、案例和成功实践经验，了解适用于金融产品的私域营销策略和模式；分析所选金融产品的特点、目标客户群体以及市场竞争状况，为制定私域营销策划提供依据；根据产品分析，结合私域营销理论和实践，设计一套切实可行的金融产品私域营销策划方案，包括内容营销、社群营销等。

任务要求及成果：学生需以小组为单位完成策划案，提交一份包含金融产品私域营销策划方案的报告，报告应详细描述调研过程、产品分析、策划方案设计等内容。

第八章 金融营销客户关系管理

◆◆◆ 学习目标

理解客户关系管理的基本理论和金融营销客户关系管理的内涵；掌握金融营销客户关系管理的重要性及其在金融业务中的应用；理解金融营销客户满意度与忠诚度的概念和提升策略；熟悉金融客户开发与维护的方法和策略；了解不同生命周期的金融客户关系管理对策；了解移动互联、大数据和人工智能等金融科技在客户关系管理中的应用。

◆◆◆ 能力目标

能够运用客户关系管理理论分析金融营销客户关系管理的问题，根据金融客户的不同生命周期，制定针对性的客户关系管理对策；具备独立分析和解决金融客户关系管理实际问题的能力。

时政视野

党的二十大报告中指出，“坚持以人民为中心的发展思想。维护人民根本利益，增进民生福祉，不断实现发展为了人民、发展依靠人民、发展成果由人民共享，让现代化建设成果更多更公平惠及全体人民”。党的二十大报告通篇贯穿以人民为中心的发展思想。要始终坚持以人民为中心，更好满足人民群众和实体经济多样化的金融需求。要深刻领会金融工作的政治性、人民性，增强金融报国情怀和事业心责任感，努力把维护最广大群众根本利益作为金融工作的出发点和落脚点。

（资料来源：http://cpc.people.com.cn/n1/2022/1115/c448544-32566565.html
http://www.hebdx.com/2022-12/20/content_8918731.htm）

第一节 金融营销客户关系管理概述

一、客户关系管理的基本理论

（一）客户生命周期理论

客户生命周期理论在20世纪60年代兴起，当时全球经历了一次严重的能源危机，许多国家和地区的经济建设都受到了严重的影响。在这种情况下，美国和英国开始加大对能源开发和应用的研究，逐渐形成了对企业与客户关系的全面理解和评估框架。即以“生命周期”为主线，清晰地描绘从建立联系、交易、合作到最后终止合作的完整过程。客户生命周期理论是一个涵盖了企业与客户关系从建立到终止全过程的理论，这个理论为我们提供了一个清晰的视角，可以直观地看到企业与客户关系在不同商业发展阶段的动态变化。它的模型是一条以时间为变量，衡量企业与客户关系紧密程度的动态曲线，主要分为四个阶段：勘察期、构建期、稳定期和衰退期，如图 8-1 所示。

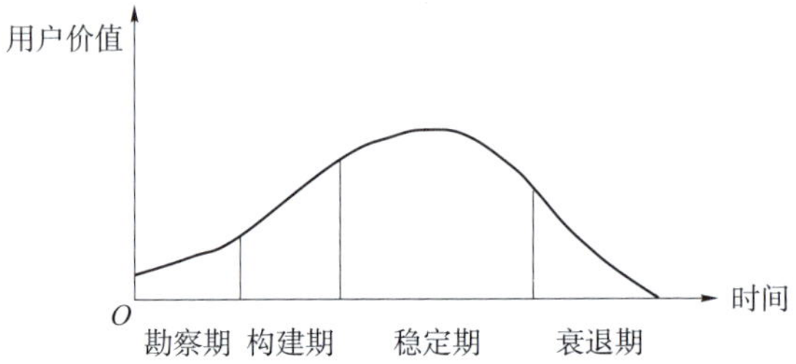

图 8-1　客户生命周期图

勘察期是客户生命周期理论中的第一个阶段，也被视为是信息收集和探索合作可能性的阶段。在此阶段，合作双方都在尝试评估合作成功的可能性，观察并了解彼此，以寻找合作的基础。企业需要与潜在客户进行频繁的交流，倾听他们的需求和期望，并通过各种方式如市场推广、活动宣传、产品展示等来引导和培养他们对企业及其产品或服务的兴趣。如果客户在此阶段主动表现出强烈的沟通需求，企业应积极增加与其的互动，促使潜在客户转化为成熟客户。这一阶段企业需要投入一定的资源和成本，但尚不能从客户那里得到及时的回报。

第二阶段为构建期，是推进合作的关键过渡阶段。在此期间，双方已经历互相观察与了解的过程，基本可以确立双向信任的基础。从客户角度来讲，这一阶段的核心是建立与企业的深度合作。他们已经在初步观察期的基础上，对企业的产品或服务有了一定的了解，并看到了与企业合作的潜在价值。从企业角度来讲，这个阶段可以被视为客户成长的阶段。企业通过与客户的深度合作，不仅能够进一步了解客户的需求，更能通过满足这些需求来推动业务的快速增长。在这个阶段，企业可能需要承担一定的风险，只有这样，企业才能抓住长远的发展机会，实现自身的价值最大化。

第三阶段为稳定期。在这一阶段，企业与客户的合作已经开始并且取得了一定的利润，双方合作的关系也日渐稳定。在这段合作关系中，双方无论是有形还是无形，都已经付出了相当的投入，业务规模日益扩大。客户在此阶段已经深度依赖企业的产品或服务，并从中获取了实在的价值，需求得到了满足，对企业的信任也达到了新的高度。从企业的角度看，此阶段是客户步入成熟的关键时期，客户的稳定能够为企业带来稳健的收入，并且可以预见未来还有更多的收入增长。

第四阶段为衰退期，是关系撤离和合作终结的阶段。此阶段标志着双方的关系开始出现不稳的迹象，合作甚至有可能提前结束。其实，这个阶段可能早在构建期或稳定期就已初见端倪，只是矛盾并未升级至激化的地步。在衰退阶段，合作双方的业务交易量会有明显的下降，企业与客户之间的关系陷入危机。对企业来说，这是一个具有挑战性的阶段，此时如果企业不采取相应的措施进行干预，可能无法弥补这段合作关系的破裂。因此，企业需要密切关注客户的反馈和行为，以及市场的动态，以便尽早发现问题并采取行动。

企业与客户之间的关系由初始的陌生状态，逐步过渡到熟悉，再到成熟，最终达到稳定的阶段。而客户本身也会经历从潜在客户向新客户，最后到老客户的转变。在这个动态的客户生命周期中，客户对企业的价值贡献以及与企业间的紧密关联度会有所差异。面对市场的激烈竞争，企业需要具备对客户进行层级划分的能力，根据客户处于生命周期的不同阶段，企业应构建出切合实际的、个性化的经营策略，以促进经济效益的最大化。

例如，针对潜在客户，虽然还没有产生实际交易，但他们对企业有一定的了解，并具备潜在的消费需求和购买力，他们可能会在未来某个时段选择企业的产品或服务。在这个阶段，企业需要积极展示其价值和吸引力，激发其成为新客户的潜力。对新客户来说，尽管已经有过一次或几次交易，但与企业的关系仍未十分紧密，这个阶段的客户对企业产品和服务的满意度往往只停留在表面的认可。企业需要提供超预期的产品或服务以满足他们的需求，通过培养他们的忠诚度，从而把他们转化为老客户。当新客户逐渐转变为老客户时，企业需要持续提供卓越的服务和支持，以巩固与客户的紧密关系，确保其在稳定期中能得以维持。在客户可能出现流失的退化期，企业则需要采取适当的挽留策略，防止客户的流失。

（二）客户价值理论

客户价值理论是营销学中的重要理论之一，深刻诠释了企业与客户之间的价值关系。这一理论由德鲁克在 20 世纪 50 年代首次提出，他提倡将关注点集中在提高客户价值上。客户价值理论强调，消费过程中，产品和服务所带来的价值将增强客户吸引力，尤其是那些超越竞争对手的价值，该价值不仅仅包含商品的内在价值，还包含了客户在消费过程中的体验和满意度。

客户价值的理论研究可从客户、企业和相互感知三个角度进行。首先，从客户的视角，理性消费的目标在于享受优质的服务或购买高品质的产品，这意味着企业应以产品导向和服务导向为基础，以实现其稳定和持续的发展。其次，从企业的视角，客户价值的核心就在于客户为其带来的收益，这里的“客户”是指愿意用适当的价格来购买商品或服务，并且与企业建立长期稳定关系的合作方。这一定义揭示了客户价值的时间性和价格性两个关键要素。其中，长久而稳定的关系是客户忠诚度的体现，而产品和服务的价格则反映了品质上的区别。最后，从相互感知的角度看，企业和客户之间的关系并非是对立的，也并不存在利益冲突，而是存在共赢的可能。研究表明，企业收益与客户价值呈现显著的正相关关系。通过企业的努力提升产品和服务的价值，帮助客户提升其自身价值，同时，客户为企业带来的收益也将提升企业价值。

在现代营销理论的指导下，学者哲圣摩发现客户价值的研究维度还可以进一步延伸至当前价值和潜在价值。当前价值通常可以通过一些直接可量化的指标来衡量，比如毛利、购买量和服务成本等。而潜在价值则是对客户未来可能产生价值的预期，可以从直接和间接两个方面进行描述。直接计算的潜在价值可以通过预测客户在未来产生的净现金流来计算，间接计算的潜在价值则可以通过描述客户关系的潜在特征如忠诚度、发展潜力等来描述。

（三）长尾理论

克里斯·安德森于 2004 年在《连线》杂志上发表了一篇文章，首次提出长尾理论。该理论认为，当产品的存储和流通成本足够低时，非热销产品的市场份额可与热销产品的市场份额相抗衡。长尾理论挑战了帕累托法则（80/20 原则），传统的帕累托法则认为 80%的销售来自 20%的客户。然而，长尾理论认为 80%的非头部客户，也就是被传统营销策略忽略的大部分客户，实际上也有很大的市场潜力。如果企业能有效地挖掘和满足这些客户的需求，那么就可能释放出与头部 20%客户相匹敌的市场份额。

在金融业，传统的金融机构通常会集中精力服务于高净值客户和大中小企业，而忽略了那些营销费用较高、产生利润较低的普通客户。然而，在互联网和金融科技的推动下，长尾理论在金融业的应用越来越广泛。技术的发展极大地降低了金融服务的提供成本，打破了“传统金融机构服务头部客户以覆盖机构运营成本”的限制。例如，金融机构可利用互联网和大数据技术，为那些被传统机构忽视的“长尾”客户提供服务，扩展了客户基础。曾经被金融机构忽视的普通客户，即使可产生的单位利润较小，因客户数量庞大，总利润也是巨大的。再者，由于这些普通客户的需求多种多样，也为金融机构提供了较大的创新空间。通过开发新的产品和服务，金融机构不仅可以满足他们的需求，也可以从中获取利润，带来的收益不亚于头部客户为金融机构创造的价值。因此，金融机构应该对“长尾”客户群体给予高度关注，借助金融科技挖掘尚未触及的“长尾”客户。此外，还需要不断创新与改进金融产品，以更好地满足客户需求，吸引更多的“长尾”客户。

（四）关系营销理论

关系营销理论是在经济持续发展的背景下于 1983 年由伦纳德 · L. 贝瑞提出的一种新型营销理念。该理论强调了关系营销的复杂性，其核心目标是与相关行为主体保持适度的关系。该理论研究的代表人物包括巴巴拉 · B. 杰克逊和顾曼森等学者，他们从不同的角度探索了关系营销的定义和重要性。贝瑞在 1996 年进一步明确了关系营销的定义，将其视为一种根据业务实际利益和目标，识别、建立并维护消费者关系的过程。

在关系营销的理念之下，企业和消费者之间的复杂互动和持久的关系居于核心地位。该理论认为，营销过程的关键在于保护和稳定客户资源，预防其流失，并在提供服务的过程中得到客户的认可。妥善处理与客户的关系是关系营销的一项重要任务，它也是企业乃至其他组织稳步发展的基石。关系营销致力于构建企业与客户的双赢关系，主张成功的关系营销不仅不会损害任何一方的利益，而且会实现双方共同的发展。

关系营销理论的实践，有几个主要原则。首先是诚信原则，这要求企业坚守并履行对客户的承诺，这既体现出对客户的尊重，也能确保企业得到客户的信任。其次是主动性原则，专注于企业与客户间的动态互动，这就需要企业及时捕捉并响应客户需求的变化，并且企业应采取主动措施，根据客户的新需求进行调整和应对，以此加强与客户之间的深层次联系。最后是共赢原则，共赢原则侧重于挖掘和实现企业与客户间的共同利益，目的是实现企业与客户双方的互利共赢。

相对于传统的市场营销理论，关系营销理论有显著的区别。首先，从最终成果的角度看，传统营销主要关注的是通过各种手段引导交易，以获取短期利益，而关系营销更重视的是建立长期、稳定的关系，交易只是关系基础上的自然行为，是关系发展的自然结果。其次，在视野范围上，传统的营销只关注目标市场，而关系营销理论将其视野扩展开来，不仅肯定了客户的核心地位，还强调企业与各个利益相关者之间的关系。最后，从客户获取和保留的角度来看，传统营销主要关注如何吸引新客户，而关系营销更侧重于通过采取一系列措施留住并维护已有的客户。此外，关系营销理论赋予了营销活动更广泛的定义，将其视为企业各个部门间的合作结果，不再仅仅是企业营销部门的任务。

关系营销理论提出了一种从交易导向到关系导向的营销思维的转变，将营销的重心从简单的交易获取扩大到全面利益相关者的关系管理，强调在互动和合作中实现双方甚至多方的共赢。这是一种以顾客为中心，通过建立广泛的关系网络，追求网络成员的长期利益最大化，实现各自目标并共同发展的营销理论。

（五）一对一营销理论

一对一营销理论是由美国学者唐纳德·佩珀尔斯和马沙·容格斯于20世纪90年代提出的，它强调个性化的定制营销来满足消费者不断提升的选择能力和多元化的需求。二位学者认为，消费者的消费行为开始展现出强烈的个性化的特征。因此，为了获得消费者的忠诚度，企业需要实行个性化的定制营销，为客户提供定制化的产品和服务，以此来建立稳定的顾客群体，从而达到客户价值最大化，这也是一对一营销的主要目标。

一对一营销理论的实施包括识别客户、分析客户、维护客户以及满足客户需求等步骤，其核心是与每一位客户进行个性化的营销互动，以深度挖掘客户需求，进而提供最适合他们的产品或服务。通过专业团队为识别出来的价值客户提供差异化服务，将其转化为忠实的合作伙伴。

一对一营销理论在很大程度上反映了将客户置于首位的理念，也是客户关系精细化管理的体现。它追求的并不是市场份额，而是客户份额，即企业提供的产品和服务在客户的同类消费中所占有的比例。该理论近些年已经被广泛应用于包括金融产品在内的各个领域的营销实践中，为实现消费者和企业的共赢贡献了力量。

然而，一对一营销在实践中也存在一些局限性，例如客户可能会由于对个人隐私和安全的担忧，而提供包含虚假成分的信息。同时，一对一营销需要企业与消费者之间建立并保持一个学习型的互动关系，这往往需要企业投入大量时间和精力去深度发掘消费者需求，而许多消费者并不愿意与企业进行深度的频繁互动。

二、金融营销客户关系管理的内涵

（一）金融营销客户关系管理的概念

客户关系管理（CRM）的概念源于20世纪80年代的“接触管理”，当时的企业为了更有效地实现既定目标，对与潜在客户的接触过程和结果进行了一系列的规划和管理，包括确定接触的时间、地点和对象等。随着通信技术的不断升级，接触管理在20世纪90年代有了进一步发展，涵盖了远程电话交流和客户资料分析等。信息水平的提升使得接触管理的内涵也越来越完整，最终演变为我们今天所说的“客户关系管理”。

金融营销的客户关系管理是指金融机构运用各类资源和技术，对客户进行全面且有效的管理，以实现客户价值最大化和机构盈利最大化。从金融机构的角度来看，对于客户关系管理这一概念的理解可以有三个层面。首先，从战略角度，它被视为一种关键的业务发展策略，着重于构建并维护与客户之间的关系，通过良好的客户关系提高机构的业务成效。其次，从宏观层面看，客户关系管理可以理解为是一种涵盖市场营销和客户管理的流程，属于金融机构运营的一部分。在金融产品销售的全过程中，机构与客户形成紧密的联系，通过提供优质的金融服务和产品，与客户建立并维系持久、稳定、互信的关系，来提高自身的收益。另外，从微观视角来看，客户关系管理在金融机构中体现为一种技术工具，可以管理和分析客户数据，从而更好地理解和满足客户需求，加强与客户的合作关系。在这个情境下，金融机构通过使用数据分析模型对客户互动过程中产生的数据进行深度分析，为金融机构制定业务策略和市场营销策略提供支持，以此提升客户的满意度和忠诚度，维持金融机构的竞争优势。

金融营销客户关系管理的核心是客户的价值管理，重点关注的是如何通过管理和优化与客户的互动，以实现客户生命周期价值的最大化，进而提升金融机构的盈利能力。实施客户价值管理的最终目标是最大化每个客户对金融机构的长期贡献，包括金融产品的销售收入和口碑推荐等非财务性贡献。这种以客户为中心，注重长期价值的策略思维，能够帮助金融机构提升经营效率和效益，使其在竞争激烈的金融市场环境中建立持久的竞争优势，实现金融机构与客户间的价值链关系的协同和双赢。

（二）金融营销客户关系管理的核心思想

客户关系管理（CRM）经常被看作是一种技术解决方案或一种计算机软件，用来搜集、分析和管理客户数据。然而，这种理解与客户关系管理的真正含义相比，过于狭隘和表面化。客户关系管理不仅仅是一个技术工具，更是一种以客户为中心的企业经营理念和战略。虽然技术的确为实现这一理念提供了必要的手段，但真正的核心是如何理解并实施这一理念。换句话说，技术只是手段，而不是目的。

所以，我们有必要探讨金融营销客户关系管理的核心思想。当我们把目光从具体的技术手段转移到核心理念上时，就可以更深入地理解金融营销客户关系管理的真正含义，更有效地实施客户关系管理策略，以实现金融机构的长期发展目标。金融营销客户关系管理的核心思想在于以下四个方面：

第一，金融机构需将客户放在中心位置，而不是仅仅关注自身提供的产品和服务。这种理念在金融业中的应用表现得尤为重要，因为金融产品和服务往往具有高度复杂性和专业性，客户的需求也多种多样，而不仅仅局限于产品的利率、费用或收益等基本属性。因此，金融机构必须通过深入理解客户的金融需求和风险偏好，才能够提供真正满足客户需求的产品和服务。在这个过程中，金融机构不仅需要开发新产品和服务，还需不断地优化现有的产品和服务，以更好地满足客户的变化需求。

第二，金融机构和客户之间的关系应当是一个双赢的关系。金融机构与客户的关系并非仅仅是金融机构与客户之间利益的转换，而是通过建立和维持长期的合作关系，实现双方的共同获益。对于客户而言，他们与金融机构建立的长期关系可以提高与金融机构的互信程度。若客户选择投奔其他机构，可能会增加机会成本或产生新的交易成本。而客户与金融机构的长期合作有利于客户获取到更适合自身且符合自身需求的产品和服务，从而能够获得更高的满意度。对于金融机构来说，维护高质量的客户群体具有显著的成本优势，因为吸引新客户的成本远高于维护现有客户的成本。此外，现有客户通过重复购买和向他人推荐金融产品或服务，可以帮助金融机构增加收益。长期的客户满意度不仅增加了客户的黏性，而且帮助铸就了稳定的客户关系，这种关系有助于实现客户价值，并最终提高客户的忠诚度，为金融机构的长期发展奠定了基础。

第三，金融营销的客户关系管理是一个动态的过程。这就要求金融机构时刻保持警惕，灵活应对各种市场和客户需求的变化。为了实现这一目标，金融机构需要建立一套高效的客户信息管理系统，不断收集和分析各种客户数据，以便及时了解客户的需求变化，预测市场趋势，及时调整营销策略。金融机构还需定期对客户关系管理的效果进行评估，不断优化和改进管理策略，以确保其始终能够满足客户的需求，提供优质的金融服务。另外，客户身份也不是一成不变的。例如，潜在客户可能转化为正式客户、普通客户有可能转化为重要客户。这就要求金融机构要有动态的客户监控和服务优化，以便及时捕捉客户需求，通过提供个性化和高质量的服务，促使潜在客户转化为正式客户、普通客户升级为重要客户。

第四，客户关系管理需要贯穿于金融营销的全过程。这意味着金融机构不仅在向客户推销产品和服务时关注客户，而且在产品销售后的各个阶段都需保持与客户的良好关系。因为在当前竞争激烈的金融市场环境中，持续的、高质量的客户服务和关系管理已经变得至关重要。在金融产品的推销阶段，金融机构不仅要了解客户的金融需求，还需要通过细致的市场调研了解客户的心理需求，推出真正符合客户需求的产品。产品销售后，金融机构也不能忽视与客户的关系维护，因为在销售产品后就忽视客户关系的这种短视行为会导致客户的流失。产品销售后的各个阶段保持与客户的良好关系，包括在售后服务中主动关注客户的反馈和建议，定期进行客户满意度调查，及时处理客户投诉，为客户提供各种便利的金融服务等。

（三）金融营销客户关系管理的基本内容

金融营销客户关系管理的基本内容主要包括客户营销管理、客户信息管理、客户分层管理和客户关系维护四个部分，以下分别介绍。

1. 客户营销管理

在金融机构的运营过程中，客户营销管理是不可忽视的一部分。无论是在传统银行、券商，还是现代的金融科技公司，都需要以客户为中心，提供精准且高质量的服务。具体而言，这涉及金融产品或服务的设计、销售和使用等各个环节。为了提供更优质的服务，金融机构需要注重以下几个方面：

第一，金融机构需要将短期服务延伸到长期服务。短期服务常常只关注一次性交易，然而这并不利于建立持久的客户关系。相反，金融机构应把握住与客户长期合作的机会，提供持续的服务。例如，定期了解客户金融情况的变化，协助更新投资策略，或者提供其他适应其需求变化的服务。长期服务不仅能增进客户的信任，还能更好地满足客户需求。

第二，金融机构需要从被动服务转变为主动服务。被动服务通常是等待客户来询问，而主动服务则是提前预见客户的需求，主动提供解决方案。例如，当市场环境发生变化时，金融机构可以主动向客户提供适应新环境的投资建议，而不是等待客户询问后再进行响应。主动服务可以帮助金融机构及时地满足客户的需求，同时也能提高其在竞争中的优势。

第三，金融机构需要从无差别服务转变为个性化服务。无差别服务通常是对所有客户提供同样的服务，而个性化服务则是根据每个客户的特殊需求提供专属服务。例如，对于高净值客户，金融机构可以提供更专业、更深层次的财富管理服务；对于年轻客户，金融机构可以提供更多与科技相关的金融产品和服务，如移动支付，数字货币投资等。个性化服务不仅能更好地满足客户的差异化需求，也能增强客户黏性。

2. 客户信息管理

随着信息技术的不断演进，客户信息管理在金融营销领域扮演着日益重要的角色。无论是为企业还是个人提供投资、保险、贷款或其他金融服务，金融机构必须深入了解和理解客户的需求、预期、风险承受能力和其他重要因素。因此，一套强大且有效的客户信息管理系统成了金融机构提供优质服务的关键。具体来说，客户信息管理主要涉及客户个人详细信息、交易历史数据、风险偏好、投资策略等多个方面的数据收集、处理和分析。通过这些数据，金融机构可以准确评估客户的需求和风险承受能力，制定更具有针对性的服务和产品。

在金融营销中，数据储存和挖掘技术在客户信息管理中占据着举足轻重的地位。通过数据挖掘技术，金融机构可以发现隐藏在大量客户数据中的模式和趋势，揭示客户群体的行为特征，理解客户的购买决策过程。例如，通过分析客户的交易历史，金融机构可以发现哪些类型的产品或服务最受欢迎，进一步提升这些产品或服务的推广力度；通过对客户反馈和投诉的分析，金融机构可以及时发现和解决问题，提高服务质量。

3. 客户分层管理

客户分层管理是金融机构进行有效业务运营的关键，它侧重于根据客户的价值，例如客户对金融机构的贡献度或其潜在价值，来对客户进行价值细分和服务定位。金融营销的客户细分可以依据客户价值细分理论将现有客户划分为不同的群体，从而有效地降低成本、提高盈利水平。客户价值细分理论从“客户当前价值”和“客户增值价值”两个维度对客户群体进行细分，将客户群体分为四类。

Ⅰ类客户：这类客户的当前价值和增值价值都很高，他们既是金融机构的主要收入来源，也是未来增长的重要驱动力。这类客户可能是一些高净值客户、大型企业客户或者其他具有高购买力和高增长潜力的客户。对于这部分客户，金融机构需要制定个性化的服务策略，提供一对一的专属服务，满足他们的个性化需求，同时积极寻找和创造更多的销售机会，以期在未来获取更大的收益。

Ⅱ类客户：这类客户的当前价值不高，但有很大的增值潜力。他们可能是一些新客户、年轻客户或者刚开始接触金融产品的客户。尽管他们目前的贡献度不高，但具有较大的成长空间和潜在价值。金融机构应该抓住这一机会，适当投入资源，通过提供优质的服务、个性化的产品和有效的营销活动来促进他们由低阶客户向高阶客户发展。

Ⅲ类客户：这类客户的当前价值和增值价值都比较低，他们在目前对金融机构的贡献有限，同时在未来增值的可能性也相对较小。这些客户可能是那些使用金融服务较少、购买能力较弱或者对金融产品的需求不高的群体。对于这部分客户，金融机构可以通过提供基础的服务和适当的关怀来维持良好的客户关系，但不需要投入过多的资源。

Ⅳ类客户：这类客户当前贡献度较高，但增值潜力相对有限。他们往往是一些已经建立稳定关系、具有较高消费能力和稳定需求的老客户，为金融机构提供了稳定的收入来源，是金融机构非常重要的客户群体。因此，金融机构应该投入足够的资源，持续提供超预期的产品和服务。金融机构也需要通过各种渠道收集这类客户的反馈，以了解他们对当前产品和服务的满意度，及时调整服务内容，以保持他们的忠诚度。

4. 客户关系维护

客户关系维护是金融营销工作的重要组成部分，涉及客户信息收集、产品服务跟踪、客户价值分析以及引导新的金融产品消费等多个环节。

第一，客户信息收集是金融机构维护客户关系的基础性工作，也是提供产品服务、分析客户价值和推进合作关系的依据。金融机构需要收集和整理客户的个人信息、财务状况、投资目标和风险承受能力等信息，以便更好地理解客户的需求和期望。需要注意的是，此类信息的收集需要持续进行，因为客户的需求和环境可能会随着时间的推移而发生变化。

第二，产品服务跟踪包括向客户提供金融产品、提供辅助服务、追踪客户满意度以及处理客户抱怨等。金融机构需要定期关注客户对产品的使用情况，以及对产品和服务的反馈。对于客户的反馈和抱怨，金融机构需要及时进行处理，以维护良好的客户关系。

第三，客户价值分析包括对客户显性价值和潜在价值的分析。显性价值主要反映在客户的交易量和频率上，而潜在价值则包括客户的信用状况、财富潜力以及推荐新客户的可能性等因素。通过对客户价值的深入分析，金融机构可以更好地确定资源的分配，以提高服务效率和质量。

第四，引导新的金融产品消费也是金融机构维护客户关系的一部分。随着金融市场的发展，新的金融产品和服务不断出现，金融机构需要积极地向客户推介这些新产品和服务，以满足客户的不断变化的需求。在这个过程中，金融机构应该充分利用已有的客户信息，提供个性化的推介服务，以提高产品的推广效率。

三、金融营销客户关系管理的重要性

在金融领域，新《中华人民共和国证券法》的出台深化了金融机构对客户关系管理的理解和重视。该法明确规定，金融机构在向投资者销售证券和提供服务时，应全面介绍产品和服务内容、明确核心要点并提示可能的风险，避免提供超出投资者风险承受能力的证券商品，从而确保投资者在了解充分的情况下做出投资决策。这不仅规范了金融市场行为，也让我们更深入地意识到，良好的客户关系管理既是金融机构提升市场竞争力的重要手段，也是履行社会责任、保护投资者权益的必然要求。因此，金融营销客户关系管理在当下金融市场中的重要性不容忽视。下面，将从四个方面详细阐述金融营销客户关系管理的重要性。

1. 金融营销客户关系管理有助于制定差异化的市场策略

金融机构通过客户关系管理系统获取的丰富数据，可以为制定市场策略提供精确和深入的分析。这些数据可以揭示客户的行为模式、购买偏好和潜在需求，使得金融机构能够准确预测市场变化，制定出比竞争对手更具有竞争力和差异化的市场策略。基于客户关系管理的数据分析，金融机构能根据客户的交易历史和个人喜好提供个性化的产品和服务。例如，针对高频交易的客户，可以提供更低的交易费率；对于偏好长期投资的客户，可以提供更稳健的投资产品。差异化服务能有效增加客户的交易活跃度，从而提高金融机构的市场份额。另外，通过深度挖掘客户关系管理数据，金融机构能识别出潜在的客户群体，如可能对某种新金融产品感兴趣的客户，或可能需要更高级别服务的客户。针对这些潜在客户，金融机构可以制定专门的营销策略，提前抢占市场机会。

2. 金融营销客户关系管理能有效削减机构运营成本，增强经济效益

金融机构通过对已有的客户关系进行深度维护和精准管理，能够深入洞察客户的需求与行为，实现更加有针对性的产品推介和营销策略，避免了不必要的市场投入，极大地节约了资源。同时，满意度高的客户倾向于产生更大的交易价值，包括频繁交易、大额交易等。这类客户也更有动力主动向他人推荐金融机构的产品和服务，作为一种自发的口碑营销，极大地提升了金融机构的市场影响力和经济效益。更重要的是，良好的客户关系管理有助于增强客户的黏性和忠诚度。通过提供优质的服务和个性化的产品解决方案，金融机构可以稳固并深化与客户的关系，提升客户的留存率。由于维护现有客户的成本远低于获得新客户，这种策略也可以大幅度提升金融机构的经济效益。

3. 金融营销客户关系管理是金融机构核心竞争力的重要组成部分

金融机构的核心竞争力是在其长期发展过程中形成的，在高度竞争和快速变化的金融市场中，客户的稳定性以及客户资源的丰富程度对于金融机构的生存和发展至关重要。金融机构拥有的客户资源越多，就越能获取更大的市场份额，进而增强其核心竞争力。客户资源不仅包括现有的客户基础，还包括未来可能吸引并留住的潜在客户。因此，高效和科学的金融营销客户关系管理对于吸引和维护这些客户资源至关重要。同时，金融营销客户关系管理不仅能够促进金融机构更好地理解和满足客户的需求，还可以促使机构提供更加个性化、差异化的服务，从而赢得客户的忠诚度。对于建立金融机构的品牌形象，提高客户满意度和口碑，增强客户黏性等均发挥着积极作用。在金融行业中，客户关系管理的价值体现在它能帮助金融机构在竞争激烈的市场环境中独树一帜，形成持久的竞争优势。金融机构通过有效的客户关系管理，可以提高客户服务的效率和质量，强化客户对金融机构的认同感和信任感，从而提高金融机构的竞争力。

4. 金融营销客户关系管理能促进金融机构的可持续发展

完善的客户关系管理系统是金融机构能够持续发展的关键因素之一。在今日这个以客户为中心的时代，持续而深入地理解客户，满足客户的需求，是金融机构能够在竞争中保持领先的重要策略。具备良好的客户关系管理系统的金融机构，能够准确捕捉市场动态，快速响应客户需求变化，从而及时调整服务和产品，保持与市场的同步，推动机构的持续发展。金融机构通过良好的客户关系管理，能够更好地维护现有的客户资源，并不断吸引新的客户，从而实现持久的竞争力。在金融行业中，客户资源的积累和管理，是构建和维持竞争优势的重要途径。因此，强大的客户关系管理能力，能帮助金融机构在竞争中保持领先地位，推动其持续发展。

经典案例

私银客户突破20万！这家银行凭什么？

时光荏苒。改革开放40多年来，中国经济取得举世瞩目的成就，国民财富也实现了爆发式增长。叠加全球低利率时代的长期开启和资产多样化趋势，财富管理成为最具确定性的发展方向和最具爆发增长潜力的行业之一。而处于零售、对公、投行业务“交叉点”和整个零售金融生态顶端的私人银行，则成为商业银行决胜财富管理大时代的战略性要地。作为国内涉足财富管理市场的先锋和中坚力量，我们在感叹“逝者如斯夫”的同时，也惊喜地发现，我们过往的点滴努力，已聚入小溪，汇成江海：财富服务、企业服务、家业服务、品牌服务、智能服务“五大服务升级”助推工商银行私人银行客户突破20万，管理资产超2.3万亿元！不觉心生豪迈，却又深感重任在肩。如何更进一步方能不负所托？

从2008年至今，中国工商银行私人银行应时而生、顺势而为，迈出的坚定务实的每一步都和时代紧密相连。当今世界处于百年未有之大变局，具备识变之智、应变之方、求变之勇是这一时代变局对私人银行业务提出的新要求。

我国提出加快构建以国内大循环为主体、国内国际双循环相互促进的新发展格局，是基于当前和今后一个时期国内外环境变化做出的重大战略抉择。这一战略要求金融在促进实体经济高质量发展中贡献更多力量。

实体经济作为新发展格局的根基，承担着产业兴国的使命愿景，承担着保就业、稳就业这一首要民生的重任，也是实现乡村振兴和共同富裕的践行者。工商银行始终坚守“人民金融”底色，以服务工商企业立行，向全球超过950万公司客户提供全方位的金融产品和服务。在“第一个人金融银行”战略指引下，工银私人银行秉承“诚信相守、稳健相传”的经营理念，擎住民营企业家这一核心要素，助力中国经济转型升级。

在工银私人银行的客户中，70%为民营企业家。在服务实体经济的实践中，工行企业家客群展现出了六大共性需求特征：

一是稳中有进。稳健是受访企业家的主要特征，稳中有进成为优势，主要体现在企业控制权“稳”，运营“稳”，投资“稳”，企业家持家“稳”。

二是转型升级。家族企业健康成为企业家财富健康的核心挑战。在经济增速放缓、产业结构转型升级的宏观背景下，与中国经济共同发展起来的民营企业同样面临新的机遇与挑战，超50%受访企业家认为企业存在转型升级的需求。

三是重视传承。60岁是企业传承的分水岭，然而受访企业家真正开始传承计划的比例不足30%。目前企业家年龄集中在50~59岁，知易行难，实际需求和行为存在较大反差，“时间紧，任务重”，将是未来十年民营企业传承的重要特征。

四是积极乐观。企业家对于宏观环境和自身发展较为乐观，超过三分之二的企业家认为家族拥有共同的价值观，62%的企业家家族成员愿意为共同利益牺牲个人利益。

五是需求多样。关注点不局限在企业和金融财富在代际的传递或转移，人文精神财富、家族治理的传承也愈发受到关注，法律、税务、二代培养等课题也越发受到重视。

六是财富向善。受访企业家的捐赠领域不断拓宽，捐赠对象从教育、扶贫、医疗等民生基础领域，不断拓宽至基础研究、技术创新、人才培养、高端人才引进等有利于国家发展和提升人类福祉的领域；企业家参与慈善公益意愿不断增强。

在工银私人银行的客户中，70%为民营企业家。企业家作为民营经济的掌舵人，是经济发展的最宝贵资源和财富。为企业和企业家提供高质量金融服务，搭建崭新的服务生态，是工银私人银行融入新发展格局的重要路径。在此背景下，私人银行应作为融入新发展格局、服务高质量发展和促进共同富裕的生态整合供应商，基于买方市场，通过持续优化对企业家个人、家庭及其企业的金融服务，赋能产业链、供应链再造和创新链、价值链提升，赋能企业长远发展的顶层设计和长期服务，助力中国经济从“家企欣荣”迈向家国昌盛。

经济好才能金融好，百业兴才能银行兴。工银私人银行的企业家服务立足集团优势，打破传统私银业务边界，通过“以公带私、以私促公”的良性内循环，搭建“场景+智联”的企业家服务生态和公私双向荐客、集团一体响应的企业家服务平台，开辟了一条客户经营和业务发展的全新赛道。

2021年9月，工银私人银行特别推出“企业家加油站”服务平台，围绕企业家“个人、家业、企业”的生态圈，构建公私一体化服务场景，打造客户思想交流、商机孕育、银企互联的共享平台。“企业家加油站”立足工银集团优势，聚合优质资源，构建“共享活动中心”“共享商务中心”“共享金融中心”“共享展示中心”“共享培训中心”“共享服务中心”“共享社群中心”七大共享中心，与企业家客户共御风险挑战、共绘合作愿景、共商发展大计、共谋民生福祉。短短4个月的时间里，“企业家加油站”服务平台枝繁叶茂：在近代企业家张謇的故里南通，第100家“企业家加油站”已经落地生根。

2021年12月，工银私人银行与国内知名商学院合作形成具有中国特色的企业家财富健康指数模型和报告，全面检视企业家群体的财富健康状况并提出切实可行的建议，构建起国内首个面向企业家的财富健康管理体系。中国企业家财富健康状况的整体提升，必将通过企业和金融体系反哺实体经济高质量发展，为实现共同富裕与和谐社会做出贡献。

2022年4月，工银私人银行正式发布企业家服务“添翼计划”，深化工商银行企业家综合化服务平台的建设，形成全行“共同办、共享办、专业办”的格局，将国家服务实体经济政策的势能转化为银行业务发展的动能，深化企业家客群服务。

一是在市场中，借助工行对公、普惠条线的领先产品体系和服务能力，开辟赶超同业、建立竞争优势的新赛道。

二是在渠道侧，利用工行网点及私银中心的场地优势和“云网点”的场景优势，进一步提升服务能力和水平，实现由产品中心向客户关系中心的转变，进一步提升线上线下渠道的价值贡献和市场竞争力。

三是在业务上，充分发挥私人银行、普惠金融、贵金属业务在GBC联动中的“关键点”作用，探索构建常态化、场景化、体系化的公私联动机制，实现公私双向荐客、集团一体响应；在客户端，以企业家为支点服务民营经济，借国家之势，扬工行之优，深化工行服务企业家与实体经济的价值导向，弘扬企业家精神，向社会传递财富向善的传承理念。

进入第二个一百年，中国向着共同富裕目标大步迈进。弘扬企业家精神，践行社会责任，引导财富向善，是工银私人银行和企业家共同努力的方向。

助力财富传承，以不变之长青基业应对未来之变，不仅是企业家心之所愿，也是中国经济在大变局中行稳致远的基石。工银私人银行提出以“家企欣荣、财富向善”为主题的家企传承业务，实施“专职财富顾问+投资顾问+专家团队”服务模式，以定制财富管理服务密度为基础、以企业融资服务和家族信托为特点，提供家企共联的一揽子综合服务方案；协同行内外机构，依托系统支撑、科技赋能，积极构建了涵盖资金、保险金、股权等各类受托资产的完整的家族信托图谱。

在智能服务升级方面，工银私人银行以科技赋能为核心，增强数字化思维，激发数字运营新动能。依托“智慧大脑”“君子智投”等工行特色的智能化系统，加强科技与业务融合，推进“金融+数字”双向赋能，为企业家客户提供随时随地无感的数字化服务生态。

因此，工银私人银行在品牌服务升级方面，以阶梯式非金融服务体系为核心，从分散式权益服务向阶梯式、体系化的非金融服务升级。秉承“诚信相守，稳健相传”的经营信念，形成高净值客户标准化、超高净值客户特色化、极高净值客户定制化的差异化、阶梯式体系，增强品牌辨识度，力争确立企业家客群服务市场首选品牌。

财富向善是满足人民对美好生活之向往、铸就共同富裕的强大助力。在《中华人民共和国慈善法》实施5周年之际，工银私人银行以公益慈善为主要回馈通道，率先在业内推出永续集合型慈善信托服务平台——“君子伙伴慈善信托”，开创性地将私银客户、家族信托与慈善信托无缝衔接，助力企业家客户实现物质和精神财富的双重传承。

健全风控体系是稳固客户服务的基石，是为客户创造价值的关键，是能够沉着应变的保障，也是“守住不发生系统性风险”底线的坚定践行。工银私人银行主动融入集团全面风险管理三道防线，持续强化风险主动控、加快推进风险智能控、严格做好风险全面管，建立起与集团发展和私银业务转型相适应的私银风控体系。

2022年，工银私人银行已经迈入第15个年头，如初长成之少年，既朝气蓬勃，又有使命担当。“和之大也，天下为公。善之大也，相生共荣。”让我们与客户携手，守初心、走正道，心有星野、造炬成阳，助企业兴邦、促产业强国，以“先富起来”的活力，汇聚“带动后富”的动力，为早日实现中华民族伟大复兴砥砺前行！

（资料来源：https://mp.weixin.qq.com/s?__biz=MzI2MTE2ODAxMw==&mid=2247528701&idx=1&sn=dc512e525fde82cc6ecd2e493d659e26&chksm=ea5cbe1fdd2b370918badfd464e67e66081774caf4ee6e9125fa62ea0704bc9daeaa54cf9a50&scene=27）

第二节　金融营销客户满意度与忠诚度

一、金融营销客户满意度

（一）客户满意度的含义

客户满意度，又称客户满意指数，是对从事服务行业客户满意度调查系统的统称。它是指客户期望值与实际获得感受的匹配程度，是一种相对的概念。客户满意指数可以直观地反映出客户对产品或服务是否满足预期，以及企业的服务或产品是否真正满足客户的需求。理解客户满意度的含义，需要考虑其背后的复杂性。客户满意度不仅是一个简单的满足程度，它还涉及客户对企业全方位的认知和评价，包括对企业产品或服务的质量、功能、性能和可用性的看法，对企业的服务质量和响应速度的评价，以及对企业的品牌形象、信誉和公信力的感知等。客户满意度是一种深度的、全面的感受，客户对一个产品或服务的满意度，源于他们对这个产品或服务在满足其需求方面的预期，以及这个产品或服务是否实际提供了预期的价值。如果一个产品或服务满足了客户的期望，甚至超越了期望，那么客户满意度就会高。反之，如果产品或服务未能达到客户的期望，客户满意度就会低。

在金融业，客户满意度的含义也具有深刻的内涵。它不仅涵盖了客户对金融产品和服务的感受，也涉及客户对金融机构品牌形象、服务理念，以及经营策略等全方位的评价。

从消费者的个体角度来看，金融营销客户满意度体现在客户对金融产品和服务体验的直观感受，是实际消费体验与客户预期的心里对比结果。客户在选择金融服务或产品之前，通常都会形成一种期望，期望能够获得高质量的服务、丰富的产品选择以及公正的价格或较高的收益。如果金融机构的实际表现能够满足或超越这些期望，那么客户的满意度就会相应提升。反之，如果实际表现未能满足客户的期望，客户的满意度就会降低。值得注意的是，随着社会的进步和发展，客户对金融服务的需求也在不断提升，更多的客户开始追求高级别的金融服务体验，比如个性化的服务、创新的产品以及精神层面的满足等。

从金融机构的角度来看，客户满意度是对金融机构整体运营效果的重要反馈，包括品牌影响力、服务理念、经营模式以及管理手段等方面的评价。金融机构通过提供优质的金融服务和产品，实现与客户的价值交换，以满足客户的需求和期望。因此，客户满意度的高低，既是对金融机构综合实力的评价，也是对金融机构是否能够满足客户需求的有效反馈。通过不断提高客户满意度，金融机构可以提升自身的市场份额，增强品牌影响力，从而在激烈的市场竞争中获得持续的发展。

因此，金融营销客户满意度可以被理解为，金融客户在使用金融机构的服务和产品过程中，对于服务质量、产品属性、品牌形象、服务理念等各方面的综合感受。这种感受不仅直接影响客户的忠诚度和口碑传播，而且会对金融机构的发展产生深远影响。金融机构应当注重提升客户满意度，以此来建立良好的品牌形象，提升服务质量，优化经营策略，最终实现持续的业务发展。

（二）客户满意度的特征

在金融服务领域，客户满意度呈现出主观性、动态性和特定性三大特征。

1. 主观性

客户满意度的主观性尤为突出。不同的客户对金融产品和服务有不同的需求和期望，这些需求和期望是根据他们自身的财务状况、风险承受能力、生活阶段以及金融知识理解等多种因素决定的。因此，每位客户对金融产品和服务的满意度也各不相同。例如，有的客户可能对金融机构服务的效率有很高的要求，而有的客户则可能更看重投资产品的收益率。

2. 动态性

客户满意度并不是一个静态的指标，相反，它具有极高的动态性。客户满意度的动态性主要体现在客户需求的变化、市场环境的变动、客户认知的演变等。首先，客户需求的变化是一个重要因素。随着社会的发展和科技的创新，人们对金融服务的需求和期望不断变化。例如，科技进步使得更多的人倾向于使用便捷且功能强大的金融服务。因此，金融机构需要持续关注并满足客户的新需求，以保持高水平的客户满意度。其次，金融市场环境的变化，如金融政策调整、市场竞争状况的变化以及金融产品和服务的创新，都可能影响客户的满意度。机构如果能够及时适应这些变化，并据此调整自身的营销策略，就可能提高客户的满意度。最后，客户的认知也会随着时间和经验的积累而改变。例如，初次使用某种金融产品的客户，在使用过程中可能会因为对产品理解的加深和经验的积累，而改变对该产品的满意度。因此，金融机构需要理解并适应这种认知的变化，以提高客户满意度。

3. 特定性

在客户使用金融产品或服务前，已经对产品或服务产生了特定的期待。期待可能包括获取稳定的投资回报，接收高质量的金融咨询，或者利用便利的在线交易服务。因此，当客户开始使用这些金融产品和服务时，会根据自己特定的期待来评估满意度。此时，客户是否认同他们所接收的服务和产品，以及这些服务和产品是否达到了期待，成为衡量满意度的关键标准。如果一个金融机构的产品和服务能够满足或超越客户的期待，那么客户的满意度就会相应提高。反之，如果金融机构提供的产品和服务没有达到客户的期待，客户的满意度就会降低。

金融机构提供的产品和服务，例如贷款、投资服务或者储蓄账户，都具有其特殊性且专业性强。因此，金融机构评估客户对这些产品和服务的满意度需要特定的评估系统和标准。金融机构在制定评估系统和标准时，应充分考虑金融服务的风险性、多样性和复杂性，并根据客户的风险偏好、投资目标和其他个人因素来制定。这样，金融机构就可以根据特定的标准，客观地评估客户的满意度。

（三）影响客户满意度的因素

1. 服务环境与设施

金融机构作为提供广泛金融服务的实体，需要重视其服务环境与设施。毕竟，整洁的服务环境与完备的设施能够为无形的金融服务赋予更加具象的感知，将其转化为客户可以实际体验和感知的实物表现。内部环境的舒适程度、设施的先进性与便利性等元素，都会直接影响客户对金融机构的第一印象以及深层次的服务感知。尤其在金融机构中，不仅包括传统银行，还有证券公司、保险公司、基金公司等，这些机构的营业网点或服务场所，无论是从环境布局还是配套设施，都需要随着客户需求的变化而进行相应的改进与优化。这不仅是机构进行服务升级和业务转型的重要环节，同时也是提升机构整体竞争力的基础。

需要强调的是，服务环境与设施对于金融营销客户满意度的影响，在当前科技高速发展、金融服务日趋数字化的环境下，会变得更加显著。在服务设施方面，金融机构需要更多地关注自助服务设备的便捷性与先进性，以满足客户高效、便捷的服务需求。在服务环境方面，除了维护营业网点的整洁、舒适外，也需要考虑其数字环境的优化，例如网络的稳定性、数据安全的保障等，这些都将对客户满意度产生重要影响。金融机构在服务环境与设施方面的投入，不仅是提高客户满意度的重要手段，也是其在激烈的市场竞争中保持优势的必要举措。

2. 工作人员与服务效率

金融营销工作人员和服务效率对于客户满意度的影响不容忽视。在接受金融服务的过程中，客户的第一感觉、评价以及后续的选择，很大程度上取决于他们与工作人员的交流体验，以及机构提供服务的效率。金融机构的工作人员是客户与机构之间的桥梁，他们所展示的形象和服务态度，会直接影响客户对金融机构的整体印象。工作人员的专业度和服务态度，可以体现机构的专业水平和服务理念，对于维系客户关系和提高客户满意度有着决定性的影响。另外，服务效率不仅关乎业务办理的速度，更与服务的质量紧密相连。客户通常期望在保证服务质量的前提下，能够以最快的速度完成业务。这就需要金融机构不仅要优化业务流程，提升操作效率，同时还要确保服务的质量，确保每一个环节都尽可能地满足客户的需求。

金融机构要进一步提升客户满意度，就必须在工作人员和服务效率上下功夫。在工作人员方面，除了定期进行专业技能和服务理念的培训外，还要重视人员的选择和留任，选择具有高度专业素养和良好服务态度的人才，以保证提供高品质的服务。在服务效率方面，金融机构不仅要注重业务办理的速度，还要保证服务的质量。这就需要金融机构在优化业务流程的同时，不断探索和引入新的科技工具，以提升服务的效率和质量。

3. 产品与服务多样性

在金融行业，产品是联系客户和机构最直接、最有形的媒介。随着社会经济的发展和客户收入水平的提高，客户对金融知识和产品的认知渠道更加多样化，对产品的需求也更趋于个性化。因此，金融机构必须提供各种类型和特点的产品，满足不同客户群体的需求，从而提升客户的满意度。不同的客户群体有不同的需求。例如，大部分工薪阶层因收入水平有限，往往会选择以储蓄类为主的金融产品，以备不时之需。高收入群体由于工作繁忙且风险承受能力较强，更倾向于选择高风险、高收益的现金管理和投资类产品。因此，为了吸引和保持客户，金融机构必须提供一系列个性化、多样化的金融产品以满足客户日益变化的金融需求。这样金融机构才能在竞争激烈的金融市场中立足，提升其客户满意度，最终实现自身的发展。

二、金融营销客户忠诚度

（一）客户忠诚度的含义

客户忠诚度是一个关键的营销概念，被广泛认为是企业业绩增长的重要驱动力。客户忠诚度是指一个客户对品牌、产品或服务的连续的积极响应，包括但不限于重复购买、口碑推广、对品牌的正面评价，以及对品牌活动的积极参与。它是消费者对一家公司及其产品或服务的积极感情、行为和认知态度的体现。忠诚的客户不仅是频繁的购买者，而且对公司有强烈的信任感，宽容度高，乐于向他人推荐，并对价格敏感度低，在经济和心理上都为公司创造了巨大的价值，被视为是品牌的价值资产。忠诚的顾客能够帮助企业降低营销成本，提高市场份额，并创造稳定的利润流。

客户忠诚的本质是信任和满意度，它们是互相影响的。顾客在购买过程中，由于对产品或服务的信任和满足，愿意再次购买产品或服务。这是一种持续的、以愿望和行动为主要表现形式的心理倾向。但只有愿望并不足以构成忠诚，只有愿望转化为实际行动，才能成为企业的忠诚度。换言之，客户的忠诚程度是客户满意度的直接体现。因此，许多业内研究表明，客户满意度和客户留存率在很大程度上决定了企业的利润率，提高客户忠诚度已成为各企业追求利润最大化的首要任务。

从理论角度讲，客户忠诚度是建立在顾客满意理论的基础上的。企业通过提高客户满意度、减少客户抱怨或投诉、迎合消费者需求等方式，来提升客户对企业的忠诚度，能让企业与消费者之间建立起长久且稳定的信任基础，并在一定周期内保持消费者对企业产品或服务的复购行为。然而，要提高客户的忠诚度并非易事，需要企业有深度的市场洞察力，以及强大的执行力。企业可以从客户的重复购买行为、对同类商品的消费、对价格变动的敏感度、对负面反馈的容忍度和对竞争品牌的态度等多个角度评估忠诚度。并通过优化产品质量，提供优质的客户服务，以及增加对忠诚客户的优惠或奖励等方式，来提升顾客的忠诚度。这样不仅可以帮助企业建立稳固的客户群体，还能通过客户口碑传播，吸引更多的新客户。

企业应当积极寻求满足和超越客户的需求与期望，以此建立并维持忠诚关系，从而保证企业在竞争激烈的市场环境中保持领先地位。并且，忠诚的顾客不仅会为企业提供稳定的收入源，还可能成为品牌的倡导者，引导新的潜在顾客选择公司的产品或服务。对于企业来说，保持并增强顾客的忠诚度是最直接、有效的增加收入和利润的方式。

（二）客户忠诚的内容

在金融营销中，客户忠诚的内容主要包括认知忠诚、情感忠诚、意向忠诚和行为忠诚四个方面，这四个方面构成了一种层次化的客户忠诚结构模型。

1. 认知忠诚

认知忠诚是金融营销客户忠诚度模型的基础层次，它是基于对金融机构信息和金融产品信息的认知和理解基础上形成的。客户在这一阶段通常会进行品牌比较、了解产品特性等活动。在金融领域，金融机构的客户对金融产品的认知忠诚体现在他们对金融产品有足够的理解，然后根据自身的需求对金融产品有所选择。这需要机构提供全面、准确的产品信息，并结合客户的需求进行个性化的产品推荐。在对产品有足够的了解和信任的基础上，客户才会考虑购买，从而产生购买行为，实现行为忠诚。

2. 情感忠诚

在金融营销中，情感忠诚是指客户通过使用金融机构的产品和服务，逐渐形成客户满意，并在这种满意感的基础上，形成深层次的情感连接，从而达到提升客户忠诚度的目的。为实现这一目标，金融机构要提供高质量且贴合客户需求的产品和服务，以形成稳固的情感忠诚。对客户来说，接受高质量的服务可以产生对金融机构的高度信任，信任和依赖是金融机构与客户建立长期关系的基础，也是金融机构必须努力实现的情感忠诚目标。但这种情感忠诚通常只停留在心理层面，如何将情感忠诚转化为实际的购买行为，还需要金融机构进行合理的客户维护。

3. 意向忠诚

意向忠诚体现为金融机构通过提供符合客户需求的产品和服务来激发其购买欲望，这一层次主要涵盖客户对未来行为的计划或意图。然而，挑战在于将客户的购买欲望转化为实际购买行为。为实现这一目标，金融机构需要利用精确的营销策略来刺激和强化客户的购买欲望，并在适当的时机，如客户的财务状况和购买条件适宜时，推动这种欲望转化为实际购买行为。最终，金融机构通过提供吸引人的产品和服务，建立有效的沟通渠道，以及提供优质的客户服务，成功地转化客户的购买欲望为购买行为，从而构建持久的客户关系。

4. 行为忠诚

行为忠诚是指客户在有了购买意愿之后，能够实际采取购买行为。但是需要注意的是，在这个过程中可能受到各种因素的影响，而且偶然发生的购买行为一般不被视为行为忠诚的表现。对于金融机构来说，客户的行为忠诚往往是最终目标，因为只有当客户真正采取购买或投资等行为，才能给金融机构带来实际的收益。同时，客户的行为忠诚是建立在客户对金融产品和服务的接受度基础之上的。这就要求金融机构不仅要充分了解和满足客户的需求，而且要努力克服影响客户购买行为的价格、时间、地点等因素的各种障碍。为了建立和提升客户的行为忠诚，金融机构需要制定有效的营销策略，包括产品定价、销售渠道选择、促销活动等，这是建立客户忠诚的重要部分，也是金融机构在市场竞争中获取优势的关键。

（三）影响客户忠诚度的因素

影响金融营销客户忠诚度的关键因素可以被归纳为客户满意度、金融机构形象、转换成本等。

1. 客户满意度

大量的研究文献都已证明，客户满意度与忠诚度具有明显的正相关关系。在金融机构的背景下，客户满意度同样是影响客户忠诚度的一个核心因素。一旦客户对金融产品和服务产生了积极的认知，对金融机构的满意度就会提高，从而引发更高的客户忠诚。而客户满意度的衡量，尤其在金融行业，主要依赖以下几方面的因素。首先，与金融机构的关系满意度是衡量客户满意度的一个重要因素。客户通常会考虑与金融机构的互动体验，包括机构的透明度、信任度，以及对个人金融需求的响应程度等。如果客户觉得在与金融机构的互动过程中得到了应有的尊重和重视，满意度就会相应提高。其次，客户对金融机构的服务能力和创新能力的满意度也会影响总体的客户满意度。金融机构的服务能力可以从多个维度来衡量，例如客户服务质量、解决问题的能力、提供个性化服务的能力等。而创新能力则主要体现在金融机构能否提供创新的金融产品和服务，以满足客户不断变化的需求。如果金融机构能够在这些方面做出积极的表现，客户满意度往往会得到提升。最后，客户满意度的另一个重要组成部分是客户对金融机构整体表现的满意度，特别是与其他机构之间的对比。如果金融机构的服务质量、信誉度和产品创新度等能够接近甚至超过客户的期望，他们的满意度和忠诚度通常会相应提高。

2. 金融机构形象

金融机构形象是指客户对金融机构的整体认知和感知，通常可以从口碑形象、市场形象和整体形象这三个方面来衡量。首先，口碑形象是衡量金融机构形象的重要因素。口碑形象是通过他人对金融机构的评价、反馈和推荐而形成的。对金融机构来说，口碑是建立信誉和吸引新客户的重要途径。良好的口碑形象可以增强客户对金融机构的信任感，促进客户忠诚度的提升。反之，负面的口碑会损害金融机构的形象，削弱客户的忠诚度。其次，市场形象是通过与同业金融机构的竞争和比较而形成的形象。在高度竞争的金融市场中，金融机构的市场形象直接影响到客户的选择。如果金融机构在服务质量、产品创新、风险管理等方面优于同行，那么其市场形象就会得到提升，从而提高客户的忠诚度。相反，如果金融机构在市场比较中处于劣势，那么其市场形象可能会受到负面影响，导致客户忠诚度的下降。最后，客户对金融机构的整体形象也是衡量金融机构形象的重要因素，它涵盖了客户对金融机构全面、综合的感知和评价，包括品牌价值、社会责任、企业文化、公众形象等多个方面。如果金融机构能够树立一个积极、专业、负责任的形象，客户的忠诚度很可能会得到提升。

3. 转换成本

所谓转换成本，是指客户从当前产品或服务转向竞争对手的产品或服务所需承担的所有成本，包括经济成本、时间成本、学习成本等。首先，经济成本涉及在转换金融机构过程中产生的直接经济损失，以及转换金融机构后导致的潜在利益损失。例如，客户可能因为转换金融机构需要支付一定的转账费用、提前清算费用、其他可能的罚款等，以及因机构的转换无法享受到原机构的一些特定优惠和服务，从而带来潜在利益的损失。其次，客户在考虑是否从一个金融机构转向另一个金融机构时需要花费一定的时间成本，包括了解新的金融机构、比较不同机构的产品和服务等。因为金融服务通常涉及财务安全和不同的收益水平，所以客户在做出转换决定时可能会更加谨慎，这也增加了时间成本。最后，金融产品和服务通常信息量大，复杂度高，客户需要投入学习成本去理解和适应新的产品和服务。例如，学习如何使用新机构的网银系统，理解新的账户管理规则等。转换成本是影响金融营销客户忠诚度的一个重要因素。如果转换成本较高，客户就更可能保持对当前金融机构的忠诚。因此，金融机构可以通过提供优质的服务、构建强大的客户关系，以及设计合理的费用结构等方式，来提高客户的转换成本，从而增强客户的忠诚度。

三、金融营销客户关系管理策略

（一）提升客户关系管理理念

1. 树立客户为本的理念

在金融行业中，对客户的认知不再仅限于是购买金融产品或服务的个体，更需要将客户视为是公司长期发展的合作伙伴，客户为本的理念对金融机构的策略构建有着深远影响。该理念要求机构从客户的角度出发，更加关注客户的需求、体验和满意度，同时倾听客户的声音，真正做到客户第一。管理层需要引导并推动整个机构对这一理念的理解和接纳，通过员工培训、制定客户为中心的政策和流程，以及其他各种手段，将客户导向的原则融入金融机构的各个环节中，从而为提升客户满意度和维持良好的客户关系提供坚实基础。

2. 加强数据分析以深入理解客户

在构建以客户为本的理念后，进一步的实践就是深入理解客户，以便提供更为个性化的服务。现代科技的发展使得金融机构能更便捷、全面地收集和分析客户信息，通过对客户消费习惯、偏好、需求和行为模式等方面的深入了解，金融机构能以更精细的方式进行产品设计、提供服务，实现个性化营销。这不仅可以满足客户对产品和服务的期待，提高客户满意度，也能为机构带来更高的营销效率和效果。

3. 持续优化以满足客户需求

客户的需求和期望在不断变化，金融机构需要保持敏锐的市场洞察，及时发现和理解客户需求的变化，通过持续的创新和改进，来满足客户的新需求，提高服务水平。这涉及产品创新、服务流程优化、客户体验提升、客户反馈的有效处理等多个方面。例如，可以通过收集和分析客户反馈来发现服务中的不足，然后针对性地进行改进，同时，金融机构还需要关注市场动态和竞争对手的动作，以便及时进行策略调整，以保持市场竞争力。

（二）多样化服务策略

为了满足客户多元化、个性化的需求，金融机构需要设定和提供多样化的服务策略，为机构和客户双方创造更大的价值、提高服务效率、降低服务成本，并且在此过程中，还能增强客户对机构的忠诚度。

第一，服务类型的多样化策略是一个重要的考虑因素。不同的客户会有各种不同的需求，金融机构需要提供丰富多元的金融产品和服务以满足这些需求，包括但不限于储蓄、贷款、投资、保险和其他各类金融服务。通过提供多样化的产品和服务，金融机构不仅可以满足现有客户的需求，还可以吸引潜在客户，扩大市场份额。

第二，服务渠道的多样化是提升客户体验的关键。现代科技的发展使得金融服务不再局限于传统的柜台服务，网上服务、移动端服务等成为金融服务的新渠道。通过优化各类服务渠道，客户能依据自己的需求和实际情况，选择最适合、最便捷的方式进行金融信息的获取和交易，无论何时何地，都能实现高效率的金融服务体验。

第三，服务模式的多样化策略是满足客户个性化需求的重要手段。针对不同的客户特征和需求，金融机构可以提供自助服务、定制服务、一对一专业服务等多种模式，确保客户得到的服务能完全符合需求。另外，各种服务模式的运营成本各不相同，金融机构需要充分利用不同服务模式所具备的优势和特性，为客户提供最为贴心、有效的服务，在提高客户满意度的同时，又能够优化金融机构的运营效益。

（三）差异化营销服务策略

1. 扩大客户产品和服务的选择

在金融营销客户关系管理策略中，扩大客户产品和服务的选择对于高潜质型客户尤为重要。高潜质型客户是价值较高的群体，他们可能目前的资产规模不大，但随着时间的推移，其资产规模有可能快速增长。高潜质型客户通常具有更广阔的金融需求和投资收益的高期待，针对这样的群体，扩大客户产品和服务的选择，是将其潜在价值最大化的有效手段。金融机构不仅需要提供一系列的差异化产品和服务，还需要将创新作为其核心竞争力，持续推出新的产品和服务解决方案，包括推出专门为高潜质型客户设计的投资产品、提供专属财务顾问和高级 VIP 服务、加入忠实客户计划，能进一步鼓励高潜质客户加深与金融机构的合作关系，以增加其客户黏性。

2. 推行客户推荐计划

客户推荐计划是一种有效的方法，用于扩大客户基础并挖掘潜在的高价值客户。客户推荐计划的核心是鼓励和激励现有客户推荐新的潜在客户。为了使这种计划成功，金融机构需要提供足够的激励，如现金奖励或服务优惠，以鼓励客户进行推荐。同时，金融机构需要确保提供高质量的服务，以满足新客户的需求并建立稳定的客户关系。此外，金融机构还需要制定有效的客户维护策略，包括定期与客户进行交流，了解他们的需求和反馈，以保持和加强与客户的关系。

3. 提供个性化专业服务

在金融营销客户关系管理策略中，个性化服务是一种重要的差异化营销策略。尤其对于高价值客户，这种策略显得特别重要。因为高价值客户通常对服务的需求比较独特，他们需要的不仅仅是标准化的金融产品和服务，更需要金融机构能够理解他们的特定需求，提供量身定制的金融解决方案。为了做到这一点，金融机构需要构建一个能够快速响应客户需求的服务体系，建立一个专门的客户服务团队，该团队具备足够的专业知识和技能，能够理解客户的具体需求，为客户提供针对性的金融解决方案。同时，金融机构还需要利用科技手段，例如数据分析和人工智能，来更好地理解客户的需求和行为，以便提供更个性化的服务。

4. 节约资源精准服务

在差异化营销服务策略下，具体到节约资源精准服务的策略，意味着金融机构应该根据客户的价值和潜在性进行资源分配，以确保资源的有效利用和最大化回报。对于低价值型客户，由于其贡献度有限，金融机构可以适当避免在这类客户身上过多地投入资源。过多的投入不仅可能不会带来相应的回报，还可能占用了原本可以用于高价值客户的资源，使得机构失去有价值的市场机会。因此，机构更倾向于为这类客户提供标准化的服务，而不是高度个性化的服务。同样，对于那些价格敏感型或交易型的客户，他们很可能在短期内就会根据市场机会或其他条件转向其他机构。对于这类客户，即使金融机构进行大量的资源投入，也很难确保他们的长期忠诚度。因此，金融机构应采取保守策略，在日常运营中限制对这些客户的资源投入，而将更多的资源和注意力集中在那些有长期合作潜力和高价值的客户上，确保在节约资源的同时，能为每个客户提供恰当的服务，从而达到最优的市场效果和客户满意度。

（四）建立有效的客户反馈机制

当前的金融市场，随着技术的进步和消费者期望的逐渐提高，金融机构面临的竞争压力也愈加剧烈。在这种环境中，建立有效的客户反馈机制不仅是保持竞争力的重要手段，而且是确保持续增长和创新的关键。

第一，客户反馈为金融机构提供了直接、真实和宝贵的信息源。在当前时代，信息被视为最重要的资产，真正了解客户的需求、满意度和痛点是金融机构制定策略、调整产品和服务以及优化操作流程的基础。无论是正面还是负面的反馈，都为机构提供了宝贵的参考，帮助它们更好地适应市场变化和客户需求。

第二，客户反馈机制能够加深金融机构与客户之间的关系。当消费者感受到自己的声音被听到和重视时，会对金融机构产生更强的忠诚感。来自客户的信任和忠诚度对于金融机构来说尤为重要，因为这涉及客户的财务安全和长期的金融计划。此外，一个有效的反馈机制可以迅速地解决任何问题或误解，减少客户流失和增加客户推荐的可能性。

第三，有效的客户反馈机制对于金融机构内部的团队和员工也具有积极的影响。员工可以通过直接的客户反馈更清晰地了解自己的工作效果，从而提高工作满意度和动力。它也为内部团队提供了一个明确的方向，帮助他们更好地分配资源和优先处理重要的问题。

但是，建立一个有效的客户反馈机制并不是一蹴而就的。金融机构需要确保机制的多样性，例如通过调查问卷、社交媒体互动、客户论坛和一对一的沟通会话等多种方式收集反馈。同时，对收集到的数据进行深入分析，以确保采取的行动是基于数据驱动的，并能够带来实质性的变化。

第三节　金融客户开发与维护

一、金融客户开发

（一）客户开发的内涵

客户开发是一个系统的过程，其核心在于识别、吸引和维护潜在的以及现有的客户。这个过程通常涉及对市场和客户需求的研究、识别目标客户群体、制定有效的市场策略，以及构建与客户的长期关系。客户开发不仅关注新客户的获得，同时也强调对现有客户的维护，确保其持续满意并增加消费。

金融客户开发特指在金融行业中，为增加和维护客户基础而进行的客户开发活动。这涉及识别和吸引个人、家庭或企业客户，为其提供一系列金融服务，如存款、贷款、投资、保险、财富管理等。由于金融产品和服务的特殊性，金融客户开发还需要考虑到风险管理、合规性以及建立长期的信任关系。金融客户开发不仅要满足客户的即时需求，还要预测和规划客户的长期金融目标，为其提供持续的金融解决方案。

金融客户开发的意义远超传统的销售和市场活动。它涉及的是一种深层次的市场洞察、对客户需求的深入理解、对风险的细致控制以及对长期合作关系的珍视。在当今的金融环境中，金融机构要想在竞争中脱颖而出，就必须深化对客户开发工作的认识和实践，确保始终为客户提供真正有价值的服务。

对于金融机构来说，客户开发不仅仅是拓展业务的途径，更是维护金融生态健康、稳定、可持续发展的必要手段。首先，从金融机构自身的角度看，客户开发是保持和增加市场份额的关键。在激烈的市场竞争中，通过不断的客户开发，能够保证机构的业务增长和盈利能力。新客户的引入不仅为金融机构带来了直接的收益，而且在多元化投资和风险分散上都具有重要作用。其次，金融客户开发也为金融创新提供了有力的驱动。新的客户群体往往带来新的需求和挑战，促使金融机构不断地进行产品和服务的创新。这不仅提高了金融机构的竞争力，也为客户带来了更多的选择和价值。最后，金融客户开发对于维护金融市场稳定也具有不可或缺的作用。新的客户流入意味着金融资金的流动和再分配，有助于金融市场的有效运作和风险的分散。通过客户开发，金融机构可以更为精确地掌握市场动态，及时发现并应对潜在的金融风险。所以，对于金融机构来说，如何有效地进行客户开发，不仅关乎自身的生存和发展，更关乎整个金融市场的繁荣与和谐。

（二）金融客户开发的流程

金融营销工作中，客户开发是一个持续的、系统化的流程，涉及从识别目标客户到与客户建立稳定关系的各个环节，其核心目标是为金融机构挖掘、培养并维护有价值的客户。与其他行业的客户开发过程相似，金融客户开发也需要经过多个阶段才能实现客户的成功转化。金融客户开发的一般流程如下：

1. 寻找金融客户

寻找金融客户是金融客户开发的第一步，也是非常关键的一步。金融行业涵盖了广泛的客户群体，从个人到企业，从初创公司到上市公司。金融机构首先需要明确自己的目标市场，确定目标市场后，机构可以使用各种工具定位和识别潜在客户，并通过网络、社交媒体、参加行业会议和研讨会等方式，与潜在客户更直接地接触。

2. 深入了解客户需求

了解客户的真实需求是为其提供个性化服务的基础。需要了解的内容不仅仅关于客户的财务状况，还包括长期和短期目标、风险偏好、家庭情况等。为了深入了解这些信息，金融顾问或客户经理需要与客户进行多次深入的沟通。同时，使用问卷、调查和数据分析工具也可以帮助金融机构更系统地收集和分析客户信息。

3. 提供定制的金融方案

针对独特性的客户需求，金融机构需要提供量身定制的金融方案。金融顾问或客户经理需要结合自身的行业经验及对客户需求的深入了解，为客户提供适当的建议和方案，包括风险评估和资产配置策略、选择合适的金融产品，以及通过金融产品组合来实现客户的财务目标。当金融机构真正理解客户的需求时，才能赢得客户的信任并建立长期的合作关系。

4. 展开金融营销

一旦形成定制的金融方案，下一步就是将其有效地传达给客户，这需要强大的营销策略。金融营销并不只是传统意义上的广告或宣传，它更多地涉及与客户的有效沟通，确保客户理解方案及其特点。尤其注意要确保营销活动是有针对性的，并且与客户的实际需求和期望相匹配。金融营销的最终目标是确保客户了解并信任金融机构提供的方案，从而推动其采纳和执行。

5. 确立合作关系

确立合作关系是金融机构在与潜在客户的多次接触、沟通和评估后，对客户价值和合作潜力的肯定。这一流程来自双方对金融产品或服务的需求和提供方面的匹配度，也来自对彼此长期合作关系的期望和信心。达成协议与确立合作关系紧密相连，达成协议阶段是一个涉及细节和技巧的环节。协议的内容需要清晰、完整、具体，包括合作的范围、双方的权益和义务、费用结构、风险承担、争议解决机制等，每一项都是经过深入谈判、权衡利弊后达成的共识。

6. 服务与持续管理

协议签署并不意味着流程的结束，它反而是双方合作的开始。金融机构需要按照约定提供服务或产品，而客户也需要遵守合同中的各项条款。这一阶段不仅是对前期工作的延续，更是对未来合作关系的加固与拓展。金融机构需要在这一环节中持续投入资源、精力和创意，确保与客户的关系稳定、长久并富有成效。

（三）金融客户开发的原则

金融客户开发应遵循全面风险控制、创新与竞争力、前瞻性与持续发展、客户关系深化等原则，以保证在客户开发过程中的成功率和效率。

1. 全面风险控制原则

金融机构在开展客户开发时应始终保持对风险的警觉。鉴于与多个企业、合作伙伴和客户打交道的复杂性，金融机构需要确保风险得到恰当管理。机构需要综合考量行业趋势、企业表现、市场竞争和交易情况，强化客户入驻评估，以减少潜在的风险。同时，确保所有交易信息的真实性和透明性，采取适当的手段对整个合作网络中的风险进行控制和监测。

2. 创新与竞争力原则

由于许多金融机构提供的产品和服务已经高度同质化，创新成为区别于竞争者的关键因素。金融机构需要确保为其客户提供独特而有价值的解决方案。此外，应针对特定的目标市场或客户群体提供集群化的服务，利用其独有的竞争力和专业知识，以满足客户的多样化需求，从而在市场中建立稳固的地位。

3. 前瞻性与持续发展原则

金融机构在选择与开发客户时，除了考虑现有的市场和客户基础，还应预见未来的潜在机会。关注那些即将进入高速发展阶段、拥有大量潜在市场和能够持续吸引新客户的行业或企业是至关重要的。此外，金融机构应支持那些符合国家和地区产业发展策略、有望推动经济增长的企业或行业并与其合作，以实现自身的长期和可持续发展。

4. 客户关系深化原则

在获得客户之后，金融机构不应仅满足于短期的交易或合作，而应寻求建立和深化长期的客户关系。通过持续的互动、提供增值服务和对客户需求的深入了解，金融机构可以将初步的业务联系转化为长期的合作伙伴关系。这不仅有助于增加客户的生命周期价值，还可以使机构在竞争中获得更大的竞争优势。

二、金融客户维护

（一）客户流失的原因

客户资源对于金融机构而言，构成了其核心竞争力和持续盈利的支柱。然而，在这个充满竞争和变革的行业里，客户的忠诚度并不是永久不变的。随着新的金融产品的推出、市场格局的转变和客户需求的演进，客户可能会重新评估与当前服务提供商的合作关系，决定是否持续合作或寻求其他机构。当客户决定终止其与金融机构的业务关系时，我们称之为客户流失。由于金融行业涉及的业务领域繁多，如银行、保险、证券等，客户流失的动态和复杂性也相应增强。因此，大多数金融机构会设定一段特定时间，比如季度或年度，来测量和评估客户的流失率。一旦流失率超出了行业或自身的历史平均水平，通常意味着机构需要深入反思，对其金融产品和服务策略进行必要的调整，以确保客户的满意度和忠诚度得以维持。客户流失的原因可分为四种类别，包括自然流失、恶意流失、竞争流失以及过失流失。

1. 自然流失

在金融行业中，客户的自然流失通常与金融机构的服务质量、产品或策略无直接关系，而更多地与客户自身的情境因素相关，客户的个人原因经常是自然流失的关键驱动因素。例如，客户可能由于各种生活阶段的转变，如退休、搬迁、身故或破产，而改变他们与金融机构的关系。在这些情况下，即使金融机构的服务和产品完美无瑕，客户也可能会选择停止或减少使用，因为此时客户的金融需求和能力已经发生了变化。另外，地理位置的改变也是一个重要的自然流失原因。一个家庭可能因为工作或其他个人原因搬到新的城市，在这个新的地理位置，原来的金融机构没有分支机构或者提供的服务不再符合需求。在这种情况下，客户自然会选择其他更适合当前情境的金融机构。

2. 恶意流失

恶意流失指的是客户出于个人私利或某种负面、不正当的动机，故意离开一个金融服务提供商。客户与金融机构之间涉及的不仅仅是货币交易，更多的是关于资产管理、投资策略以及各种与财富紧密相关的决策，因此通常情况下，客户与金融机构的关系建立在信任的基础上。当有客户出于某种恶意的目的而选择离开，往往意味着他们可能试图在某种程度上占据不正当的优势。例如，利用金融机构的优惠政策或产品特点，在短时间内大量转移或操纵资金，从而获得不正当的利益。当这些优势被客户充分利用后，他们可能会迅速地与该金融机构断绝关系，转而投向其他机构，再次寻找可利用的机会。

3. 竞争流失

竞争流失是指客户因受到其他金融服务提供者的吸引而离开当前的金融机构。金融行业的竞争尤为激烈，每一个机构都力求提供最优质、最具吸引力的金融产品和服务，从而在繁星点点的金融市场中脱颖而出。对于金融客户而言，信任与收益是至关重要的。一家金融机构如果不能为客户提供期望的回报率、优质的金融解决方案或更高的利息，客户很可能转向能提供更好条件的竞争对手。

价格和利率是金融机构中最直观的竞争手段。尤其在金融市场的高度透明化背景下，客户可以轻松地比较各金融机构提供的产品和服务的利率和费用。但随着时间的推移和市场的成熟，单纯依靠价格竞争已经难以为继。这时，金融机构之间的竞争焦点转向了服务、技术创新、客户体验和品牌价值。例如，金融科技的快速发展为客户提供了更便捷、更智能的服务体验，金融机构之间的竞争便显得尤为激烈。

4. 过失流失

金融机构持有着公众的信任，而这份信任在客户眼中是脆弱的，它既以复杂的金融产品和服务为基础，也与机构对待客户的态度密不可分。当金融机构在其工作流程中出现失误或过错，客户的信任便可能遭受打击，进而导致流失。例如，当金融机构对客户的反馈和投诉漠然置之，这不仅使得客户觉得自己的声音被忽视，更可能对该机构的专业性和诚信度产生质疑。金融领域的客户需求多种多样，涵盖了投资、咨询、风险管理等多个方面。因此，当金融机构不能及时、准确地响应这些需求，或者在关键时刻犯下失误，客户可能会觉得自己的财务安全受到威胁，进而转向其他服务提供者。更为重要的是，金融市场上充满了竞争，客户的可选择性非常强，一家机构的过失可能为其竞争对手提供了捕获客户的良机。同时，对于一些拥有大量资金的优质客户而言，他们对服务质量和专业性的要求更为严格，一旦感受到不满或受挫，很可能会毫不犹豫地做出更换金融机构的决定。更为严重的是，一旦金融机构的客户选择离开，重新建立起客户信任和合作关系将是一个长期且困难的过程。因此，金融机构必须始终保持警惕，努力满足每一个客户的需求，确保其内部流程的规范性和透明度，从而减少过失流失的风险。

（二）流失客户的挽回策略

1. 自然流失客户的挽回策略

挽回金融领域中自然流失的客户需深入分析其历史交易和行为，以揭示过去的金融需求、偏好和潜在的生活变化信号。掌握这些信息后，金融机构可以精准地制定挽回计划。例如，对于因搬家而选择其他地区金融服务的客户，提供便捷的远程服务或数字化解决方案可促使其回归。面对生活阶段发生变化的客户，提供有针对性的金融产品和咨询服务尤为关键。与流失客户主动沟通、了解其真正的需求和预期，有助于重建信任。为鼓励其回归，金融机构可以提供高级服务、免费咨询或专属客户经理等激励措施，从而提高挽回成功的可能性。

2. 恶意流失客户的挽回策略

恶意流失客户的挽回要求金融机构在策略上表现得更为审慎。细化风险控制和管理手段，监测并预防客户的不正当谋利行为是至关重要的。除此之外，确保沟通渠道畅通并主动听取反馈，以识别服务中可能存在的缺陷或其他潜在漏洞也较为关键。为了重新建立联系和信任，金融机构可能会推出新的、更为合适的金融产品或解决方案来满足客户需求，从而引导客户朝向正常、健康的金融服务路径，使其认识到与机构的长期、稳定合作远胜于短期的不正当利用。

3. 竞争流失客户的挽回策略

金融机构面对竞争流失的客户的首要任务是深入理解导致客户流失的原因，这往往需要与客户直接的交流，进行满意度调查或利用数据分析来揭示背后的原因。在技术快速进步的当下，客户期望得到更为高效、快速且无缝的服务，因此，金融机构应利用如人工智能和区块链等先进技术来创新其服务方式。同时，为满足每个客户的独特需求，提供定制化的金融解决方案变得尤为重要，这不仅能够更准确地满足客户的需要，还可以加强与客户之间的联系。此外，即使是高质量的产品和服务，如果客户不知道或不理解它们，优势也将无法充分发挥，因此加强与客户的沟通和适当的产品宣传是关键。金融机构还需始终关注并维护其品牌形象和价值，因为一个强大的品牌能够树立客户的信任，吸引新客户并保留现有客户。

4. 过失流失客户的挽回策略

金融机构需认识到，内部流程中的失误无论大小，都可能导致客户的流失。快速的反应和及时的问题解决成为挽回信任的首要步骤。当客户提出问题或不满时，机构应立即进行回应，深入调查失误原因，并采取整改措施。对于已流失的客户，金融机构应主动与其建立联系，诚挚地道歉，并付诸实际行动以赢回客户的信赖。

为预防未来的过失，金融机构需要对其内部流程进行全面的审查和优化，涉及加强员工培训、提升内部沟通效率以及引入先进的技术解决方案，确保流程的规范性和高效性是预防过失流失的基础。金融机构也可以通过推出忠诚度计划、提供特殊优惠和高级定制服务来吸引和稳固客户。当客户感知到机构的关注和专业服务时，可能选择与机构继续保持合作。另外，金融机构需要持续监控其服务质量和客户反馈，确保及时发现并修复问题，以防止相同的失误再次发生。而且这是一个持续的、系统的过程，要求机构始终处于高度的准备和反应状态。

（三）客户关系维护的含义

在当下这个数字化和高度互联的时代，金融机构面临着一个挑战，即如何在一个不断变化和复杂化的环境中维护和深化与客户之间的关系。客户关系维护已成为确保金融机构在激烈竞争的市场中获得和保持领先地位的核心要素。

客户关系维护不仅仅是一种理念，它要求金融机构采取实际的行动和策略，始终以客户为中心，以满足客户需求。这意味着金融机构不仅要提供产品和服务，更要深入地了解其客户，包括但不限于客户的财务状况、交易习惯和行为模式，以及生活方式、价值观和长远目标。这种深入的了解为金融机构打开了一扇窗，使其能够提供真正有意义的解决方案和建议，从而与客户建立更加紧密的联系。金融机构的视野也开始从单次的交易转向与客户建立长期、持续、稳定且有价值的关系，以增加客户的生命周期价值。

学界对客户关系维护有不同的理解和定义。传统的观点更倾向于将这一概念看作是金融机构与客户之间的交易关系和服务的提供。但随着时间的推移以及金融行业的进化，更多的学者和实践者开始关注如何与客户建立更为深入的情感连接。它不仅仅关乎金融交易，更多的是与客户之间建立一种基于深厚、长期和互惠的关系。

本教材认为，客户关系维护是一个综合性的过程，涉及金融机构与客户之间的互相了解、信任和合作，它不仅涉及金融交易，更重要的是，它是一种通过提供有意义的建议和解决方案，持续满足客户真实需求的策略。在这样的定义下，能够成功实施客户关系维护策略的金融机构，将更有可能在日益激烈的市场竞争中脱颖而出。

（四）忠诚客户培养和维护的策略

1. 深入了解客户的多元化金融需求

金融机构服务的广度和深度超越了传统的储蓄和贷款模式，涵盖了投资、储蓄、退休规划、保险、资产管理等多个领域。鉴于金融产品的多样性特征，金融机构需要深入地了解客户的金融需求。对于有特定需求的客户，例如需要投资或保险产品的，金融机构应密切关注客户的财务和风险承受能力，提供量身定制的解决方案；对于高风险的客户，需密切监控其资金状况，并在适当时机，根据客户的资本结构改进，调整服务或产品政策，以最大化金融机构和客户的双赢；对于希望进行长期投资的客户，金融机构可以提供详细的市场分析和投资建议；对于寻求稳健回报的客户，金融机构可以推荐低风险的储蓄或固定收益产品。

2. 实施多渠道的客户触点策略

随着数字化进程的加速，客户与金融机构的互动方式也日益多样。除了传统的线下走访和咨询，金融机构可以充分利用线上平台，如移动应用、网站、社交媒体等，与客户建立紧密的联系。在线研讨会、专家论坛、投资课堂等活动也可以为客户提供更多的学习和交流机会，帮助客户更好地了解市场动态和投资策略。同时，金融机构还可以通过上述活动收集客户的反馈和建议，不断优化服务和产品。

3. 建立全方位的客户体验关怀体系

一个成功的金融机构不仅仅是通过其产品或服务来吸引客户，更重要的是能够为客户创造一种持久的、积极的体验。从前期的咨询和建议，到后期的服务和关怀，每一个环节都应该展现出机构的专业性和真诚的服务态度。例如，在特殊的节假日，金融机构可以为客户提供专属的优惠或礼物，显示出对客户的关心和重视；当市场发生重大变化或金融产品有所更新时，及时通知客户并为其提供相关的解读和建议。利用现代技术工具，如 CRM 系统，熟悉客户的交易和沟通历史，为客户提供个性化的服务，强化客户体验。通过持续的优质服务，金融机构可以与客户建立长久的信任和合作关系。

三、不同生命周期的金融客户关系管理策略

（一）考察阶段客户关系管理策略

考察阶段是金融机构与客户关系的起始阶段。对于金融机构来说，重点是通过市场分析精准定位潜在客户，通过有效的广告策略引起客户的兴趣，以及通过高质量的服务超越客户期望，从而建立和加强与客户的初步关系。

在市场分析方面，金融机构应当结合宏观经济、政策环境、社会人文和金融市场的具体环境，以及在微观层面考虑与其他金融合作伙伴、分支机构等的互动和协同，对潜在市场进行细分和定位，包括考虑到不同的人群、地区和行业特点。

在广告和营销方面，金融机构应该针对可能的目标客户，开展有针对性的广告和宣传活动。这可以帮助客户熟悉机构的品牌、服务和产品，从而产生对金融产品或服务的兴趣和购买欲望。但需要注意信息透明和合规宣传，避免误导和过度承诺。

在服务方面，金融机构应当不断优化其服务体验。当客户感受到提供的金融服务价值超出其预期时，会更有可能与金融机构建立长期的合作关系，这需要金融机构在产品设计、客服响应、风险管理等方面做到卓越。

在考察期的客户管理策略中，金融机构要确保快速、高效地响应潜在客户的需求和疑问。此阶段的目标是帮助客户更好地了解和认识金融产品和服务的优势。在实际操作中，金融机构可以通过线上线下的活动、讲座、研讨会等方式，挖掘客户的需求触发点，进一步将他们转化为真正的客户。

（二）形成阶段客户关系管理策略

在形成阶段，潜在的客户对金融产品和服务有了浓厚的兴趣，不仅产生了购买的意向，而且已经体验到了机构的一部分服务，对此有了初步的满意感受。随着他们与金融机构的互

动增加，交易的频率和额度也逐渐上升。对于金融机构来说，此时的主要任务是增强客户的满意度，采取针对性的策略以确保业务的持续增长，并培养客户长期的忠诚度。

为了实现这一目标，金融机构在广告和宣传方面需要做出相应的调整，深化客户对机构的认知，展示其深厚的行业背景、先进的技术支持和专业的服务团队，确保客户对机构的印象从单一的金融交易提供者，扩展到一个全方位的金融解决方案合作伙伴。广告策略不仅要增强机构的品牌形象，还需要紧密结合其最新的金融产品和服务。例如，可以通过多种渠道强调机构的金融专业性、安全性以及对客户的承诺，从而加深其对机构的信任感。

在客户管理上，金融机构必须与时俱进，利用现代技术手段建立和维护与客户的联系。例如，通过建立移动应用、社交媒体平台和在线客户服务系统来及时解答客户的问题、响应客户需求。金融机构还需要设立专门的客户服务部门，系统化地管理客户信息，确保客户的隐私和数据安全，同时高效地处理客户的反馈和投诉，从而提高客户满意度。

与此同时，金融机构还需要密切关注可能导致客户流失的因素，并提前采取措施进行修复和预防。例如，定期对客户满意度进行调查，及时了解其对服务的感受和需求变化，对于不满意的部分迅速响应并作出调整。在金融市场上，信息和服务的更新速度都很快，因此金融机构必须保持敏锐的市场感知，及时调整策略，确保始终走在客户需求的前沿，让客户感受到与机构合作的独特价值。

在提高客户忠诚度方面，金融机构需要意识到，形成阶段的客户虽然与机构建立了初步的互信关系，但这种信任还很脆弱，尚未完全稳定。若金融机构在这个关键时期处理不当，客户很可能会跳过合作关系，转而选择其他金融服务提供商。因此，金融机构必须持续提供高质量的服务，不断推出符合市场趋势和客户需求的新产品，并且确保在所有交易和沟通中都能给客户带来超出期望的体验，以增强客户的满意度，还能进一步培养其忠诚度。

（三）稳定阶段客户关系管理建议

稳定阶段标志着金融机构与客户已经形成了深厚的合作和信赖关系，关系的确立不仅基于双方长期的交往，更多的是基于彼此间的资源交换和深度合作。在这一阶段，客户已经频繁地使用金融机构的产品和服务，如存款、贷款、投资等，并且很大程度上依赖机构为其提供的专业建议和解决方案。稳定阶段的客户成了金融机构盈利的主要来源，因此，金融机构应高度重视这一阶段的客户，并采取措施确保与客户关系的持久和深化。

对于这一阶段的客户，金融机构的广告策略应更为精细。以新产品和新服务的推介为主，例如介绍新的投资机会、金融工具或优惠政策等。而与客户的互动方式也应更为直接和个性化，如专门的客户经理服务、VIP 热线、专属金融顾问等，以满足客户的独特需求和期望。

在这一时期，良好的沟通较为关键。金融机构应建立健全的客户回访制度，确保客户在使用服务时的各种疑问和问题都得到及时解决。这不仅有助于消除客户的不满，还可以加深客户的信任。同时，机构也需要不断创新，为客户提供独特的增值服务，包括金融咨询、定制化的投资建议或其他与财务管理相关的辅助服务。

稳定阶段的另一个核心是对客户忠诚度的管理。在此期间，金融机构不仅要确保客户的满意度，更要使客户与金融机构形成更为紧密的情感纽带，让客户在与机构的深度合作中感受到无法替代的价值和认同感。深度的情感连接不仅是基于金融产品和服务的提供，更多的是在每一次交互中，都能够传达出金融机构对客户的真诚关心和高度重视。

（四）衰退阶段客户关系管理策略

衰退阶段的客户与机构的业务往来开始减少，甚至出现流失的趋势。在这个阶段，金融机构需要采取有针对性的策略来维护、挽回或者重新评估与客户的关系。

首先，为了明确接下来的行动方向，金融机构应该对处于衰退阶段的客户进行细致的分类，确切地识别出具有再次合作潜力的客户群体。其中可能包括过去为机构贡献较大业务量的大客户，或是那些曾因特定原因暂时减少业务但仍然看好机构的客户。对于这部分客户，机构需要进一步深化了解，找出他们减少业务往来的具体原因，如服务质量下降、金融产品无法满足客户的当前需求、竞争对手提供更具吸引力的金融解决方案或客户自身的财务状况发生了变化。明确原因后，金融机构可以精准地调整服务策略，如重新调整金融产品组合，提供更为优惠的金融解决方案，或者增加与客户的交流频次，确保客户随时了解机构的最新产品和服务。特别是对于过去为机构带来巨大业务量的高价值客户，更要主动出击，尝试修复客户关系出现的裂痕，对客户进行二次开发，以使客户关系回到稳定期阶段。

然而，也有一部分客户因为种种原因，已经不再具备与金融机构持续合作的条件或意愿。对于这部分客户，机构在做足充分的沟通尝试后，应该学会果断地放手，重新整合资源，聚焦于更具有发展潜力的客户群体。放弃并不意味着对客户的不尊重，而是为了保证机构资源的有效利用，确保每一位客户都能得到应有的服务和关注。

经典案例

客户流失怎么办？——通过非金融服务使客户资金回流

施女士是某网点私人银行的签约客户，但有段时间，该客户的资金逐渐减少，即便有大额进出，也基本上在账面上过渡一下，马上就通过网上银行转走了。客户经理发现这一现象后便密切关注客户的资金流向，发现该客户的资金都会划向某股份制银行。

经过多方打探，客户经理大致了解到了其中的原因：一是某股份制银行近期发行的高收益产品较多，二是这家银行一直想将客户拓展为他们的私人银行客户，因此加大了维护成本和力度。

面对强势的竞争对手，客户经理丝毫没有畏惧和放弃，相反他以客户生日拜访为契机主动联系客户并上门拜访。在拜访中客户经理了解到，目前客户最关注的是子女教育问题，客户的女儿已经高三了，马上面临高考，由于学习成绩很不稳定，客户打算做两手准备：一是参加国内高考，考上理想的大学就在国内读；二是出国留学，但是具体去哪个国家，应该如何申请国外大学等客户完全不知。

客户经理得知这一情况后，马上联系了行内的出国金融服务中心，并为客户联系上了在浙江省内出国留学方面较具权威的一家合作机构，由留学专家为客户提供各个国家的留学信息，同时约好时间，为客户上门进行详细讲解。

客户只是简单提起子女教育问题，却得到了客户经理这么周全的服务，心里充满感激之情。随后，客户女儿着手准备去美国留学的相关事宜，所需要的资产证明就在这位客户经理所在网点办理，还开办了信用卡主副卡，方便女儿在国外的生活费用问题，还可以掌握女儿在国外的消费情况。

从资产证明所需开立的大面额定期存单开始，客户逐渐将资金重新挪回，用客户的一句话来说，看重的就是银行的服务，让人感觉很贴心。

（资料来源：https://business.sohu.com/a/618696005_121123808）

第四节 金融科技与客户关系管理

一、移动互联与金融客户关系管理

（一）移动互联时代金融客户关系管理的特征

1. 触点多元化

在移动互联网的浪潮下，金融业正在经历一场前所未有的变革。这种变革不仅限于技术上的演进，更深入地影响到了企业与客户之间的关系。昔日的金融交易多半固定在实体网点，但今天，任何一个智能设备都可能成为一个新的金融服务窗口。这意味着客户与金融机构的距离已经被大大缩短，使金融机构不得不重新考虑客户关系管理的方法和策略，同时也挑战了传统的金融服务模式。

移动互联网的普及为金融业开辟了一个特殊的触点，它突破了时间和地域的限制。不论是在清晨的咖啡店还是深夜的家中，只要有网络，金融交易和咨询都可以轻松完成。对于金融机构而言，触点多元化既带来机会也带来挑战。如何在众多的接触点中为客户提供一致性、高质量的服务，是每一个金融机构必须面对的问题。

传统的金融机构可能曾经依赖单一或几个主要的客户接触渠道，但现在，机构必须考虑如何整合从移动应用、社交媒体、聊天机器人到实体网点等各种触点的客户体验。这种整合并不是简单地将传统服务搬到线上，而是要在新的环境中重新定义金融服务的价值。例如，智能算法的应用使得金融服务更具个性化，可以根据每个客户的在线行为和偏好提供定制化的产品和服务建议，从而帮助客户更好地了解所提供的金融产品和服务，并有效地提高交易的成功率。

然而，触点多元化也要求金融机构在组织结构、文化和战略上做出调整。在这个环境下，金融机构需要更加开放和灵活地与各种技术和服务提供商合作，以创新的方式满足客户的需求。同时，对于金融机构内部而言，团队需要更加协同，确保在各个触点上为客户提供的体验都是一致的。

2. 新媒体驱动

随着移动互联网时代的到来，新媒体如短视频、公众号等在金融行业中崭露头角，意味着金融信息传递和客户交流的方式正在经历深刻的变革。传统的金融信息传递手段，如纸质媒体和传统广告，逐渐被新的、更具互动性和即时性的传播形式替代。

这种转变背后所隐藏的深层次原因是人们对金融信息的接收和处理方式已经发生了根本的改变。消费者在日常生活中已经习惯于随时随地获取信息，并希望能够得到更加个性化和即时的金融服务。客户已不再满足于单一、被动的信息接收，而是倾向于参与其中，与金融机构进行实时互动。这种变化体现在很多方面，例如，金融消费者可能更愿意通过直播或短视频形式，从信任的网红或意见领袖那里了解一个新的金融产品，而不是通过传统的广告或宣传册。

而对于金融机构来说，新媒体驱动的变革意味着机构需要重新思考客户关系管理的方式，传统方法可能已经不再适用于新的环境。金融机构需要深入了解新媒体的运作机制和用户行为，以及如何在此基础上建立和维护与客户的关系。例如，通过社交媒体平台与客户进行实时互动，利用大数据和人工智能技术对客户的需求和行为进行深入分析，从而提供更加精准和个性化的金融服务。金融机构也需要调整自身的战略，确保能够在新媒体的环境中有效地传达其品牌和服务价值。同时，新媒体的透明性也要求金融机构更加注重诚信和专业性，因为任何一个小小的过失都可能在瞬间被放大，对品牌形象造成不可估量的影响。

（二）移动互联时代金融客户关系管理的路径

1. 通过线上技术的应用优化线下的服务效率

随着线上业务平台的普及，客户在实体机构办理业务的时候，前台服务人员和客户顾问可以利用智能设备和移动技术，以更加高效和便捷的方式为客户提供服务。这不仅仅简化了工作流程、提高了工作效率，更是实现了个性化的客户体验。通过移动设备，客户顾问可以即时访问客户的金融历史交易数据，从而为客户提供更为贴心的金融建议和解决方案。更重要的是，线上的技术支持不仅提高了线下的服务质量，还使得金融机构能够更为深入地了解客户的潜在需求和偏好，进一步为客户提供全面和个性化的服务，同时也使得金融机构能够更为精确地针对客户需求进行产品和服务的创新。

线上预约功能的引入也大大减少了客户在实体机构的等待时间，客户可以根据自己的时间安排选择最合适的预约时段，同时也提高了金融机构的工作效率和客户满意度。在移动互联时代，金融业借助线上技术的强大功能，显著提升了线下的服务效率，为客户创造了更为便捷和高效的服务体验。这种整合线上和线下的服务模式，不仅加深了客户与金融机构的互动和信任，同时也推动了金融行业向更为智慧和人性化的方向发展。

2. 将传统服务体验整合至线上平台

在移动互联网的时代背景下，金融业的变革呈现出日趋加速的态势。从基金管理公司、证券经纪商到保险代理，金融服务的各个领域都在尝试整合线上线下的服务模式，以满足现代客户对便捷性和效率的需求。

金融业不同领域涉及的产品和服务均较为复杂，例如投资组合管理、风险评估、保险索赔、股票交易策略等，很多时候都需要为客户提供专业的解读和建议。纯粹的线上机器人或自助服务很难满足客户的需求，因此，金融机构可以利用视频通话的形式为客户提供类似线下的专业咨询服务，不仅可以保证服务的及时性，还能在一定程度上弥补线上交互中可能出现的人情味的缺失。随着数字化趋势的发展，越来越多的客户开始在线上完成金融交易和咨询。但是，对于一些复杂的金融产品或新推出的服务，客户可能仍然对操作方法或风险性存在疑问。这时，金融机构可以通过一对一的线上视频沟通，为客户提供专业的指导和建议，确保客户在使用产品或服务时能够得到最大的便利和收益。

移动互联网不仅仅是一个工具或渠道，它更是一个连接金融机构与客户的纽带。通过线上的方式，金融机构不仅可以为客户提供更高效、便捷的服务，还可以深化与客户的关系，了解客户真实需求和反馈，从而不断优化产品和服务，提高客户满意度。随着移动互联网技术的不断发展和金融业务复杂性的增加，金融机构必须将线上线下的服务模式有效地结合起来，确保在提供便捷、高效的线上服务的同时，也能给客户带来线下专业服务的体验和感觉。这不仅可以加强与客户的沟通和联系，还可以提高机构的竞争力和市场份额。

3. 线上线下协同营销

线上传播在速度和广度上都具有显著的优势。在金融领域，一个在线平台或者应用的推广活动，只需数分钟即可覆盖数十万乃至数百万的潜在客户。相较之下，传统的线下金融营销，无论是门店推广还是路面活动，都无法达到这样的效果。更何况，线上渠道的运营成本相对较低，使得其性价比得到显著提高。

但线上营销并不意味着可以完全替代线下，相反，它们应该是相辅相成的。金融业尤为注重个人化服务和深度沟通，线下渠道在这方面具有独特的优势，客户经理可以更直观地了解客户的需求，提供定制化的金融解决方案。而线上平台则可以为线下客户经理提供大量的客户行为数据，帮助他们更好地理解客户，从而提供更为贴心的服务。

为了实现线上线下的完美结合，金融机构的线上平台可以推出差异化的营销活动，为不同的客户群体提供定制化的产品和服务。这样不仅可以提高转化率，还可以提升客户满意度。将线上平台收集到的客户行为数据实时传输给线下客户经理，这些数据对于客户经理来说是宝贵的资源，可以根据这些数据制定更为精准的营销策略。同时，线下的客户经理也要不断地为线上平台提供反馈，使得线上线下可以形成一个闭环，让金融客户关系管理更为高效。只有线上线下真正实现一体化，金融机构才能在激烈的市场竞争中立于不败之地。

二、大数据与金融客户关系管理

（一）大数据对金融机构客户关系的影响

1. 增强金融机构对客户价值的判断能力

在当下竞争激烈的金融市场中，深度了解和识别客户价值已经不再是一种竞争优势，而是生存的基础。随着大数据技术的日益成熟，金融机构得到了前所未有的机会来深化对客户价值的理解。传统上，金融机构通常通过一些表面的、宏观的数据来评估客户价值，如客户的存款余额、投资规模或贷款历史。但这些数据往往只能提供一个宏观、表面的客户画像，难以真正深入客户的个性化需求和潜在价值中去。而大数据时代为机构提供了一种新的、更为深入的客户价值评估方式，通过对客户的多维数据进行深度挖掘和分析，如在不同平台上的交易数据、社交网络数据、搜索历史数据等，金融机构可以更为精确地了解客户的真实需求、消费习惯、风险偏好等，从而为客户提供贴心、个性化的服务。大数据还为金融机构提供了一种新的、更为科学的客户细分方式。传统的客户细分方法往往基于一些特定的维度，如客户的年龄、性别、收入等。而大数据提供了一种动态、微观的客户细分方法，允许金融机构根据客户的实时数据、行为轨迹等进行精细的客户群体划分，从而更为精确地定位客户、提供个性化的服务。同时，以数据为基础，结合先进的机器学习技术，金融机构可以预测客户的未来价值、风险偏好等，从而为客户提供具有前瞻性、战略性的金融服务。

2. 助推金融机构客户结构的变革

在过去，金融机构依赖传统的信用评估和财务信息来定义客户的价值，而这往往形成了相对固定和单一的客户结构。但在大数据技术的推动下，金融机构得以进一步深化其对客户的理解，进而对客户结构进行重新配置。传统的评估方法可能会忽视一部分有潜力的客户群体，如中小微企业和初创企业，它们可能因为短期内不稳定的财务状况而被传统金融机构边缘化。但通过大数据，金融机构可以深入挖掘这些企业在社交媒体上的口碑、与供应商和客户的互动数据等，从而更加准确地评估其长期潜力和价值。同时，大数据能够帮助金融机构捕捉到之前被忽视的新兴市场和客户群体。例如，一些年轻的数字原生消费者可能没有传统的信用记录，但他们的线上行为、消费习惯和社交互动可以提供足够的数据信息，让金融机构对其信用风险进行评估，从而将这部分人群纳入服务范围。另外，大数据还能帮助金融机构更好地识别和服务高价值的客户。这些客户可能在传统的评估模型中并不显眼，但通过大数据分析，例如投资模式、跨境交易等，金融机构可以及时捕捉到高价值客户的需求，为其提供服务。

3. 激发金融机构客户关系管理的新思维

在大数据的背景下，金融机构需要全面重塑对客户的认知和理解。过去，客户信息的收集和分析主要依赖于传统的数据抽样和样本调查，这种方法在数据量较小、业务环境相对稳定的情况下是有效的。但在当前这个信息爆炸的时代，传统方式明显显得力不从心，在很大程度上限制了金融机构对客户的深入了解。随着大数据技术的发展，为了更为准确地捕捉和预测客户需求，金融机构必须将视线从局部样本转向全局大数据，通过实时捕获和分析客户的全方位信息，从而更为精准地把握客户的需求和喜好。这不仅促使金融机构转变其客户关系管理的策略和方法，更为重要的是引导他们从传统的业务驱动模式转变为客户导向模式。所以，大数据不仅为金融机构提供了一个全新的视角，更为其提供了一个强大的工具，使其能够更为有效地管理客户关系，提供更为优质的服务。

（二）大数据在客户关系管理的应用

1. 客户生命周期管理

客户的生命周期涵盖了客户与金融机构从初次接触到终止合作的整个过程，而在这个周期内，客户可能会展现出各种不同的行为特征和需求。金融机构正是依赖大数据的深入分析和挖掘，来捕捉这些微妙的行为变化。通过这种方式，金融机构可以更为精确地发现潜在的商机，并更加有效地管理和维护与客户之间的关系。

随着市场竞争的日益加剧，为金融机构获取新客户的成本也在逐渐提高，这使得维护和留住现有客户变得尤为关键。借助大数据技术，金融机构可以分析哪些客户群体更容易产生流失意向，并据此建立预测模型。一旦识别出某个客户群体具有较高的流失风险，金融机构就可以提前采取适当的营销和服务策略，确保这部分客户的留存和满意度。大数据不仅帮助金融机构精准地了解和服务客户，还为机构在复杂的市场环境中做出明智决策提供有力支撑。

2. 客户细分

金融机构在当今的市场环境中，提供的业务和服务范围日益广泛。在这广大的服务范畴中，金融机构所面对的客户大致可分为个人客户和企业客户两大类。这两类客户因其不同的金融需求和商业活动，对金融机构的业务贡献和价值也存在显著差异。针对这种差异性，金融机构须制定有针对性的营销和服务策略，以确保每一类客户的需求都得到满足。

在当前的信息技术时代，大数据为金融机构提供了一个强大的工具，以深入了解和分析客户的行为和需求。通过对客户数据的深度挖掘，金融机构能够更为精准地为客户细分，从而更好地识别他们的需求和潜在风险。例如，通过对企业客户的交易数据、财务状况和行业趋势的综合分析，金融机构可以预测其未来的资金需求，或者识别可能的财务风险。同样，通过对个人客户的消费习惯、信用记录和投资行为的深入挖掘，金融机构可以为其提供更为个性化的金融产品和服务。

3. 客户信誉评估

客户的信用程度反映了客户在与金融机构互动中所形成的金融信誉。对金融机构来说，深入了解并评估客户的信用状况是确保资金安全和维护长期客户关系的关键。为此，越来越多的金融机构正在利用大数据技术，对客户的信用记录进行深入的挖掘和分析，以准确地评估客户的信用风险。在现代金融环境中，许多金融产品，如信用卡、个人贷款等，由于其便利性和普及度，已经成了消费者的日常选择。但这也带来了如非法盗刷、恶意透支等风险。对金融机构而言，确保每一笔交易的安全性是其首要任务。通过对消费数据和资金流动的大数据分析，金融机构不仅可以发现潜在的风险行为，还可以对信用度不高的客户进行实时的风险监控和管理。

4. 客户盈利性分析与预测

金融机构在运营过程中，追求的不仅仅是资产规模的增长，更为关键的是如何从客户那里实现持续的利润回报。对于金融机构来说，单纯地依赖客户的资金量来评估其价值可能并不准确，因为资金规模大并不意味着高额盈利。正因为如此，金融机构逐渐认识到，要更加深入地理解客户在机构内的各种业务行为和资金流动情况。

大数据在金融领域的应用使得金融机构可以深入挖掘和分析客户的交易记录和行为习惯。这不仅可以帮助金融机构更加准确地了解现有客户的价值，还能对新客户的潜在利润回报进行预测。例如，通过对某一客户的投资习惯、信用状况和交易频率的深入分析，金融机构可以评估该客户为机构带来的长期收益。同样，对于新入门的客户，通过其在其他金融机构的交易记录和信用历史，机构可以预测其未来在本机构的业务活动和潜在利润。

（三）大数据背景下金融机构客户关系管理策略

1. 优化客户信息采集，实现动态管理

金融机构目前主要通过线上服务、电话服务、网站平台和柜面系统等传统渠道来收集客户信息。为了获得更全面的客户信息，如产品购买偏好、日常消费习惯、婚姻状况及受教育情况等，金融机构需要拓展信息采集的渠道。鉴于大多数人在日常生活中都习惯使用第三方支付平台，金融机构可以与这些平台建立合作关系，以获取更丰富的客户信息。然而，在此过程中，机构需要确保数据的真实性和有用性，从而为客户关系管理打下坚实的基础，既能留住老客户，也能吸引新客户。随着时间的推移，客户的个人信息可能会受到多种因素的影响并发生变化。金融机构应确保其系统能够及时更新这些变动信息，以确保在为客户推荐产品和服务时能够准确地满足其需求。同时，通过研究客户的浏览记录和交易历史，金融机构可以更精确地了解客户的兴趣和需求，从而提高其销售转化率。

在大数据和信息技术迅猛发展的背景下，金融机构的客户关系管理功能不应局限于简单的数据查询和更新。为了更有效地利用客户数据，金融机构可以根据客户的共同特征对其进行分类，如根据生肖、年龄、收入等因素为客户提供个性化的产品和服务。此外，金融机构的系统还可以自动识别并记录客户在其平台上的浏览活动，从而准确地捕捉客户的需求。例如，如果一个客户长时间浏览了理财产品页面，系统可以判断该客户对理财产品感兴趣，并为其推荐相关的产品和服务。

2. 加强数据分析，实现客户细分

对于金融机构，无论使用何种技术或策略，核心在于满足客户需求，并促进金融机构客户关系管理的持续优化。首先，金融机构应广泛进行市场调研，借鉴同行业内的创新产品和模式，同时针对特定目标人群进行研究。其次，对不同分支机构的反馈信息进行综合分析是关键，因为不同的分支可能有不同的客户需求和经验。此外，金融机构在研发新产品或服务前应深入进行市场调查，确保真实、准确地理解市场现状。最后，大数据技术的运用能进一步加强这些数据的分析，提供更广泛、深入的洞见。

在对客户进行分类的过程中，通过结构化数据，机构能够深入探究现有的客户基础，整合各种账户信息并在一个综合的数据平台上进行展示。此平台不仅整合了各个系统的数据，还为机构构建了一个全景的客户视图。借助这些数据和相关的分析理论，金融机构能够依据客户的详细信息进行细致的分类，进而将其分为不同的客户类别。另外，非结构化数据的分

析方法也可以得到广泛的运用。金融机构不仅关注自己与客户之间的交互数据，还会考察客户在其他金融场景中的交易行为。为了获取更全面的数据视角，金融机构甚至可与电商平台等第三方进行合作，旨在抓取更广泛的非结构化数据，以此为机构在分析和分类客户时提供稳健的决策基础。

金融机构可利用大数据技术有针对性地进行产品设计。首先，明确客户需求是产品设计的基础。通过分析客户的个人信息和行为数据，机构能够准确捕捉到客户的产品偏好，从而设计出符合期待的金融产品和服务。以外币投资为例，如果数据显示客户因担忧外币利率波动和复杂的交易流程而对某一产品持保留态度，那么机构在推出类似产品时可以简化交易流程，比如缩短认购期限，并灵活调整产品内容以适应市场变化，确保在流程简化的同时也能满足客户的核心需求。此外，金融机构还应高度重视基层员工的反馈。这些直接面向客户的员工往往能第一时间捕获到客户对产品的真实看法。因此，结合大数据技术对客户偏好的分析和基层员工的实时反馈，金融机构能够更准确地识别并满足客户的真实需求，从而设计出更具吸引力的金融产品。

3. 提高数据互通，建立客户忠诚度评估体系

在当今的大数据背景下，金融机构客户关系管理策略的核心越来越聚焦于数据的完整性、互通性以及如何基于这些数据构建一个客户忠诚度的评估体系。传统的金融服务模式往往在处理客户数据时存在隔离和孤岛，每个业务线都有其独立的数据仓库，使得跨业务的客户视图建立变得困难。但随着大数据技术的日益成熟，金融机构开始意识到提高数据互通的重要性，以确保能够从全局角度理解和服务客户。

提高数据互通并不仅仅意味着技术上的整合，更多的是要建立一种跨部门、跨业务线的文化，鼓励各个业务部门之间的信息分享和合作。只有当这种文化被确立，机构才能够真正把握客户的全貌，从而为客户提供更为个性化和高效的服务。例如，当一个客户在某一业务线产生了信贷需求，而另一业务线掌握着该客户的投资记录和偏好，只有数据互通，这些信息才能被整合，从而为客户提供更为合适的信贷产品。

在建立了数据的互通性之后，接下来的挑战便是如何基于这些数据来构建一个客户忠诚度的评估体系。大数据提供了对客户行为、偏好和需求的深入洞察，使金融机构能够从微观和宏观两个层面来评估客户的忠诚度。通过对客户的交易记录、反馈以及与机构的互动等数据的分析，金融机构可以得到客户的真实感受和需求。这种对客户深入的理解使得金融机构能够更为准确地划分客户的忠诚度层次，从而为不同忠诚度的客户提供更为精准的服务和产品。

4. 提升数据分析能力，建设新型客户管理团队

在大数据的背景下，金融机构客户关系管理策略不仅需要调整，还需要对整个团队的结构和能力进行进一步的优化。人才始终是企业持续发展和市场竞争的核心资产，特别是在这个数据驱动的时代，拥有能够精准解读和应用数据的专业团队较为重要。为了保持在竞争中的领先地位，金融机构应该重视大数据分析领域的专家，这些人才不仅可以协助机构对每天涌入的大量客户数据进行深入的挖掘，更可以为金融机构提供明确和具体的战略指导，从而完善和优化客户关系管理方案。

同样，金融机构直接与客户接触的前线员工，如客户经理，也成为决定客户体验和满意度的关键因素。他们所能提供的服务水平及其专业能力直接影响着整体客户关系管理的质量。因此，金融机构不仅需要在选拔这类员工时进行全面的能力和素质考察，还需要为他们提供系统的专业化培训。考虑到数据在现代金融业务中的重要性，数据挖掘技能也应被纳入

这些培训课程中，以确保客户经理能够充分利用手头的数据为客户提供精准的服务。

培训和考核不应只是为了提高客户经理的能力，更应当被视为激励和鼓励他们学习和成长的机会。通过建立公平、透明且与能力挂钩的晋升机制，金融机构可以确保内部人才的健康竞争，同时也为客户提供更为优质的服务。总体而言，通过加强数据分析能力和构建新型的客户管理团队，金融机构不仅可以更好地满足现代客户的需求，还能在激烈的市场竞争中确保其持续的领先地位。

三、人工智能与金融客户关系管理

（一）人工智能在客户关系管理中的应用

1. 通过人工智能提高客户数据系统分析能力

随着金融科技的不断进步，人工智能技术在金融领域得到了广泛应用，尤其是在客户关系管理上。借助于人工智能，金融机构能够自动、高效且准确地分析大量的客户数据。不再需要依赖烦琐的人工计算，数据可以实时更新，这不仅大大节省了人力成本和时间成本，而且显著提高了数据的准确性和可靠性。更为重要的是，通过对这些数据进行综合整合和智能分析，金融机构可以从宏观角度快速洞察整体市场和客户的变化趋势，从微观角度深入了解每一个客户的金融需求、投资偏好、风险承受能力等。这些精确的数据分析结果对于金融机构在制定企业战略、调整营销策略、提供差异化和个性化的金融服务等方面，都具有极其重要的指导价值。人工智能技术对于金融机构来说，不仅仅是一种技术创新，更是一种业务模式和管理模式的革命。

2. 通过人工智能技术实现客户的精准识别

随着全球化和数字化的趋势不断加强，现代金融机构处理的客户数据量日益增大，从中挖掘有价值的信息变得日益复杂。对于金融机构来说，客户不仅仅是一个个体，还涵盖了一系列复杂的关系，包括个人、企业、合作伙伴和各种金融交易关系。因此，了解客户的真实身份、背景和交易模式对于控制风险、遵守合规要求以及提供更好的客户服务都至关重要。此外，金融产品和服务的日益丰富也要求金融机构能够准确地识别和理解客户的需求。

在这种背景下，人工智能技术在金融客户关系管理中的价值显得尤为突出。首先，通过高级的数据分析和机器学习算法，人工智能能够从大量复杂的客户数据中迅速提取有意义的信息，从而帮助金融机构更好地理解客户的行为模式、需求和风险。此外，利用人工智能，金融机构可以实现客户的实时身份验证和风险评估，从而确保每一笔交易的安全和合规性。同时，通过利用自然语言处理和深度学习技术，人工智能还可以帮助金融机构更好地与客户进行沟通和互动，提供更加个性化和高效的服务。例如，智能客服机器人可以根据客户的历史交易记录和行为模式，提供更加精准和有针对性的产品推荐和咨询服务。

但是，尽管人工智能在金融客户关系管理中展现出了巨大的潜力，金融机构也必须面对和解决一系列的挑战，例如数据安全和隐私保护、算法的透明性和可解释性以及技术与业务流程的整合等。总之，随着金融业的持续发展和技术的进步，利用人工智能精准识别客户将成为金融机构客户关系管理的核心竞争力之一。

3. 通过人工智能技术与客户交互

随着现代科学信息技术的深入发展和技术创新的步伐不断加快，人工智能语言技术在金融行业中得到了广泛的关注和应用。多数前沿的金融机构结合了互联网、人工智能、大数据等先进技术，开发出了具备高度智能化的在线金融服务平台。这些平台不仅满足了客户对金融交易速度、时效性和成本效益的期待，还为客户与机构之间创造了一个更为高效、直接的交互渠道。利用人工智能技术平台，金融机构能够更为精确地管理和响应客户信息，实现与客户之间的深度互动，确保交互的高效率、低成本，并达到实时沟通的效果，从而提高客户满意度和忠诚度。因为这种人工智能平台基于互联网技术，为客户提供了一个方便、快捷的沟通途径。当客户在金融交易或理财中有任何疑问时，他们可以直接通过此平台进行即时沟通，获得快速的反馈和解决方案。人工智能技术结合在线服务平台在金融行业中的应用，不仅帮助机构提高了运营效率，同时也为客户提供了创新且高质量的服务体验。

4. 通过 AI 技术向客户提供个性化解决方案

在金融领域，客户经理始终坚守客户至上的原则，秉持专业的态度，为客户提供尽善尽美的服务，确保在激烈的金融市场竞争中突显自身的独特价值。为了满足客户日益增长的多样化需求，他们不仅定期向客户提供投资周报、月报和季度综述等增值服务，还利用人工智能技术根据客户的独特需求开发特定的金融工具和系统功能。这些由人工智能驱动的量身打造的服务和工具，能够帮助机构在与其他金融机构的竞争中保持领先地位。

人工智能通过对大量的客户数据进行深度学习和分析，能够预测客户的行为和需求，为客户提供更为精准的金融建议和策略。特别是当客户提出特定的反馈或需求时，如对特定的投资策略或金融产品的见解，金融机构会通过人工智能平台迅速搭建一个交互式沟通界面，让客户直接与金融机器人或人工智能助手进行深入沟通，确保双方的观点和需求都能得到准确的传达与理解。

更为重要的是，金融机构可利用人工智能工具让客户深入了解金融服务的每一个环节，从而优化和自动化某些流程。例如，通过智能算法，可以自动筛选和推荐对客户最有价值的投资机会。与此同时，机构始终注重与客户进行深度的面对面沟通，全面了解客户的真实需求，而后利用人工智能进行分析和模拟，探索和提供其他机构无法给出的独特服务，以实现真正的专业化、个性化的金融服务，打造出与众不同的品牌形象。

（二）人工智能在客户关系管理中的优势

1. 有效增强客户体验

人工智能在客户关系管理中发挥着重要作用，有效增强客户体验是其明显优势之一。通过使用人工智能技术，企业能够更深入地了解客户的需求、喜好和行为模式，从而提供更加个性化和精准的服务。AI 技术可以通过分析大量的客户数据，为客户提供量身定制的推荐、优惠和解决方案。此外，人工智能还能够帮助企业实时监控和应对客户的反馈，提高客户满意度和忠诚度。通过使用智能聊天机器人等工具，客户可以在任何时候快速获得支持，而无需等待人工客服的响应，这大大提高了客户体验。

2. 人工智能使客户关系管理变得更加智能

人工智能使客户关系管理变得更加智能，通过简化程序、提供准确建议、为客户关系管理团队提供知识基础等方式助力企业。首先，AI 技术可以帮助企业简化烦琐的流程，自动化执行大量重复性工作，如数据输入、客户信息更新等，从而提高效率、降低成本。其次，人工智能能够对海量数据进行分析和挖掘，为企业提供有针对性的营销策略和客户维护建议，提高客户关系管理的质量。此外，人工智能还可以作为客户关系管理团队的知识库，帮助客服人员提高问题解决速度，减少误导客户的风险。最后，通过对客户行为和互动数据的分析，AI 技术有助于改善客户关系管理的自动化水平，实现精细化管理和智能化决策，从而进一步提升客户满意度。

经典案例

科技赋能下券商客户关系有三大转变

11月17日，由《每日经济新闻》举办的“2022中国资本市场高质量发展峰会”在成都开幕。在本次峰会上，山西证券财富管理部总经理方继东分享了他对金融科技赋能下券商客户关系转变的最新深度思考。

“退回几年前，我们的客户投资时往往首选是找他熟悉的人，因为他无法获取足够可信赖的信息。伴随着金融科技快速发展、海量信息的直接触达冲击，标准化和净值化产品各家也日趋同质，产品怎么挑选成为客户新痛点。”论坛上，方继东率先剖析了近些年券商客户需求痛点的改变。

事实上，上述改变也让券商与客户的关系发生了持续且深刻的变化。

在方继东看来，这种变化有三个方面。首先就是淡化信息中介功能，强化投资顾问定位。金融科技的发展让直达客户、大数据和智能推送进一步弱化了理财经理的信息中介职能，理财经理必须进一步延伸自己的职能来满足客户更高层次的服务需求。

“优秀的投资顾问需要具备中台产品经理，甚至后台运营经理的部分专业技能，特别是对产品的底层资产、结构设计、投资逻辑、业绩归因具备更多的专业知识和理解。比如当前购买银行理财和债基的客户，面对短期波动的焦虑，又该如何去抚平情绪和理性应对？这就对客户经理提出更专业的要求。”方继东直言。

方继东认为，第二个改变则是从关系营销向价值赋能转换。过去理财经理的很多精力放在客户的人际关系维护上，因为客户获取的渠道有限、操作能力有限，在信息非对称情况下本能地选择日常关系更亲近的人，因为熟人的信任关系而增加安全感。随着金融科技的发展，客户的信息获取更便捷、操作更简单，产品净值化时代各家财富管理机构的产品货架趋同性也很强，那么客户的痛点就转变为在眼花缭乱的产品货架上怎样选择的问题，安全性、收益性和流动性的最优平衡是非常考验财富机构和理财经理的专业能力的，个人关系的影响在相对降低，这个时候能够提供更好的价值赋能的平台就会胜出。当前蓬勃发展的基金投顾就是这样一个背景下的必然产物。

除了对券商投资顾问提出了更高要求，客户关系的转变则是作用于券商对客户服务理念的改变。

“客户对平台的黏度提升了、距离拉近了，财富管理机构有了做更长期事情的动力和基础。”方继东表示。

财富管理机构对客户的维护过去基本依靠理财经理，理财经理的行业流动很容易带来客户的流失。金融科技的发展让财富管理机构更多地直达客户并和客户交互，客户对平台的依赖也在提升，转换平台可能会付出越来越多的时间和财务成本。这样就促使现在的财富管理机构更重视围绕客户生命周期进行长期价值开发，系统操作的体验、产品推荐的适当、投后的维护，这些内动力会越来越强，是一个很好的趋势。例如山西证券的基金投顾“小富汇投”今年推出，致力于打造“投”和“顾”在客户端的极致体验上，并不着眼在公司的短期创收上。

（资料来源：https://baijiahao.baidu.com/s?id=1750028120473825697&wfr=spider&for=pc）

【本章小结】

本章深入探讨了金融营销客户关系管理的相关理论和实践。

首先，本章介绍了客户关系管理的基本理论和金融营销客户关系管理的内涵，强调了金融营销客户关系管理的重要性。

其次，本章分析了金融营销客户满意度与忠诚度的影响因素，以及金融营销客户关系管理策略。在金融客户开发与维护部分，讨论了如何有效地开发和维护金融客户，同时针对不同生命周期的金融客户提供了相应的管理对策。

最后，本章探讨了金融科技在客户关系管理中的应用，包括移动互联、大数据和人工智能等技术在金融营销客户关系管理中的应用。

【思考题】

1. 简述金融营销客户关系管理的内涵和重要性。
2. 金融营销客户满意度与忠诚度有何区别？影响因素有哪些？
3. 举例说明金融客户开发与维护的策略和方法。
4. 根据金融客户的不同生命周期，制定相应的客户关系管理对策。
5. 怎样运用移动互联、大数据和人工智能等技术提升金融客户关系管理水平？

【实践操作】

任务名称：金融企业客户关系管理优化建议报告。

任务目标：通过对金融企业客户关系管理现状及策略分析，提高学生对金融营销客户关系管理理论知识的实际应用能力，培养学生分析和解决金融客户关系管理问题的能力，增强学生运用金融科技手段优化客户关系管理的能力。

任务内容：选择一个金融企业，对其进行客户关系管理现状分析，包括客户满意度、忠诚度及客户关系管理策略等方面。根据该金融企业的特点和客户需求，设计针对不同生命周期的客户关系管理对策。分析如何运用移动互联、大数据和人工智能等技术改进该金融企业的客户关系管理，提交一份针对所选金融企业的客户关系管理优化建议报告。

任务要求和成果：学生需充分了解所选金融企业的业务范围、客户群体和市场定位。在分析客户关系管理现状时，应以实际数据为基础，并进行客观、全面的评价。在制定不同生命周期的客户关系管理对策时，需充分考虑客户需求和企业实际情况。在分析金融科技手段对客户关系管理的优化过程中，应结合行业发展趋势和企业现有技术水平。客户关系管理优化建议报告应结构清晰、观点明确、建议切实可行。金融企业客户关系管理优化建议的报告，针对所选金融企业的客户关系管理现状进行分析，制定一套针对不同生命周期的金融客户关系管理对策，提出针对所选金融企业运用金融科技手段改进客户关系管理的方案。

第九章 金融营销伦理与社会责任

◆◆◆ 学习目标

了解金融营销伦理的概念、内涵和必要性，掌握金融营销伦理的基本原则；熟悉金融营销商业道德的概念、内容，了解金融机构败德的影响；掌握金融营销人员的职业道德规范；熟悉金融营销社会责任的内涵以及履行社会责任的意义。

◆◆◆ 能力目标

能够在金融营销实践中，运用金融营销伦理原则指导行为；能够在金融营销活动中，充分考虑各利益相关者的权益，平衡各方利益，遵循商业道德要求；能够根据金融营销职业道德规范，规范自身行为，提高职业道德水平，树立良好的职业形象；能够将企业社会责任理念融入金融营销实践，推动金融机构履行社会责任，促进社会和谐发展。

时政视野

党的二十大报告提出，加强和完善现代金融监管，强化金融稳定保障体系，依法将各类金融活动全部纳入监管，守住不发生系统性风险底线。必须按照党中央决策部署，深化金融体制改革，推进金融安全网建设，持续强化金融风险防控能力。

党的十八大以来，在以习近平同志为核心的党中央坚强领导下，我国金融业改革发展稳定取得历史性的伟大成就。中国银行业总资产名列世界第一位，股票市场、债券市场和保险市场规模均居世界第二位。我们经受住一系列严重风险冲击，成功避免若干全面性危机，金融治理体系和治理能力现代化持续推进。

（资料来源：《人民日报》2022 年 12 月 14 日 13 版）

第一节　金融营销伦理

一、金融营销伦理的内涵

（一）金融营销伦理的概念

在金融领域中，金融营销伦理的定义尚未形成，与之有关的概念主要包括金融伦理和营销伦理。“伦理”一词多以儒家文化中的伦理为主要代表，所以我国自古以来便重视人伦事理。人伦事理强调个人和社会的互动关系，以及在此基础上形成的社会道德规范和行为准则。

我们可以从两个层面来理解金融伦理。从广义上讲，金融伦理是指金融活动过程中不同参与者所需遵守的道德和行为准则。而在狭义上，金融伦理则是指金融机构的从业人员和金融市场中的参与者所需遵循的职业道德和行为准则。换言之，金融伦理涉及对金融活动过程中组织及其行为的标准设定，以明确应当避免哪些行为，并清楚地知道如何恰当地执行金融活动。在金融业务或金融交易中，所有与伦理原则、伦理观念、伦理关系以及伦理行为相关的方面都包含在金融伦理的范畴内。

作为企业管理伦理的一个分支，营销伦理服务并遵循整个社会的伦理价值观。营销伦理是营销实体在开展营销活动时应遵循的基本道德标准，将是否符合消费者和社会利益，是否为消费者和社会带来较高水平的幸福感，作为标准来评价企业的营销行为。

结合金融伦理和营销伦理的定义，本教材认为，金融营销伦理是指在金融营销活动中应该遵守的道德准则和规范，是保护消费者权益、维护市场秩序和促进金融市场健康有序发展的道德要求和规范。

（二）金融营销伦理的核心要素

1. 职业道德修养是金融营销伦理的基础

金融营销不仅是一种经济活动，更在很大程度上影响到金融市场的健康与稳定。其中，金融从业者的职业道德修养无疑成为确保金融体系正常运作的重要因素。金融从业者不仅向客户传递着金融产品与服务的信息，更传递着金融机构的价值观和企业文化。这其中，职业道德的修养不仅体现了从业者对金融业务的专业性和责任心，更反映了他们对社会、客户以及金融机构的忠诚与诚信。虽然现代的法律和监管制度在不断完善，力图为金融市场的各方参与者提供公平和透明的交易环境，但法律和规定终究有其局限性。在某些情况下，规则可能并不完备，甚至可能存在漏洞。此时，金融从业者的职业道德修养就显得尤为重要。他们的自律和自我约束能够弥补制度的不足，确保金融市场的公正和稳定。所以，职业道德修养不仅是金融从业者个人素质的体现，更是整个金融营销伦理体系中的基础。

2. 协调利益关系是金融营销伦理的任务

在金融营销的庞大体系中，利益驱动成为各方参与者行为的核心动力。无论是金融机构还是消费者，都希望从中获得最大的利益回报。然而，随着金融市场的日益复杂化，各方的利益诉求可能会产生交叉或冲突，导致市场上的矛盾和不和谐。金融营销伦理不仅是一个道德规范，更是一种对市场行为的指导和约束。它致力于在各方参与者之间建立一个公平、公正和透明的交易环境，确保市场的稳定和持续健康发展。为了实现这一目标，金融营销伦理强调对市场中的利益关系进行细致的分析和协调，鼓励金融从业者树立健康的价值观，以客户利益为重，确保每一次交易都是公正、公平的。更为关键的是，金融营销伦理要求从业者具备前瞻性的思维，能够预见潜在的矛盾和冲突，并采取措施加以避免或解决。这不仅有助于维护市场的和谐，也有利于金融机构树立良好的社会形象，赢得消费者的信任和支持。

3. 公正、平等、诚信是金融营销伦理的核心范畴

金融营销活动作为社会经济体系中的一部分，自然地承载着复杂性。这种复杂性不仅来源于多方面的参与者，还因为金融活动中的利益关系明确而又多样，时常呈现出错综复杂的局面。在这样的背景下，金融的核心目标，即追求风险与收益的平衡，与道德伦理的根本宗旨——追求善良和正当，相得益彰。因此，为了确保金融活动的公正性、公平性和信誉度，

公正、平等和诚信不仅仅是简单的道德原则，更是金融营销伦理中的关键要素。它们共同构建了一个健康、有序的金融营销环境，确保金融行为既可以满足经济目标，又可以维护公共的道德标准。

（三）金融营销伦理的特征

1. 前瞻性

科学技术发展迅速，现代科技在金融营销活动的应用带来了各种金融领域的新风险，金融市场也因此成了以委托责任为基础的风险交易机制。在金融营销活动中，每个参与者及市场监管部门都承担了一定程度的委托责任，故委托责任在金融领域具有特殊意义，它要求在决策判断中遵循具备防御性特征的价值标准。这表明，在科技时代下的金融营销伦理中，主体的道德责任不仅限于在风险出现后采取追溯性的补救措施，而且基于金融营销行为主体的职业责任，采用谨慎的态度来预防潜在的未来风险。因此，金融营销伦理具有道德责任的前瞻性特征。

2. 层次性

金融营销活动具有高度市场化的特征，而且金融领域的发展也是一个螺旋式上升的创新过程。在这种背景下，金融营销交易者在时间、风险和收益的平衡中寻求最大利益，而金融发展则为交易者创造新的契机，突破现有技术和法律规定以实现利益最大化。为应对金融市场的复杂性和动态性，金融营销伦理对金融营销活动的调控呈现逐层推进的特点，涵盖外在调控和内在调控。外在调控依托于金融市场的文明自利原则、行业规定以及金融机构的市场激励机制。内在调控则以自律为手段，旨在提高交易主体的道德自主发展能力，通过拓展创造性解决伦理问题和提高自主制定伦理规范的能力，从而在不断变化中维护金融伦理秩序。

3. 非道义性

金融营销伦理的非道义性特征源于现代金融理论所采纳的功利主义和自由主义经济学假设。首先，为了实现最广泛的利益最大化，成本效益分析已成为金融活动决策的基本方法。只要交易者能够在保证金融系统稳定、遵循正常交易规则的前提下进行交易，可被允许在最低风险和最短时间内获取最大收益。不同于道义论强调个体应遵循绝对法则，以权利论为基础的金融伦理更关注有条件的等价交换原则。在这个观念下，一个公正、合理的金融秩序并非通过牺牲特定个体或金融机构的利益来换取整个社会的利益，而是在遵循权利资格的正义原则下实现个体与整体之间的互利共赢。

二、金融营销伦理的必要性

随着金融体系的复杂化，相关的风险和挑战也随之增加。金融机构作为资金的管理者和配置者，其行为对广大公众和整个经济体系都有深远的影响。因此，确保金融活动的伦理性不仅是行业内部的责任，更是对社会和公众的承诺。下面将从三个方面深入探讨为什么金融营销活动需要坚持高度的伦理标准。

第一，金融行业的独特性在于它主要管理着“他人的钱”。对于大多数金融机构而言，他们手中持有的资金属于公众，如存款人、投资者等。这种独特的关系使得金融行业面临巨大的诱惑和风险。每当人们涉及他人的资金，都会增加滥用和误用的可能性。金融机构可能受到来自内部和外部的压力，寻求快速而高的回报，这可能会导致金融工作者采取过度的风险。这种关系还可能导致金融机构不顾客户的最佳利益，只考虑自己的盈利。为了避免这些风险，金融行业需要一个坚固的道德框架来指导其行为，确保公众的利益得到维护，而不是被牺牲来换取暴利。

第二，相较于其他行业，金融体系的信息不对称现象更加明显，进一步突显了金融营销伦理的必要性。金融产品和服务的本质常常相对复杂，不同于日常消费品，这意味着消费者在做出投资决策时，可能无法完全理解产品的性质和风险。这种情况为金融机构提供了在营销策略中采用误导手段的机会，尤其在高度竞争的市场中，为了吸引更多客户和实现更高的盈利，当金融机构选择突出某些利益（例如高回报率），而忽略或淡化潜在的风险时，消费者可能会受到误导，从而做出并不符合其真正利益的决策。同样，为了在竞争中脱颖而出，一些机构可能会承诺不切实际的回报，或者使用含糊其词的营销手法，从而误导不太熟悉行业的消费者。这种做法不仅损害了消费者的利益，而且长期来看，也会损害金融机构的声誉和客户信任。另外，信息不对称也导致了消费者与金融顾问之间的信任失衡。在很多情况下，消费者依赖金融顾问为他们提供有关投资的建议。但由于激励机制的存在，一些顾问可能更倾向于推荐那些为他们带来更高回扣的产品，而不是真正符合客户需求的产品。因此，金融营销伦理不仅是为了保护消费者，也是为了维护整个金融体系的稳定和信誉。一个具有伦理标准的金融营销体系能够确保消费者得到真实、完整的信息，从而做出明智的决策。

第三，金融营销伦理的必要性深刻地根植于金融行业的知识门槛。在高度专业化的金融领域，知识的深度和广度决定了金融机构与其客户之间的互动质量。金融体系的运作远非简单，涉及复杂的数学模型、经济理论和市场分析，这使得掌握金融知识成为一个极为挑战性的任务。很多时候，这种专业知识不仅仅是关于金融产品的基础信息，更是关于如何在多变的市场环境中做出明智的决策。对于金融营销人员来说，他们所面对的挑战是如何将这些复杂的知识简化并传达给普通投资者，同时确保自己的解释既准确又不失真。而对于普通投资者，他们可能无法完全理解某个金融产品的运作原理，但他们信赖金融专家并依赖他们的建议来做出投资决策。这种信任建立在金融营销人员对其专业职责的坚守，以及他们对金融伦理的尊重上。然而，正因为这种知识的不平等，金融营销人员可能面临利用自己的专业知识来获取不正当利益的诱惑。当金融机构的利益与客户的利益发生冲突时，没有坚定的伦理指南，金融营销人员可能会选择优先自己或所在机构的利益，从而损害客户的权益。此外，近年来，金融体系的快速发展和创新工具的涌现，加剧了这种知识差距。新兴的金融产品和交易工具往往具有更高的复杂性，使得专业知识的需求变得更加迫切。在这种环境下，没有坚实的伦理基础，金融营销活动可能会变得更加无序和风险增加。综上所述，由于金融领域的知识门槛，金融营销伦理成为确保金融市场健康运行，保护投资者权益，同时促进金融机构和客户之间健康、长远关系的关键要素。

从以上三个维度的剖析中，我们可以明确认识到，在金融营销的各个环节中，重视并践行伦理道德具有重要意义，更是确保金融营销活动健康有序发展的根本保证。在这一过程中，金融伦理不仅为金融营销活动提供了道德指引，也形成了金融营销活动顺利进行的坚实基础。

扩展阅读

现阶段金融监管面临的主要挑战

当前，百年变局和世纪疫情交织叠加，国内外经济金融环境发生深刻变化，不稳定、不确定、不安全因素明显增多，金融风险诱因和形态更加复杂。我国发展进入战略机遇和风险挑战并存时期，各种“黑天鹅”“灰犀牛”事件随时可能发生。

世界经济复苏分化加剧，增长动力不足。高通胀正在成为全球经济的最大挑战，主要发达经济体中央银行激进收紧货币政策，很可能引发欧美广泛的经济衰退，叠加疫情反复、大国博弈、地缘政治冲突和能源粮食危机等，将持续影响全球贸易投资和国际金融市场稳定。除此之外，西方国家经济由产业资本主导转变为金融资本主导，近些年来正在向科技资本和数据资本主导转变，带来的震荡非常广泛，影响十分久远。

我国正处于由高速增长向高质量发展转变的关键时期。经济社会高质量发展为抵御风险提供了坚实依托，转型调整也带来结构性市场出清。随着工业化、城镇化持续推进，需求结构和生产函数发生重大变化，金融与实体经济适配性不足、资金循环不畅和供求脱节等现象相互影响，有时甚至会反复强化。

现代科技的广泛应用使金融业态、风险形态、传导路径和安全边界发生重大变化。互联网平台开办金融业务带来特殊挑战，一些平台企业占有数据、知识、技术等要素优势，并与资本紧密结合。如何保证公平竞争、鼓励科技创新，同时防止无序扩张和野蛮生长，是我们面临的艰巨任务。数据安全、反垄断和金融基础设施稳健运行成为新的关注重点。监管科技手段与行业数字化水平的差距凸显。

金融机构公司治理与高质量发展要求相比仍有差距。一些银行、保险公司的管理团队远不能适应金融业快速发展、金融体系更加复杂和不断开放的趋势。近年来发生的金融风险事件充分表明，相当多的金融机构不同程度地存在党的领导逐级弱化、股权关系不透明、股东行为不审慎、关联交易不合规、战略规划不清晰、董事高管履职有效性不足和绩效考核不科学等问题。解决这些治理方面的沉疴痼疾仍须付出艰苦努力。

疫情反复冲击下，金融风险形势复杂严峻，新老问题交织叠加。信用违约事件时有发生，影子银行存量规模依然不小，部分地方政府隐性债务尚未缓解，一些大型企业特别是头部房企债务风险突出，涉众型金融犯罪多发，地方金融组织风控能力薄弱。这些都迫切需要健全事前事中事后监管机制安排，实现监管全链条全领域全覆盖。

专业化处置机构和常态化风险处置机制不健全。市场化处置工具不完善，实践中“一事一议”的处置规范性不足。金融稳定保障基金、存款保险基金、保险保障基金、信托业保障基金和投资者保护基金等行业保障基金的损失吸收和分担缺乏清晰的法律规定。金融机构及其股东、实控人或最终受益人的风险处置主体责任需要强化，金融管理部门风险处置责任需进一步明确，地方党委政府属地风险处置责任落实的积极性还需进一步提升。

此外，金融生态、法制环境和信用体系建设任重道远。金融监管资源总体仍然紧张，高素质监管人才较为缺乏，基层监管力量十分薄弱。金融治理的一些关键环节，法律授权不足。

（资料来源：《人民日报》2022 年 12 月 14 日 13 版）

三、金融营销伦理的准则和功能

（一）金融营销伦理的准则

1. 公正

金融营销伦理关注金融营销活动的各参与者相互之间及其与社会之间的利益关联，这使得公平和公正成为金融营销伦理中最为关键和重要的元素。其中，公正可以分为程序公正、行为公正和制度公正三个层面。程序公正涉及行为过程的公正，具有特定的时空顺序性。在金融市场上，程序公正对结果的公正性具有至关重要的影响。行为公正是金融营销活动中涉及的所有交易行为的公平性，其作用在于要求金融营销的参与者为达成协议的各方提供平等的利益待遇。制度的公正性体现在通过建立一系列正式的法律规章或者非正式的道德准则和习俗来指导个人的行为，以此来促进和实现社会的公平正义。商业银行法、证券交易法、保险法等许多正式的法律法规存在于金融体系中，并且金融体系中还存在一些非正式的道德准则、伦理规则或在金融交易中普遍认可的商业习惯。制度公正也是金融营销伦理活动的关键要素，为实现金融体系的制度公正，各类正式规定和非正式的规则均得到制定。换言之，金融体系中的制度公正决定了参与者行为的公平性和公正性。

2. 平等

金融机构运作的核心准则之一是平等原则。这意味着在金融市场的各种交易中，无论是贷款、投资还是其他金融服务，所有参与方的权利和义务应当是清晰且平等的。举例来说，在贷款发放中，金融机构应确保各个地区和社群都能在无歧视的基础上获得服务，而不是仅仅服务于特定区域或人群。例如，一些金融机构会倾向于只服务于经济较发达的地区，忽视了边远或贫困地区的需求，这种做法就违背了平等原则。信贷权益，作为一种基本的金融权利，应该平等地分配给所有社会成员，无论他们居住于城市还是农村，富裕地区或贫困地区。这种平等的伦理准则不仅是金融市场有效运作的基础，也是维护社会公正和公平的关键。因此，信贷平等也是金融机构必须关注的核心伦理原则之一。

3. 诚信

诚信在金融营销活动中占据举足轻重的地位。金融机构应本着诚实守信的原则开展业务，政府需以诚信为根本履行有关职责，消费者则要遵循诚信原则，维护个人信誉。在金融伦理领域，诚信主要表现为金融信用，它是指金融市场参与者所具有的信誉，在很大程度上受到金融市场发展程度的制约。金融市场与现实交易存在差异，通常需要较长的时间周期来促成交易，因此对参与者的信用要求更为严格。当金融机构所在的信用环境较为脆弱时，其发展规模和业务量越大，越可能导致金融交易安全问题，风险程度也越高。若借款人未能按时归还本息，银行将面临不良贷款风险，这同样会影响其他储户对银行的信任度。这进一步凸显了金融市场信用的重要性，糟糕的信用状况将直接威胁整个金融机构的安全稳定。信用体系是金融营销活动中不可或缺的关键要素。

（二）金融营销伦理的功能

1. 保护消费者权益

在当今高度复杂的金融环境中，金融营销伦理的一个核心功能就是保护消费者权益，该功能突出了伦理在金融营销中的地位，也反映了对消费者的尊重和重视。首先，这一功能确保了消费者在金融市场中的地位和权益不被侵犯。在金融伦理的框架下，金融机构会避免采用误导性、不诚实或隐瞒性的营销策略，确保消费者在选择金融产品或服务时能够基于准确、完整的信息做出决策。因此，它维护了市场的公正性和公平性，为消费者提供了一个更为公平、透明的金融环境。其次，金融营销伦理也为金融机构提供了道德导向，指引其在竞争激烈的市场中保持正直和诚信，这不仅有助于塑造金融机构的正面形象，同时也有助于建立和维持与消费者之间的长期信任关系。同时，也促进了整个金融行业的稳定和持续发展，当消费者相信他们的权益得到了保障，才更有可能信赖金融系统并参与其中。

2. 优化金融效率

金融营销活动的效率很大程度上与金融营销伦理息息相关，高度的金融营销道德水平对于提高整体的金融营销效率有显著效果。通过提升金融营销的伦理水平，不仅能确保金融市场的健康和有序发展，更能深化与消费者之间的互信关系，从而提高整体市场的运作效率。首先，金融营销伦理水平的提升确保了金融资源在市场中的公平流通。当金融机构在营销活动中持有较高的伦理道德标准时，他们为消费者提供的产品和服务信息更为透明和真实，消费者可以基于这些信息做出更明智的决策。这意味着消费者不再需要在选择金融产品时花费过多时间和精力去寻找、验证和比较信息，从而显著提高金融市场的效率。其次，当金融机构坚守营销伦理，它们之间以及与消费者之间的信任基础得以加强，深厚的信任关系减少了市场参与者之间的疑虑和猜疑，降低了因信息不对称或误解产生的潜在风险。金融机构可以更加流畅地与消费者进行交互，降低了交易成本，从而提高金融营销效率。最后，遵循高标准的金融营销伦理不仅可以增强机构与消费者之间的关系，还有助于金融机构与其他外部利益相关者建立和维持良好的关系。例如，合作伙伴、投资者和监管机构都会更加信任那些遵循高伦理标准的金融机构，从而为这些机构在金融市场中带来更多的机会和价值。

3. 推动社会和谐发展

在当前的金融环境中，金融营销活动日益繁荣，与此同时，金融营销伦理的重要性也逐渐被凸显。当我们深入探究整个金融领域时，会发现金融营销不仅仅是推广产品或服务，它更多地涉及社会资源的获取、整合和再分配。在这一过程中，金融营销的核心价值在于如何将这些资源高效、合理地转化为有价值的经济产出。金融营销活动的伦理层面更多地涉及如何平衡不同消费者群体的需求和利益。考虑到社会的贫富差距，贫困和富裕的消费者群体对金融资源的需求和期望是截然不同的。而金融营销的任务就是要确保每一位消费者都能在公正和公平的前提下获得他们所需要的金融服务和产品。因此，一个高度伦理的金融营销策略不仅要考虑营销活动的短期效益，更需要着眼于长远的社会和谐和稳定。通过公正、公平地为各个消费者群体提供所需的金融服务，不仅能帮助边缘化群体获得他们应有的资源，同时也为社会注入了更多的正能量，释放了整体经济的增长潜力。这样的金融营销策略不仅有助于构建一个更公正的金融环境，还可以避免由于资源分配不均可能引发的社会紧张和动荡，进一步推动社会的和谐与稳定。

扩展阅读

现代金融监管的基本内涵

以习近平经济思想为指导，回顾国际国内金融治理的历史，总结近些年来我们应对各种风险挑战的实践，可以将以下几个要素归纳为现代金融监管的基本内涵。

（1）宏观审慎管理。防范和化解系统性风险，避免全局性金融危机，是金融治理的首要任务。我国宏观审慎的政策理念源远流长，早在春秋战国时期就开始了政府对商品货币流通的监督和调控，西汉的“均输平准”已经成为促进经济发展和金融稳定的制度安排。现代市场经济中，货币超发、过度举债、房地产泡沫化、金融产品复杂化、国际收支失衡等问题引发的金融危机反复发生，但是很少有国家能够真正做到防患于未然。2008 年全球金融危机爆发后，国际社会从“逆周期、防传染”的视角，重新检视和强化金融监管安排，完善分析框架和监管工具。有效的信息共享、充分的政策协调至关重要，但是决策层对重大风险保持高度警惕、执行层能够迅速反应更为重要。

(2) 微观审慎监管。中华传统商业文化就特别强调稳健经营，“将本求利”是古代钱庄票号最基本最重要的行事准则，实质就是重视资本金约束。巴塞尔银行监管委员会和国际保险监督官协会，就是在资本金约束规则的基础上，逐步推动形成银行业和保险业今天的监管规则体系。资本标准、政府监管、市场约束，被称为微观审慎监管的“三大支柱”。许多广泛应用于微观审慎监管的工具，如拨备制度等，也具有防范系统性风险的功能。

(3) 保护消费权益。金融交易中存在着严重的信息不对称，普通居民很难拥有丰富的金融知识，而且金融机构工作人员往往也不完全了解金融产品所包含的风险。这就导致金融消费相较于其他方面的消费，当事人常常会遭受更大的利益损失。2008 年全球金融危机之后，金融消费者保护受到空前重视。世界银行推出 39 条良好实践标准，部分国家对金融监管框架进行重大调整。我国“一行两会”内部均已设立金融消费者权益保护部门，从强化金融知识宣传、规范金融机构行为、完善监督管理规则、及时惩处违法违规现象等方面，初步建立起行为监管框架。

(4) 打击金融犯罪。金融犯罪活动隐蔽性强、危害性大，同时专业性、技术性较为复杂。许多国家设有专门的金融犯罪调查机构，部分国家赋予金融监管部门一定的犯罪侦查职权。巴塞尔银行监管委员会和一些国家的金融监管机构，均将与执法部门合作作为原则性要求加以明确。我国也探索形成了一些良好实践经验。比如，公安部证券犯罪侦查局派驻证监会联合办公，银保监会承担全国处置非法集资部际联席会议牵头职责，部分城市探索成立专门的金融法院或金融法庭。但是，如何更有效地打击金融犯罪，仍然是政府机构设置方面的重要议题。

(5) 维护市场稳定。金融发展离不开金融创新，但要认真对待其中的风险。过于复杂的交易结构和产品设计，容易异化为金融自我实现、自我循环和自我膨胀。能源、粮食、互联网和大数据等特定行业、特定领域在国民经济中具有重要地位，集中了大量金融资源，需要防止其杠杆过高、泡沫累积最终演化为较大金融风险。金融市场是经济社会运行的集中映射，在经济全球化背景下，国际各种事件都可能影响市场情绪，更加容易出现“大起大落”异常震荡。管理部门要加强风险源头管控，切实规范金融秩序，及时稳定市场预期，防止风险交叉传染、扩散蔓延。

(6) 处置问题机构。及早把“烂苹果”捡出去，对于建设稳健高效的风险处置体系至关重要。一是“生前遗嘱”。金融机构必须制定并定期修订翔实可行的恢复和处置计划，确保出现问题得到有序处置。二是“自救安排”。落实机构及其主要股东、实际控制人和最终受益人的主体责任，全面做实资本工具吸收损失机制。自救失败的问题机构必须依法重整或破产关闭。三是“注入基金”。必要时运用存款保险等行业保障基金和金融稳定保障基金，防止挤兑、退保事件和单体风险引发系统性区域性风险。四是“及时止损”。为最大限度维护人民群众根本利益，必须以成本最小为原则，让经营失败金融企业退出市场。五是“应急准备”。坚持底线思维、极限思维，制定处置系统性危机的预案。六是“快速启动”。有些金融机构风险的爆发具有突然性，形势恶化如同火警，启动处置机制必须有特殊授权安排。

(资料来源：《人民日报》2022 年 12 月 14 日 13 版)

四、数字化背景下金融营销面临的伦理挑战

随着科技的快速进步，金融领域经历了前所未有的数字化转型。这一转型为金融市场带来了创新的动力，但同时也揭示了一系列新的、复杂的风险，使金融伦理问题变得尤为突出。事实上，技术的误用和某些金融机构的价值观念偏差已经引发了金融科技的伦理危机，为金融领域带来了严峻的挑战。目前，行业的共识是，为金融科技的应用设定明确的道德和行为规范至关重要，这涉及科技伦理治理和金融伦理治理的深度融合。在这一背景下，我们必须在金融科技的发展中坚守伦理原则，确保科技在助推金融领域的同时，维护了社会的公正和稳定。

（一）数据隐私漏洞与伦理挑战

在现代数字经济时代，数据被誉为“新时代的石油”，它为金融营销带来了创新的可能性和巨大的市场机会。根据中国互联网络信息中心（CNNIC）的数据，数字经济已占我国GDP的38.6%，显示了数字化对中国经济的巨大影响。随着互联网用户规模的不断扩大，金融机构与金融科技公司在为用户提供金融服务的过程中，积累了大量的用户个人数据。然而，数据的采集、使用和交换等环节的保护尚显不足。在数字化背景下，金融营销的伦理挑战日益凸显。由于监管制度与措施的不完善，某些金融机构和金融科技公司常在法律的边缘活动。这些企业可能通过技术手段收集用户的个人信息，并在互联网上交易这些数据。更有甚者，一些金融服务提供商采用“使用前必授权”的强制性策略，导致用户在不完全知情的情况下公开其个人信息。这些信息可能被用作定向营销，或者在未经用户授权的情况下与其他机构共享和交换。借助大数据分析，金融机构可以更准确地绘制用户画像，为其提供更为个性化的金融产品和服务。然而，这种深度的数据应用同时也带来了过度的营销、推销和消费诱导，严重侵犯了金融用户的合法权益。在数字化的背景下，数据保护的伦理问题已成为金融营销面临的一大挑战。为应对这一挑战，必须强化应用伦理的规范和执行，确保金融用户的数据安全和隐私权得到充分的保护，同时维护金融市场的公平和诚信。

（二）算法不透明与金融公平相冲突

在数字化浪潮中，金融营销已经从传统的线下推广迅速转向线上定向营销，其中数据算法扮演了核心角色。这些算法能够分析大量的用户数据，预测消费者的购买行为，为金融产品的推广提供强大的支持。但这种基于算法的营销策略也带来了不少伦理挑战。算法的“黑箱”属性使得金融营销策略的透明度大大降低。普通消费者很难理解和判断金融产品推荐的背后逻辑，从而使得金融消费者的知情权受到侵犯。同时，算法可能过度强调数据分析的结果，忽视了人的判断和干预，导致某些消费者被无故排除在外，形成了一种隐性的用户门槛。另外，算法在金融营销中的应用可能导致市场不公和社会分歧的加剧。金融机构可能只针对特定的、认为算法“有价值”的消费者进行营销，而忽略了其他消费者，这与金融普惠的初衷相违背。数字化背景下的金融营销虽然为金融机构带来了便利和效益，但同时也带来了一系列伦理挑战。为确保金融营销的公平和普惠，我们亟须对算法的使用进行有效监管。

（三）诚信缺失导致垄断与不公平竞争

在全球金融市场数字化的推动下，金融营销的形态和手段也经历了翻天覆地的变化。智能算法和大数据技术为金融机构提供了前所未有的营销效能，但也带来了新的伦理挑战。以技术为驱动的金融营销策略容易导致市场公平性的失衡。大型金融机构和技术巨头凭借其庞

大的用户数据库和强大的技术能力，可以对市场进行细致的划分和精准的推广，从而在市场中形成优势地位。这种市场地位的固化，容易导致中小机构无法与其公平竞争，进而出现市场垄断现象。垄断不仅损害了市场竞争的健康机制，还可能形成独占式的市场格局。另外，数字化的金融营销策略可能导致金融诚信的稀释。为了追求更高的市场份额和利润，一些金融机构可能采用流量劫持、监管套利等不正当手段，损害市场的公平秩序和消费者的权益。金融科技在营销中的应用可能导致传统的金融风险扩散到新的领域，增加了系统性风险的可能性。

五、金融机构营销伦理建设途径

（一）加强金融领导层的伦理观念

金融机构在进行营销活动时，往往面临巨大的利润压力和市场竞争，这可能会引导一些人采取不正当的手段来获取短期的业绩提升。因此，在金融机构营销的伦理建设中，强化金融企业管理者的伦理道德观念显得尤为重要。金融企业的管理者不仅是策略的制定者，还是公司文化和价值观的传递者。他们在营销战略中展现的诚信、透明度和对客户的真实关心，都会对下属产生深远的影响，促使整个营销团队遵循更高的道德标准。为了在营销中维护道德伦理，领导者应在日常的交流和会议中，不断强调真实、公正、透明的营销原则，反对一切形式的虚假广告和误导性信息。他们可以组织团队研讨有关营销伦理的真实案例，以帮助员工明确识别哪些行为是可接受的，哪些是越界的。此外，管理者还应鼓励团队成员积极提出有关营销策略中可能存在的伦理问题，这不仅可以及时发现并改正问题，还可以增强整个团队对伦理重要性的认知。金融企业的管理者应当意识到，长远的成功不仅仅取决于业绩，更重要的是企业的声誉和客户的信任。只有当金融机构在营销活动中坚守道德伦理，才能真正实现持续、健康的发展。

（二）设立独立的金融企业伦理监管机构

在金融机构的营销活动中，拥有一个独立且权威的营销伦理监督部门无疑将增强其营销策略的道德性。在推出新的金融产品或服务前，营销团队应先由该部门对其宣传手段和策略进行审查，确保其内容既合法又道德。这样可以预防在争夺市场份额和提高利润的过程中，金融产品的宣传和销售手段仅仅满足法律规定，但忽略了社会的道德伦理要求。此外，营销伦理监督部门应定期对营销团队的活动进行审核，并公开其审核结果，以增强营销策略的透明度并赢得客户的信赖。同时，通过为营销团队提供合适的道德培训和激励，可以鼓励成员们持续提高自己的伦理水准并确保宣传内容真实可靠。有了这样的营销伦理监督，金融机构不仅能够保护消费者的权益，也可以确保自身的长期稳健发展，进一步确立在金融市场上的诚信形象。

（三）完善金融企业伦理制度与价值导向

在金融机构的营销策略中，确立一套完整的企业营销伦理制度也显得尤为关键。此制度的核心是确保金融产品和服务的推广与销售活动都是基于诚信和透明度的原则，从而确保消费者的利益不受损害。根据金融市场的营销需求和特点，企业应细致地制定一套与时俱进的营销伦理准则。随着市场环境的不断变化，这些指导方针将协助金融营销人员在日常工作中遵循正当的行为规范。在这样的伦理环境中，金融营销人员将更加明确其工作的目标和方向，确保自己的行为始终处于公正和真实的轨道上。长期坚持这样的伦理标准，不仅可以提高金融机构在消费者心中的口碑，还能够稳定金融市场，增强消费者对金融产品和服务的信赖。完善的营销伦理制度还能提高金融机构的内部协同效应，使得整个团队更加团结，努力达到共同的目标，进一步巩固其在金融市场中的地位和影响力。

扩展阅读

关于进一步规范金融营销宣传行为的通知

为贯彻落实党中央、国务院决策部署和全国金融工作会议要求，进一步规范市场主体金融营销宣传行为，保障金融消费者合法权益，促进金融行业健康平稳发展，根据《中华人民共和国中国人民银行法》、《中华人民共和国银行业监督管理法》、《中华人民共和国证券法》、《中华人民共和国证券投资基金法》《中华人民共和国保险法》、《国务院办公厅关于加强金融消费者权益保护工作的指导意见》（国办发〔2015〕81号）等相关规定，现就有关事项通知如下：

一、金融营销宣传资质要求

银行业、证券业、保险业金融机构以及其他依法从事金融业务或与金融相关业务的机构（以下统称金融产品或金融服务经营者）应当在国务院金融管理部门和地方金融监管部门许可的金融业务范围内开展金融营销宣传，不得开展超出业务许可范围的金融营销宣传活动。

金融行业属于特许经营行业，不得无证经营或超范围经营金融业务。金融营销宣传是金融经营活动的重要环节，未取得相应金融业务资质的市场经营主体，不得开展与该金融业务相关的营销宣传活动。但信息发布平台、传播媒介等依法接受取得金融业务资质的金融产品或金融服务经营者的委托，为其开展金融营销宣传活动的除外。

二、监管部门职责分工

国务院金融管理部门及其分支机构或派出机构应当按照法定职责分工，切实做好金融营销宣传行为监督管理工作。国务院金融管理部门分支机构或派出机构应当以金融产品或金融服务经营者住所地为基础，以问题导向为原则，对违法违规金融营销宣传线索依法进行甄别处理，并将金融产品或金融服务经营者的金融营销宣传监督管理情况纳入金融消费者权益保护评估评价中。国务院金融管理部门对属地监督管理另有明确规定的，从其规定。

国务院金融管理部门分支机构或派出机构要与地方政府有关部门加强合作，建立健全协调机制，并根据各自的法定职责分工，监管辖区内的金融营销宣传行为。对于未取得相应金融业务资质以及未依法作为受托人的市场经营主体开展与金融业务相关的营销宣传活动的，根据其所涉及的金融业务，相关国务院金融管理部门分支机构或派出机构应当与地方政府相关部门加强沟通配合，依法、依职责做好相关监测处置工作。

对于涉及金融营销宣传的重大突发事件，按照相关国务院金融管理部门和地方政府的应急管理制度要求进行处置。

三、金融营销宣传行为规范

本通知所称金融营销宣传行为，是指金融产品或金融服务经营者利用各种宣传工具或方式，就金融产品或金融服务进行宣传、推广的行为。

（一）建立健全金融营销宣传内控制度和管理机制。金融产品或金融服务经营者应当完善金融营销宣传工作制度，指定牵头部门，明确人员职责，建立健全金融营销宣传内控制度，并将金融营销宣传管理纳入金融消费者权益保护工作，加强金融营销宣传合规专题教育和培训，健全金融营销宣传管理长效机制。

（二）建立健全金融营销宣传行为监测工作机制。金融产品或金融服务经营者应当对本机构金融营销宣传活动进行监测，并配合国务院金融管理部门相关工作。如在监测过程中发现金融营销宣传行为违反本通知规定，金融产品或金融服务经营者应当及时改正。

（三）加强对业务合作方金融营销宣传行为的监督。金融产品或金融服务经营者应当依法审慎确定与业务合作方的合作形式，明确约定本机构与业务合作方在金融营销宣传中的责任，共同确保相关金融营销宣传行为合法合规。金融产品或金融服务经营者应当监督业务合作方作出的与本机构相关的营销宣传活动。除法律、法规、规章另有规定外，金融产品或金融服务经营者不得以业务合作方金融营销宣传行为非本机构作出为由，转移、减免应承担的责任。

（四）不得非法或超范围开展金融营销宣传活动。金融产品或金融服务经营者进行金融营销宣传，应当具有能够证明合法经营资质的材料，以便相关金融消费者或业务合作方等进行查验。证明材料包括但不限于经营许可证、备案文件、行业自律组织资格等与金融产品或金融服务相关的身份资质信息。金融产品或金融服务经营者应当确保金融营销宣传在形式和实质上未超出上述证明材料载明的业务许可范围。

（五）不得以欺诈或引人误解的方式对金融产品或金融服务进行营销宣传。金融营销宣传不得引用不真实、不准确的数据和资料；不得隐瞒限制条件；不得对过往业绩进行虚假或夸大表述；不得对资产管理产品未来效果、收益或相关情况作出保证性承诺，明示或暗示保本、无风险或保收益；不得使用偷换概念、不当类比、隐去假设等不当营销宣传手段。

（六）不得以损害公平竞争的方式开展金融营销宣传活动。金融营销宣传不得以捏造、散布虚假事实等手段恶意诋毁竞争对手，损害同业信誉；不得通过不当评比、不当排序等方式进行金融营销宣传；不得冒用、擅自使用与他人相同或近似等有可能使金融消费者混淆的注册商标、字号、宣传册页。

（七）不得利用政府公信力进行金融营销宣传。金融营销宣传不得利用国务院金融管理部门或地方金融监管部门对金融产品或金融服务的审核或备案程序，误导金融消费者认为国务院金融管理部门或地方金融监管部门对该金融产品或金融服务提供保证，并应当提供对该金融产品或金融服务相关信息的查询方式；不得对未经国务院金融管理部门或地方金融监管部门审核或备案的金融产品或金融服务进行预先宣传或促销。相关法律、法规、规章另有规定的，从其规定。

（八）不得损害金融消费者知情权。金融营销宣传应当通过足以引起金融消费者注意的文字、符号、字体、颜色等特别标识对限制金融消费者权利和加重金融消费者义务的事项进行说明。通过视频、音频方式开展金融营销宣传活动的，应当采取能够使金融消费者足够注意和易于接收理解的适当形式披露告知警示、免责类信息。

（九）不得利用互联网进行不当金融营销宣传。利用互联网开展金融营销宣传活动，不得影响他人正常使用互联网和移动终端，不得提供或利用应用程序、硬件等限制他人合法经营的广告，干扰金融消费者自主选择；以弹出页面等形式发布金融营销宣传广告的，应当显著标明关闭标志，确保一键关闭；不得允许从业人员自行编发或转载未经相关金融产品或金融服务经营者审核的金融营销宣传信息。

（十）不得违规向金融消费者发送金融营销宣传信息。未经金融消费者同意或请求，不得向其住宅、交通工具等发送金融营销信息，也不得以电子信息方式向其发送金融营销信息。以电子信息方式发送金融营销信息的，应当明确发送者的真实身份和联系方式，并向接收者提供拒绝继续接收的方式。

（十一）金融产品或金融服务经营者不得开展法律法规和国务院金融管理部门认定的其他违法违规金融营销宣传活动。

四、其他规定

金融产品或金融服务经营者开展金融营销宣传活动违反上述规定但情节轻微的，国务院金融管理部门及其分支机构或派出机构可依职责对其进行约谈告诫、风险提示并责令限期改正；逾期未改正或其行为侵害金融消费者合法权益的，可依职责责令其暂停开展金融营销宣传活动。对于明确违反相关法律规定的，由国务院金融管理部门及其分支机构、派出机构或相关监管部门依法采取相应措施。

本通知由人民银行、银保监会、证监会、外汇局负责解释。

本通知自 2020 年 1 月 25 日起执行。

请人民银行上海总部，各分行、营业管理部、省会（首府）城市中心支行、副省级城市中心支行会同所在地省（区、市）银保监会、证监会派出机构将本通知转发至辖区内相关机构。

中国人民银行
中国银行保险监督管理委员会
中国证券监督管理委员会
国家外汇管理局
2019 年 12 月 20 日

（资料来源：https://www.safe.gov.cn/guangdong/2020/0106/1607.html）

第二节　金融营销的商业道德

一、金融营销商业道德的概念

金融危机的诱因众多，而金融机构的商业道德缺失被认为是其中一个主要因素。金融机构商业道德问题主要体现在金融交易过程中出现的欺诈、失信、违法等不良行为，这些行为会引发金融机构和市场的重大不稳定性和信任危机。在 2009 年 2 月 2 日，温家宝总理访英期间，在剑桥大学的演讲中，深入分析了金融危机，强调了道德缺失是导致金融危机的一个深层次原因。为了有效应对金融危机，我们必须高度关注道德的重要性。

金融营销的商业道德是指金融机构以及各种经济参与者在进行货币、资本相关的商品交易、投资融资及贷款等行为时应遵守的道德准则和规范。一个经济实体是否严格遵循金融道德是衡量其发展成熟度和文明水平的重要标准。

金融营销的商业道德无疑是对金融营销行为中的道德行为的指涉，它既强调金融本身所蕴含的道德性，又强调金融与道德的相互作用，既体现了道德的一般特性，也呈现了金融的独特性。金融作为一种具体的经济行为，金融营销的商业道德则是指导这些金融行为的具体规范，因此它具备明确性、实践性和可执行性，是金融机构在进行营销活动时必须遵循的基础规则。

将道德风险的概念引入金融领域的主要原因如下：首先，金融领域存在着经济利益和道德价值的冲突。美国学者博特赖特观察到，“金融界为一部分人提供了以牺牲他人为代价获利的充分机会。简言之，金融涉及的是他人的财产，由于涉及他人的资产，因此可能引发一些不道德的行为”。其次，法律本身并非完全无缺。如果法律完全无漏洞，即对任何案件、任何法官甚至任何受过教育的人来说，都能依照法律准确无误、无偏差地推断出什么是违法，并对违法行为执行相应的惩罚，那么威慑性的执法将完全有效。然而现实并非如此。由于相对稳定的法律面临的是无数的公民和不断变化的社会，无法预见将会发生的事件，因此也无法准确概述所有可能的违法行为。因此，如果仅由法庭执法，一方面由于无法对所有可能的违法行为进行惩罚，这可能导致威慑不足；另一方面可能导致过度威慑，因为立法者可能会采取“一刀切”的方式，将某一大类活动全部列为禁止行为。

经典案例

中国银行“原油宝”事件

“原油宝”事件背景介绍

2020 年年初疫情席卷全球，国际原油受疫情影响需求下降，致使油价下跌严重。2020 年 3 月 6 日，石油输出国组织与盟友（OPEC+）谈判破裂，3 月 7 日沙特阿拉伯宣布降价并增产，掀起产油国之间的原油价格战，国际油价进一步下跌。受较高的原油运输及储存成本影响，国际原油期货合约进行实物交割十分困难，这也一定程度上加剧了供求关系的失衡，国际原油价格长时间维持低价位交易。2020 年 4 月 21 日凌晨，在全球最大的期货交易所——芝加哥商品交易所（CME，以下简称“芝商所”）交易的 WTI 原油期货 5 月合约（以下简称“WTI05”）结算价跌至-37.63 美元/桶，国际油价历史上首次出现负值交割，一片哗然。这只石油“黑天鹅”直接击穿了中国银行（601988.SH，以下简称中行）“原油宝”产品对应的 WTI 原油期货合约多头投资者们的仓位防线，使无数投资者血本无归，甚至负债累累。中行“原油宝”风险事件的持续发酵引起了社会的高度关注，对之众说纷纭，然而事件背后的高风险金融产品供需错配现象值得深思。“原油宝”事件发生后，各政府部门立即开展调查行动，调研“原油宝”风险事件所涉违法违规行为，切实维护投资者的合法权益，推进金融市场的健康稳定发展。

“原油宝”产品设计原理

金融产品的设计主要包括结构化、定价、风险管理及辅助性设计等，结构化设计主要是通过条款设定来创新金融产品，这是产品设计的核心；定价设计主要借助于量化方法和模型对金融产品进行初始价值衡量；风险分析及辅助性设计主要是对金融产品风险提示及交割方式、最后交易日、营销方案等辅助性条款做出的设定。中行的“原油宝”产品结构化设计是挂钩的 WTI 期货合约，该合约按期次发布，推出后交易活跃，目前成为全球交易规模最大的期货合约，合约采取“交易品种+交易货币+年份两位数字+月份两位数字”组合方式命名。WTI 期货合约规格为 1 000 桶/手，报价单位为美元/桶，对投资者投资门槛要求较高。期货合约通常有现金结算、实物交割及到期转现三种形式，WTI 期货合约采取实物交割方式，合约到期后投资者可通过管道、储罐网络系统进行实物运输。

"原油宝"的定价、风险分析及辅助性设计。"原油宝"产品最初是中行推出的一款理财产品，客户可以在手机银行App中自行购买，购买前只需客户通过满足风险承受能力评估即可。中行通过"原油宝"将芝商所每手交易1 000桶的原油期货合约拆分成最小递增单位0.1桶的理财产品，设定交易起点数量为1桶，银行作为做市商与境内投资者进行双向对手交易。根据中行公告"2020年4月20日22点是原油宝5月合约的最后交易时间"，该时间对应美国时间4月20日10点，是美国期货市场的开盘交易时段；而WTI05的最后交易日为2020年4月21日，很有可能中行在"原油宝"产品与WTI05最后交易的时差内，对未进行操作的客户账户按照协议约定方式进行移仓或平仓处理。中行在产品交易前与境外交易商签订场外合同，由境外交易所买卖原油期货合约，中行作为做市商负责双边报价并进行风险管理，并不进场交易。整个交易过程中，中行未直接持有期货合约，所以"原油宝"产品到期后无法现货交割，投资者只能以现金结算。投资者通过"原油宝"产品赚取原油差价，中行通过收取管理费获利。

投资"原油宝"的金融消费者在中行开设相应的综合保证金账户，在账户中存入足额保证金后，便可进行双边（多头/空头）双向选择的原油期货交易。"原油宝"采取的保证金制度不存在交易杠杆，即当原油价格变动时，投资者的资金也会跟随变动，一旦原油价格跌为负值，投资者就需要通过增加保证金去弥补持仓亏损，所以出现了后来中行"请多头持仓客户根据平仓损益及时补足交割款"的情况，产品风险极高。投资者依照中行报价，根据市场情况在个人账户中可自行选择移仓换月或平仓操作；也可持仓到最后交易日，由中行按照协议约定对投资者账户进行操作。

"原油宝"事件的发生给金融机构、投资者还有监管部门等相关方敲响了警钟。追溯"原油宝"事件根源，客户需求与高风险金融产品供给出现了较严重的错配，最终导致投资者穿仓。"原油宝"事件中高风险金融产品供需错配主要表现在两方面：一是客户实际风险偏好与产品实际风险的错配，二是标准化产品设计与个性化投资需求的错配。

客户实际风险偏好与产品实际风险错配

客户实际风险偏好与产品实际风险的错配是指高风险金融产品的设计属性与客户的风险承受能力不匹配，具体表现为产品风险等级高于投资者风险承受能力评级，在"原油宝"事件中该错配是导致投资者穿仓的根本原因。商业银行拟销售理财产品的风险通常以风险等级体现，中行的理财产品以本金发生损失的可能性和收益的不确定性为评级标准，将其按风险的高低分为五类：R1（低风险产品）、R2（中低风险产品）、R3（中等风险产品）、R4（中高风险产品）、R5（高风险产品），产品风险级别越高，本金亏损的概率越高，收益的不稳定性越高。中行通过科学方法对投资者展开风险承受能力评估测试，根据结果将投资者分为五类：C1（保守型）、C2（稳健型）、C3（平衡型）、C4（成长型）、C5（进取型），投资者风险承受能力依次增强。

银保监会规定商业银行要向投资者销售产品风险评级风险与风险承受能力评级相匹配的理财产品，然而"原油宝"产品真实的风险等级要高于投资者风险承受能力评级。"原油宝"产品为挂钩原油期货的金融衍生产品，收益不确定性较大，且本金亏损概率高，按风险级别划分应属于R5级别理财产品，适配C5（进取型）金融投资者。实际上"原油宝"产品被金融机构包装为R3风险级别的理财产品，并将该产品与其他理财产品混合销售，出售给C3~C5型投资者。由于产品的目标市场定位及选择与真实风险情况存在偏差，产品的高风险与购买者的亏损承受额度存在严重错配。

标准化产品设计与个性化投资需求的错配

投资者在不同生命周期对金融产品的投资额度、期限长短以及风险偏好等有不同的投资需求，但标准化的产品设计无法满足投资者的个性化产品投资需求，易产生错配。尤其是高风险金融产品收益存在很大的不确定性，不仅要求客户必须具备专业知识素养、高风险承受能力和严格的契约履行精神，金融机构也需要在准入门槛、宣传营销、交易规则设计等方面做好制度设计和风险管控工作。

“原油宝”产品的投资者可在交易日前自行移仓，这需要投资者对国际油价的走势和国内外期货市场环境的变化有准确的把握，对投资者的金融素养及风险管控能力要求较高，若合约到期者账户仍没有操作，中行依照客户事先指定的方式帮客户进行账户操作有极高的风险承受能力，所以该款产品设计针对的目标客户群体有限，并不适合面向全体投资者出售。而实际上“原油宝”的投资者来自各行各业，其财务状况、风险偏好、投资经验、投资知识等方面存在较大差异，对高风险金融产品的理解及诉求存在差异，“原油宝”标准化的产品设计并不能匹配所有客户群体的实际投资需求，产生标准化产品设计与个性化投资需求的错配。新冠疫情全球爆发后国际原油产量供给大于市场需求，导致原油价格大幅下跌，芝商所修改交易规则，允许“负油价”出现，使得这一错配现象更为明显地表现出来。

二、金融营销利益相关者

在金融营销的领域中，不能忽视一个复杂而多元的角色网络——利益相关者。利益相关者的概念是如何界定的呢？有学者提供了三个层次的定义。第一种广义的定义认为，凡是能够对企业产生影响，或者受企业活动所影响的所有个体和集体，都可以视为利益相关者，其中包括了从股东、债权人、经营者到员工、供应商、经销商、竞争者、消费者、政府部门、社会组织和团体以及周围的社区成员，这一定义无疑涵盖了一个非常宽广的范围。第二种定义诠释范围较为有限，它仅将与公司直接关联的人员或团体纳入利益相关者的行列，而社会组织、团体和社区成员则并未被包含在此定义中。第三种定义更为精细，专注于那些向企业投入专用资产并因此承担一定风险的个体或集体。

无论是广义还是狭义的定义，每一个利益相关者都与金融机构有着千丝万缕的联系。它们可能是为机构提供资本的投资者、为其提供服务的员工，或是购买其金融产品的顾客。这些相关者不仅希望从与金融机构的互动中获益，也更期待金融机构能够稳健、持续且高效地运行。每个利益相关者都在金融机构中有所投入并承担风险，对机构的运营和决策产生了深远的影响。在金融营销的策略制定和执行中，机构需要确保与这些利益相关者的沟通是双向的，确保其需求和期望得到满足。简而言之，金融营销的成功，在很大程度上取决于如何管理与这些利益相关者的关系。基于上述内容，可以列举出金融机构的利益相关方包含顾客、债权人、营销人员、投资者、监管机构、社会公众，这些相关方都在各自的领域内与金融机构紧密交织。

（1）顾客：在众多的利益相关者中，金融机构的客户无疑占据着关键的地位，因为顾客是金融机构提供的产品和服务的直接使用者，并且顾客的需求直接影响金融机构的业务策略和经济运作。金融机构有必要回应客户的需求和预期，提供优质的金融产品和服务，从而构建良好的客户关系，并赢得他们的信任与支持。同时，客户的反馈以及申诉为金融机构提供了一个不断优化和提升服务质量的机会，以满足客户的需求，提升他们对金融机构的忠诚度和满意度。

（2）债权人：债权人是金融机构资金来源的主要提供者，他们的信心和支持对金融机构的运营有着直接的影响。债权人的资金策略和风险偏好决定着金融机构的融资成本和融资渠道。金融机构有必要满足债权人的回报预期和风险管理要求，确保及时偿还本金和利息，从而维护与债权人的长期良好关系，赢得债权人的信赖和持续的支持。同时，债权人的意见和反馈为金融机构提供了检视自身财务健康状况和经营策略的机会，确保其经营活动与市场环境和债权人的预期保持一致。

（3）营销人员：作为金融机构的核心构成要素之一，营销人员扮演着关键的角色。营销人员需制定并执行营销策略，以吸引新的顾客、维护现有的客户群体，同时提升金融产品和服务的品牌形象。营销人员也需要与其他的利益相关者保持紧密的合作，以实现公司的商业目标并使商业利润最大化。为适应市场和客户需求的演变，营销人员需要持续提升其专业技能和知识水平，保持在竞争中的领先地位。

（4）投资者：投资者为金融机构注入必要的资金和资源，从而推动其业务扩展。投资者的投资行为是基于对金融机构未来业绩的信心和预期，所以金融机构的经营策略、风险管理、财务表现以及市场地位等因素都会受到投资者的密切关注。金融机构有责任确保投资者的资金得到适当的管理和使用，以实现其业务目标并为投资者带来期望的回报。金融机构的稳健经营和持续盈利不仅反映了其业务策略的成功，同时也是吸引和保留投资者资金的关键。

（5）监管机构：监管机构肩负着对金融机构的运作和业务进行监督的职责，以确保金融市场的稳定和公平。监管机构制定并执行一系列的规章制度，确保金融机构的行为是透明的、公正的并且不带有过度的风险。金融机构在其日常运营中必须遵循监管机构设定的法律、规定和标准，以塑造良好的合规形象。此外，金融机构还需向监管机构提供准确、全面的信息和数据，让监管机构更有效地了解和评估其业务风险和合规状况。

（6）社会公众：金融机构的活动对社会公众具有广泛的影响。金融机构需要承担社会责任，保护客户利益和社会公正，同时积极参与社会公益事业，以便赢得社会公众的信任和支持。此外，金融机构还需要关注社会公众的意见和反馈，以便了解他们的需求和期望，制定符合社会期望的商业战略和社会责任方案。同时，金融机构还需要关注社会和环境影响，采取可持续发展策略，保护环境和资源，维护社会和谐稳定。

三、金融营销商业道德的内容

金融机构的商业道德是指其在业务运作过程中应遵循的核心道德标准和行为原则，其中包含如守信、公正竞争以及以公正为基础谋取利润等关键方面。

首先，坚持信用是金融机构的一项根本商业道德。在与客户、投资者和合作伙伴等各方构建业务关系时，金融机构需要以诚信为原则，遵守合同和协议，履行承诺，保障信誉，以此保护各方的法定权益以及商业信誉。同时，金融机构还需设立完善的风险管理和内部监控系统，加强公司的治理，防止商业欺诈和不当行为，以确保业务的透明度和公平性。（诚信为本）

其次，公平竞争也是金融机构需要秉持的商业道德之一。金融机构应该尊重市场运行的自然规律，坚持公正的竞争态度，避免采取垄断、勾结等不公正的手段，以确保市场竞争的公正性和公平性。金融机构必须严格遵守与反垄断和反不正当竞争相关的法律、法规和规范要求，积极推动市场竞争的效率和健康性，以保护消费者的权益和市场的公平性。（坚守公平）

最后，追求正义利益是金融机构需要坚守的核心商业道德之一。金融机构有责任遵守道德规范和法律，坚守诚信和正义，关注社会责任和公共利益，而不是仅仅追求短视的利润或非法收益。通过合法、合规的方式追求商业利润，金融机构可以为客户和社会创造长久的价值和财富。金融机构需要构建一个以可持续发展为核心的战略和企业文化，以实现商业目标和社会责任的良性互动，从而获得各方面的信任和支持。（合规经营）

在全球化的市场经济背景下，各个经济主体在深化的社会化分工中，随着金融活动边界的进一步延伸，不仅构建了超越地域的经济联动关系，还涉及国际货币交易、结算及资本流动。为维持金融稳定和经济的持续繁荣，所有的经济主体必须恪守国际公认的准则和惯例。

四、金融机构败德的影响

“金融机构败德”指的是金融机构在其运营和管理活动中，忽视商业道德和社会伦理准则，实施一系列不适当、非法或不道德的行为，从而破坏金融市场的平稳运行、损害市场参与者的利益，并削弱社会的信任度。这些行为通常包括欺诈、诚信缺失和违法等，对金融市场和社会造成严重的影响和损害。欺诈行为包括虚假声明、误导性销售和冒名行为；不当销售行为包括向不适合的投资者销售高风险的金融产品或销售风险未得到充分披露的金融产品；市场操控行为包括操纵价格、控制市场信息和非法的内幕交易；不当利益输送包括接受回扣、佣金或礼品等不恰当的利益输送行为。

（1）破坏金融市场平稳运行。当金融机构表现出败德行为，如欺诈、失信和违法等，会削弱投资者和市场参与者的信任度，引发市场恐慌。这种情况下，资产价格可能会剧烈下滑，市场出现大规模卖空和混乱。这不仅对金融市场的稳健性造成负面影响，更可能威胁到整体经济的稳定，导致经济停滞甚至增长放缓。

（2）对金融机构自身的信誉和声誉造成损害。金融机构的生存和繁荣部分依赖于其在市场中的声望和信用。然而，任何败德行为，例如高风险贷款和虚假信息披露，都可能对其声望和信用产生不可挽回的损害。这种情况不仅对客户和股东产生深远影响，如资产流失和股价暴跌，也会严重威胁金融机构的未来发展和生存能力。

（3）对整个社会的公信力产生负面影响。金融机构是经济的支柱，其行为道德败坏会对社会公众信任度产生副作用。当金融实体开始走上道德沦丧的道路时，公众就会开始质疑甚至对社会体系产生不满，这无疑会动摇社会的稳定，并影响其持续发展的可能性。因此，金融机构的道德破产不仅仅是其自身问题，更是对整个社会公信力的严重冲击，将产生深远的负面影响。金融机构败德应该得到高度关注，需要引起金融机构和监管机构的重视，采取有效措施防止和惩治此类行为的出现。

扩展阅读

国家金融监督管理总局行政处罚信息公开表

（金罚决字〔2023〕1号）

行政处罚决定书文号	金罚决字〔2023〕1号
被处罚当事人	蚂蚁科技集团股份有限公司
主要违法违规事实（案由）	一是侵害消费者合法权益。包括：存在引人误解的金融营销宣传行为，侵害消费者知情权；未向部分客户群体明示还款要求；未按规定处理部分消费者个人信息 二是违规参与银行保险机构业务活动。包括：违规参与保险代理、保险经纪业务；违规参与销售个人养老保障管理产品、银行理财产品、互联网存款产品
行政处罚依据	《中华人民共和国银行业监督管理法》第十九条、第四十四条，《中华人民共和国保险法》第六条、第一百一十九条、第一百五十九条，《中华人民共和国消费者权益保护法》第十四条、第十六条、第二十条、第二十六条、第二十九条、第五十六条等规定
行政处罚决定	没收违法所得112 977.62万元，罚款263 270.44万元，罚没合计376 248.06万元
作出处罚决定的机关名称	国家金融监督管理总局
做出处罚决定的日期	2023年7月7日

（资料来源：http://www.cbirc.gov.cn/cn/view/pages/ItemDetail.html?docId=1116553&itemId=4113）

经典案例

朱民谈硅谷银行倒闭危机：内部管理不当叠加监管部门落实行动不力

美联储加息与硅谷银行破产有什么关系？美联储加息会引发金融市场哪些周期性和逻辑性变化？会不会有更多银行爆仓？3月18日，在“财经前沿：2023《财经智库》全球经济信心指数发布会”上，中国国际经济交流中心副理事长、国际货币基金组织

(IMF) 前副总裁朱民就上述问题发表了自己的看法。他表示，整个金融市场的逻辑正发生根本性变化，理解并根据新逻辑来做金融业务、做资产配置才是避免金融风险的关键核心。

“硅谷银行这件事是一个非常典型的银行资产错配、期限错配、结构错配、管理不当，当外部环境变化的时候，特别是利率环境变化的时候，没能够及时调整产生的问题。”

朱民分析称，硅谷银行资产规模并不大，经营模式也很简单：在过去两年的宽松条件下，用较低的利息吸纳了大量企业现金，购买了相对利率较高的国债，获得了1.2%的利差。然而由于美联储急剧加息，硅谷银行遭遇了18亿美元的亏损。然而此时，硅谷银行出来了内部管理的第二个错误，它建议关系较好的客户预先卖掉股票，之后硅谷银行高管也开始抛售股票。股票市场的信息是透明的，很快引发了恐慌，最终导致了银行关门。

当一个区域性的小银行发生问题后，要不要救？要怎么救？对整个区域银行有什么影响？朱民表示，这些问题美国相关部门讨论拖了两天，最终美联储等部门出手，前前后后花了四天时间才将事件稳住。朱民认为美联储与财政部的动作速度是比较慢的。

“其实方法很简单，重新设立一个金融市场公司，把资产移进去，用这个资产做抵押，它马上可以把钱给硅谷银行，硅谷银行开门，给大家取钱。”朱民分析道，硅谷银行事件是一个典型的银行管理错误，叠加银行内部的道德风险问题，“出了事自己先逃，把消息告诉比较亲近的人，整个监管部门信息不明白，负责部门反应过慢，所以在这两天里，美联储的窗口借款一下子飙升到1 200亿美金，已经超过2008年的整个贷款规模，所以就看到市场开始恐慌的过程。”

总结原因，朱民表示，银行内部管理不当，没有充分注意外部条件的变化，内部的道德风险，监管部门的落实不力和行动不力，这几件事放在一起在全球形成了不小的金融风波。

美国的银行还会发生爆仓吗？朱民给出了肯定的答案：还会，至少在区域银行还会。“美联储这次的升息太快，这是一个巨大的外部环境的变化。美国上千家中小银行，在利率的影响下发生流动性危机是很容易发生的事情，所以这样的事情还会发生。”

（资料来源：https://baijiahao.baidu.com/s?id=1760709534075445274&wfr=spider&for=pc）

第三节　金融营销的职业道德

一、金融业职业道德的内涵

（一）职业道德的含义

职业道德是指专业工作领域中从业人员必须遵循的道德规范和所需具备的道德品质。每个行业领域都有其特定的道德标准，随着社会分工和生产活动的演变而形成和发展。职业道德不仅是对从业者在职业活动中行为的具体要求，也体现了职业活动所承担的责任和义务，同时反映了对社会和公众的责任。它受到社会道德的约束和影响，是社会道德原则和规范在各个具体职业中的显现。在社会主义体系中，职业道德是整个道德体系的重要组成部分，其核心目标是服务人民，其主要准则包括对工作的热爱和尊重，公正公平地处理事务，坚守诚实守信的原则，无私地为社会做出贡献，以及致力于服务大众。倡导和推广职业道德有助于提升各行各业的从业者树立正确的工作态度并提高效率，促使他们成为道德高尚的人，进而提高社会的整体道德水平，推动社会各个领域的发展。

职业道德主要针对特定行业或职位的工作人员，对于非此领域的人或非职业相关的行为，职业道德不能发挥其规范和约束作用。在其涵盖的内容上，职业道德对从业人员的责任、义务以及行为的要求超出了岗位规范和操作规程。这些道德规范是该领域长期社会实践的积淀和累积，成为行业内公认的标准，部分职业道德甚至在行业规则中得到了体现。不同行业的职业道德在具体内容上有共性，也有各自的特征。由于职业分工是相对稳定的，职业道德因此也具有连续性和稳定性，形成了针对特定职业的道德评价标准。

职业道德的表现形式具有广泛性、多样性和实用性。它基于职业的实际情况，其表现形式包括制度、规则、章程、规定、条例、标语、口号等。这些多样化的形式便于从业人员的理解和实践，并有助于他们形成职业道德习惯。除此之外，职业道德还有助于改善从业人员的内部关系，增强内部成员的团结。同时，它也有利于从业人员与客户之间关系的调整，以塑造良好的行业形象。职业道德可以成为提升行业专业性和信誉的重要工具，有助于构建更加和谐的职业环境和社会氛围。因此，无论是对个人职业生涯的发展，还是对社会整体的进步，职业道德都发挥着不可或缺的作用。

（二）金融职业道德的概念

金融行业构成了经济发展的根本和关键，金融领域的发展节奏和规模对经济的演进与增长具有显著的影响力。在现今金融衍生品纷繁出现的环境下，金融行业的作用越发扩大，对社会和经济的影响也越发深远。然而，这一领域虽然能为寻求利益的人们提供丰厚的回报，却也孕育了金融道德失范的潜在风险。公众对于经济问题的认识持续深化，尤其是近些年一系列的金融丑闻和 2008 年的经济震荡，都加强了人们对金融在宏观经济和日常生活中不可忽视地位的认识。因此，除了对金融产品种类和收益的关心之外，公众也开始更加关注金融市场的管理、金融机构的社会责任感，以及金融从业者的职业道德。这为金融从业者设定了更高的标准，不仅要有深厚的专业知识和技能，还要有坚定的伦理道德责任信念，这些要素对于金融机构的健康和持续发展都是必要的。

金融职业道德，简单来说，是指那些从事金融行业的人在金融活动中，应遵循的行为准则和道德规范，这些准则和规范用于调整与社会相关部门、服务对象以及金融行业内部员工间的关系。金融职业道德以银行、证券、保险等具体金融行业从业者的职业道德规范和行业特定准则为基础，它不仅是金融从业者的行为指引，更是职业生涯中的道德指南，体现了金融行业对专业精神、道德标准和为社会承担责任的追求和期望。

（三）金融职业道德的特点

金融职业道德作为社会道德在金融行业中的具体体现，有着以下几个核心特点：

第一，金融从业者不只为自身的行为和决策负责，而是对整个金融体系的健康和社会公众承担着重大的责任。这种责任感要求金融从业者在做出每一个决策时，都必须全面考虑其潜在的长远影响，并始终将客户和公众的利益放在首位。

第二，职业感情不仅仅是对自己工作的热爱，更多的是对客户需求的真诚关心和为客户提供最佳服务的执着追求。情感驱动的服务态度可以帮助从业者更深入地了解客户的真实需求，从而提供更为精准和个性化的服务。

第三，在金融行业中，声誉经常被视为无价之宝。一个好的声誉可以为从业者带来更多的客户和业务机会。因此，金融从业者总是努力保持自己的职业形象，并避免任何可能损害到自己或所在机构声誉的行为。

第四，金融行业是一个高度受监管的领域，因此，从业者必须严格遵守相关的法律、法规和行业规范。无论面对什么样的诱惑或压力，金融从业者都必须坚守自己的道德底线，确保所有的交易和决策都是在合法和道德的基础上进行。

二、金融营销人员的职业道德规范

金融行业，作为现代社会的核心支柱，其道德准则的重要性不言而喻。每一个金融营销人员的道德行为，都是基于金融市场的深层次道德原则衍生而来，而这些原则又是对行业内个体的职业道德的具体规定和体现，包括遵纪守法、爱岗敬业、廉洁自律、诚实守信、文明服务。

（一）遵纪守法

对于金融营销人员，遵纪守法不仅是法律规定的基本要求，也是建立客户信任、维护金融市场秩序的核心。在日常的金融营销活动中，营销人员经常面临诸多选择，而坚持法律底线、维护职业操守是其不懈追求的目标。在个人利益和法律法规之间出现矛盾时，必须无条件地坚守法律规定，不能以任何方式违反规则。

1. 熟悉并掌握相关法律法规

法律为金融营销人员设定了明确的操作边界，行业准则反映了行业的最佳实践和长期经验，为金融营销人员提供工作指南。持续学习是培育金融行业从业人员道德品行的基础，金融营销人员需要深入学习与金融营销活动相关的各项法律，如《中华人民共和国商业银行法》《中华人民共和国保险法》《中华人民共和国证券法》《中华人民共和国合同法》《中华人民共和国反洗钱法》《中华人民共和国信托法》《中华人民共和国消费者权益保护法》等。此外，他们还需要了解金融机构的内部规章和行业准则，确保在推销产品和服务时不越界。

2. 严格遵循法律与行业准则

深入理解并遵守法律法规不仅是金融营销人员的职责，更是职业素养的体现。在熟悉并掌握相关法律法规的基础之上，金融营销人员还应该在日常工作中坚持守法守纪。无论面临多大的业务压力，都不能以违法手段来获取业绩，如误导消费者、隐瞒合同内容等。营销人员应始终铭记，短暂的业绩收益不值得损害长期的职业声誉。另外，金融从业人员必须有勇气对抗违反法律法规的行为，树立维护行业秩序的意识。

（二）爱岗敬业

金融营销作为金融行业中的重要环节，不仅涉及巨大的经济利益，更与每一位客户的资金安全息息相关。因此，对于金融营销人员来说，爱岗敬业不仅仅是一个口号，而是他们应该具有的职业精神。

第一，金融营销人员必须真正热爱自己的工作，热爱来源于对金融业务的深入理解，也来自帮助客户实现财务目标的执着追求。在日常工作中，金融营销人员会遭遇各种各样的挑战，包括市场的起伏、客户的疑虑，以及业内的竞争。但是，只有真正爱岗的金融营销人员，才能在面对困境时坚守岗位，为客户提供专业而真诚的服务。

第二，敬业精神是金融营销人员成功的关键，敬业意味着他们在执行每一项业务活动时都展现出最高的专业水准。在金融营销中，任何一点疏忽都可能给客户和企业带来巨大的损失。因此，他们必须时刻保持警觉，确保每一个决策都是在充分的考虑和深入的分析基础上做出的。

从文化和价值观念上来讲，敬业精神也反映了金融营销人员对于职业的忠诚。他们的工作不仅仅关乎个人的职业发展，更是对社会、对国家经济健康发展的贡献。因此，金融营销人员对待每一位客户都全心全意地提供服务，确保客户的利益得到最大的保障。

（三）廉洁自律

金融营销从业人员的“廉洁自律”在职业道德规范中具有突出的重要性。金融行业为整体经济体系提供了坚实的支撑，其稳健、公正和透明度直接关联到社会的信赖和持续发展。因此，金融工作者应对自己的行为充满深切的责任感。

对于金融机构及其从业人员廉洁自律的评价，常常基于日常行为的观察。日常工作中的许多不诚实的行为往往源于细节。当这些不良行为未被及时纠正，就有可能导致更大的问题，进而逐渐偏离职业道德的轨道。因此，金融从业人员的微观层面的廉洁自律是不容忽视的。

廉洁不仅仅是指不贪污受贿，更广泛地意味着金融营销从业人员在日常工作中始终保持公正、诚实的态度，不偏袒、不徇私舞弊。在金融交易中，要公正地对待每一个客户，不论其背景或资金规模，确保提供的每一个产品和服务都是基于客户的最佳利益。同时，廉洁还意味着避免与其他从业人员、客户或其他相关方产生任何形式的不正当联系，以确保金融市场的公正性和透明度。

自律则强调了金融营销从业人员应该有一种内在的约束力，而不仅仅是依赖外部的监管和规章制度。这种自我约束不仅源于对行业规范的尊重，还来自对职业的热爱和对社会责任的认识。在遇到可能影响判断或产生利益冲突的情况时，自律要求金融从业人员能够自觉地避免或披露，确保其决策始终为客户和市场的利益所驱动。

在金融行业，廉洁自律不仅仅保障自身的声誉和客户信任，更关乎整个社会的稳定和公众的利益。因此，为了确保每位从业人员都能够严守职业道德，有些机构会根据行业内部自查自纠发现的问题，制定出具体而细致的规定。对于规定的实施和遵守，不仅能够有效地预防潜在的风险，也展示了金融机构对于廉洁自律的坚定决心。

（四）诚实守信

诚信是人类共同的道德标准，贯穿于人们的日常生活和工作之中。特别是在社会和经济不断发展的今天，人们对信誉和契约精神的依赖度增强。个体若是背离了这一原则，他在社会中的地位和声誉会受到严重的损害。

金融业无疑是诚实守信原则的重要承载者。因为它不仅代表着单个个体或公司的信誉，更关系到整个社会经济的稳健与发展。在现代社会中，金融营销早已不再是一种简单的经济行为，它更多地体现了市场秩序和公众信任。当谈到金融机构时，我们不止是在讨论资金的流动和投资，更关乎每一位社会成员的切身利益。

正因如此，金融行业对诚实和守信的要求是严格而特殊的。金融从业者面对的不只是复杂的数字和资金，更加重要的是公众对他们的信赖。每一位金融从业者都应深知，他们的每一笔交易、每一个决策，都关系到个人和所在机构的信誉。

市场经济的健康和稳定，在很大程度上，要靠金融从业者的诚实守信来维系。毕竟，金融业的每一个动作都直接影响到广大的社会成员。为此，他们需要确保自己在工作中坚守诚信原则，无论面对的是客户、同事还是合作伙伴。金融从业者不仅要在专业技能上持续精进，更要在职业道德上不断提高，确保在工作的每一个环节都坚守诚信原则，不给欺诈和不正之风留下任何空间。同时，积极地为金融行业的诚信文化建设贡献出自己的一分力量。

（五）文明服务

第一，金融营销人员在提供服务时，不仅是单纯地销售产品，更是在与客户建立长期的合作关系，这就需要营销人员拥有高度的客户导向思维。每一个客户背后都有自己的需求和预期，营销人员需要深入挖掘、了解并满足客户需求，基于“以客户为中心”的原则，为客户提供真正的价值。营销人员应该从客户的视角去思考问题，追求高效、快捷、准确的服务模式，确保客户在与金融机构的每一次互动中都能感受到尊重和专业。

第二，金融营销人员在与客户接触的过程中，无论是面对面还是通过电子渠道，都应该展现出高度的专业性。不仅涉及穿着打扮，更关乎言谈举止、业务知识的掌握以及服务态度等方面。专业性并不意味着高冷或距离，而是要在确保正确传递金融知识的基础上，与客户建立真正的情感连接。

此外，未来的市场竞争会更为激烈，而金融营销人员的服务效率和标准将直接影响到机构在市场中的地位。高效的服务不仅是为了满足客户的即时需求，更是为了确保在未来的竞争中处于有利地位。这要求营销人员不仅要对现有的市场环境和客户需求有深入的了解，更要具备前瞻性的思维，能够预见到未来的市场变化，为客户提供持续的、有竞争力的服务。

为了实现上述的目标，金融营销人员需要不断提高自己的业务能力和职业素养，包括对金融产品的深入了解、市场变化的敏锐把握、沟通技巧的不断磨炼以及对职业道德规范的严格遵守。只有这样，营销人员才能在日常的工作中为客户提供真正的“文明服务”，并为企业创造长远的价值。

扩展阅读

刘涛同志感动央行事迹——恪尽职守　耐心细致化风险

切实履行好中央银行职责，全力维护好区域金融稳定是刘涛一直以来的工作目标。2004年10月22日，辽宁省证券公司（以下简称“辽宁证券”）因违规经营、不能支付到期债务，由人民银行、证监会和辽宁省政府组织对其进行托管经营。刘涛被总行抽调到辽宁证券托管经营指导小组办公室，负责综合组工作。

辽宁证券是全国第一家执行大额个人债权打折收购政策的被处置金融机构，广大债民对此极不理解，个别地方出现了围攻辽宁证券、封堵交通的大规模群体性事件。刘涛冷静分析了当时所面临的形势，总结债民闹事原因，及时向领导提出有针对性的建议。一方面，他全力配合领导联系有关部门，耐心地向债民宣传解释国家政策，安抚债民情绪，防止事态扩大；另一方面，他与托管经营组的同志，夜以继日赶制个人债权收购工作方案，短短的五个工作日内，就完成了债权数据库建立、信息技术支持、建行代理收购网点协商确定、收购人员安排和培训等各项准备工作，并在总行的支持下，首次采取“分批次，边登记确认，边收购”的方法，以最快的速度开始债权收购工作，很快稳定了债民情绪，恢复了社会秩序。

上访问题是辽宁证券托管经营过程中最棘手的问题。为了妥善解决辽宁证券66名原人民银行员工不断上访，要求回人民银行工作的问题，刘涛泡在档案室里，查阅了所有人民银行与所办实体脱钩的相关政策文件，仔细琢磨政策文件规定，并从大量历史资料中查找出与上访员工相关的脱钩会议纪要、脱钩协议以及人员行政关系、工资关系、党团关系和相关档案移交手续等，并据此向这些员工摆事实、讲道理，做好息访劝访工作，确保没有出现群体性事件。

在辽宁证券托管经营期间，刘涛审阅和修改了百余份方案、合同、协议；累计收发上千份各种请示、报告，并提出初步处理意见报送领导批示；撰写二十多期《辽证托管经营情况专报》报送周小川行长、吴晓灵副行长和刘士余副行长，一百多期《辽证托管经营简报》以及十多期《辽证托管经营情况反映》报送总行、证监会、沈阳分行、辽宁省金融办及其他各有关部门，为领导和有关部门科学决策提供了可靠依据。2006年年底，刘涛因在辽宁证券托管经营工作中的突出表现而被总行通报表彰。

（资料来源：http://www.pbc.gov.cn/redianzhuanti/118742/118732/119560/2871278/index.html）

三、金融营销人员提高自身职业道德水平的方法

（一）正确认识职业道德的重要性

金融职业道德是金融工作者所必须坚守的基础行为准则，它构成了金融市场公平、规范、透明和稳健运作的基石。因此，对金融从业者而言，正确理解金融职业道德的重要性至关重要。

第一，金融行业工作人员的职业道德水平直接涉及客户利益和金融市场的健康发展。金融市场是建立在信任之上的市场，只有当客户对金融工作人员有足够的信任，才可能引发商业协作，推动市场交易的展开。若金融行业工作人员的道德行为出现问题，可能会导致客户的信任消失，市场交易被阻碍，从而影响金融市场的正常运行。

第二，对金融业职业道德的正确理解能够对金融市场的行为模式进行矫正，维持金融市场的公平竞争和持续繁荣。金融市场的竞争是有序的，不应出现不正当的或违反道德的竞争行为。而对金融业职业道德的正确理解能够对金融市场的行为进行有效的规范，避免不正当的竞争行为，从而保证金融市场的公平竞争和稳定发展。

第三，对金融职业道德的准确把握有助于金融机构树立良好的品牌声誉和公信力。随着金融市场竞争的日益剧烈，金融机构的品牌声誉和公信力已经成为金融市场中的重要元素。而对金融职业道德的准确理解可以助力金融机构塑造良好的品牌声誉和公信力，提升客户的忠诚程度和满意度，进而推动金融机构的持续发展。

（二）培养终身学习意识

金融领域持续演进具有显著的多变性特征，随着技术革新和市场潮流的更替，从业者在其中必须始终保持学习精神和专业技能的提升，以达到满足客户需求和市场规则的目标。故此，培育持续自我提升的学习意识，对于提升金融从业者的职业道德素养具有至关重要的影响。

第一，金融从业人员孕育持久的学习观念，有助于他们适应市场波动及新型业务的演进。金融市场以其永无止境的变革和创新特质而独立，只有具备持续学习的本领，才能紧随

市场步伐，不断地提供更优质的服务和产品。由此可见，金融从业人员应不断刷新知识储备，提升专业素养，以更好地应对市场动态及新型业务的拓展。

第二，灌输终身学习的观念有助于提升金融从业者的工作效率和工作品质。金融工作者的职业准则要求他们具有精确的思维和高级的技能，唯有具备全面的知识和技能，才能更有效地完成任务，提高效率和质量。因此，金融从业者应持续优化自身的知识体系和技能，以更优质地服务于客户和行业。

第三，孕育终身学习的意识能够强化金融从业者的自信和竞争实力。金融界是一个竞争激烈的领域，唯有通过持续学习，才能提升自我竞争实力，保持在市场竞争中的优势地位。同时，通过不间断的学习，金融从业者能更有自信地应对客户和市场的需求，提升自己的职业风范和道德素养，为客户和行业提供更优的服务。

（三）定期反省

定期反省是提升金融从业者职业道德水平的关键路径。周期性反思有助于金融从业者揭示自身的问题和短板，使他们能适时进行自我修正与提升，进而提升其职业修养和道德水准。

第一，定期反省能助力金融从业者揭示自身存在的问题和短板。金融从业者在工作场景中必然会面对各种问题和挑战，唯有通过周期性的反思，他们才能及时察觉到自身存在的问题和不足之处，并适时进行自我修正与完善。同时，定期反省也能使金融从业者更深入地理解客户的需求和市场的变动，以便更好地提供服务和产品。

第二，定期反省能协助金融从业者实行自我管控和行为规范。金融从业者需遵循职业道德原则和行业规范，只有自我管控，他们才能更有效地规范行为，避免不适宜的行为和负面后果。通过定期反省，金融从业者能及时发现自身的不适宜行为，适时进行纠正和控制，从而提升其职业道德品质，推动行业的健康发展。

第三，定期反省有助于金融从业者增强自我认知和自我管理的能力。金融从业者需要拥有高度的自我认知和自我管理能力，这些能力让他们能更有效地规范自身的行为并提升职业道德标准。透过周期性的反思，金融从业者能持续提升自我认知和自我管理能力，以更好地约束自身行为和规范职业道德，同时也能更适应市场的变化和客户的需求，提升服务的质量和水平。

经典案例

一家人 243 万积蓄被行长挪用

李先生介绍，2008 年，为帮时任银行负责人的时某宁完成储蓄任务，李先生一家分别使用三个身份证在其银行存入了 135 万元。在之后的 10 年时间里，为了帮时某宁完成储蓄任务，135 万元储蓄款每年会连同当年利息一起再存入银行。

据李先生提供的存折信息显示，2008 年 1 月 6 日开户后，三本存折共计存入 135 万元，之后每年 12 月至次年 3 月，都有本金及利息的支取再存入信息。到 2018 年 12 月，三本存折余额共计 243 万多元。而当家里要用钱时，才发现钱取不出来了。报警后发现，除第一笔存款信息是真实的外，存折上其他存取记录都是假的。

2019 年 4 月 19 日，时任行长的时某宁，突然被网上追逃，同日被抓获。2020 年 9 月 3 日，南京市江宁区人民法院开庭审理该案。

一审刑事判决书显示：经审理查明，2008 年 1 月至 2018 年 3 月，被告人时某宁在银行工作期间，制作假的存折交易流水，先后多次挪用客户李某等人的存款共计人民币 243 010 9 元。

被告人时某宁被公安机关抓获归案，归案后如实供述自己的犯罪事实。

法院认为：被告人时某宁利用职务上的便利，挪用本单位资金归个人使用，数额较大、超过三个月未归还，其行为已构成挪用资金罪。公诉机关指控被告人时某宁犯挪用资金罪的事实清楚，证据确实、充分，指控的罪名成立，本院予以采纳。法院判决如下：

一、被告人时某宁犯挪用资金罪，判处有期徒刑两年三个月。

二、责令被告人时某宁退赔被害单位银行人民币 243 010 9 元。

针对时某宁挪用公款一案，银行时任负责人曾回应记者称，作为被害单位，银行认为法院对时某宁的定罪不准，已申请检察机关抗诉。2023 年 3 月 16 日，记者核实了解到，目前该判决已生效。

（资料来源：https://news. sina. com. cn/o/2023-03-22/doc-imymsywc9713058. shtml）

第四节　金融营销的社会责任

一、企业社会责任的内涵

（一）企业社会责任的概念

企业社会责任的概念最早由西方学者奥利弗·谢尔顿在 1923 年提出。在他的著作《管理的哲学》中，他阐述了这样的观点：企业并不应只把生产商品视为唯一的目标，而应该在日常的生产与经营中，尽其所能满足各方利益相关者的需求。例如，在为社区提供生产和经营服务的同时，也能让社区的利益得以实现。在某种程度上，企业的社会责任应涵盖伦理方面，而社会的利益要大大超过企业的运营效益。1954 年，外国学者霍华德·鲍文在他的著作《商人的社会责任》中明确提出：企业管理者应该以公司的角度为出发点，基于公司在社会中的角色定位和公司未来发展所需实现的目标来选择公司的战略。2003 年，世界经济论坛则从四个方面定义了企业社会责任：首先，企业必须遵守法律法规；其次，企业有责任保证员工的合理报酬以及生产安全；再次，企业应当承担环保责任，应注重节能减排，坚持可持续发展的战略，不应为追求短期利益而损害生态环境；最后，企业应当承担社会责任，积极参与公益事业，为社会贡献力量。

在我国，企业社会责任的概念相较于西方出现得较晚，最早由高巍在 1994 年提出。他主张，企业在追求自身利益发展的同时，也应向国家和环境贡献力量。从国家角度，企业应积极尽责纳税；而从环境角度，企业应积极维护生态平衡。宁凌在 2000 年从员工、消费者和政府三方面进一步详细分析了企业的社会责任，并扩展到对社会和环境的责任。2002 年，中国证监会首次对上市公司的社会责任进行了明确阐述，其中包括对员工、消费者、银行、生态环境保护以及社会公益事业的责任。这一政策要求企业重视并积极履行社会责任，投身于公益事业，以实现企业的可持续发展。长久以来，企业社会责任并无统一的标准，直到

2010年，国际标准化组织发布的《企业社会责任指南》改变了这一局面。在此基础上，我国众多地方政府参考此指南，制定了自身地区的企业社会责任条例。郑琴琴与陆亚东于2018年提出，企业在其常规业务操作中展现的一系列关于社会和环境的行为，实质上就是企业履行社会责任的体现。

随着我国经济的快速崛起，近年来，国家对企业履行社会责任的关注度日益提升。自2008年起，政府开始倡导上市公司公开其社会责任履行情况，这推动了部分公司在其年度报告中发布关于社会责任履行的信息，逐渐形成了专门的社会责任报告。随后，润灵环球、金蜜蜂企业社会责任以及和讯网等第三方社会责任评级机构应运而生，督促企业积极履行社会责任。至此，我国的企业社会责任实践得到了更深入的推进。

本书依据已有的学术研究，将企业社会责任定义为：在企业的日常运营中，对五个重要方面——员工、股东、客户与消费者、生态环境以及社会，都应积极承担应尽的责任。这包括但不限于，维护员工福利，确保工作场所的安全；优化股东收益；保护和维持生态环境；维护消费者权益；推动技术革新，减少废物排放；积极参与社会公益活动，尽可能地为底层人群提供支援等。

（二）企业社会责任的层级理论

企业社会责任的层级理论包括两个模型，分别是美国经济发展委员会在1971年提出的同心圆模型，以及卡罗尔在1991年提出的金字塔模型。

首先，在1971年，美国经济发展委员会提出了企业社会责任层级理论的同心圆模型。其中，经济责任被视为企业社会责任的核心。这三个同心圆环环相扣，相互影响。内环代表了企业最直接的经济责任，这一责任的履行为企业的发展提供了持续的动力；次一环表明企业的经济行为不可避免地会塑造其周围的社会和环境，无论这种塑造产生何种影响，企业都需为此承担责任；最外的一环则强调企业是否能够通过其社会角色推动整体社会效益的提升。

1991年，卡罗尔提出了企业社会责任的金字塔模型，与同心圆模型有着相似的运作逻辑。这个模型将企业社会责任分为四个层面：经济责任、法律责任、伦理责任和慈善责任。其中，经济责任是企业社会责任的基础，只有企业的经济状况良好，才可能去关注和履行更高层面的责任。经济责任主要是通过公平的交易，实现企业利润的最大化。法律责任则是指企业必须在政策法规的约束下进行运营。相较于法律责任，伦理责任更侧重于道德引导。而位于金字塔顶部的慈善责任，其初衷与经济责任不同，更多的是出于对社会的服务，以造福社会和他人的方式，来提升企业的自身价值。

虽然这两种模型在形式上存在一些微妙的差别，但它们的核心思想都是强调企业的社会责任，认为在追求经济收益时，履行社会责任同样重要。由此为企业设置了一个高标准的社会责任目标：在追求经济收益的同时，也要积极关注和影响社会，并产生积极的效果。

二、金融机构的社会责任

金融机构作为金融市场的关键组成部分，随着社会和经济的进步，各种金融活动日益丰富多样，因此，与一般企业相比，其社会责任呈现出独特性。无论是经济责任、法律责任、环保责任还是道德责任，金融机构同样需承担；然而，因其特有的性质，作为金融领域的一部分，其在资源配置上的社会责任尤为重要，这是实现持续发展的必要条件。为了确保公众利益不被侵犯，金融机构有必要向公众提供真实和合法的信息，这不仅是保护公众利益的关键手段，也是政府和公众对金融机构履行职责进行监督的重要依据。金融机构的社会责任主要涵盖几个关键领域，包括利益相关者、政府以及社会，而利益相关者则包括公司员工、客户、股东等群体。

1. 对股东的责任

金融机构在日常运营中，首要任务便是确保为股东创造长久且稳定的价值。这不仅仅是简单的回报投资，更是金融机构与股东之间的信任纽带。股东将资金交给金融机构，寄希望于金融机构的专业能力和经营策略，期望通过这种投资合作获得适当的回报。因此，金融机构在战略规划、资本运作以及风险管理等方面，都需全力以赴，确保每一个决策都是为了股东的最大利益。与此同时，金融机构还需确保所有向股东公开的经营及财务信息都是真实、准确和及时的。在金融领域，信息不对称可能导致巨大的经济损失，而为股东提供真实、完整的信息，便是金融机构履行对股东责任的关键。为此，金融机构不仅要建立严格的信息披露制度，还需持续地对内部的信息管理和流程进行优化，确保每一条信息都经得起历史和现实的双重考验。

2. 对员工的责任

金融机构对员工的责任表现为对其专业成长和福利保障的投入与关注。金融领域变化迅速，技术和政策都在不断演进，因此，为员工提供持续的培训和教育资源，帮助员工跟上行业的脚步，是金融机构应尽的职责。这不仅有助于机构自身维持竞争力，还能增强员工的归属感和职业满足感。在合法权益的保障上，金融机构需确保与每一位员工签订正式的用工合同，并严格按照相关法律法规为员工提供应有的待遇。对于员工的福利待遇，金融机构应当有完整和合理的制度，确保员工的生活和未来得到足够的保障。例如，为员工提供医疗保险和养老金计划，可以增加员工对工作的热情和对机构的忠诚度。此外，为了吸引和留住人才，金融机构应设立明确且具有吸引力的职业发展通道。通过提供明确的晋升机会、绩效评估和职业规划指导，员工能更好地规划自己的职业生涯。当员工看到在机构内有上升的空间和未来的发展机会，就更容易对工作充满热情，为机构创造更大的价值。

3. 对客户的责任

对于金融机构来说，承担对客户的责任并不仅仅是法律或合同所规定的义务，更是它们在为社会服务时，应当恪守的核心价值。金融机构应时刻以客户为中心，致力于提供高效、专业且人性化的服务，确保其产品和服务真实、透明，以便消费者作出明智的决策。随着技术的快速进步和金融业的创新，用户期望的服务品质也在不断提升。为了满足这些期望，金融机构需要不断地对自己的产品、服务和技术进行革新，确保它们是最先进、最安全且最适合客户的。简化业务流程、减少事务处理时间和提供个性化的服务解决方案，都可以帮助金融机构在竞争激烈的市场中取得优势，从而增加客户对金融机构的信赖和依赖。另外，网络金融的崛起和普及，为金融机构带来了更大的机遇，但同时也带来了更多的挑战。在这个时代，提高用户体验和满足其多样化的需求变得十分关键。通过数字化手段，金融机构可以更好地理解客户的需求和行为，从而提供更有针对性的服务。而确保数据的安全和隐私，也是金融机构必须时刻关注和优先考虑的问题。

4. 对监管机构的责任

为了确保金融市场的稳定，让公众的利益得到保障，金融机构必须严格遵循监管机构的相关规定，确保其业务行为是透明、公正且合法的。金融机构开展的各种活动，无论是在传统金融市场还是在创新的领域，都必须在监管框架内进行。金融机构需要对自己的业务决策和风险管理措施持续进行自我审查，确保其能够符合监管要求并经受得住外部的检验。任何尝试掩盖、误导或欺诈监管机构的行为都是不可接受的，因为这不仅损害了金融机构自身的信誉，还会对金融市场和公众信心造成不良的影响。只有金融机构严格遵守监管要求并与监管机构保持透明的沟通，才能确保金融市场的健康和持续的发展，从而更好地为社会和公众服务。

5. 对社会的责任

金融机构作为为企业和个人提供融资的中介，它们直接支持各种经济活动和创新，从而为社会的经济繁荣做出贡献。在这个过程中，金融机构还应维护金融稳定，确保其行为不会引发系统性风险或导致金融危机。任何金融危机都会给社会带来重大损失，包括失业、企业破产和经济衰退，因此，金融机构有责任采取防范措施。另外，金融机构还承担着投资的责任，尤其是在低收入和欠发达地区。投资不仅限于为小企业提供贷款，还包括资助发展项目或捐赠资金以支持某些社会事业。同时，推进金融包容性也是金融机构的一项关键社会责任，确保所有人尤其是那些传统上被忽视或被排除在金融体系之外的群体，都能够访问和使用金融服务。

6. 对环境的责任

环境的健康和可持续性在当今的时代备受瞩目，在这一背景下，金融机构不仅是资金流动的中心节点，也成为推动整个经济体系向更为绿色和可持续方向发展的重要角色。面对日益严重的环境问题，如城市雾霾和气候变化，金融机构逐步认识到自身在环境保护中的角色和影响力。绿色金融的兴起标志着金融领域对环境责任的重新定义和定位。为响应这一趋势，金融机构已开始在自身的业务模型和策略中加入绿色元素，例如增加对环保项目的资金支持和优惠政策。通过加强绿色信贷的发放，延长对环保项目的还款期限，旨在鼓励和推动更多的企业和个人参与到绿色和可持续的项目中来，体现出金融机构对环境的责任感，也揭示了在环境保护与经济增长之间寻找平衡的必要性和迫切性。

三、金融机构履行社会责任的意义

（一）助力金融机构竞争力的提升

随着全球化的深入推进，跨国金融机构携带着创新的经营策略和先进的服务理念进入我国，为本土企业带来了巨大的压力，我国金融市场面临着与国际巨头的直接竞争。在这种背景下，国内金融机构亟须在多方面提高自身实力，其中之一就是在社会责任方面的履行。金融机构积极承担社会责任，不仅能够为自己树立良好的公共形象，还能够赢得消费者的信赖和支持。这样，它们在市场中的地位将会更加稳固，能够更好地吸引客户，扩大业务规模，并且更有可能得到政府和相关部门的支持。另外，随着我国金融业在全球市场的影响力逐渐增长，外界对我国金融机构的认可度也变得越来越重要。如果我国金融机构能展现出对社会责任的积极态度和实际行动，它们在国际市场的形象将会大大提升。这不仅可以加深国际消费者、企业和政府对我国金融机构的信任度，还可以为其打开更多的国际业务合作机会。此外，通过参与国际性的金融组织，我国金融机构能与世界各地的同行建立紧密联系，分享彼此的经验和资源。这将有助于我国金融机构了解国际市场的最新趋势和需求，进一步完善自己的业务策略和服务模式。

（二）推动金融机构的持续发展

当金融机构致力于履行社会责任，它们的社会形象会得到显著改善。通过有意识地引导资金流向环境友好和节约资源的项目，金融机构不仅在维护生态平衡中发挥了关键作用，还实施了对高污染和高能耗项目的限制，这反映出机构对社会和环境的深切关心与关注。通过对社会的慈善捐赠和支持，不但可以减轻政府负担，还可以为人民群众带来实实在在的帮助。这些积极正面的行动既加深了公众对金融机构的好感，也有助于建立和巩固与客户之间的互信关系，得到社会的广泛认可和信任。这也使金融机构能够获得更稳定的客户资源，并提升客户的忠诚和满意度。在内部，金融机构通过履行社会责任能为员工创造一个更有意义的工作环境，在满足员工心理需求的同时，还激发了员工的工作积极性和对公司的归属感。在这样的工作氛围中，员工能更加努力地工作，凝聚力也随之增强。有了团结一致、积极向上的团队，金融机构能更好地应对各种挑战，确保其长远和持续的发展。

（三）金融机构构建和谐社会的必然选择

金融机构在现代社会中拥有独特的地位，是国民经济的重要组成部分。其特殊的定位使得它们在塑造和谐社会方面有着无法替代的作用。在今天高度复杂和相互依赖的经济网络中，金融机构的行为直接影响到社会的稳定与进步。首先，金融机构通过其核心业务促进了社会财富的有效分配，将资金从富余的地方引导到有需要的地方，助力于企业的成长、创新和扩张，从而推动整体经济的发展。在这个过程中，金融机构对于社会资源的合理配置起到了决定性的作用。其次，金融机构积极履行社会责任为社会营造了一个健康、稳定和安全的金融环境。该环境鼓励投资，保护了消费者和企业的权益，并确保了金融市场的透明度和公平性。得益于此，社会对经济的信心增强，经济活动得以顺畅进行。最后，金融机构通过其业务和策略的选择，可以平衡股东、员工和其他利益相关者的需求，从而实现共同的利益。这不仅增强了金融机构自身的竞争力和可持续性，同时也对于缩小社会贫富差距，增强社会和谐，具有积极的推动作用。

经典案例

“蚂蚁森林”的绿色金融

“蚂蚁森林”是支付宝客户端设计并推出的一项公益活动平台，支付宝是蚂蚁金融服务集团（以下简称“蚂蚁金服”）下的子业务，蚂蚁金服隶属于阿里巴巴集团。2014 年，蚂蚁金服正式成立。蚂蚁金服致力于服务广大中小微企业和消费者，旗下拥有支付宝、余额宝、招财宝、蚂蚁小贷和网商银行等业务。最初创立时，“蚂蚁森林”就以“为世界带来更多的平等机会”为企业使命，为社会提供更加平等、安全、便捷的金融服务，以实际行动担当起企业公民的社会责任，树立了蚂蚁金服企业优质的品牌形象。

2016 年 8 月 27 日，蚂蚁金服宣布要做有特色的绿色金融企业，将金融属性、公益属性和共享属性三者结合起来，为旗下支付宝客户端上的 4.5 亿用户全面开通了“碳账户”，并将其设计为一款“蚂蚁森林”的公益模式。该模式主要是指用户通过步行、在线缴费等低碳行为，能够在“蚂蚁森林”中减少碳排放量并转化为绿色能量，收集的绿色能量可以用来向“蚂蚁森林”申请在手机里养一棵虚拟的树。当绿色能量达到一定数值，在蚂蚁金服的合作企业阿拉善 SEE 基金会的帮助下，将虚拟的树转化为真实的树，即在内蒙古的库布齐、腾格里等地的沙漠中种植一棵小树苗，种植行为和种植费全部由支付宝等相关合作企业承担。“蚂蚁森林”的资金来源主要包括两大类。第一，企业自身的合法收入；第二，主要来源于各方资助，比如我国政府、社会公众、企业和法人团体的捐助，国际援助等。

“蚂蚁森林”中收集能量的操作模式可分为三类：一类是通过低碳消费来获得能量，包括地铁出行、单车出行、在线缴费、网上挂号、网上购票等；一类是通过与朋友互动来获得能量；一类是使用积分兑换奖品。树的生长过程需要不同程度的能量，大多数网友们种植的是集齐 17.9 千克绿色能量就可以申请的一棵真实的树，这种树就是梭梭树，梭梭树属于双子纲目，生长速度快，成活率高，可以长到 3~8 米，是荒野地区的常见树种。此外，树木种类还有油松、沙棘、侧柏、樟子松等。

当用户申请种植真树并被公益机构成功认领后，支付宝会授予用户一张具有专属编号的环保证书，同时由“蚂蚁森林”等合作机构共同负责树苗的种植任务。种树的主要流程是“蚂蚁森林”和相关公益基金会等机构合作，首先委托专业机构负责种树项目，专业机构对树种、种树地点和种植方式进行科学的规划；其次再委托给地方政府及相关部门操作；最终由当地农牧民、林场或种树公司完成线下种植任务。2018 年 10 月，中国绿化基金会、全国绿化委员会办公室和蚂蚁金服在北京共同签署了植树战略合作协议。协议规定，在“蚂蚁森林”获得 3 张植树证书的用户，就可以在线申请由中国绿化基金会、全国绿化委员会办公室提供的一张“全民义务植树尽责证书”。

概括地说，就是用户通过践行低碳行为来减少碳排放，同时可以拥有一棵自己的树。用户在责任感和荣誉感的驱动下，为了尽快种树，就会尽可能选择低碳行为，并使用支付宝平台进行缴费付款，通过培养用户使用支付宝的习惯，提高支付宝的竞争力。如前所述，选择不同的树苗，所需要收集的绿色能量也不同。因此，用户为了更快实现自己的种树目标，必须提高环保意识，增加支付宝的使用频率，增加低碳行为，形成绿色健康的生活方式，以尽早实现自己的种树目标。

“蚂蚁森林”在我国社会公众端的节能减排方面做出了创新性的尝试并取得良好效果。它通过“蚂蚁森林”这种娱乐性的游戏方式，使客户能够在轻松愉悦的氛围中参与环境保护和低碳生活的实践，提高客户的使用感和获得感，不仅能够使客户的环保意识逐渐增强，而且能够增加支付宝的用户活跃度，使客户对支付宝的依赖感不断增强。

2019 年 8 月 27 日，国家政研中心发布《互联网平台背景下公众低碳生活方式研究报告》。报告指出，目前“蚂蚁森林”的用户总数将近 5 亿人，项目种植树木的数量已达 1.2 亿棵，同时用户做出的碳减排量约 792 万吨，而在去年 9 月，树木和碳减排量只有 5 552 亿棵和 283 万吨。2019 年 9 月，联合国环境规划署在官方微博上赞赏了“蚂蚁森林”平台，并授予“蚂蚁森林”2019 年“地球卫士奖”。我国企业积极履行社会责任，主要通过植树的方式来回馈社会，包括参与植树活动、爱心捐赠树苗、设立专属植树基金等。而由蚂蚁金服创建的“蚂蚁森林”体现了目前公益活动的新趋势，即成本低、趣味性强、全民参与的线上公益模式。

“蚂蚁森林”彰显了互联网科技的巨大力量。“蚂蚁森林”通过创新绿色金融理念和绿色金融发展模式，推动社会公众转变生活理念，促进绿色金融和绿色发展。而且，随着移动支付和电商等技术的进步，“蚂蚁森林”平台能够大大降低金融服务中的交易成本，在践行绿色发展理念的同时促进生态文明建设。另外，通过使用物联网、云计算、大数据等技术，可以将更多企业和个人接入“蚂蚁森林”，从而促进各方主体参与合作，共同践行绿色低碳环保。由于“蚂蚁森林”在社会中有着很高的关注度和影响力，这使“蚂蚁森林”能够鼓励更多人参与社会公益，传播社会正能量，在我国环保事业发展中具有重大意义。

（资料来源：丁俊俊. 我国绿色金融的伦理问题研究［D］. 上海：上海财经大学，2020.）

扩展阅读

加强和完善现代金融监管的重点举措

站在新的历史起点，金融监管改革任务非常艰巨。必须以习近平新时代中国特色社会主义思想为指导，坚守以人民为中心根本立场，不断提升金融监管的能力和水平。

（1）强化党对金融工作的集中统一领导。党的领导是做好金融工作的最大政治优势。走中国特色金融发展之路，要进一步强化党中央对金融工作的领导，建立健全金融稳定和发展统筹协调机制，中央各相关部门和省级党委政府都要自觉服从、主动作为。我国绝大多数金融机构都是地方法人，其党的关系、干部管理、国有股权监管、审计监察和司法管辖也都在地方，因此，必须进一步强化地方党委对金融机构党组织的领导，建立健全地方党政主要领导负责的重大风险处置机制。中央金融管理部门要依照法定职责承担监管主体责任，派出机构要自觉服从地方党委政府领导，积极发挥专业优势和履行行业管理职责，共同推动建立科学高效的金融稳定保障体系，公开透明地使用好风险处置资金。要及时查处风险乱象背后的腐败问题，以强监督推动强监管严监管，坚决纠正“宽松软”，打造忠诚干净担当的监管铁军。

（2）深化金融供给侧结构性改革。全面强化金融服务实体经济能力，坚决遏制脱实向虚。管好货币总闸门，防止宏观杠杆率持续快速攀升。健全资本市场功能，提高直接融资比重。完善金融支持创新体系，加大对先进制造业、战略性新兴产业的中长期资金支持。健全普惠金融体系，改进小微企业和“三农”金融供给，提升新市民金融服务水平，巩固拓展金融扶贫成果。督促中小银行深耕本地，严格规范跨区域经营。强化保险保障功能，加快发展健康保险，规范发展第三支柱养老保险，健全国家巨灾保险体系。稳妥推进金融业高水平开放，服务构建“双循环”新发展格局。

（3）健全“风险为本”的审慎监管框架。有效抑制金融机构盲目扩张，推动法人机构业务牌照分类分级管理。把防控金融风险放到更加重要的位置，优化监管技术、方法和流程，实现风险早识别、早预警、早发现、早处置。充实政策工具箱，完善逆周期监管和系统重要性金融机构监管，防范风险跨机构跨市场和跨国境传染。加强功能监管和综合监管，对同质同类金融产品，按照“实质重于形式”原则进行穿透式监管，实行公平统一的监管规则。坚持金融创新必须在审慎监管的前提下进行，对互联网平台金融业务实施常态化监管，推动平台经济规范健康持续发展。强化金融反垄断和反不正当竞争，依法规范和引导资本健康发展，防止资本在金融领域无序扩张。

（4）加强金融机构公司治理和内部控制。紧抓公司治理“牛鼻子”，推动健全现代金融企业制度。筑牢产业资本和金融资本“防火墙”，依法规范非金融企业投资金融机构。加强股东资质穿透审核和股东行为监管，严格关联交易管理。加强董事会、高级管理层履职行为监督，引导金融机构选配政治强业务精的专业团队，不断增强公司治理机构之间和高管人员之间的相互支持相互监督。完善激励约束机制，健全不当所得追回制度和风险责任事后追偿制度。督促金融机构全面细化和完善内控体系，严守会计准则和审慎监管要求。强化外部监督，规范信息披露，增强市场约束。

（5）营造严厉打击金融犯罪的法治环境。遵循宪法宗旨和立法精神，更好发挥法治固根本、稳预期、利长远的作用。坚持金融业务持牌经营规则，既要纠正“有照违章”，也要打击“无证驾驶”。织密金融法网，补齐制度短板，切实解决“牛栏关猫”问题。丰富执法手段，充分发挥金融监管机构与公安机关的优势条件，做好行政执法与刑事司法衔接，强化与纪检监察、审计监督等部门协作。提高违法成本，按照过罚相当的原则，努力做到程序正义和实体正义并重。保持行政处罚高压态势，常态化开展打击恶意逃废债、非法集资、非法吸收公众存款和反洗钱、反恐怖融资等工作。省级地方政府对辖内防范和处置非法集资等工作负总责。

（6）切实维护好金融消费者的合法权益。探索建立央地和部门间协调机制，推动金融机构将消费者保护纳入公司治理、企业文化和经营战略中统筹谋划。严格规范金融产品销售管理，强化风险提示和信息披露，大力整治虚假宣传、误导销售、霸王条款等问题。推动健全金融纠纷多元化解机制，畅通投诉受理渠道。加强金融知识宣传教育，引导树立长期投资、价值投资、理性投资和风险防范意识，不断提升全社会金融素养。依法保障金融消费者自主选择、公平交易、信息安全等基本权利，守护好广大人民群众“钱袋子”。

（7）完善金融安全网和风险处置长效机制。加快出台金融稳定法，明确金融风险处置的触发标准、程序机制、资金来源和法律责任。在强化金融稳定保障机制的条件下，建立完整的金融风险处置体系，明确监管机构与处置机构的关系。区分常规风险、突发风险和重大风险，按照责任分工落实处置工作机制，合理运用各项处置措施和工具。金融稳定保障基金、存款保险基金及其他行业保障基金不能成为“发款箱”，要健全职能，强化组织体系，充分发挥市场化法治化处置平台作用。

（8）加快金融监管数字化智能化转型。积极推进监管大数据平台建设，开发智能化风险分析工具，完善风险早期预警模块，增强风险监测前瞻性、穿透性、全面性。逐步实现行政审批、非现场监管、现场检查、行政处罚等各项监管流程的标准化线上化，确保监管行为可审计、可追溯。完善监管数据治理，打通信息孤岛，有效保护数据安全。加强金融监管基础设施建设，优化网络架构和运行维护体系。

金融管理工作具有很强的政治性、人民性，我们要深刻领悟“两个确立”的决定性意义，自觉践行“两个维护”，以对历史和人民负责的态度，埋头苦干，守正创新，坚定不移地推进金融治理体系和治理能力现代化。

（资料来源：《人民日报》2022 年 12 月 14 日 13 版）

【本章小结】

本章着重讨论了金融营销伦理与社会责任的重要主题，包括金融营销伦理、商业道德、职业道德以及社会责任等内容。在数字化背景下，本章还分析了金融营销所面临的伦理挑战。

第一，探讨了金融营销伦理的内涵、必要性、准则等内容，强调了在金融营销活动中遵循伦理道德的重要性。

第二，深入介绍了金融营销的商业道德，包括概念、利益相关者、内容以及金融机构败德的影响，从而揭示了商业道德对金融机构和金融市场的重要作用。

第三，探讨了金融业职业道德的内涵、金融营销人员的职业道德规范以及提高自身职业道德水平的方法，以指导金融营销人员在职业生涯中树立正确的道德观念。

第四，讨论了企业社会责任的内涵、金融机构的社会责任，以及在金融营销活动中履行社会责任的意义，强调了金融机构在金融营销过程中承担社会责任的重要性。

通过本章的学习，学习者将对金融营销伦理与社会责任有一个全面而深入的了解，为今后的金融营销实践提供有益的指导。

【思考题】

1. 请简述金融营销伦理的内涵和准则，并解释为什么金融营销活动中应遵循伦理道德。
2. 分析数字化背景下金融营销面临的伦理挑战。
3. 简述金融营销商业道德的内容，以及金融机构败德的影响。
4. 简述金融营销人员的职业道德规范，以及提高职业道德水平的方法。
5. 简述金融机构履行社会责任的意义，并结合实例分析金融机构如何在金融营销活动中承担社会责任。

【实践操作】

任务名称：金融营销伦理与社会责任案例分析

任务目标：通过对真实金融营销案例的分析，深入理解金融营销伦理、商业道德、职业道德和社会责任的内容及其应用，提高分析和解决金融营销伦理问题的能力。

任务内容：选择一个具有代表性的金融营销案例，可以是成功的金融产品推广案例或金融服务创新案例，也可以是金融机构败德或金融营销中出现的伦理问题案例。针对所选案例，分析其涉及的金融营销伦理、商业道德、职业道德和社会责任等方面的问题。根据分析结果，提出改进措施或解决方案，以促进金融营销活动的伦理和社会责任实践。

任务要求和成果：案例应选择典型案例且具有实际意义，能够充分体现金融营销伦理与社会责任的相关问题。在案例分析过程中要运用本章所学的理论知识，确保分析的深度和广度，提出的改进措施或解决方案要切实可行，有助于提高金融营销活动的伦理水平和社会责任的履行。完成一份详细的金融营销伦理与社会责任案例分析报告，报告包括案例简介、问题分析、改进措施或解决方案等内容。报告以书面形式提交，字数在 2 000~3 000 字。

参考文献

[1] 曹旭辉. 金融机构如何借助私域流量打造品牌与促进销售 [J]. 金融博览，2022 (7)：62-63.

[2] 车玉婧. 新形势下金融科技健康可持续发展思路探析——以伦理治理为视角 [J]. 中关村，2022，234 (11)：120-121.

[3] 程琬清，孙明春. 人工智能技术在金融业的应用与挑战 [J]. 现代金融导刊，2021，13 (2)：7-13.

[4] 丁瑞莲，贺琳. 金融伦理的结构与功能 [J]. 长沙理工大学学报（社会科学版），2013，28 (1)：68-72.

[5] 杜云生. 信用卡消费市场细分研究 [D]. 北京：北京理工大学，2014.

[6] 段晓华. 关于对我国金融营销发展现状的思考 [J]. 新西部（下半月），2009，147 (10)：63-64.

[7] 菲利普·科特勒. 营销革命 4.0：从传统到数字 [M]. 王赛，译. 北京：机械工业出版社，2018.

[8] 郭净，朱家喜. 金融企业虚拟社群构建基础及关键步骤的单案例研究 [J]. 金融发展研究，2020，468 (12)：68-77.

[9] 郭蕾. 关于银行私域流量运营的思考 [J]. 现代营销（经营版），2020，336 (12)：226-227.

[10] 郭玮. 保险公司私域流量运营模式探讨 [J]. 中国保险，2021，405 (9)：36-39.

[11] 何剑. 金融服务营销的特征与策略运用 [J]，商业时代，2005 (24)：52-53.

[12] 何亮，柳玉寿. 市场营销学原理 [M]. 成都：西南财经大学出版社，2018.

[13] 何英，刘义圣. 中国金融市场开放的历史进程和发展路径 [J]. 亚太经济，2018，211 (6)：112-119.

[14] 胡朝举. 中国商业银行市场营销理论与实证研究 [D]. 重庆：西南农业大学，2003.

[15] 胡恺铄，彭超. 对我国商业银行客户关系营销的思考 [J]. 金融与经济，2011，394 (5)：92-93.

[16] 黄益平，黄卓. 中国的数字金融发展：现在与未来 [J]. 经济学（季刊），2018，17 (4)：1489-1502.

[17] 李银兰. 论企业如何实施客户关系管理 [J]. 中小企业管理与科技（上旬刊），2021，649 (6)：166-167.

[18] 梁超. 图书营销理论的演进初探 [J]. 科技与出版，2020，301 (1)：90-94.

[19] 刘澄，张峰. 金融营销学（普通高等教育经管类“十三五”规划教材）[M]. 北京：清华大学出版社，2020.

[20] 刘磊. 金融营销学（21 世纪经济管理新形态教材·金融学系列）[M]. 北京：清华大学出版社，2019.

[21] 刘路. 商业银行经营转型及其个人理财业务研究 [D]. 成都：西南财经大学，2008.

[22] 卢吉剧. 大数据背景下数据挖掘技术在商业银行客户关系管理中的应用研究——以 ZG 银行为例 [J]. 产业科技创新，2023，5 (1)：71-74.

[23] 陆剑清. 金融营销学（第三版）[M]. 北京：清华大学出版社，2021.
[24] 陆岷峰. 元宇宙赋能场景金融：商业银行竞争新赛道 [J]. 金融科技时代，2022，30（7）：29-35.
[25] 马彦博. 基于大数据环境下的商业银行金融营销创新 [J]. 时代金融，2020，787（33）：35-37.
[26] 玛伊热·图尔荪. 基于4R营销理论的社交电商私域流量培育的探究 [J]. 营销界，2022（15）：5-7.
[27] 梅世云. 论金融道德风险 [D]. 长沙：湖南师范大学，2009.
[28] 牛淑珍，王峥，于洁. 金融营销学原理与实践 [M]. 上海：复旦大学出版社，2021.
[29] 宋晨晨. 金融消费者权益保护水平研究 [D]. 北京：北京交通大学，2016.
[30] 苏落. VR如何改变营销？[J]. 成功营销，2016，183（Z3）：76-79.
[31] 王定祥，胡小英. 数字金融研究进展：源起、影响、挑战与展望 [J]. 西南大学学报（社会科学版），2023，49（1）：101-110.
[32] 王海旋. 基于大数据环境下的商业银行金融营销创新 [J]. 现代经济信息，2019（20）：274.
[33] 王金凤，王聪，耿艳丽. 高风险金融产品供需错配机理与复位策略研究——以原油宝事件为例 [J]. 会计之友，2022，680（8）：103-109.
[34] 王渔. 大数据背景下重庆涪陵榨菜旅游食品营销策略 [J]. 食品研究与开发，2022，43（22）：235-236.
[35] 谢前辉，赵伟成. 人工智能技术在金融领域的应用难点与对策建议研究 [J]. 互联网周刊，2022，763（13）：32-34.
[36] 熊绍帅. 大数据时代商业银行的精准金融营销策略研究——基于4P理论的视角 [J]. 全国流通经济，2020，2235（3）：171-172.
[37] 薛可，余明阳. 私域流量：未来商家竞争的重要领域 [J]. 青年记者，2022，731（15）：5.
[38] 应斌. 西方金融营销思想的演变及新发展 [J]. 中南财经政法大学学报，2002（1）：99-102.
[39] 张磊，吴晓明. 数字化金融缓解中小企业融资约束的机制、困境与对策分析 [J]. 理论探讨，2020，216（5）：110-114.
[40] 赵占波. 金融营销学（第二版）[M]. 北京：北京大学出版社，2020.
[41] 赵紫英. 基于关系稳定的基金客户动态市场细分与营销策略研究 [D]. 武汉：武汉大学，2013.
[42] 郑博. 金融消费者保护的国际比较研究 [D]. 北京：中央财经大学，2018.
[43] 朱太辉，张彧通. 金融数字化的发展逻辑 [J]. 中国金融，2021，963（21）：73-74.
[44] 朱月雯. 大数据在金融企业营销中的应用 [J]. 中国商论，2019，789（14）：24-25.
[45] Billups F D. Qualitative data collection tools: Design, development, and applications [M]. Thousand Oaks, California: Sage Publications, 2019.
[46] Cao G, He L Y, Cao J. Multifractal detrended analysis method and its application in financial markets [M]. Singapore: Springer, 2018.
[47] Creswell J W, Creswell J D. Research design: Qualitative, quantitative, and mixed methods approaches [M]. Thousand Oaks, California: Sage publications, 2017.

[48] Wang Y, Xiuping S, Zhang Q. Can fintech improve the efficiency of commercial banks? —An analysis based on big data [J]. Research in international business and finance, 2021, 55: 101338.

[49] Jansen S. Machine learning for algorithmic trading: predictive models to extract signals from market and alternative data for systematic trading strategies with Python [M]. Birmingham, UK: Packt Publishing Ltd, 2020.

[50] Knaflic C N. Storytelling with data: A data visualization guide for business professionals [M]. Hoboken: John Wiley & Sons, 2015.

[51] Kumar S, Sharma D, Rao S, et al. Past, present, and future of sustainable finance: insights from big data analytics through machine learning of scholarly research [J]. Annals of Operations Research, 2022: 1-44.

[52] Marczyk G R, DeMatteo D, Festinger D. Essentials of research design and methodology [M]. Hoboken, New Jersey: John Wiley & Sons, 2010.

[53] Mihet R, Philippon T. The economics of big data and artificial intelligence [M]. Bingley, England: Emerald Publishing Limited, 2019: 29-43.

[54] Patten M L. Understanding research methods: An overview of the essentials [M]. Milton Park, Abingdon, Oxfordshire: Routledge, 2016.

[55] Pejić Bach M, Krstić Ž, Seljan S, et al. Text mining for big data analysis in financial sector: A litera ture review [J]. Sustainability, 2019, 11 (5): 1277.

[56] Philip K. Marketing Management [M]. Beijing: Tsinghua University Press, 1999, 11-12.

[57] Jennifer R. Ledford, David L. Gast. Single case research methodology: Applications in special education and behavioral sciences [M]. Milton Park, Abingdon, Oxfordshire: Routledge, 2014.

[58] Yang R, Yu L, Zhao Y, et al. Big data analytics for financial market volatility forecast based on support vector machine [J]. International Journal of Information Management, 2020, 50: 452-462.

[59] 岸本義之. 金融マーケティング戦略 [M]. 東京: ダイヤモンド社, 2005.

[60] 川上徹也. 400 年前なのに最先端! 江戸式マーケ [M]. 東京: 文藝春秋出版社, 2021.

[61] 恩蔵直人, 坂下玄哲. マーケティングの力: 最重要概念・理論枠組み集 [M]. 東京: 有斐閣, 2023

[62] 宮坂祐. 顧客を観よ—金融デジタルマーケティングの新標準 Kindle 电子书 [M], 東京: 金融財政事情研究会, 2016.

[63] 戸谷圭子. ゼロからわかる, 金融マーケティング (KINZAIバリュー叢書) [M]. 東京: きんざい, 2019.

[64] 瀧下孝明. 金融マーケティングの考え方とやり方 [M]. 東京: きんざい: 2015.

[65] 橋本之克. ニーズの種を植える 金融マーケティング [M]. 東京: ビジネス教育出版社, 2020.